202 수록

# 항공산업기사

## 실기

장성희 지음

BM (주)도서출판 성안당

## ■ 도서 A/S 안내

성안당에서 발행하는 모든 도서는 저자와 출판사, 그리고 독자가 함께 만들어 나갑니다.

좋은 책을 펴내기 위해 많은 노력을 기울이고 있습니다. 혹시라도 내용상의 오류나 오탈자 등이 발견되면 "좋은 책은 나라의 보배"로서 우리 모두가 함께 만들어 간다는 마음으로 연락주시기 바랍니다. 수정 보완하여 더 나은 책이 되도록 최선을 다하겠습니다.

성안당은 늘 독자 여러분들의 소중한 의견을 기다리고 있습니다. 좋은 의견을 보내주시는 분께는 성안당 쇼핑몰의 포인트(3,000포인트)를 적립해 드립니다.

잘못 만들어진 책이나 부록 등이 파손된 경우에는 교환해 드립니다.

저자 문의 : jsh337-2002@hanmail.net(장성희)

본서 기획자 e-mail : coh@cyber.co.kr(최옥현)

홈페이지 : http://www.cyber.co.kr   전화 : 031) 950-6300

# 머리말

항공공학 기술분야에서 항공기 정비(기체/기관/장비)에 대한 지식을 갖춘다는 것은 항공기 설계 및 정비를 하기 위한 가장 기본적이고 필수적인 지식을 갖춘다고 볼 수 있습니다. 이 책은 항공분야의 기본 기술자격인 항공산업기사 실기[필답고사](정비일반/항공역학/항공기 엔진/항공기 기체/항공기 계통)를 취득하기 위해 꼭 알아두어야 할 필수적인 실무지식을 다음과 같은 순서에 의해 핵심문제와 년도별 필답테스트 기출복원문제 체계로 정리하여 서술한 수험서입니다.

1. 정비일반 핵심문제
2. 항공역학 핵심문제
3. 항공기 엔진 핵심문제
4. 항공기 기체 핵심문제
5. 항공기 계통 핵심문제
6. 필답테스트 기출복원문제

특히, 항공기 정비는 항공기를 직접 운용하고, 점검 및 검사하여 항공기의 운항 안정성, 다시 말해 항공기 감항성을 유지하는 가장 기본적이고 필수적인 항공기 정비기술이라고 말할 수 있습니다.

저자는 다년간 항공기 기술자격을 취득하고자 하는 항공 공학도들에게 강의한 경험을 통하여 학생들이 어렵게 느끼는 항공기 정비에 대한 기술지식을 보다 더 알기 쉽고, 정확한 개요를 파악하기 위하여 중요한 핵심문제와 년도별 기출복원문제에 따른 해설을 첨부하여 학생들이 이해할 수 있도록 준비하였습니다.

특히, 이 책은 항공산업기사 실기[필답고사] 취득을 준비하는 학생들에게 적합한 시험 준비서가 될 것으로 확신합니다.

다만, 이 책을 펴냄에 있어서 다소 부족한 점이 있다면 앞으로 독자들의 기탄없는 지적과 관심을 바탕으로 수정할 것을 약속하며, 이 책이 항공기술 분야를 공부하는 학생들에게 다소나마 도움이 된다면 더 없는 기쁨으로 생각하겠습니다.

끝으로 이 책을 출판하게 도와주신 성안당 대표님과 편집부 직원들에게 진심으로 감사를 표합니다.

# 시험안내

**1** 원서접수 및 합격자 발표 – http://www.q-net.or.kr

• 접수 가능한 사진 범위

| 구 분 | 내 용 |
|---|---|
| 접수가능 사진 | 6개월 이내 촬영한 (3×4cm) 칼라사진, 상반신 정면, 탈모, 무 배경 |
| 접수 불가능 사진 | 스냅 사진, 선글라스, 스티커 사진, 측면 사진, 모자 착용, 혼란한 배경사진, 기타 신분확인이 불가한 사진<br>※ Q-net 사진등록, 원서접수 사진 등록 시 등 상기에 명시된 접수 불가 사진은 컴퓨터 자동인식 프로그램에 의해서 접수가 거부될 수 있습니다. |
| 본인 사진이 아닐 경우 조치 | 연예인 사진, 캐릭터 사진 등 본인 사진이 아니고, 신분증 미지참 시 시험응시 불가(퇴실) 조치<br>– 본인 사진이 아니고 신분증 지참자는 사진 변경등록 각서 징구 후 시험 응시 |
| 수험자 조치사항 | 필기시험 사진상이자는 신분확인 시까지 실기원서접수가 불가하므로 원서 접수 지부(사)로 본인이 신분증, 사진을 지참 후 확인 받으시기 바랍니다. |

**2** 시험과목

• 필기 : 1. 항공역학 20문제
　　　　2. 항공기 기체 20문제
　　　　3. 항공기 엔진 20문제
　　　　4. 항공기 계통 20문제

• 실기 : 항공기 정비 실무 52항목

**3** 검정방법

• 필기 : 객관식 4지 택일형 80문항(2시간)
　① 과목별 40점 이상, 전 과목 평균 60점 이상 합격

• 실기 : 복합식(필답 + 작업)
　① 필답시험 : 1시간 정도, 배점 45점
　② 작업시험 : 4시간 정도, 배점 55점

**4** 합격기준 – 100점 만점에 60점 이상 득점자

**실기**

| 주요항목 | 세부항목 | 세세항목 |
|---|---|---|
| 1. 항공기 기체 기본작업 | 1. 볼트, 너트, 스크루 작업하기 | 1. 볼트를 장·탈착 할 수 있다. <br> 2. 너트를 장·탈착 할 수 있다. <br> 3. 스크루를 장·탈착 할 수 있다. |
| | 2. 토크렌치 작업하기 | 1. 볼트와 너트에 토크 규정 값을 줄 수 있다. <br> 2. 스크루(screw)에 토크 규정 값을 줄 수 있다. <br> 3. 잠금 너트에 토크 규정 값을 줄 수 있다. <br> 4. 기타 하드웨어에 토크 규정 값을 줄 수 있다. |
| | 3. 부품 안전 고정 작업하기 | 1. 부품 고정 작업에 적합한 안전결선 와이어의 재질과 규격을 선택할 수 있다. <br> 2. 부품 고정 작업에 적합한 코터핀 재질과 규격을 선택할 수 있다. <br> 3. 공구를 이용하지 않는 수작업에 의한 복선식 안전결선 작업을 수행할 수 있다. <br> 4. 공구를 이용하지 않는 수작업에 의한 단선식 안전결선 작업을 수행할 수 있다. <br> 5. 와이어 트위스터(wire twister)를 이용한 복선식 안전결선 작업을 수행할 수 있다. <br> 6. 부품을 토크렌치로 고정한 후 코터핀으로 안전고정 작업을 수행할 수 있다. <br> 7. 안전결선, 코터핀 작업 후 정비지침서에 근거한 검사를 수행할 수 있다. |
| 2. 항공기 판금작업 | 1. 전개도 작성하기 | 1. 실제 치수의 부품 평면도를 작성할 수 있다. <br> 2. 실제 치수의 부품 정면도를 작성할 수 있다. <br> 3. 전개도 작성 방법에 따라 부품의 전개도를 작성할 수 있다. |
| | 2. 마름질 절단하기 | 1. 도면의 치수에 적합하게 판재를 전단기로 절단할 수 있다. <br> 2. 전개도 표시대로 판재에 금긋기 작업을 할 수 있다. <br> 3. 표시된 절단선대로 판재를 절단할 수 있다. |

| 주요항목 | 세부항목 | 세세항목 |
|---|---|---|
| | 3. 판재 이음하기 | 1. 두 개의 판재 이음 작업을 할 때 겹치는 부분의 여유 길이를 계산할 수 있다.<br>2. 겹쳐진 두 개의 판재를 이음 작업할 수 있다.<br>3. 두 개의 판재에 리벳 건을 사용하여 리벳 이음 작업할 수 있다. |
| | 4. 판재 성형하기 | 1. 판재의 굽힘 작업을 수행할 수 있다.<br>2. 판재의 플랜지 성형 방법을 수행할 수 있다.<br>3. 판재의 곡면 성형으로 날개의 앞부분을 제작할 수 있다. |
| | 5. 판재 리벳 결합 작업하기 | 1. 판재결합 작업에 적합한 리벳의 종류와 리벳치수를 선정할 수 있다.<br>2. 결합할 판재에 리벳작업을 위한 드릴 작업을 수행할 수 있다.<br>3. 리벳 건으로 리벳 작업을 수행할 수 있다.<br>4. 판재에 리벳 성형 후 검사를 수행할 수 있다.<br>5. 판재의 성형된 리벳에서 불량리벳을 제거할 수 있다.<br>6. 리벳의 종류와 판재의 두께에 따라 리벳을 배열할 수 있다. |
| 3. 항공기 배관작업 | 1. 굽힘 성형하기 | 1. 튜브커터를 사용하여 튜브를 절단할 수 있다.<br>2. 튜브를 실측된 치수로 정확하게 굽힘 성형 작업을 수행할 수 있다.<br>3. 튜브 성형공정 후 검사 작업을 수행할 수 있다. |
| | 2. 플레어 작업 후 연결하기 | 1. 수공구로 단일 플레어 작업을 수행할 수 있다.<br>2. 수공구로 이중 플레어 작업을 수행할 수 있다.<br>3. 플레어링 장비를 이용하여 플레어 작업을 수행할 수 있다.<br>4. 플레어 튜브를 장착할 수 있다.<br>5. 플레어 튜브 장착 상태에 대한 검사와 조치 방법을 수행할 수 있다. |
| | 3. 플레어리스 연결하기 | 1. 플레어리스 연결 작업을 수행할 수 있다.<br>2. 슬리브 스웨이지 연결 작업을 수행할 수 있다.<br>3. 플레어리스 접합 부분의 검사를 수행할 수 있다.<br>4. 플레어리스 튜브를 장착할 수 있다.<br>5. 플레어리스 튜브 장착 상태에 대한 검사와 조치 방법을 수행할 수 있다. |

| 주요항목 | 세부항목 | 세세항목 |
|---|---|---|
| | 4. 호스 연결하기 | 1. 가용성 호스를 식별할 수 있다.<br>2. 호스에 피팅 연결 작업을 수행할 수 있다.<br>3. 호스에 데칼 부착 작업을 수행할 수 있다.<br>4. 호스를 올바르게 장착할 수 있다. |
| 4. 항공기 왕복엔진<br>실린더 점검 | 1. 실린더 점검하기 | 1. 점검매뉴얼, 점검표에 따라 실린더 상태를 검사<br>할 수 있다.<br>2. 실린더 내경을 측정할 수 있다.<br>3. 실린더를 교환할 수 있다. |
| | 2. 실린더 밸브 점검하기 | 1. 점검매뉴얼, 점검표에 따라 실린더 밸브를 검사<br>할 수 있다.<br>2. 실린더 밸브 간극을 조절할 수 있다.<br>3. 실린더 밸브를 교환할 수 있다. |
| | 3. 실린더 압축 검사하기 | 1. 점검매뉴얼, 점검표에 따라 실린더 압축 상태를<br>점검할 수 있다.<br>2. 실린더 압축링을 교환할 수 있다.<br>3. 실린더 압축 시험기를 사용할 수 있다. |
| | 4. 실린더 오일 누설 검사하기 | 1. 점검매뉴얼, 점검표에 따라 실린더 오일 누설상<br>태를 검사할 수 있다.<br>2. 실린더 오일링을 교환할 수 있다.<br>3. 오일 누설량을 측정할 수 있다. |
| | 5. 피스톤 검사하기 | 1. 점검매뉴얼, 점검표에 따라 피스톤, 피스톤링 상<br>태를 검사할 수 있다.<br>2. 피스톤의 이물질을 연마, 부식 등의 방법으로 제<br>거할 수 있다.<br>3. 피스톤, 피스톤링을 교환할 수 있다. |
| 5. 항공기 왕복엔진<br>점화계통 점검 | 1. 마그네토 점검하기 | 1. 점검매뉴얼, 점검표에 따라 마그네토의 작동 상<br>태를 점검할 수 있다.<br>2. 마그네토의 타이밍을 조절할 수 있다.<br>3. 마그네토를 교환할 수 있다. |
| | 2. 점화 플러그 점검하기 | 1. 점검매뉴얼, 점검표에 따라 점화 플러그를 세척,<br>검사할 수 있다.<br>2. 점화 플러그의 간극을 조절할 수 있다.<br>3. 점화 플러그를 교환할 수 있다. |

| 주요항목 | 세부항목 | 세세항목 |
|---|---|---|
| | 3. 점화 배선 점검하기 | 1. 점검매뉴얼, 점검표에 따라 점화 배선을 검사할 수 있다.<br>2. 점화 배선의 절연상태를 검사할 수 있다.<br>3. 점화 배선을 교환할 수 있다. |
| | 4. 점화 시기 조절하기 | 1. 점검매뉴얼, 점검표에 따라 점화 시기를 검사할 수 있다.<br>2. 점화 시기를 조절할 수 있다.<br>3. 엔진과 마그네토의 점화시기를 맞출 수 있다. |
| | 5. 브레이커 포인트 점검하기 | 1. 점검매뉴얼, 점검표에 따라 브레이커 포인트를 검사할 수 있다.<br>2. 브레이커 포인트 간격을 측정하고 조절할 수 있다.<br>3. 브레이커 포인트를 교환할 수 있다. |
| | 6. 콘덴서 교환하기 | 1. 점검매뉴얼, 점검표에 따라 콘덴서를 검사할 수 있다.<br>2. 콘덴서의 최소 용량을 검사할 수 있다.<br>3. 콘덴서를 교환할 수 있다. |
| 6. 항공기 가스터빈 엔진계통 고장탐구 | 1. 시동계통 고장탐구하기 | 1. 정비지침서, 장비매뉴얼로부터 시동계통의 구성, 구성품의 종류와 기능을 조사하고, 시동계통의 작동절차와 고장원인에 대한 자료를 수집할 수 있다.<br>2. 엔진 시동계통 고장탐구에 필요한 장비와 공구에 대한 사용과 취급을 올바로 수행할 수 있다.<br>3. 엔진을 시동시킬 수 있다.<br>4. 엔진을 비상 정지시킬 수 있다.<br>5. 시동결함 원인을 결함수분석도에 따라 분석할 수 있다.<br>6. 시동 작동 후 고장탐구 결과를 정비기록 문서로 작성할 수 있다. |
| | 2. 점화계통 고장탐구하기 | 1. 정비지침서, 장비매뉴얼로부터 점화계통의 구성, 구성품의 종류와 기능을 조사하고, 점화계통의 작동절차와 고장원인에 대한 자료를 수집할 수 있다.<br>2. 엔진 점화계통 고장탐구에 필요한 장비와 공구의 사용과 취급을 올바로 수행할 수 있다.<br>3. 시동점화릴레이와 비상점화스위치의 기능을 점검할 수 있다. |

| 주요항목 | 세부항목 | 세세항목 |
|---|---|---|
| | 2. 점화계통 고장탐구하기 | 4. 이그나이터(igniter)를 교환할 수 있다.<br>5. 점화결함 원인을 결함수분석도에 따라 분석할 수 있다.<br>6. 점화 작동 후 고장탐구 결과를 정비기록 문서로 작성할 수 있다. |
| | 3. 연료계통 고장탐구하기 | 1. 정비지침서, 장비매뉴얼로부터 연료계통의 구성, 구성품의 종류와 기능을 조사하고, 연료계통의 작동절차와 고장원인에 대한 자료를 수집할 수 있다.<br>2. 엔진 연료계통 고장탐구에 필요한 장비와 공구의 사용과 취급을 올바로 수행할 수 있다.<br>3. 이그나이터가 정상인 상태에서 연료가 점화되지 않을 때 고장조치를 할 수 있다.<br>4. 과도한 연료의 누설이 발생했을 때 고장 조치를 할 수 있다.<br>5. 엔진의 회전수가 100% RPM에 도달하지 못하는 경우 고장 조치를 할 수 있다.<br>6. 연료계통에 대한 고장탐구 결과를 정비기록 문서로 작성할 수 있다. |
| | 4. 윤활계통 고장탐구하기 | 1. 정비지침서, 장비매뉴얼로부터 윤활계통의 구성, 구성품의 종류와 기능을 조사하고, 윤활계통의 작동절차와 고장원인에 대한 자료를 수집할 수 있다.<br>2. 윤활계통 고장탐구에 필요한 장비와 공구의 사용과 취급을 올바로 수행할 수 있다.<br>3. 윤활유 압력이 규정 이하일 때 고장 조치를 할 수 있다.<br>4. 윤활유 압력이 규정 이상일 때 고장 조치를 할 수 있다.<br>5. 윤활유 누설이 발생하는 경우 고장 조치를 할 수 있다.<br>6. 윤활계통 고장탐구 결과를 정비기록 문서로 작성할 수 있다. |

| 주요항목 | 세부항목 | 세세항목 |
|---|---|---|
| | 5. 공압계통 고장탐구하기 | 1. 정비지침서, 장비매뉴얼로부터 공압계통의 구성, 구성품의 종류와 기능을 조사하고, 공압계통의 작동절차와 고장원인에 대한 자료를 수집할 수 있다.<br>2. 공압계통 고장탐구에 필요한 장비와 공구의 사용과 취급을 올바로 수행할 수 있다.<br>3. 방빙계통의 고장 수리작업을 수행할 수 있다.<br>4. 여압계통의 고장 수리작업을 수행할 수 있다.<br>5. 냉각계통의 고장 수리작업을 수행할 수 있다.<br>6. 공압계통 고장탐구 결과에 대한 정비기록 문서를 작성할 수 있다. |
| | 6. 출력계통 고장탐구하기 | 1. 정비지침서, 장비매뉴얼로부터 출력계통의 구성, 구성품의 종류와 기능을 조사하고, 출력계통의 작동절차와 고장원인에 대한 자료를 수집할 수 있다.<br>2. 출력계통 고장탐구에 필요한 장비와 공구의 사용과 취급을 올바로 수행할 수 있다.<br>3. 주연료 계통의 출력을 점검하고 조절할 수 있다.<br>4. 비상연료 계통의 출력을 점검하고 조절할 수 있다.<br>5. 엔진의 진동, 서지(surge), 잡음, 실속, 배기가스 온도 상승 현상에 대한 원인을 분석할 수 있다.<br>6. 출력계통 고장탐구 결과에 대한 정비기록 문서를 작성할 수 있다. |
| 7. 항공 전기·전자 계통 점검 | 1. 측정장비 사용하기 | 1. 사용법설명서(instruction)에 따라 멀티미터(multimeter)를 사용하여 저항, 전압, 전류를 측정할 수 있다.<br>2. 사용법설명서에 따라 절연저항계(megohmmeter)를 사용하여 절연저항을 측정할 수 있다.<br>3. 사용법설명서에 따라 오실로스코프(oscilloscope)를 사용하여 주파수를 측정할 수 있다. |
| | 2. 항공기정비매뉴얼(AMM) 활용하기 | 1. 항공기정비매뉴얼의 입문서(introduction)에 따라 동체의 위치(station)를 찾을 수 있다.<br>2. 항공기정비매뉴얼의 입문서에 따라 계통의 개요(description)를 찾을 수 있다. |

| 주요항목 | 세부항목 | 세세항목 |
|---|---|---|
| | 2. 항공기정비매뉴얼(AMM) 활용하기 | 3. 항공기정비매뉴얼의 입문서에 따라 해당 구성품의 장·탈착 절차를 찾을 수 있다.<br>4. 항공기정비매뉴얼의 입문서에 따라 해당 구성품의 작동 절차를 찾을 수 있다. |
| | 3. 결함분리매뉴얼(FIM) 활용하기 | 1. 결함분리매뉴얼(fault isolation manual)의 입문서(introduction)에 따라 결함 확인 절차를 찾을 수 있다.<br>2. 결함분리매뉴얼의 입문서에 따라 결함 해소 방법을 찾을 수 있다.<br>3. 결함분리매뉴얼의 입문서에 따라 결함 예상 부품의 위치를 찾을 수 있다.<br>4. 결함분리매뉴얼의 입문서에 따라 결함 예상 부품의 작업절차를 찾을 수 있다. |
| | 4. 배선매뉴얼(WDM) 활용하기 | 1. 배선매뉴얼(wiring diagram manual)의 입문서에 따라 계통의 회로도를 분석할 수 있다.<br>2. 배선매뉴얼의 부품리스트(equipment list)에 따라 해당 구성품의 부품번호를 찾을 수 있다.<br>3. 배선매뉴얼의 전선리스트(wire list)에 따라 전선의 부품번호를 찾을 수 있다.<br>4. 배선매뉴얼의 입문서(introduction)에 따라 해당 구성품의 장착 위치를 찾을 수 있다.<br>5. 배선매뉴얼의 회로도에 따라 회로를 점검할 수 있다. |
| 8. 항공 전기·전자 기본 작업 | 1. 전선 교환하기 | 1. 기본배선작업매뉴얼(standard wiring practice manual)의 배선 조립과 장착 절차에 따라 해당 전선을 교환할 수 있다.<br>2. 기본배선작업매뉴얼의 배선 조립과 장착 절차에 따라 해당 전선을 전선 다발에 묶을 수 있다.<br>3. 기본배선작업매뉴얼의 배선 조립과 장착 절차에 따라 해당 전선 다발을 장착할 수 있다. |
| | 2. 커넥터(connector) 작업하기 | 1. 기본배선작업매뉴얼의 커넥터 작업절차에 따라 커넥터 부품번호를 식별할 수 있다.<br>2. 기본배선작업매뉴얼의 커넥터 작업절차에 따라 커넥터 콘택트(connector contact)의 부품번호를 찾을 수 있다. |

| 주요항목 | 세부항목 | 세세항목 |
|---|---|---|
| | 2. 커넥터(connector) 작업하기 | 3. 기본배선작업매뉴얼의 커넥터 작업절차에 따라 커넥터 수리에 필요한 공구를 선정할 수 있다<br>4. 기본배선작업매뉴얼의 커넥터 작업절차에 따라 커넥터에서 콘택트(contact)를 빼낼 수 있다.<br>5. 기본배선작업매뉴얼의 커넥터 작업절차에 따라 콘택트 크림핑(contact crimping) 작업을 할 수 있다.<br>6. 기본배선작업매뉴얼의 커넥터 작업절차에 따라 커넥터에 콘택트를 삽입할 수 있다. |
| | 3. 터미널(terminal) 작업하기 | 1. 기본배선작업매뉴얼의 터미널 작업절차에 따라 해당 터미널을 선정할 수 있다.<br>2. 기본배선작업매뉴얼의 터미널 작업절차에 따라 터미널 크림핑공구(crimping tool)를 선정할 수 있다.<br>3. 기본배선작업매뉴얼의 터미널 작업절차에 따라 터미널 크림핑 작업을 할 수 있다. |
| | 4. 스플라이스(splice) 작업하기 | 1. 기본배선작업매뉴얼의 스플라이스 작업절차에 따라 해당 스플라이스(splice)를 선정할 수 있다.<br>2. 기본배선작업매뉴얼의 스플라이스 작업절차에 따라 스플라이스 크림핑공구를 선정할 수 있다.<br>3. 기본배선작업매뉴얼의 스플라이스 작업절차에 따라 스플라이스 크림핑 작업을 할 수 있다. |
| | 5. 납땜 작업하기 | 1. 회로도에 따라 회로를 구성할 수 있다.<br>2. 회로소자를 판별할 수 있다.<br>3. 납땜작업을 할 수 있다. |
| 9. 항공기 조명계통 점검 | 1. 내부조명장치 점검하기 | 1. 항공기정비매뉴얼의 내부조명장치 작동절차에 따라 내부조명장치의 고장을 탐구할 수 있다.<br>2. 항공기정비매뉴얼의 내부조명장치 램프 장·탈착 절차에 따라 램프(lamp)를 교환할 수 있다.<br>3. 항공기정비매뉴얼의 안정기 장·탈착 절차에 따라 안정기(ballast)를 교환할 수 있다.<br>4. 항공기정비매뉴얼의 내부조명장치 작동절차에 따라 내부조명장치의 작동을 시험할 수 있다. |

| 주요항목 | 세부항목 | 세세항목 |
|---|---|---|
| | 2. 외부조명장치 점검하기 | 1. 항공기정비매뉴얼의 외부조명장치 작동절차에 따라 외부조명장치의 고장을 탐구할 수 있다.<br>2. 항공기정비매뉴얼의 외부조명장치 램프 장·탈착 절차에 따라 램프를 교환할 수 있다.<br>3. 항공기정비매뉴얼의 변압기 장·탈착 절차에 따라 변압기(transformer)를 교환할 수 있다.<br>4. 항공기정비매뉴얼의 외부조명장치 작동절차에 따라 외부조명장치의 작동을 시험할 수 있다. |
| | 3. 비상조명장치 점검하기 | 1. 항공기정비매뉴얼의 비상조명장치 작동절차에 따라 비상조명장치의 고장을 탐구할 수 있다.<br>2. 항공기정비매뉴얼의 비상조명장치 램프 장·탈착 절차에 따라 램프를 교환할 수 있다.<br>3. 항공기정비매뉴얼의 비상조명장치 배터리 장·탈착 절차에 따라 배터리를 교환할 수 있다.<br>4. 항공기정비매뉴얼의 비상조명장치 작동절차에 따라 비상조명장치의 작동을 시험할 수 있다. |

# 차례

# 핵심문제

$\cdots\cdots\cdots\cdots\cdots\to$ **Part 1**

# Chapter 01

# 정비일반

## 1) 정비일반

### 01 모기지(main base)에 대하여 설명하시오.

**정답** 모기지(main base) – 정비작업을 위해 설비 및 인원 부분품 등을 충분히 갖추고 정시점검 이상의 정비 작업을 수행할 수 있는 기지

> **참고**
> • 정비기지(station) : 항공기가 발착하는 지점으로 출발기지, 중도기항 기지, 종착 기지 및 반환기지 등으로 분류 할 수 있다.
> • 운항정비(line maintenance) : 항공기의 운항을 직접 지원하는 정비로서 간단한 일상정검, 유류의 보급. 비행중의 결함처리 및 이륙준비를 위한 확인 작업 등을 말한다.

### 02 공장정비의 종류 3가지를 기술하시오.

**정답** ① 기체 공장정비
② 기관 공장정비
③ 전자·보기의 공장정비

> **참고**
> 공장정비의 3단계 : 오버홀, 수리, 벤치 체크

### 03 정비요구(maintenance requirement)에 대하여 서술하시오.

**정답** 반드시 수행 되어야 할 정비작업의 항목과 시간의 간격, 시기, 절차 등을 말하며 작업요구, 작업표준, 작업절차 등으로 구분된다.

> **참고**
> 정비체계(maintenance system) : 정비 요구를 계획·실시함에 있어서 기본적인 운용형태 또는 정비의 체제를 의미하며, 정비 개념, 정비요구와 정비 방법 등을 포함한 전반적인 정비 활동을 말한다.

**04** 표본점검 samplinginspection에 대하여 서술하시오.

**정답** 동일 형식의 항공기나 발동기, 프로펠러 및 보기운용 계수를 감안하여 표본 수를 정하여 inspection 함으로써 전량에 대하여 검사하는데 필요한 인력, 물자, 시간의 소모를 줄이고 당해 형식의 신뢰도를 검토 판단하는 검사 방법이다.

**05** 정비사가 수행하는 확인행위 4가지를 기술하시오.

**정답** ① 정비한 항공기에 대하여 확인하는 행위
② 규격 장비품 또는 부품의 교환 작업 확인
③ 긴도 조절(리깅) 또는 간격의 조정 작업 확인
④ 수리 또는 개조한 항공기의 항공일지에 서명

**06** 항공기의 감항성에 대하여 서술하시오.

**정답** 감항성(Airworthiness)이란 항공기가 운항 중에 고장 없이 그 기능을 정확하고 안전하게 발휘 할 수 있는 능력을 말한다.

**07** flight time 비행시간과 block time 구간시간에 대해 설명하시오.

**정답** • flight time : 항공기가 비행을 목적으로 주기장에서 자력으로 움직이기 시작한 순간부터 착륙하여 정지 할 때까지의 시간
• block time : 출발지의 spot(비행기 대기 계류지점)을 출발하여 목적지의 spot에 도착하기까지의 시간으로써 시간표에 기입되어있는 시간의 1단위

**08** 점검(check)의 종류 3가지를 기술하시오.

**정답** ① 작동점검(operation check)
② 기능점검(function check)
③ 육안점검(visual check)

**09** 항공기의 hard time에 대해 간단히 서술하시오.

**정답** 예방정비 개념을 기본으로 하여 장비(보기)나 부품의 상태에 관계없이 정비 시간 또는 폐기시간의 한계를 정하여 정기적으로 분해점검 하거나 교환하는 정비방식의 기준시간(기간)으로 오버홀이나 시한성 부품설정 등이 있다.

> **참고**
>
> 정상작업과 특별작업의 차이점을 설명하라.
> 정상작업은 항공기의 감항성을 유지하기 위해 수행되지만, 특별작업은 개조 및 일시적인 검사 등을 수행한다.

**10** 분해검사에 대해 간단히 서술하시오.

> **정답** disassembly check란 부품이 허용한계치 이내인지 손상은 없는지를 확인하기 위해 분해하여 세척 후 검사함을 말한다.

> **참고**
>
> 수리순환부품의 상태에 따른 색 표식을 써라.
> - 노란색 : 사용가능
> - 파란색 : 수리 중
> - 빨간색 : 폐기
> - 초록색 : 수리요구

**11** 잭 작업 시 유의사항 5가지에 대하여 기술하시오.

> **정답** ① 잭의 용량 및 안전성확인(잭은 사용하기 전에 사용가능 상태를 검사하고, 잭 작업은 4명 이상이 작업을 한다.)
> ② 표면이 단단하고 평평한 장소에서 수행한다.
> ③ 바람의 영향이 없는 격납고에서 작업(최대허용풍속 24km/h 이내)
> ④ 작업장주변의 정리정돈 및 잭 침하 방지를 위해 램고정 너트 사용
> ⑤ 동일한 부하가 걸리도록 수평을 유지하면서 올림과 내림
> ⑥ 밸런스에 영향을 미치는 떼어낸 장비품 등을 정위치 장착 또는 밸러스트 추가
> ⑦ 위험한 장비나 항공기의 연료를 제거한 상태에서 작업을 해야 한다.
> ⑧ 항공기가 잭 위에 올려져 있는 동안 "Jack up"이라는 안전표지를 설치해야 한다. 잭에 과부하가 걸리지 않도록 하며, 잭 패드에 항공기 하중이 균일하게 분포하도록 해야 한다.
> ⑨ 착륙장치가 Down Lock 위치에 있을 때 고정 안전핀이 확실하게 부착되어 있는지를 확인해야 한다.

**12** 지상유도 시 안전사항 3가지를 기술하시오.

> **정답** ① 활주신호는 동작을 크게 하여 명확히 표시하여야 한다.
> ② 만약 신호가 확실하지 못하여 조종사가 신호에 따르지 않을 경우에는 정지신호를 한 다음 신호를 다시 시작해야 한다.
> ③ 조종사와 신호수는 계속 일정한 거리를 유지해야 하며 뒷걸음질 할 때는 장애물에 걸려 넘어지지 않도록 주의한다.
> ④ 유도신호수의 정위치는 오른쪽이나 왼쪽 날개 끝에서 앞쪽 방향이며, 조종사가 신호를 잘 볼 수 있도록 해야 한다.
> ⑤ 유도신호는 동작을 크게 하여 명확하게 표시해야 한다.
> ⑥ 야간에 항공기를 유도할 경우에는 등화봉을 사용하여 유도해야 한다.
> ⑦ 야간 유도신호는 정지신호를 제외하고는 주간에서의 유도신호와 같은 방법으로 해야 한다.

⑧ 야간에 사용되는 정지신호는 "긴급정지"신호이며 등화봉을 머리 앞쪽에서 " X "자로 그려 표시해야 한다.

**13** 정비기지에 대하여 설명하시오.

> **정답** • station : 항공기의 발착하는 지점으로 출발기지, 중도기항기지, 종착기지, 반환기지 등으로 분류한다.
> • main base : 정비를 위한 설비 인원 부품 등을 충분히 갖추고 정시점검 이상의 정비작업을 수행할 수 있는 기지

> **참고**
> • 사용시간(timein service) : 항공기가 이륙하려고 바퀴가 지면에서 떨어지는 시간부터 착륙하여 착지하는 순간까지의 시간이다. 작동 시간 이라고도 하며 점검주기나 부품의 수명을 산출하는데 사용되는 시간을 말한다.
> • 한계시간(time limit) : 부품의 오버홀, 폐기시킬 때까지의 허용된 누계사용 시간, 또는 기체의 특정한 정비를 행할 수 있게 허용된 누계 사용 시간

**14** 다음 각각의 항공기 유도신호는 무엇인지 기술하시오.

①

②

③

> **정답** ① 유도자 표시
> ② 감속(회전익 하강)
> ③ 촉 장착

**15** 대형항공기 계류(mooring) 시 유의사항을 5가지만 간단히 서술하시오.

> **정답** ① 각종 플러그와 커버를 장착한다.
> ② 날개 앞전과 뒷전을 비행상태로 둔다.
> ③ 조종면에 ground lock을 장착한다.
> ④ Parking brake를 잡아놓는다.
> ⑤ Main Fuel Tanks에 최소 10%의 연료를 채운다.

**16** 항공기 항법등의 위치명과 색깔에 대하여 기술하시오.

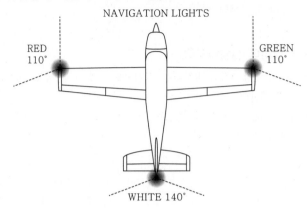

**정답** ① 날개 좌측 : 적색
② 날개 우측 : 청색
③ 꼬리 날개 : 백색

**17** 항공기 정비 목표를 경제성을 제외하고 3가지를 기술하시오.

**정답** ① 감항성
② 정시성
③ 쾌적성

**18** 항법등의 역할에 대하여 기술하시오.

**정답** ① 항공기의 진행 방향과 위치를 표시하기 위한 등화
② 왼쪽 날개 끝 : 붉은색
③ 오른쪽 날개 끝 : 녹색등
④ 동체 꼬리 : 흰색등

**19** 착륙장치 경고 회로에 의한 각 상태별 경고등의 반응에 대하여 기술하시오.

**정답** ① 바퀴가 완전히 내려간 상태 : 녹색등
② 바퀴가 완전히 올라간 상태 : 아무런 불이 켜지지 않음
③ 바퀴가 올라가지도 내려가지도 않은 상태 : 붉은색

**20** 다음에 해당하는 조명을 각각 2가지만 기술하시오.

**정답** ① 조종실조명 : 실내조명, 계기 및 판넬조명, 표시등, 보조조명 등
② 객실조명 : 천장등, 출입구등, 독서등, 객실시안등, 화장실조명등, 비상등
③ 항공기외부조명 : 항공등, 출동 방지등, 착륙등, 착빙감시등, 선회등, 로고 등

**21** 장비품 정비방법 3가지를 서술하시오.

**정답** ① Hard Time : 시한성 정비 방식. 정비 시간의 한계 및 폐기 시간의 한계를 정해서 정기적으로 분해, 점검 또는 교환하는 방식

② On Condition : 일정한 주기에 점검하여 다음 주기까지 감항성을 유지할 수 있다고 판단되면 계속 사용하고, 발견된 결함에 대해서는 수리 또는 교환하는 방식

③ Condition Monitoring : 시스템이나 장비품의 고장을 분석하여 그 원인을 제거하기 위한 적절한 조치를 취함으로써 항공기의 감항성을 유지하는 정비방식

④ Carry-Over : 감항성에 영향을 미치지 않는 경우 MEL에 따라서 결함이 있는 상태로 항공기를 운용하는 방식

**22** 다음 각각의 항공기 유도신호의 의미를 기술하시오.

1)  2)  3)

**정답** 1) 기관정지(cut engine)
2) 고임목 설치(chockinsert)
3) 감속(slow down)

**23** 다음 점검에 대해 기술하시오.

A Check, B Check, C Check, D Check

**정답** ① A Check : 운항에 직접 관련해서 빈도가 높은 정비단계로서 항공기 내·외의 Walk-Aroundinspection, 특별장비의 육안점검, 액체 및 기체류의 보충, 결함 교정, 기내청소, 외부세척 등을 행하는 점검

② B Check : 항공기 내·외부의 육안 검사, 특정 구성품의 상태점검 또는 작동점검, 액체 및 기체류의 보충을 행하는 점검

③ C Check : 제한된 범위 내에서 구조 및 계통의 검사, 계통 및 구성품의 작동점검, 계획된 보기 교환, Servicing 등을 행하여 항공기의 감항성을 유지하는 점검

④ D Check : 인가된 점검주기 시간 한계 내에서 항공기 기체구조 점검을 주로 수행하며, 부분품의 기능점검 및 계획된 부품의 교환, 잠재적 교정과 Servicing 등을 행하여 감항성을 유지하는 기체점검의 최고단계를 말한다.

**24** 항공일지(비행일지) 2가지에 대하여 기술하시오.

**정답** 탑재용 항공일지, 지상비치용 발동기 및 프로펠러 항공일지

**25** 방화구역(fire zone)에 대해 설명하시오.

**정답** Fire Zone이라 함은 화재 탐지(Fire Detection)와 화재 소화 장비, 그리고 화재에 대한 높은 저항력이 요구되는 곳으로써 항공기 제작자에 의해서 지정된 지역이나 부위이다.

> **참고**
>
> • Class A Zone : 유사한 모양의 장애물에 공기의 흐름이 정렬된 장치를 통과하는 여러 곳이다. 왕복기관의 Power Section 지역이다.
> • Class B Zone : 공기의 흐름이 장애물을 공기력으로 제거하는 다수의 지역이다. Heat Exchanger Duct와 Exhaust Manifold Shroud 지역이다.
> • Class C Zone : 비교적 적은 공기의 흐름이 있다. Power Section으로부터 격리된 Engine Accessory Components 지역이다.

**26** 다음 그림의 작업에 쓰이는 공구의 명칭과 역할을 기술하시오.

**정답** ① 명칭 : 와이어 스트리퍼(wire striper)
② 역할 : 전선 피복을 벗길 때 주로 사용

**27** 견인 작업 시 주의사항에 대하여 기술하시오.

**정답** ① 견인 속도는 몇 km 이내여야 하는가? : 8km/h(5mile)
② 견인 시 감독자 위치? : 정면에서 유도

**28** 항공기 주기 시 주의사항 3가지를 기술하시오.

**정답** ① 항공기 기수를 바람부는 쪽(정풍)으로 향하게 한다.
② 마닐라 로프는 젖으면 줄어들기 때문에 약간의 여유를 두고 묶어야 한다.
③ 고정장치를 사용하여 조종면 등을 고정하고 바퀴에는 받침목을 고인다.

**29** 가스켓과 패킹링의 공통 목적과 차이점을 기술하시오.

정답 ① 목적 : 유압과 공기압 계통에 사용, 계통의 손실 방지, 유체의 누설 최소화
② Gasket : 상대적으로 운동이 없는 고정부에 사용한다.
③ Packing : 상대적으로 운동하는 이동부에 사용한다(천연고무).

**30** 다음 버니어 캘리퍼스의 값을 읽고 기록하시오.

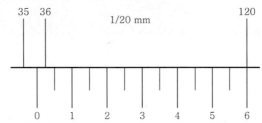

정답 ① 35.6mm

**31** 최소눈금이 1/100mm인 마이크로미터가 배럴은 8과 1/2을 지나고 배럴과 심블은 25눈금에 일치 되었을 때의 값을 기록하시오.

정답 8.75mm[그림참조]

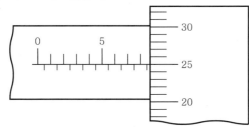

**32** 다음 보기의 질문에 대하여 기술하시오.

─────── [보기] ───────

가. FOD에 대한 정의를 기술하시오.
나. FOD 방지장치의 위치와 방지장치의 명칭을 기술하시오.
다. FOD의 종류를 기술하시오.

정답 가. 외부 손상 물질
나. 흡입구 입구 / 스크린섹터
다. 작은 돌, 금속 조각, 새, 볼트, 너트 등으로 손상을 줄 수 있는 물질들

# 항공역학

## 1) 날개이론

**01** 슬롯의 역할 및 슬롯과 같은 앞전 플랩 종류 2가지를 쓰시오.

**정답** ① 역할 : 날개에서 높은 에너지의 공기흐름을 날개 윗면으로 유도하여, 높은 받음각에서 공기흐름의 박리를 지연시키는 장치이다.
② 앞전 플랩의 종류 : 드룹노즈, 핸들리페이지슬롯, 크루거 플랩, 로컬캠버, 슬랫

## 2) 비행기의 안정과 조종

**01** 1차 조종면과 2차 조종면을 구분하여 쓰시오.

**정답** • 1차 조종면 : 도움날개, 승강키, 방향키
• 2차 조종면 : 플랩, 탭, 스포일러

**02** 조종간을 다음과 같이 움직일 때 항공기의 움직임을 쓰시오.

가. 앞으로 밀 때
나. 뒤로 당길 때
다. 좌측으로 회전할 때
라. 우측으로 회전할 때

**정답** 가. 하강
나. 상승
다. 좌선회
라. 우선회

## 3) 비행성능

**01** 다음 각각의 질문에 기술하시오.

가. 고양력 장치 3가지를 쓰시오.

나. 고항력 장치 3가지를 쓰시오.

다. 경계층 제어장치의 종류를 쓰시오.

**정답** 가. 고양력장치 3가지 : 앞전 플랩(슬롯 포함), 뒷전 플랩, 경계층 제어장치

나. 고항력장치 : Air Beaker, 역추력장치, 드래그슈트

다. 경계층 제어장치의 종류 : 와류발생장치

## 4) 프로펠러 추진원리

**01** 유효피치와 기하학적 피치에 대하여 기술하시오.

**정답** ① 유효피치 : 프로펠러 1회전에 실제로 얻은 전진 거리($EP = V \times \dfrac{60}{n} = 2\pi r \cdot \tan\phi$)

② 기하학적 피치 : 공기를 강체로 가정하고 이론적으로 얻을 수 있는 피치($GP = 2\pi r \cdot \tan\beta$)

# 항공기 엔진

## 1) 프로펠러

**01** 프로펠러 비행기의 기관고장 시 조치사항을 서술하시오.

> **정답** 프로펠러 깃 각을 진행방향과 평행하게 페더링 시켜서 기관의 고장 확대를 방지하고 공기저항을 줄여준다.

> **참고**
>
> 역피치 프로펠러 : 정속 프로펠러에 페더링 기능과 역피치 기능을 부가시킨 것으로 착륙 시 (−)피치각을 가지고 있어 역추력 발생시켜 착륙거리 단축

**02** 가변피치 프로펠러와 정속구동 프로펠러의 차이점을 서술하시오.

> **정답** • 가변피치 : 비행 중 조종사가 당해 비행 목적에 따라 피치변경선택 조절, 일반적으로 저피치와 고피치의 2단 가변프로펠러가 사용된다.
> • 정속구동 : 조속기를 장치하여 기관회전 속도에 관계없이 조종사가 선택한 항상 일정한 프로펠러의 회전속도를 가지며 무한한 피치각의 변화로 가장 좋은 프로펠러 효율을 갖는다.

**03** 정속 프로펠러에 장착된 쌍발엔진(Twin-Engine) 항공기 두 엔진의 rpm을 같게 하려고 설치된 장치의 명칭을 쓰시오?

> **정답** Auto Syncronizer System

**04** 유효피치와 기하학적 피치를 설명하시오.

> **정답** ① 유효피치 : 프로펠러 1회전에 실제로 얻은 전진 거리($EP = V \times \dfrac{60}{n} = 2\pi r \cdot \tan\phi$)
>
> ② 기하학적 피치 : 공기를 강체로 가정하고 이론적으로 얻을 수 있는 피치($GP = 2\pi r \cdot \tan\beta$)

**05** 자동차 가솔린 기관은 9,000rpm을 내는데, 프로펠러 항공기용 가솔린엔진은 어떤 부품을 제한 하였더니 2,800rpm이 나왔다. 기관의 회전수를 제한하는 이유와 장치의 명칭에 대하여 서술하 시오.

> 정답 ① 프로펠러 감속기어 : 엔진이 최대 출력을 내기 위하여 고rpm으로 회전하는 동안 엔진의 출력을 흡수하여 가장 효율적인 속도로 프로펠러를 회전 시킨다. 감속기어를 사용 할 때는 항상 엔진보다 느리게 회전하게 된다.
> ② 제한하는 이유 : 깃 끝 속도가 음속에 가까워지면 실속이 일어나 프로펠러 효율이 급격히 감소된다. 감속 기어를 사용하여 프로펠러 깃 끝 속도를 음속의 90% 이하로 제한한다.

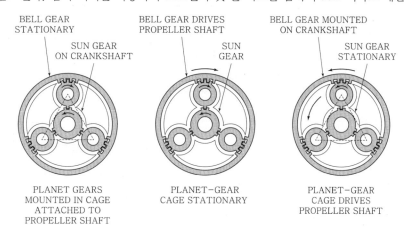

**06** 프로펠러 항공기가 비행 중 엔진에 결함이 발생하였을 때 프로펠러가 바람에 의하여 발생하는 결함의 확대 방지를 위하여 스위치를 조작하여 깃각을 비행방향과 수평방향에 가깝도록 페더링 을 하는 목적에 대하여 기술하시오.

> 정답 풍차작용을 방지

## 2) 열역학 및 항공엔진 사이클

**01** 압력비가 10인 브레이튼 사이클의 열효율을 계산하시오.(단, 공기 비열비는 1.4이다.)

> 정답
> $$\eta_{th} = 1 - \left(\frac{1}{\gamma_P}\right)^{\frac{(K-1)}{K}} = 1 - \frac{1}{10}^{\frac{0.4}{1.4}} = 0.48$$

**02** 압력비가 8이고 비열비가 1.4인 오토 사이클의 열효율을 구하시오.(단 공기 비열비는 1.4이다.)

> 정답
> $$\eta_{tho} = 1 - \left(\frac{1}{\epsilon}\right)^{k-1} = 1 - \left(\frac{1}{8}\right)^{1.4-1} = 0.565 = 56.5\%$$

**03** 다음 그림이 나타내는 열역학적 사이클에서 각 과정에 대해 설명하시오.

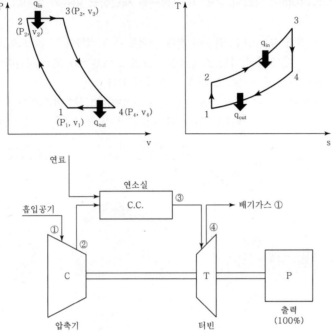

**정답** 브레이턴 사이클(정압사이클)

① 1 → 2 : 단열압축, 압축기에서 공기를 압축

② 2 → 3 : 정압수열, 연소실에서 연소

③ 3 → 4 : 단열팽창, 공기가 터빈을 구동하면서 팽창

④ 4 → 1 : 정압방열, 배기과정

**04** 왕복기관 열효율 공식이 다음과 같을 때 질문에 답을 작성하시오.

$$\text{열효율} : \eta = 1 - \left(\frac{1}{\epsilon}\right)^{k-1}$$

가. 열효율을 증가 시키는 방법은?

나. 위의 방법 적용 시 단점은?

**정답** 가. 압축비를 증가시키면 전체 열효율이 증가된다.

나. 압축비가 높아질 경우 실린더 헤드 온도가 증가하고 노킹 등의 비정상 연소현상 발생가능성이 증가한다.

**05** 가스터빈기관의 $P-V$, $T-S$선도를 그리고 설명하시오.

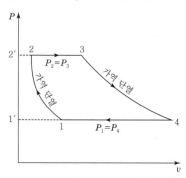 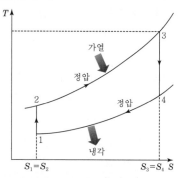

**정답** 단열 압축(1 → 2), 정압 수열(2 → 3), 단열 팽창(3 → 4), 정압 방열(4 → 1)

**06** PV선도에서 등온, 정적, 정압, 단열의 압축, 온도, 체적 관계식을 서술하시오.

**정답** $PV = RT$

## 3) 항공기 엔진의 개요 및 분류

**01** 가스터빈기관의 종류 4가지를 기술하시오.

**정답** ① 터보제트
② 터보팬
③ 터보프롭
④ 터보샤프트

## 4) 왕복엔진의 계통

**01** 왕복엔진에서 기관 정지 시 열전쌍식 온도계가 지시하는 온도는 무엇인지 기술하시오.

**정답** 콜드정션온도(대기온도)

> **참고**
> • 실린더 헤드 온도의 감지 방식 : 열전쌍 방식
> • 실린더 헤드 온도 감지부의 재질 : 철 – 콘스탄탄

**02** 왕복기관에서 압력릴리프 밸브는 계통의 어느 쪽으로 돌려보내는지에 대하여 기술하시오.

**정답** 일반적으로 펌프 출구 쪽에 위치하여 출구압력이 규정값보다 높을 때 펌프의 입구로 돌려보낸다(기능 : 계통의 압력을 일정하게 유지하여 계통을 보호하고 파손을 방지함).

**03** 다기능 밸브의 역할4가지를 기술하시오.

> **정답** 개폐기능, 압력조절기능, 역류 방지기능, 밸브 내부의 공기흐름 조절기능, 기관 작동 시 역류 방지기능을 해제하여 공기공급을 가능하게 함(시동 시)

**04** 마그네토의 모델명에서 각각의 뜻을 기술하시오.

> **정답** SF6LN, DB18RN
> - S : 단식마그네토
> - F : 플렌지 부착방식
> - 6 : 실린더 수 6기통
> - L : 회전방향이 반시계방향
> - N : 제작사(벤딕스)
> - D : 복식마그네토
> - B : 베이스부착방식
> - 18 : 실린더 수 18기통
> - R : 회전방향이 시계방향

**05** spark plug를 규정값으로 조이는 이유에 대하여 기술하시오.

> **정답** 기밀유지 및 나사산 손상 방지
> - 과도 토크 : 나사산 손상, gasket의 손상
> - 과소 토크 : 압축에 의한 혼합가스의 누설 또는 플러그 빠짐

**06** 6기통 대향형기관의 점화순서를 쓰시오.

> **정답** 1-6-3-2-5-4 또는 1-4-5-2-3-6

> **참고**
> - 9기통성형 점화순서 : 1-3-5-7-9-2-4-6-8
> - 14기통 점화순서 : 1-10-5-14-9-13-8-3-12-7-2-11-6
> - 18기통 점화순서 : 1-12-5-16-9-2-13-6-17-10-3-14-7-18-11-4-15-8

**07** 왕복기관에서 혼합비 조절, 연료 미터링 및 조작기능에 대해 3가지를 간단히 서술하시오.

> **정답** ① 해당 출력에 적합한 혼합비가 되도록 연료량을 조절한다.
> ② 고도 증감에 따른 밀도 변화 시에 혼합비의 과농후, 과희박을 방지한다.
> ③ 플로트식 기화기인 경우 고도 증감에 따라 플로트실과 벤튜리의 압력 차이를 증감함으로써 연료량을 증감한다.
> ④ 압력분사식과 직접분사식인 경우 계량 공기압과 계량 연료압의 차이를 증감시켜 연료량을 가감한다.

**08** 오일탱크에서 연료가 발견되었다. 결함 부위와 이유에 대하여 서술하시오.

> **정답** • 가스터빈 : 연료-오일 냉각기의 파손
> • 왕복기관 : 실린더 벽의 과도한 마모, 피스톤링의 마모
> • 이유 : 높은 압력의 연료와 오일도관으로 유입

**09** **부자식 기화기의 가속계통은 언제 작동하는지 서술하시오.**

**정답** 기관을 급가속 시킬 때 작동한다. 스로틀 레버를 급속히 밀어 스로틀 레버를 열 경우에 작동하여 혼합기의 순간적인 희박 상태를 방지하여 역화 발생을 방지하고 과희박해져 기관 이 정지할 수 있으므로 이를 방지하기 하기 위해 부가적인 연료를 일시적으로 추가 공급한다.

**참고**
- 출력장치의 기능 : 기관의 출력이 순항출력보다 큰 출력일 때 농후 혼합비를 만들기 위해 추가적으로 연료를 공급
- 혼합비 조절장치의 기능 : 요구하는 출력에 적합한 혼합비가 되도록 연료량을 조절, 고도에 따라 혼합비를 조절
- 블리드장치의 기능 : 공기와 연료가 혼합이 잘 될 수 있도록 분무가 되게 하는 장치
- 완속장치의 기능 : 기관이 완속으로 작동되어 주 노즐에서 연료가 불출될 수 없을 때는 연료가 공급되어 혼합가스를 만들어 주는 장치

**10** **연료 펌프에서 릴리프 밸브를 통과한 연료는 어디로 가는지 기술하시오.**

**정답** 기어 펌프 입구

**참고**
- 바이패스 밸브 : 계통의 압력이 규정값보다 높을 때 펌프에서 배출되는 압력을 저장탱크로 되돌려 보내기 위한 밸브
- shuttle valve : 정상유압계통에 고장이 생겼을 때 비상 계통을 사용할 수 있도록 해주는 밸브
- sequence valve : 2개 이상의 작동기를 정해진 순서에 따라 작동되도록 유압을 공급하기 위한 밸브로서 타이밍 밸브라고도 한다.
- 릴리프 밸브에 작용하는 3가지 압력 : 스프링 압력, 유체 압력, 입구 및 출구 압력
- check valve : 작동유의 흐름 방향을 한쪽 방향으로는 허용하지만 다른 방향으로는 흐르지 못하게 하는 밸브
- 흐름평형기(flow equalizer) : 선택 밸브로부터 공급된 작동유가 2개 이상의 작동기를 같은 속도로 움직이게 하려고 각 작동기에 공급되거나 작동기로부터 귀환되는 작동유의 유량을 같게 해주는 장치
- 흐름조절기(flow regulator) : 계통의 압력변화에 관계없이 작동유의 흐름을 일정하게 유지시켜주는 장치이다. 이 조절기는 유압모터의 회전수를 일정하게 하거나 nose steering, cowl flap, wing flap 등을 일정한 속도로 작동하게 한다. 그리고 승강키, 방향키, 서보 실린더 등에 공급되는 작동유의 급격한 흐름의 변화를 방지하는데 사용된다.
- 유압퓨즈 : 유압계통의 파이프나 호스가 파손되거나 기기의 실(seal)에 손상이 생겼을 때 작동유가 누설되는 것을 방지하는 장치
- 프라이어리티(priority) 밸브 : 펌프의 고장으로 인해 작동유의 압력이 부족할 때 다른 계통에는 압력이 공급되지 않도록 차단하고 우선 필요한 계통에만 유압이 공급되도록 하는 밸브
- 브레이크계통의 debooster 밸브 : 브레이크의 신속한 작동을 보조

**11** 유압계통 중 유로를 선택할 수 있는 밸브는 무엇인지 기술하시오.

정답 선택 밸브(selector valve)
종류 : ① 회전형 선택 밸브, ② 피스톤형 선택 밸브, ③ 포핏형 선택 밸브

**12** 릴리프 밸브의 역할에 대하여 서술하시오.

정답 계통의 고장 등으로 계통내의 압력이 규정값 이상으로 되는 것을 방지

**13** 마그네토 S6LN에 대하여 기술하시오.

정답 ① S : Single Type Magneto
② 6 : 배전기 단자가 6개로 6기통에 사용되는 마그네토
③ L : 배전기의 회전자가 반 시계 방향으로 회전
④ N : 제작회사(벤딕스사)

**14** 증기 폐색(Vapor Lock)의 원인 3가지를 기술하시오.

정답 ① 연료의 기화성이 너무 클 때
② 연료의 증기압이 너무 높을 때
③ 연료 도관이 배기 도관 근처를 지날 경우
④ 연료 도관의 굴곡이 너무 심할 경우
⑤ 비행기가 고고도를 비행할 경우

**15** 흐름제어 밸브에서 정해진 순서대로 흐르게 하는 밸브는 무엇인지 기술하시오.

정답 시퀀스 밸브

**16** 선택 밸브에 대해 서술하시오.

정답 • 선택 밸브-작동 실린더의 운동 방향을 결정하는 밸브이다.
• 기계적으로 작동하는 밸브와 전기적으로 작동하는 밸브가 있다.
• 기계적으로 작동하는 밸브에는 회전형, 포핏형, 스풀형, 피스톤형, 플런지형 등이 있다.

**17** 엔진 점화 플러그 장착 시 토크를 중요시 한다. 그 이유는 무엇인지 기술하시오.

정답 • 과도 토크 : 나사산 손상, gasket의 손상
• 과소 토크 : 압축에 의한 혼합가스의 누설 또는 플러그 빠짐

**18** 다음의 밸브에 대해 설명하시오.

정답 ① 시스템 릴리프 밸브 : 계통 내 압력이 규정값 이상일 때 펌프 입구로 되돌려 보냄
② 안티 리크 밸브(Anti-leak) : 관이나 호스가 파손되거나 기기 내의 시일에 손상이 생겼을
때 유액의 과도한 누설을 방지하기 위한 장치
③ 체크 밸브 : 유량의 흐름을 한 쪽 방향으로만 제한, 역류 방지

**19** 기관의 회전수에 관계없이 일정한 출력 주파수를 발생할 수 있도록 하는 장치는 무엇인지 기술하시오.

정답 정속구동장치(CSD)

**20** 왕복기관 냉각계통의 주요 구성 요소 4가지를 기술하시오.

정답 냉각핀, 배플, 카울 플랩, 공기스쿠프

**21** 유압계통에서 작동유의 흐름방향 제어장치 중 유로를 선택해주는 장치는 무엇인지 기술하시오.

정답 선택 밸브(Selector Valve)

**22** 다음 부품의 명칭은 무엇인가?

정답 • 이름 : 연료필터
• 역할 : 연료의 불순물을 걸러내는 역할

**23** 왕복기관의 시동 보조장치 3가지는 무엇인지 기술하시오.

정답 ① 부스터 코일
② 인덕션 바이브레이터
③ 임펄스 커플링

**24** 2열 18기통 엔진의 점화순서에 대하여 서술하시오.

① 뒷 열

② 앞 열

**정답** ① 뒷 열 : 1-5-9-13-17-3-7-11-15

② 앞 열 : 2-6-10-14-18-4-8-12-16

**25** 고온에서 hot plug를 쓸 때와 저온에서 cold plug를 쓸 때의 발생현상을 설명하시오.

**정답** 과열되기 쉬운 기관에 고온 플러그를 장착하면 조기점화가 발생하고, 저온으로 작동하는 기관에 저온 플러그를 장착하면 플러그의 팁에 연소되지 않은 탄소가 모여 점화 플러그의 파울링(fouling) 현상이 발생한다.

**26** 과급기 형식의 3가지를 기술하라.

**정답** 원심식, 루츠식, 베인식

**27** 슈퍼차저의 종류 3가지를 기술하시오.

**정답** ① 원심력식 슈퍼차저 ② 루츠식 슈퍼차저 ③ 베인식 슈퍼차저

**28** 다음 밸브의 명칭과 역할을 쓰시오.

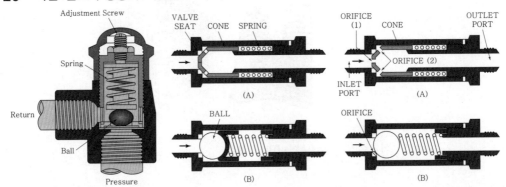

**정답** ① 릴리프 밸브(Relief Valve) : 계통 내의 압력을 규정값 이내로 제한하여 과도한 압력으로부터 계통의 파손을 방지

② 체크 밸브(Check Valve) : 작동유의 흐름을 허용하고 반대방향으로의 흐름은 차단

**29** 베이퍼락(Vapour Lock)의 의미와 방지법을 기술하시오.

**정답** • 베이퍼락 : 내연기관의 연료공급장치에서 증기나 기포가 발생해 연료흐름이 부분적으로 또는 완전히 중단되는 현상

• 방지법 : 기화성이 낮은 연료 사용, 연료의 온도가 높아지지 않도록 연료라인부의 단열재 사용, 부스터 펌프

**30** 각 밸브의 기능에 대해 기술하시오.

가. 시스템 릴리프 밸브

나. 안티리크 밸브

다. 체크 밸브

**정답** 가. 시스템 릴리프 밸브 : 계통 내 압력이 규정값 이상일 때 펌프 입구로 되돌려 보낸다.

나. 안티리크 밸브 : 관이나 호스가 파손되거나 기기 내의 시일에 손상이 생겼을 때 유액의
과도한 누설을 방지하기 위한 장치

다. 체크 밸브 : 유량의 흐름을 한 쪽 방향으로만 제한하여 역류를 방지한다.

**31** 왕복기관 시동 계통 기본 구성품 중 4가지의 명칭을 쓰시오.

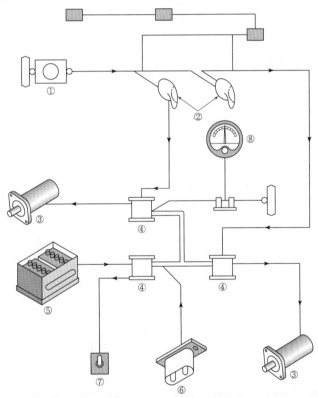

**정답** ① 차단기  ② 시동스위치  ③ 시동기  ④ 시동 솔레노이드  ⑤ 축전지  ⑥ 외부전원플러그
⑦ 축전지 스위치  ⑧ 전류계

**32** 스파크플러그 장착 시 고온부에 Hot plug를 사용할 경우와 저온부에 Cold plug를 사용 시 발생되는 문제점을 기술하시오.

**정답** ① 고온부에 Hot plug 장착 시 : 조기점화 발생

② 저온부에 Cold plug 장착 시 : 점화 플러그에 파울링(Fouling)현상이 발생

③ 파울링(Fouling)현상이란? : 정상적인 연소가 되지 않아 플러그 팁에 탄소찌꺼기가 생기는 현상

**33** 다음은 벤딕스(Bendix) 마그네토의 형식을 표시한 것이다. 보기의 내용을 설명하시오.

D F 18 R N
① ② ③ ④ ⑤

**정답** ① 복식 마그네토, ② 플랜지장착방식, ③ 18기통 실린더, ④ 구동축에서 본 마그네토의 회전방향 : 오른쪽, ⑤ 제작사 표시 : 벤딕스 신틸라

| 부호 자리 | 부호 | 부호의 의미 |
|---|---|---|
| 1(형식) | S | 단식(single type) |
| | D | 복식(double type) |
| 2(장착 방식) | B | 베이스 장착 방식(base mounted) |
| | F | 플랜지 장착 방식(flange mounted) |
| 3(숫자) | – | 실린더 수 |
| 4(회전 방향) | R | 오른쪽으로 회전 |
| | L | 왼쪽으로 회전 |
| 5(제작 회사) | G | 제너럴 일렉트릭(General Electric) |
| | N | 벤딕스 |
| | A | 델코 어플라이언스(Delco Appliance) |
| | U | 보시(Bosch) |
| | C | 델코-레미(Delco-Remy) |
| | D | 에디슨 스플릿도프(Edison-Splitdorf) |

**34** 마그네토 E-gap이 의미하는 것을 쓰고 조절방법을 기술하시오.

**정답** • E-gap : 마그네토에서 회전 자석의 중립 위치와 브레이커 포인트가 열리는 위치 사이의 회전 각도로 2차 전류 또는 전압이 최대가 되는 지점이다.

• 조절방법 : 외부 점화시기 조절 – 마그네토 내의 타이밍 마크와 기어의 깎인 부분이 일치되도록 구동기어를 회전시킨 후 마그네토를 엔진에 부착한다. 타이밍라이트의 검은선(–)은 기관에 연결하고, 빨간선(+)은 브레이커 포인트에 연결하고 타이밍라이트가 켜질 때까지 마그네토를 천천히 움직여 E-gap을 맞춘다.

**35** 마그네토의 회전수를 구하는 공식을 기술하시오.

**정답** $\dfrac{\text{마그네토 축 속도}}{\text{엔진 크랭크축 속도}} = \dfrac{\text{실린더 수}}{2 \times \text{극수}}$

**36** 타이밍라이트 도선 연결작업 종료 후 가장 우선적으로 확인해야 하는 사항에 대하여 기술하시오.

**정답** 조종실의 키박스에서 키의 위치가 마그네토 both 위치에 있는지 확인한다.

**37** 다음 마그네토의 형식에 대해 설명하시오.

"S F 14 L U – 7"

**정답**
- S : single 마그네토
- U : 제작사
- L : 왼쪽 회전(구동축에서 본 회전방향)
- 14 : 실린더개수
- F : 플랜지 장착
- 7 : 개조 순서

**38** 왕복기관의 콜드 점검이란 무엇이고, 마그네토에 쓰여 있는 숫자가 가리키는 것은 무엇이며, P선을 이용한 점검 방법은 무엇인지 서술하시오.

**정답**
① 콜드 점검 : 공랭식 기관에서 기관 작동 후에 실린더의 온도를 검사하는 것으로, 점화상태 가 의심되는 실린더의 온도를 측정하여 실린더의 작동특성을 판단하는 검사
② 마그네토 숫자 : 엔진의 실린더 수
③ P선 이용 점검 : 타이밍 라이트를 이용하여 마그네토의 내부점화시기를 조절할 때 타이 밍 라이트의 적색선은 P선에 연결하고, 흑색선은 마그네토 케이스에 접지 시킨다.

**39** 다음 그림에 있는 장비의 명칭과 이 장비를 사용하는 작업의 목적을 서술하시오.

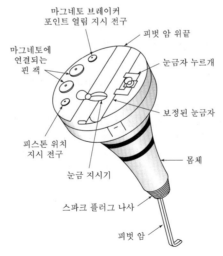

**정답** ① 명칭 : 타임라이트
② 목적 : 왕복기관의 외부점화시기를 맞추기 위해 피스톤이 점화가 이루어지는 압축 상사
점 전의 점화진각에 도달하도록 맞춰준다.

**40** 오일계통 분광시험 시 검출된 금속별로 예상 결함 부위와 그때 사용하는 단위에 대하여 서술하시오.

가. 철, 은, 구리

나. 마그네슘, 알루미늄, 철

다. 단위

**정답** ① 철금속 : 피스톤 링, 밸브 스프링, 베어링
② 은분입자 : 마스터 로드 실
③ 구리입자 : 부싱, 밸브가이드
④ 알루미늄 합금 : 피스톤, 기관 내부
⑤ 마그네슘 : 윤활유 펌프
⑦ 주석 : 납땜한 곳
⑥ 단위 : PPM(Parts Per Million) 입자의 개수를 100만분의 1단위로 나타낸다. 예를 들어
300PPM이라면 300/1,000,000 이므로 백분율로 하면 0.03이 된다.

**41** 1,700rpm에서 마그네토 선택 스위치를 both위치에서 'L' 또는 'R'의 위치에 놓으면 회전수의
낙차가 기준보다 높을 경우 점화장치 계통에서 고장을 예상할 수 있는 3가지에 대하여 기술하시오.

**정답** ① 스파크 플러그의 결함
② 마그네토 자체의 결함
③ 브레이커 포인트나 콘덴서의 결함

| 고장 상태 | 고장 원인 | 기타 |
|---|---|---|
| 시동기 버튼을 눌렀으나 기관 시동이 되지 않는다. | • 점화 스위치가 'BOTH' 위치에 있지 않고 'OFF'에 있다.<br>• 점화 스위치의 결함<br>• 스파크 플러그의 결함<br>• 브레이커 포인트가 패었거나 소손, 또는 탄소 찌꺼기가 끼었다. | |
| 완속 운전보다 높은 회전수에서 기관 작동이 원활하지 못하다. | • 스파크 플러그의 전극에 윤활유가 묻어 더러워져 있다.<br>• 스파크 플러그의 간극이 규정값에 맞지 않는다. | |

## 5) 왕복엔진의 작동원리 및 구조

**01** 왕복엔진 Caburator에서 가속계통이 작동하는 시기에 대하여 서술하시오.

**정답** 기관의 급가속 시(동력레버 급전진 시) 트로틀 밸브가 갑자기 열려 많은 양의 공기가 유입될 때 부가적인 연료의 일시적 공급. 공기는 많이 유입되고 연료는 점성과 관성 때문에 적정량이 공급되지 못하여 혼합비 과희박으로 발생할 수 있는 기관정지 현상 방지

> **참고**
> ① 완속장치 : 기관이 완속으로 작동되어 주 노즐에서 연료가 불출될 수 없을 때는 연료가 공급되어 혼합가스를 만들어 주는 장치
> ② 이코노마이저 장치 : 기관의 출력이 순항출력보다 큰 출력일 때 농후 혼합비를 만들어주기 위하여 추가적으로 연료공급
> ③ 혼합비 조절장치의 기능 : 기관이 요구하는 출력에 적합한 혼합비가 되도록 연료량을 조절하거나, 고도가 증가함에 따라 공기밀도가 감소하므로 혼합비가 농후 상태가 되는 것을 방지해 주는 장치
> ④ 주 공기블리드장치의 기능 : 연료 노즐에서 연료에 공기를 섞어 주어 관내의 연료무게가 가벼워져서 작은 압력으로도 연료흡입이 가능하고 공기 중으로 연료 분사 시 더 작은 방울로 분무되도록 한다.

**02** 엔진 저장 시 습도에 따른 습도 지시계의 색깔을 기술하시오.

**정답** ① 0% : 선명한 청색
② 20% : 연한청색
③ 40% : 분홍색(분홍색일 때 교환)
④ 80% : 백색

**03** 복열성형엔진의 장점과 단점을 한 가지씩 기술하시오.

**정답** [장점]
① 기관당 실린더 수를 많이 할 수 있다.
② 마력당 무게비가 작다.
③ 대형기관에 적합
[단점]
① 전면면적이 넓어 공기저항이 크다.
② 열수가 증가할수록 뒷 열의 냉각에 어려움이 있다.

> **참고**
> 대향형기관의 장·단점
> • 장점 : 구조 간단, 공기저항 줄일 수 있음
> • 단점 : 실린더 수가 많아질수록 기관의 길이가 길어짐
> • 하이드로릭락 : 성형엔진하부실린더나 도립직렬형엔진에서 기관 정지 후 연료, 오일이 중력에 의해 하부실린더에 모여 다음 시동 때 액체가 압축되어 엔진시동 방해

**04** 왕복엔진 오버홀 후 가장먼저 조립할 부분은 무엇인지 기술하시오.

**정답** 크랭크축에 커넥팅 로드를 조립한다.

> **참고**
>
> • 성형엔진에서 가장 늦게 떼어내고 가장 먼저 조립해야 할 실린더는 : 마스터 Con'Rod를 기준으로 articulated rod가 장착되어 있으므로 1번 실린더부터
> • 14기통 성형기관의 점화순서 : 1-10-5-14-9-13-8-3-12-7-2-11-6
> • 18기통성형기관의 점화순서 : 1-12-5-16-9-2-13-6-17-10-3-14-7-18-11-4-15-8

**05** 실린더의 오버사이즈 규격과 색깔에 대하여 기술하시오.

**정답** 0.010인치 : 초록색, 0.015인치 : 노란색, 0.020인치 : 빨간색

> **참고**
>
> • 실린더 내부 표면경화법 3가지 : 질화, 크롬도금, 라이너 사용
> • 실린더 헤드-배럴 연결법 3가지 : 나사접합, 냉각접합, 스터드-너트 접합
> • 왕복기관 점화계통 점검사항 4가지 : 마그네토 점검, 점화 플러그 점검, 점화시기 조절, 콜드실린더 검사

**06** 실린더 압축시험의 목적에 대하여 서술하시오.

**정답** 실린더 연소실 내의 기밀이 정상적으로 유지되는지 시험하여 기관의 정상작동여부를 점검

> **참고**
>
> 콜드실린더검사의 시기와 목적 : 기관 작동 직후 가스가 새는지 알아보기 위해, 내부검사(정상치보다 낮을 것)

**07** 디토네이션의 원인, 결과(현상), 조치사항(예방법)에 대하여 서술하시오.

**정답** ① 원인
- 압축비가 너무 높을 때
- 혼합비의 과농후 및 과희박 할 때
- 흡입가스온도 및 실린더의 온도가 높을 때
- 연료의 앤티노크성이 낮을 때 기관회전수가 높을 때

② 결과(현상) : 기관 파손 실린더 내부의 온도와 압력이 비정상적으로 급상승하여 노킹음 발생, 과열, 출력 감소, 기관 파손 등의 결과를 초래할 수 있다.

③ 조치(예방)
- 앤티노크성이 높은 옥탄가의 연료를 사용한다.
- 적절한 혼합비가 되도록 한다 (약간 농후).
- 압축비가 지나치게 높지 않게 한다.
- 냉각계통의 이상 유무를 점검한다.

**08** 왕복기관의 밸브 오버랩에 대해 간단히 기술하시오.

> **정답** 배기행정 말에서 흡기행정초기에 흡기, 배기 밸브가 함께 열려 있는 상태로 냉각증대 및 흡입공기의 충진 밀도가 증가하여 체적효율 증가, 출력 증가를 도모하나 단점으로는 연료 소모 증가와 역화발생 우려

> **참고**
> ① 왕복기관의 kick back 현상에 대해 써라.
> 　기관의 시동 시 크랭크축의 회전속도가 매우 느리기 때문에 점화진각이 정상작동 시기와 같이 매우 빠르면 기관이 거꾸로 회전하는 현상
> ② 왕복기관의 시동 보조장치를 3가지 쓰고 설명하라.
> 　• 부스터 코일 : 작은 유도 코일로 마그네토가 고전압을 발생시킬 수 있는 회전속도에 이를 때까지 점화 플러그에 점화 불꽃을 일으키게 만들어 줌
> 　• 인덕션 바이브레이터 : 축전지의 직류를 단속 전류로 만들어 마그네토에서 고전압으로 승압
> 　• 임펄스 커플링 : 마그네토의 회전 영구 자석의 회전속도를 순간적으로 가속시켜 고전압을 발생

**09** 왕복기관에서 다음과 같이 변할 때 기관의 출력은 어떻게 변화 되는지 기술하시오.

> 가. 대기압력이 증가하면 출력은 [ ① ]한다.
> 나. 대기온도가 증가하면 출력은 [ ② ]한다.
> 다. 대기습도가 증가하면 출력은 [ ③ ]한다.

> **정답** ① 증가
> 　　② 감소
> 　　③ 감소

**10** 왕복기관의 밸브개폐시기를 맞추는 방법을 기술하시오.

> **정답** ① 크랭크축 플랜지에 표시되어 있는 점화시기 표지를 크랭크케이스 분할선에 일치
> 　　② 1번 실린더 압축상사점의 점화시기를 맞춘다.
> 　　③ 마그네토 장착
> 　　④ 마그네토 내의 배전기 구동기어에 표시되어 있는 점화시기 표지와 케이스에 표시된 점화시기 표시를 일치하면 내부점화시기를 맞추게 된다.

**11** 왕복엔진의 실린더 내벽이 과도한 마멸 시 수리방법 2가지를 설명하시오.

> **정답** ① 보링 : 마모 부위를 한 치수 큰 상태(over size)로 깎아내는 작업
> 　　② 호닝 : 마모된 실린더 벽을 매끄럽게 윤을 내는 작업

**12** 피스톤 링의 옆 간격에서 간격이 클 때 조치법과 간격이 작을 때 조치법에 대하여 기술하시오.

**정답** • 클때 : 교체한다.
• 작을 때 : 갈아낸다.

**13** 성형엔진에서 복열성형기관의 장·단점에 대하여 기술하시오.

**정답** • 장점 : 기관당 실린더 수를 많이 할 수 있고, 마력당 무게비가 작고, 대형기관에 적합
• 단점 : 전면면적이 넓어 공기저항이 크고, 열수가 증가할수록 뒷 열의 냉각에 어려움이 있다.

**14** 다음 제원을 지닌 왕복기관의 지시마력을 구하시오.

[제원]
• 실린더 수(n) : 8          • 실린더 행정(s) : 0.1cm
• 실린더 반경(r) : 4cm       • 회전속도(n) : 2,000rpm
• 평균유효압력(Pm) : 10kg/cm$^2$

**정답**
$$\text{IHP} = \frac{10 \times 0.1 \times \frac{\pi}{4}8^2 \times 2,000 \times 8}{9,000} = 89.36\,\text{PS}$$

**15** 왕복기관의 밸브 타이밍이 다음과 같을 때 밸브 오버랩 각도는 얼마인가?

IO : 10°BTC / IC : 55°ABC / EO : 20°BBC / EC : 20°ATC

**정답** IO+EC＝10+20＝30

**16** 왕복엔진의 피스톤 종류를 기술하시오.

**정답** ① 평면형
② 오목형
③ 컵형
④ 돔형
⑤ 반원뿔형

**17** 디토네이션 감지사항 3가지를 기술하시오.

**정답** ① 실린더 헤드 온도의 상승
② 노킹음 발생
③ 출력 감소 과열
④ 기관의 파손

**18** 배기 밸브가 열려있는 각도는 얼마인가?

IO : 10°BTC, IC : 55°ABC
EO : 20°BBC, EC : 20°ATC

**정답** $20°+180°+20°=220°$

**19** 왕복기관에서 Metering 기능 3가지를 기술하시오.

**정답** ① 해당 출력에 적합한 혼합비가 되도록 연료량 조절
② 고도 증감에 따른 밀도 변화 시 혼합비 과농후, 과희박 방지
③ 고도 증감에 따라 Float식 기화기인 경우 플로트실과 Venturi의 압력 차이를 증감함으로써 연료량 가감
④ 압력분사식과 직접분사식인 경우 계량공기압과 계량 연료압의 차이를 증감시켜 연료량 가감

**20** 피스톤 링 옆 간극이 규정값 이상·이하일 때의 조치방법을 기술하시오.

**정답** • 이상일 때 : 교체한다.
• 이하일 때 : 갈아낸다.

**21** 공랭식 왕복기관 냉각장치 부품 3가지를 기술하시오.

**정답** • 배플 : 공기의 흐름을 실린더에 고르게 전달하기 위한 장치(재질 : Al)
• 냉각핀 : 냉각효과 증대를 위해 실린더에 장착한 금속판
• 카울 플랩 : 냉각 공기의 양을 조절(지상에선 : open, 공중 : close)

**22** 엔진 "R-985-22"에서 985가 무엇을 의미하는지를 기술하시오.

**정답** 총 배기량이 $985in^3$를 의미한다.

**23** 실린더 배럴이 오버사이즈 한계를 넘어갔을 때의 수리방법에 대하여 서술하시오.

**정답** 허용한계 이상으로 마멸된 실린더 수리 방법이라면 교체한다.

**24** 왕복기관 배플의 기능이 무엇인지 기술하시오.

> **정답** 공기의 순환을 원활하게 하여 실린더 헤드의 냉각을 돕는 장치

**25** 다음은 4사이클 왕복엔진의 밸브 오버랩에 대한 내용이다. ( ) 안을 채우시오.

> 배기가스의 배출효과를 높이고 유입 혼합기의 양을 많게 하기 위해 배기행정( ① )에서 흡입 밸브가 열리고, 흡입행정( ② )에서 배기 밸브가 닫힌다. 이때 흡·배기 밸브가 동시에 열려있는 기간을 밸브 오버랩이라 한다.

> **정답** ① 말기
> ② 초기

**26** R-985-22에서 985의 의미에 대하여 기술하시오.

> **정답** ① R : Radial(성형)
> ② 985 : 총 배기량($in^3$)
> ③ 22 : 엔진 개량번호

**27** 카울 플랩의 기능과 조작을 설명하시오.

> **정답** ① 기능 : 공기의 유량을 조절하여 엔진의 작동온도를 조절하며, 지상작동 및 최대출력(이륙, 상승)시 최대로 열린다.
> ② 작동방식 : 전기식(작동모터), 수동식(기계)

**28** 왕복엔진의 실린더 내면의 마모가 규정치를 벗어난 경우 수리하는 방법에 대하여 기술하시오.

> **정답** ① 오버사이즈(Oversize)값으로 깎아내고, 피스톤링과 피스톤을 Oversize값으로 교환한다.
> ② 표준값으로 크롬 도금한다.
> ③ 새로운 배럴로 교환한다.

**29** 다음을 측정할 때 사용하는 게이지의 명칭에 대하여 기술하시오.

> **정답** ① 실린더 안지름 측정 : 텔레스코핑 게이지
> ② 피스톤 링 옆 간극 측정 : 두께 게이지
> ③ 터빈 축의 휨 측정 : 다이얼 게이지

**30** 왕복엔진의 타이밍이 다음과 같을 때 배기 밸브가 열려있는 각도는 얼마인지 기술하시오.

IO : 10°BTC, IC : 55°ABC, EO : 20°BBC, EC : 20°ATC

**정답** 20°+180°+20°=220°
- 이론상으로 밸브는 상사점과 하사점에서 열리고 닫힌다. 그러나 실제 엔진에서는 흡입 효율 향상 등을 위해 상사점 및 하사점 전후에서 밸브가 열리고 닫힌다.
- 밸브 오버랩=IO BTC 10°+EC ATC 20°=30°
- 흡입 밸브가 열려있는 각도=IO BTC 10°+180°+IC ABC 55°=245°

**31** 디토네이션 징후로 예상되는 결함 3가지를 기술하시오.

**정답** 과열 현상, 출력 손실, 엔진의 손상

**32** 항공엔진 R-985-22에서 '985'가 의미하는 것은 무엇인지 기술하시오.

**정답** 엔진의 총 배기량이 $985in^3$

**33** 피스톤링 옆간극 측정하는 기구 명칭과 간극이 규정값 이상일 때와 간극이 규정값 미만일 때의 수리 방법에 대해 기술하시오.

**정답** ① 측정기구 : 두께 게이지
② 규정값 이상일 때 : 피스톤 링을 교환한다.
③ 규정값 미만일 때 : 피스톤 링의 옆면을 래핑 콤파운드로 래핑한다.

**34** 다음 그림의 기구 명칭과 측정하는 이유 그리고 공급압력의 공급원에 대하여 서술하시오.

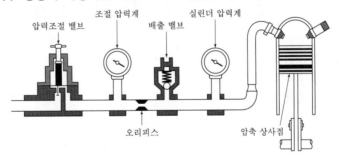

압력조절 밸브    조절 압력계    배출 밸브    실린더 압력계

오리피스    압축 상사점

**정답** ① 측정기 명칭 : 실린더 압축 시험기
② 이유 : 밸브와 피스톤 링의 기밀유지 상태 확인
③ 공급압력 : 공기 압축기에서 80psi(5.85kgf/cm)으로 공급

**35** 디토네이션 이란 무엇이며 예방 방법 3가지를 설명하시오.

> **정답** ① 디토네이션 : 점화 후 화염전파 전에 미연소 혼합가스가 자연 발화하는 현상으로 피스톤 헤드의 손상과 출력손실이 발생한다.
> ② 방지방법 : 적절한 옥탄가의 연료 사용, 실린더 내의 온도제한, 압축비 제한

**36** 다음과 같은 베어링의 사용처를 기술하시오.

가. 플레인 베어링
나. 볼 베어링
다. 롤러 베어링

> **정답** 가. 커넥팅 로드
> 나. 성형엔진과 가스터빈엔진의 추력 베어링
> 다. 고출력 왕복엔진 크랭크 샤프트의 메인 베어링

**37** 실린더 압축시험 시 알 수 있는 것 3가지를 설명하시오.

> **정답** ① 밸브의 손상
> ② 피스톤 링의 마모
> ③ 연소실 내의 기밀상태

**38** 항공기 왕복엔진 피스톤 헤드의 모양 3가지를 기술하시오.

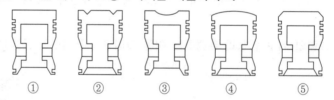

① ② ③ ④ ⑤

> **정답** ① 평면형
> ② 오목형
> ③ 컵형
> ④ 돔형
> ⑤ 반원뿔형

**39** 왕복기관에서 실린더 오버홀 시 플랜지에 표시된 초록색과 주황색의 오버사이즈의 크기를 기술하시오.

> **정답** ① 0.254mm(0.010in) : 초록색
> ② 표준 크롬도금 : 주황색

**40** 다음 각각을 측정하기 위한 도구를 기술하시오.

가. 실린더 안지름

나. 피스톤링 옆 간극

다. 피스톤링 두께

라. 터빈축의 휨

정답 가. 실린더 안지름 : 실린더보어게이지,
　　　텔레스코핑게이지, 마이크로미터
　　나. 피스톤링 옆 간극 : 두께게이지
　　다. 피스톤링 두께 : 버니어 캘리퍼스, 마이크로미터
　　라. 터빈축 휨 : 다이얼게이지

**41** 실린더 배럴 마멸 한계값 초과 시 수리방법을 서술하시오.

정답 ① 오버사이즈값으로 깎아내고, 피스톤링과 피스톤을 오버사이즈값으로 교환한다.
　　② 표준값으로 크롬 도금한다.
　　③ 새로운 배럴로 교환한다.

**42** 다음은 왕복기관 밸브 개폐 시기 선도를 나타낸 것이다. 다음 물음에 서술하시오.

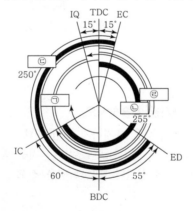

가. 밸브 오버랩 각도는?

나. ㉠, ㉡, ㉢, ㉣ 부분별 행정과정 명칭을 기입하시오.

정답 가. 30도(흡입 밸브가 열리고 배기 밸브가 닫힐 때의 각도)
　　나. ㉠ : 압축행정, ㉡ : 흡입행정, ㉢ : 배기행정, ㉣ : 폭발 또는 출력행정

**43** 항공기 왕복엔진 부자식 기화기에서 이코너마이저의 목적과 종류를 3가지 기술하시오.

정답 ① 목적 : 연료출력이 순항 출력 이상일 때 농후 혼합비를 형성하기 위해 연료를 추가로
　　　공급
　　② 종류 : 니들 밸브식, 피스톤식, 매니폴드 압력식

**44** 왕복엔진에서 디토네이션이 일어나는 원인으로 과압력과 과온도에 관한 원인 4가지를 쓰시오.

정답 ① 높은 흡입 공기온도
② 너무 낮은 연료의 옥탄가
③ 너무 높은 압축비
④ 너무 희박한 공기 혼합비

**45** 왕복엔진에서 터보차저의 동력 공급원을 쓰시오.

정답 ① 엔진의 배기가스로부터 얻은 터빈 휠에 의해 구동되도록 설계된 외부 동력장치
② 램 공기압 : 터보 압축기의 입구 쪽에 작용하여 기화기 또는 연료분사입구 쪽으로 출력

**46** 다음 그림과 같은 왕복엔진의 실린더 번호와 어떤 형식의 엔진인지 기술하시오.

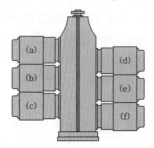

정답 ① (a) 6번, (b) 4번, (c) 2번, (d) 5번, (e) 3번, (f)1번
② 수평대향형 엔진
③ 점화순서 : 1-6-3-2-5-4

**47** 피스톤 링의 역할 3가지를 서술하시오.

정답 ① 연소실 내의 압력을 유지하기 위한 밀폐
② 과도한 윤활유가 연소실로 들어가는 것을 막음
③ 피스톤으로부터 실린더 벽으로 열을 전도

**48** 왕복기관의 콜드 점검이란 무엇이고, 배전기에 쓰여 있는 숫자가 가리키는 것은 무엇이며, P선을 이용한 점검 방법은 무엇인지 서술하시오.

정답 ① 콜드 점검 : 공랭식 기관에서 기관 작동 후에 실린더의 온도를 검사하는 것으로, 점화상태가 의심되는 실린더의 온도를 측정하여 실린더의 작동특성을 판단하는 검사
② 배전기 숫자 : 전극 번호로서 점화순서를 지시한다(1-2-3-4-5-6 / 1-6-3-2-5-4).
③ P선 이용 점검 : 타이밍 라이트를 이용하여 마그네토의 내부점화시기를 조절할 때 타이밍라이트의 적색선은 P선에 연결하고, 흑색선은 마그네토 케이스에 접지 시킨다.

**49** 배기가스의 배출 효과를 높이고 유입혼합기의 양을 많게 하기 위해 배기행정( ① )에서 흡입 밸브가 열리고, 흡기행정( ② )에서 배기 밸브가 닫힌다. 이때 흡·배기 밸브가 동시에 열려 있는 기간을 밸브 오버랩이라 한다. 괄호 안에 알맞은 단어를 쓰시오.

**정답** ① 전 ② 후

**50** 조기점화, 베이퍼락, 역화의 원인에 대하여 서술하시오.

**정답** ① 조기점화(Preigition) : 정상 불꽃점화가 되기 전에 실린더 내부의 높은 열에 의하여 뜨거워져서 열점이 되어 비정상적인 점화를 일으키는 현상
② 베이퍼 락(Vapour Lock) : 내연기관의 연료 공급장치에서 증가나 기포가 발생해 연료흐름이 부분적으로 또는 완전히 중단되는 현상
③ 역화(Back Fire) : 과희박 혼합비 상태에서 연소속도가 더욱 느려져 흡입행정에서 흡입 밸브가 열렸을 때 실린더 안에 남아 있는 화염에 의하여 매니폴드가 기화기 안의 혼합가스로 인화되는 현상

**51** 지름이 5in이고 길이가 5in인 피스톤이 6개가 장착된 엔진의 총 배기량을 쓰시오.

**정답** $ALK = \dfrac{\pi}{4} 5^2 \times 5 \times 6 = 589.05 \, \text{in}^3$

**52** 왕복기관 유압태핏, 유압리프트가 있을 경우 장점 3가지를 기술하시오.

**정답** ① 열팽창에 의한 변화에 대해 밸브 간격을 항상 "0"으로 자동 조절한다.
② 밸브 개폐시기를 정확하게 한다.
③ 밸브 기구의 마모가 자동적으로 보상되므로 특히 조정을 행하지 않아도 장기간 정규 출력을 유지할 수 있다.
④ 밸브 작동기구의 충격을 없게 하고 소음을 방지한다.
⑤ 밸브 기구의 수명을 길게 한다.

**53** 왕복기관 실린더에서 피스톤이 압축상사점 위치에 있을 때 장탈이 쉬운 이유 2가지를 설명하시오.

**정답** ① 흡입 밸브와 배기 밸브가 닫혀있기 때문에 장탈이 용이하다.
② 압축상사점은 피스톤이 완전히 펴진 상태이기 때문에 장탈이 용이하다.

**54** 왕복엔진에서 디토네이션이 일어나는 원인으로 과압력과 과온도에 관한 원인 4가지를 기술하시오.

**정답** ① 높은 흡입 공기온도
② 너무 낮은 연료의 옥탄가
③ 너무 높은 압축비
④ 너무 희박한 공기 혼합비

**55** 다음 그림은 Shock strut에서 어떤 작업을 하고 있는지 서술하시오.

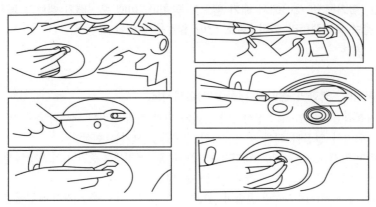

정답 shock strut servicing 작업인 수축 작업(deflating)의 일반적인 절차로, 유압유를 보급하고 다시 팽창(inflating) 시킨다.

참고

세부작업 절차
(A) 공기 밸브에서 캡을 제거한다.
(B) 스위블 너트가 안전하게 조여져 있는지 렌치로 점검한다.
(C) 만약 공기 밸브에 밸브코어가 있으면 밸브코어와 밸브시트 사이에 갇혀있는 공기압력을 밸브코어를 눌러서 뺀다.
(D) 밸브코어를 제거한다.
(E) 스위블 너트를 반시계방향으로 돌리면서 스트러트의 공기압력을 모두 뺀다. 이때 Shock strut가 압축되는지 확인한다.
(F) 스트러트가 완전히 압축되면 공기 밸브 어셈블리를 제거한다.


**56** 왕복엔진에서 "continental IO-400"에 대하여 해석하시오.

정답 ① I : 직접연료분사장치
② O : 대향형 기관
③ 400 : 엔진의 총 배기량이 $400in^3$

(1) G T S I O-520 D → Dual Magneto → 총배기량 = 520in$^3$

(2) I O L - 300 → 수냉식

(3) 각 기호의 의미

| 기호 | 의미 |
|---|---|
| A(E) | Acrobatic-연료 및 오일계통이 배면비행에 적합하도록 설계 |
| G | Geared-프로펠러 감속 기어 장착 |
| I | fuelinjected-연속 연료분사 계통 장착 |
| L | Left-hand rotation-좌회전식 |
| O | Opposed type-대향형 기관 |
| R | Radial type-성형기관 |
| S | Supercharged-기계식 과급기 장착(라이코밍사) |
| T | Turbocharger-배기 터빈식 과급기 장착(라이코밍사) |
| TS | Turbosupercharger-터보차저 장착(컨티넨탈사) |
| H | Horizontal-크랭크축이 수평으로 배치(헬리콥터용) |
| V | Vertical-크랭크축이 수직으로 배치(헬리콥터용) |

**57** 다음의 실린더 외부 명칭에 대해 기술하시오.

정답
① 로커 암 보스
② 냉각 핀
③ 플랜지
④ 스커트
⑤ 실린더 동체(배럴)
⑥ 실린더 헤드
⑦ 밸브 스프링

**58** 다음 그림은 왕복기관에서 사용하는 장비이다. 장비명칭, 사용용도, 사용압력을 쓰시오.

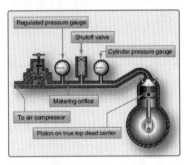

정답
① 명칭 : 실린더 압축시험기
② 용도 : 실린더 내의 기밀상태가 유지되는지 시험
③ 사용압력 : 0~100psi(80psi 유지)

**59** 다음 그림을 보고 ①~⑤번 명칭을 쓰시오.

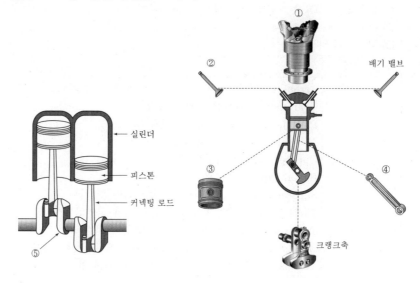

**정답** ① 실린더
② 흡기 밸브
③ 피스톤
④ 커넥팅로드
⑤ 크랭크 샤프트

**60** 항공기 왕복기관에서 실린더 오버홀 시 보기의 내용에 맞추어 기술하시오.

━━━━━ [보기] ━━━━━
가. 실린더 오버사이즈 규격과 해당 색깔을 기술하시오.
나. 실린더 내부 표면경화 방법 3가지를 기술하시오.
다. 오버사이즈 점검 후 교체해 주어야 하는 구성품에 대하여 기술하시오.

**정답** 가. 0.010인치 : 초록색, 0.015인치 : 노란색, 0.020인치 : 빨간색
나. 질화처리, 크롬도금, 라이너 사용
다. 피스톤, 피스톤 핀, 피스톤 링

**61** 고압 실린더 밀폐에 사용되는 seal의 어셈블리에 해당하는 Back up ring의 종류와 역할을 기술하시오.

**정답** ① 역할 : 고압용 시일에는 O-Ring의 튀어나옴을 방지하고, O-Ring의 수명을 연장하는데 사용
② 종류 : 스파이럴(spiral), 바이어스 컷트(bias cut), 앤드리스(endless)
③ O링은 105kg/cm$^2$(1500psi) 이상의 압력에서는 찌그러지므로, 이를 방지하려고 테플론 이나 가죽으로 된 백업링을 사용한다.

## 6) 가스터빈엔진의 계통

**01** 가스터빈기관의 연료조정장치(FCU)의 수감요소 4가지를 쓰시오.

> **정답** ① 기관회전수(RPM)
> ② 동력레버위치(PLA)
> ③ 압축기입구온도(CIT)
> ④ 압축기출구압력(CDP)

**02** 분사식 연료 노즐의 1, 2차 연료의 차이점을 기술하시오.

> **정답** ① 1차 연료 : 노즐 중심의 작은 구멍을 통해 분사되고, 시동할 때에 연료의 점화를 쉽게
> 하려고 넓은 각도로 이그나이터에 가깝게 분사되고, 시동 시에 1차 연료만 분사된다.
> ② 2차 연료 : 노즐 중심으로 가장자리의 큰 구멍을 통해 분사되고, 연소실 벽에 직접 연료가
> 닿지 않고 연소실 안에서 균등하게 연소되도록 비교적 좁은 각도로 멀리 분사되며 완속
> 속도 이상에서 작동한다.

**03** 윤활 계통의 흐름도이다. (  ) 안에 알맞은 말을 기술하시오.

| 윤활유 탱크 – ( ㉠ ) – ( ㉡ ) – ( ㉢ ) – ( ㉣ ) – 구동기어 |
|---|

| ──────── [보기] ──────── |
|---|
| ㉠ 주 연료 펌프        ㉡ 윤활유 냉각기 |
| ㉢ 윤활유 펌프        ㉣ 윤활유 여과기 |

> **정답** ㉠ 주 연료 펌프
> ㉡ 윤활유 냉각기
> ㉢ 윤활유 여과기
> ㉣ 윤활유 압력 펌프

**04** 다음 그림의 명칭과 역할을 기술하시오.

> **정답** ① 명칭 : 카트리지형 여과기
> ② 역할 : 유체 내의 이물질 제거

**05** 항공기 터보제트기관의 배기가스 소음감소 방법
2가지를 기술하시오.

> **정답** ① 멀티튜브 제트노즐형
> ② 주름살형(꽃모양형)
> ③ 소음흡수라이너 부착

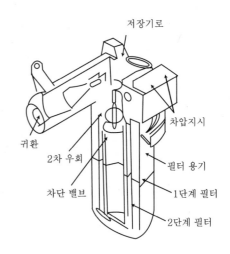

저장기로

차압지시

귀환

2차 우회

필터 용기

차단 밸브

1단계 필터

2단계 필터

**06** 항공기 제트기관의 연료 구비조건 3가지를 기술하시오.

> **정답** ① 증기압이 낮아야 한다.
> ② 결빙점이 낮아야 한다.
> ③ 인화점이 높아야 한다.
> ④ 대량생산이 가능하고 가격이 싸야 한다.
> ⑤ 단위 무게당 발열량이 커야 한다.
> ⑥ 점성이 낮고 깨끗하고 균질해야 한다.

**07** 항공기 왕복기관 윤활계통에서 윤활유 분광시험에 대해 기술하시오.

> **정답** ① 윤활유 분광시험(SOAP) : 정해진 주기(B, C check) 기관 정지 후 30분 이내 시료 채취
> (채취는 바닥 중앙으로부터 1/3 지점) 외부로부터 이물질 유입 방지
> ② 단위 : PPM(Parts Per Million)
> ③ 주 베어링 : 철(Fe), 구리(Cu), 은(Ag)

**08** 공기 흡입 덕트의 역할 및 아음속 시, 초음속 시의 흡입 덕트 형태를 기술하시오.

> **정답** ① 역할 : 고속으로 들어오는 공기의 속도를 감속시키면서, 압력을 상승한다.
> ② 아음속 : 확산형 공기 덕트
> ③ 초음속 : 수축-확산형 공기 덕트

**09** 가스터빈기관에서 역추력장치 2가지를 기술하시오.

> **정답** ① 케스케이드 리버서(cascade reverser) : 공기 역학적 차단장치
> ② 클램셸 리버서(clamshell reverser) : 기계적 차단장치

**10** 다음은 가스터빈기관의 시동절차이다. ①번, ②번 화살표가 의미하는 것을 기술하시오.

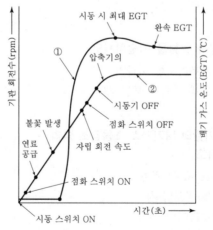

> **정답** ① 시간에 따른 EGT 변화 그래프
> ② 아이들rpm(완속rpm)

**11** 다음 각각의 이상 시동현상에 대하여 기술하시오.

가. 시동이 걸린 후 IDLErpm까지 증가하지 않고 이보다 낮은 회전수에 머물면서 배기가스 온도가 점점증가 하는 현상이며, 원인은 시동기 공급동력 불충분현상(결핍 시동)

나. 시동 시 배기가스 온도가 규정치 이상으로 되는 시동

다. 정해진 시간(20초) 내에 시동이 되지 않는 시동

**정답** 가. hung start
　　　나. hot start
　　　다. no start

**12** Vapor Lock 현상이 일어날 수 있는 조건 3가지를 기술하시오.

**정답** ① 연료의 기화성이 너무 좋을 때
　　　② 연료관 내의 연료의 압력이 낮을 때
　　　③ 연료의 온도가 높을 때

**13** 보기를 보고 연료계통도를 나열하시오.

| | |
|---|---|
| ① 여과기 | ② 연료 노즐 |
| ③ 매니폴드 | ④ P&D 밸브 |
| ⑤ 주 연료 펌프 | ⑥ FCU |

**정답** ⑤ → ① → ⑥ → ④ → ③ → ②

**14** 여압 및 드레인 밸브의 위치와 기능을 기술하시오.

**정답** ① 여압 및 드레인 밸브의 위치 : 연료조정장치(FCU)와 연료매니폴드 사이
　　　② 여압 및 드레인 밸브의 기능
　　　　• 1차 연료와 2차 연료의 분리
　　　　• 기관정지 시 매니폴드나 연료 노즐 및 연소실의 잔류연료 배출
　　　　• 규정압력 도달까지 흐름의 차단

> **참고**
>
> 여압 및 드레인 밸브를 대치 할 수 있는 부품 : 흐름 분할기, 드립 밸브

**15** 가스터빈기관 시동 시 발생하는 Hung Start에 대하여 서술하시오.

**정답** FALSE START 결핍시동
　　　① 원인 : 시동기 공급동력 불충분현상
　　　② 현상 : 시동이 걸린 후 IDLE rpm까지 증가하지 않고 이보다 낮은 회전수에 머물면서 배기가스 온도는 점점 증가하는 현상

**16** **대형 가스터빈기관의 시동 시 중요한 엔진계기 3가지를 기술하시오.**

정답 ① 배기가스온도계
② 기관압력비계기
③ 오일압력계
④ 연료유량계
⑤ 회전계

참고

터보제트기관의 후기연소기의 구성품 : 디퓨저, 터빈, 후기연소기라이너, 가변면적 노즐, 연료 분무대, 보조 연소기, 불꽃 홀더

**17** **항공기 연료계통에 사용하는 부스터 펌프의 기능에 대해서 기술하시오.**

정답 • 위치 : 주 연료탱크의 낮은 부분
• 형식 : 전기적원심식
• 기능 : 탱크 간 연료 이송, 시동 시 연료공급, 비상시(주 연료 펌프고장 시), 이륙 시, 베이퍼 록 방지 기능

참고

• 탱크에서 기화기 연료이송[시동 시 : 부스터 펌프, 정상 시 : 주 연료 펌프]
  – 형식 : 슬라이딩베인식
  – 위치 : 기관악세서리 케이스 하부
  – 기능 : 연료탱크에서 기화기 또는 연료조정장치 까지 일정압력으로 연료공급
• 가스터빈 주 연료 조정장치의 수감 요소 : 기관회전수, 압축기 출구압력, 압축기 입구온도, 동력레버의 위치

**18** **미생물 부식에 대하여 기술하시오.**

정답 • 발생장소 : 연료탱크
• 방지책 : 제트연료에 미생물 살균제 첨가
• 원인 : 케로신 내에 생식하는 박테리아

**19** **항공기 연료계통 체크 밸브의 역할을 기술하시오.**

정답 연료가 한쪽 방향으로만 흐르도록 하고 반대 방향으로는 흐르지 못하게 하는 밸브이다. 즉 역류를 방지하는 밸브이다.

**20** 제트엔진에서 시동 시 no start, 시동기가 이상이 없다면 정비 확인이 필요한 곳을 기술하시오.

정답 ① 공기 밸브의 결함
② F.O.D에 의한 손상
③ 연료차단계통의 고장
④ 연료계통 및 점화계통의 결함
⑤ 압축기로터 또는 기어박스의 고착

**21** 가스터빈기관의 EGT 감지부의 재질을 기술하시오.

정답 K형 열전쌍이 주로 쓰인다.(크로멜-알루멜)

참고
왕복기관의 CHT 감지부의 재질은 : 열전쌍(철-콘스탄탄)

**22** Bleed Air의 사용처 5곳을 기술하시오.

정답 ① Anti-Icing, ② 터빈 깃 냉각, ③ 다른 엔진의 시동, ④ 객실 여압, ⑤ 에어컨디셔너,
⑥ Air-Oil Seal, ⑦ Thrust Balance Chamber

**23** 터빈기관 배기가스 온도계의 재질을 기술하시오.

정답 크로멜-알루멜

**24** Hot Start란 무엇인지 기술하시오.

정답 시동 시 배기가스 온도가 규정치 이상으로 되는 현상

**25** 가스터빈기관의 연료계통을 나열하시오.

정답 가스터빈 : 탱크-부스터 펌프-선택 및 차단 밸브-주 연료 펌프-연료여과기-연료조정장치
-연료 오일 냉각기-여압 및 드레인 밸브-연료매니폴드-노즐

참고
왕복 : 탱크-부스터 펌프-선택 및 차단 밸브-여과기-주 연료 펌프-기화기-노즐

**26** 아음속 흐름에서 공기 흡입구 확산형 덕트를 사용하는 이유를 기술하시오.

정답 확산형 덕트 안으로 흘러 들어온 공기는 확산되고 속도에너지가 압력으로 변환된다.

**27** 가스터빈기관의 시동기 종류 3가지를 기술하시오.

정답 전기식 시동계통, 공기식 시동계통, 가스터빈식 시동계통

**28** 엔진 윤활유 계통에서 스크린-디스크형 윤활유 여과기가 막혔을 때 윤활유의 흐름을 설명하시오.

정답 바이패스 밸브(By pass valve)에 의해 여과 없이 공급된다.

**29** 가스터빈엔진기관 연료 펌프의 종류 3가지를 기술하시오.

정답 ① E.D.P(Engine Driven Pump)
② E.M.D.P(Electric Motor Driven Pump)
③ A.D.P(Air Driven Pump)
④ P.T.U(Power Transfer Unit)
⑤ R.A.T(Ram Air Turbine)

**30** EGT 온도계의 수감부에서 사용되는 일반적인 열전대 조합을 기술하시오.

정답 크로멜-알루멜

**31** 가스터빈기관의 오일 냉각기에서 오일을 냉각시키는 데 냉각매체로 주로 사용하는 것 2가지만 기술하시오.

정답 냉각 공기, 연료

**32** 방빙 · 제빙 계통에서 가열된 공기의 공급원 세 가지를 기술하시오.

정답 ① 터빈 압축기에서 블리드(Bleed)된 고온공기
② (Engine Exhaust Heat Exchanger)에서의 고온공기
③ 연소가열기에 의한 가열공기

**33** 가스터빈기관에서 사용하는 윤활유 펌프 종류 3가지를 기술하시오.

정답 기어(Gear), 제로터(Gerotor), 베인(Vane)

**34** 여압 및 드레인 밸브의 장착 위치와 역할 2가지를 기술하시오.

정답 ① 장착 위치 : F.C.U와 연료 매니폴드 사이
② 역할
  • 연료의 흐름을 1차 연료와 2차 연료로 분리
  • 기관이 정지되었을 때에 매니폴드나 노즐에 남아 있는 연료를 외부로 방출
  • 연료압력이 일정 압력 이상이 될 때까지 연료의 흐름을 차단하는 역할

**35** 부스터 펌프의 역할을 기술하시오.

정답 시동, 이륙, 상승 및 주 연료 펌프 고장 시에 연료를 공급한다.

**36** 비행 중 각 연료탱크내의 연료 중량과 연료 소비순서 조정은 연료 관리방식에 의해 수행되는데 그 방법으로는 탱크 간 이송(tank to tank transfer) 방법과 탱크와 기관 간 이송(tank to engine transfer) 방법이 있다. 차이점을 말하라.

**정답** ① tank to tank transfer : 각 탱크에서 해당 기관으로 연료를 공급하고, 그 소비되는 양만큼 동체 탱크에서 각 탱크로 이송하고, 그 후 날개 안쪽에서 바깥쪽 탱크로 연료를 이송하다가 모든 탱크의 연료량이 같아지면 연료 이송을 중단한다.

② tank to engine transfer : 탱크 간의 연료 이송은 하지 않고, 먼저 동체 탱크에서 모든 기관으로 연료를 공급한 후, 날개 안쪽 탱크에서 연료를 공급하다가 모든 탱크의 연료량이 같아지면 각 탱크에서 해당 기관으로 연료를 공급한다.

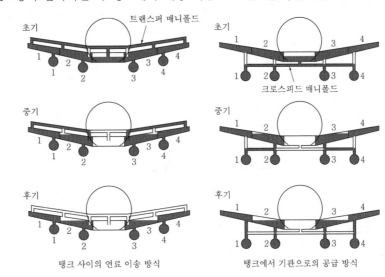

탱크 사이의 연료 이송 방식            탱크에서 기관으로의 공급 방식

**38** 공압 시스템에서 뉴메틱을 얻는 방법 3가지를 기술하시오.

**정답** ① 압축기의 블리드 에어
② 기관 구동식 압축기
③ 그라운드 뉴메틱 카드
④ APU

**39** 가스터빈기관의 오일 냉각기의 종류 및 역할을 기술하시오.

**정답** ① 종류 : 대류 냉각방식(공기), 열교환기 방식(가열)
② 역할 : 윤활유가 가지고 있는 열을 연료에 전달(오일은 냉각, 연료는 가열)

**40** 연료탱크에서 기관으로 흐르는 연료를 시간당 부피, 무게단위로 측정하는 계기의 명칭과 종류 2가지를 기술하시오.

> **정답** ① 명칭 : 유량계(Flowmeter), 항공기의 유량계의 연료유량은 흔히 파운드/시간(lb/h) 또는 갤런/시간(gal/h)으로 표시
> ② 종류 : 차압식 유량계(differential pressure-type flowmeter), 베인식 유량계(vane-type flowmeter), 질량식 유량계(mass flow type flowmeter)

**41** 가스터빈기관 연료계통의 구성품은 다음과 같다. 아래의 연료계통 구성 흐름도에 보기를 보고 괄호를 알맞게 쓰시오.

| | |
|---|---|
| ① 연료조절기 | ② 기관구동연료 펌프 |
| ③ 연료차단 밸브 | ④ 연료필터 |
| ⑤ 연료가열기 | ⑥ 연료압력스위치 |
| ⑦ 가압 및 드레인 밸브 | ⑧ 연료 매니폴드 |
| ⑨ 연료유량변환기 | ⑩ 연료분사 노즐 |

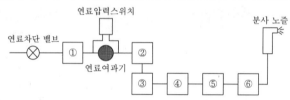

> **정답** ① 기관구동연료 펌프
> ② 연료가열기
> ③ 연료조절기
> ④ 연료유량변환기
> ⑤ 가압 및 드레인 밸브
> ⑥ 연료 매니폴드

**42** 연료계통에서 engine driven pump에서 by-pass valve가 작동할 경우 3가지 기술하시오.

> **정답** ① 연료공급 후 남은 연료를 되돌릴 때
> ② 연료 여과기에 결빙이 발생할 때
> ③ 엔진이 작동하지 않을 때
> ④ 연료필터에 고체 이물질이 끼었을 때

**43** 연료 조종장치(fuel control unit)의 구성 요소 2가지를 기술하시오.

> **정답** ① 유량조절 부분(metering section)
> ② 수감 부분(computing section)

**44** 아음속 비행기, 초음속 비행기 흡입구 형태를 그림으로 그리고 명칭을 기술하시오.

| 정답 | | |
|---|---|---|
| 그림 | < | > < |
| 명칭 | 아음속(확산형) | 초음속(수축확산형) |

## 7) 가스터빈엔진의 작동원리 및 구조

**01** 가스터빈기관에서 $Pt_2$는 저압 압축기 입구의 전압이고, $Pt_7$은 저압터빈 출구의 전압일 때 $Pt_3$는 무엇인지 기술하시오.

정답 압축기 출구 전압

참고
- $Pt_1$ – 공기흡입구 전압
- $Pt_2$ – 저압압축기 입구 전압
- $Pt_3$ – 저압압축기 출구 전압
- $Pt_4$ – 고압압축기 출구(연소실 입구) 전압
- $Pt_5$ – 연소실 출구(고압터빈 입구) 전압
- $Pt_6$ – 고압터빈 출구(저압터빈 입구) 전압
- $Pt_7$ – 저압터빈 출구 전압

**02** 가스터빈기관의 터빈 깃 냉각공기와 관련 밸브의 열림과 닫힘에 대해 괄호를 채우시오.

냉각공기로 ( ① ) 블리드공기를 사용하고, 이때 저압블리드 밸브는 ( ② ), 고압블리드 밸브는 ( ③ ) 상태가 된다. 괄호 안에 알맞은 단어를 기술하시오.

정답 ① 압축기
② 닫힘
③ 열림

참고
- 저압 블리드공기 : 고압압축기 냉각공기 및 air oil seal의 breather계통에 사용
- 중압공기 : 고압압축기 축과 드럼의 전·후방 냉각에 사용
- 고압공기 : 고압압축기의 마지막 단계에서 공급되어 터빈블레이드 냉각에 사용

**03** 터보팬기관에서 바이패스비란 무엇을 말하는지 기술하시오.

정답 
$$BPR = \frac{2차\ 공기유량}{1차\ 공기유량}$$

**04** 다음 각각의 물음에 답하시오.

가) 가스터빈엔진 중 2축으로 구성된 터보팬엔진이 가속 중 실속이 발생했다. 실속발생예상 섹션은?

나) 가스터빈엔진 중 2축으로 구성된 터보팬엔진이 감속 중 실속이 발생했다. 실속발생예상 섹션은?

**정답** 가) $N_2$ 압축기

나) $N_2$ 압축기

**05** 가스터빈기관의 축류식 압축기 반동도를 구하는 식을 기술하시오.

**정답** $\Phi_c = \dfrac{\text{로터에 의한 압력 상승}}{\text{단당압력 상승}} \times 100\%$

**06** 가스터빈기관에서 축류식 압축기의 실속을 방지하는 방법 3가지를 기술하시오.

**정답** 다축식 구조, 블리드 밸브, 가변 고정자 깃

> **참고**
>
> 압축기 회전자 깃과 고정자 깃도 날개골 모양으로 되어 있으므로 공기와의 받음각이 커지면 날개골에서 흐름이 떨어져 양력이 급격히 감소하고, 항력이 증가하는 실속이 일어난다. 압축기에서는 공기 흡입속도가 작을수록, 회전속도가 클수록 실속이 쉽게 일어난다.

**07** 다음 그림의 명칭 및 단점 2가지를 기술하시오.

**정답** ① 명칭 : 2단 원심식 압축기

② 단점

㉮ 압력비가 낮다.

㉯ 대량공기의 처리가 어렵다.

**08** 다음 그림에서 지시하는 부분의 명칭과 역할에 대하여 기술하시오.

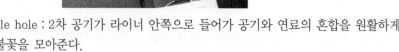

**정답** ① Thimble hole : 2차 공기가 라이너 안쪽으로 들어가 공기와 연료의 혼합을 원활하게 하고 불꽃을 모아준다.

② Louver : 2차 공기가 라이너 내벽을 타고 흐르면서 냉각과 보호작용을 한다.

**09** 가스터빈기관에서 축류식 압축실속 방지법 3가지를 기술하시오.

**정답** ① 다축식 구조
② 가변정익
③ 블리드 밸브

**10** 두 개의 축으로 구성된 터보팬기관에서 감속 중 또는 가속 중에 실속이 발생되는 곳은 어디인지 기술하시오.

**정답** 압축기

**11** 그림을 보고 물음에 답하시오

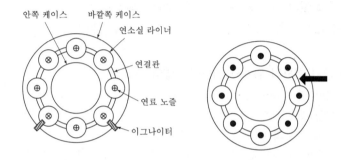

가. 이 연소실의 종류는?

나. 화살표로 가리키는 것의 이름은?

다. 화살표로 가리키는 것의 기능은?

**정답** 가. 캔-애뉼러형 연소실
나. 연결관(화염전파관)
다. 화염을 좌우측중앙에서 위아래로 전파

**12** 가스터빈기관의 그림을 보고 사용되는 압축기 장점 3가지를 서술하시오.

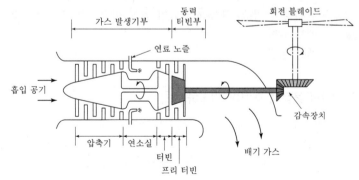

**정답** ① 대량의 공기처리 능력이 좋다.
② 압력비 증가를 위해 다단으로 제작이 가능하다.
③ 입, 출구의 압력비가 높고 효율이 높아 고성능 기관에 사용된다.

**13** 360km/h로 비행하는 터보제트엔진이 100kgf/s로 공기를 유입하고 있고, 배기속도는 200m/s
일 때 이 비행기의 추력마력(THP)은 얼마인지 기술하시오.

**정답** ① $Fn = \dfrac{W_a}{g}(V_j - V_a) = \dfrac{200 - 100}{9.8} = 10.2$

② $THP = \dfrac{Fn \cdot Va}{75} = \dfrac{10.2 \times 100}{75} = 13.6$

**14** 다음 캔형 연소실의 번호를 부여하는 방법을 기술하시오.

**정답** 후방 12시 방향 오른쪽부터 1번~8번순으로 부여한다.

**15** 여압 및 드레인 밸브의 위치와 기능을 기술하시오.

**정답** ① 여압 및 드레인 밸브의 위치 : 연료 조정장치(FCU)와 연료매니폴드 사이
② 여압 및 드레인 밸브의 기능
  • 1차 연료와 2차 연료의 분리
  • 기관정지 시 매니폴드나 연료 노즐 및 연소실의 잔류연료 배출
  • 규정압력 도달까지 흐름의 차단

> **참고**
> 여압 및 드레인 밸브를 대치 할 수 있는 부품 : 흐름 분할기, 드립 밸브

**16** 대형 가스터빈엔진은 압축기 실속 방지방법으로 블리드 계통을 채택하여 사용하는 경우가 많다.
그렇다면 이러한 블리드 계통의 기본 작동 개념을 아래의 조건에 대하여 간단히 표현하시오.

① 항공기가 순항 시 밸브의 작동 위치는?
② 항공기가 비행 중 밸브 계통에 결함이 발생 하였다면 밸브의 작동 위치는?

**정답** ① 밸브 닫힘
② 밸브 열림

**17** 다음 각각의 물음에 대하여 기술하시오.

가. 가스터빈엔진 중 2축으로 구성된 터보팬엔진이 가속 중 실속이 일어났다. 실속 발생이 예상되는
엔진 섹션은?
나. 가스터빈엔진 중 2축으로 구성된 터보팬엔진이 감속 중 실속이 일어났다. 실속 발생이 예상되는
엔진 섹션은?

**정답** 가. N₂ 압축기
나. N₁ 압축기

**18** 원심식 압축기의 중요 부위 3가지를 기술하시오.

**정답** ① 임펠러(Manifold)
② 디퓨저(Diffuser)
③ 매니폴드(Impeller)

**19** 다음 그림을 보고 명칭과 기능에 대해 서술하시오.

1차 연료만 분무 시

1차 연료와 2차 연료
동시 분무 시

**정답** ① 명칭 : 분무식 연료 노즐
② 기능 : 1차 연료는 150° 각도로 노즐 중심의 작은 구멍으로 분사되어 이그나이터에 가깝게 분사된다. 2차 연료는 50° 각도로 가장자리의 큰 구멍을 통해 연소실 끝까지 분사되며, 완속회전속도 이상에서 작동된다.

**20** 기관 압축기 블리드 밸브구조에서 (밸브 열림, 닫힘, 조절)로 답하라.

**정답** • 저속 지상 작동 시 : 열림
• 순항 시 : 닫힘
• 급감속 시 : 열림
• 밸브조절장치 고장 시 : 조절

**21** 가스터빈 축류식 압축기 1단의 구성 요소를 기술하시오.

**정답** 1렬의 회전자(Rotor)와 1렬의 고정자(Stator)

**참고**
• 가스터빈 원심식 압축기의 구성 요소 : 임펠러, 디퓨져, 매니폴드
• 가스터빈 애뉼러형 연소실의 구성품 : 연소실 라이너, 안쪽케이스, 연료 노즐, 이그나이터

**22** 터보팬기관의 모듈구조에 대해 설명하라.

> **정답** 모듈이란 표준화된 하나의 조립부품(unit)을 말한다. 여러 개의 모듈(개개의 장치)로 구성되어 한 모듈에 이상(결함) 발생 시 전체를 교환하지 않고 결함발생 모듈만 교체함으로써 정비 시간과 비용을 줄여 경제적으로 운용하도록 구성되어 있다. 정비의 효율성, 정비 시간의 단축, 경제적운용 각각 완전한 호환성과 교환과 수리가 용이하도록 구성되어 있다.

**23** 터보팬엔진에서 가속 시 실속을 일으키는 부위는 어디인지 기술하시오.

> **정답** 가속 시 : 압축기 전방

> **참고**
>
> ① 감속 시 : 엔진스테이션 3.0~3.4 또는 4단계 압축기
> ② 압축기 실속 방지 장치
> • 가변안내베인(VIGV)
> • 가변정익베인(VSV)
> • 블리드 밸브(BV)
> • 가변 바이패스 밸브(VBV)
> • 다축식 압축기

**24** 터보팬기관에서 바이패스 비에 대하여 서술하시오.

> **정답** 터보팬기관에서 팬을 지나는 2차공기량과 가스발생기를 지나는 1차공기량의 비

> **참고**
>
> 터보팬기관의 장점 : 팬부를 통과하는 공기의 질량과 엔진의 가스발생 기부를 통과하는 공기 질량의 비율 아음속에서 고효율 연료 소비율이 적고 소음 방지에 유리

**25** 연소실의 종류와 각각의 장단점을 서술하시오.

> **정답** ① 캔형 : 장점-정비 간단, 단점-연소정지현상이 생기기 쉽다, 과열시동의 우려 연소실출구온도가 불균일
> ② 애뉼러형 : 장점-구조 간단, 연소 안정, 고효율, 출구온도 분포 균일, 단점-정비 불편, 구조적 취약성
> ③ 캔-애뉼러형 : 캔형과 애뉼러형의 장단점을 보완하여 만든 연소실 형태

> **참고**
>
> 압축기의 종류와 장단점을 써라
> ① 원심력식 : 장점-단당압력비가 높다, 제작 간편, 저렴, 경량, 단점-압력비가 낮고 저효율, 전면면적이 커서 항력이 크다.
> ② 축류식 : 장점-대량의 공기처리 가능, 다단제작 가능, 압력비가 높다. 단점-F.O.D 손상이 쉽다, 제작비용이 비싸다, 중량

**26** 터빈의 냉각방법 4가지를 기술하시오.

정답 ① 대류 냉각
② 침출 냉각
③ 공기막 냉각
④ 충돌 냉각

**27** 가스터빈의 reverse thrust device의 목적과 문제점을 기술하시오.

정답 착륙 후의 비행기 제동에 사용, 속도가 너무 느려질 때까지 사용하면 배기가스가 기관 흡입관으로 재흡입되어 압축기 실속이 일어난다.

**28** 현재 터빈 역추력장치를 사용치 않고 팬 역추력 장치만을 사용하는 이유를 기술하시오.

정답 혼합배기방식의 터보팬엔진은 하나의 역추진장치를 장비한 반면 비혼합방식 엔진의 경우에 는 팬을 통과한 비연소가스의 역추력장치와 코어엔진을 통과한 연소가스 역추력장치, 두 개를 장착하기도 한다. 고바이패스엔진 중 일부는 팬 바이패스 유로에만 역추력장치를 설치하기도 하는데 대부분의 추력이 팬 바이패스 공기에서 나오고 연소가스 역추진장치를 설치하게 되면 그로 인해 발생하는 추력이 역추진장치 자중으로 인한 단점을 극복하지 못하므로 장착하지 않는다.
역추력장치들 중 최신개념으로 초 고 바이패스 터보팬엔진에 사용되는 방법으로 팬의 피치 를 바꾸는 방법이 있다. 현재에는 팬 피치를 바꾸어 역추력을 얻는 항공기를 사용한다.

**29** 터빈 깃의 팁이 Shroud 터빈은 어떤 터빈이여 장점은 무엇인지 서술하시오.

정답 저압터빈
• Blade의 진동에 의한 응력을 완화
• 경량 제작
• Blade Tip에서 가스의 손실 방지
• 큰 가스하중상태에서 Blade의 뒤틀림을 방지하여 곧은 상태 유지
• Knife Edge형 Air Seal 장착 지점을 제공

**30** 축류형 압축기의 구성 2가지와 압축기의 검사 장비는 무엇인지 서술하시오.

정답 ① 구성 : 고정자 깃과 회전자 깃
② 검사장비 : 보어스코프를 사용하여 검사한다.

**31** 터빈 반동도 3가지를 기술하시오.

정답 ① 반동(Reaction)
② 충동(Impulse)
③ 충동-반동(Impulse-Reaction)

**32** 터빈케이스 냉각 시 사용하는 공기는 ( ① )이며, 순항 시 저압 밸브의 위치는 ( ② ) 상태이고, 고압터빈 밸브 위치는 ( ③ ) 상태이다. 다음 괄호 안에 알맞은 단어를 기술하시오.

> **정답** ① Bleed air
> ② 닫힘
> ③ 열림

**33** 쉬라우드 블레이드의 장점 3가지를 기술하시오.

> **정답** ① 터빈 휠의 효율 증대
> ② 가늘고 길게 경량제작이 가능하고 팁에서의 과중한 가스하중에 의한 블레이드 뒤틀림 혹은 퍼짐 방지
> ③ 진동을 감소시키고 칼날형 공기실을 장착할 근거를 제공한다.

**34** 가스터빈기관의 출력 증가 장치 2가지에 대해 설명하시오.

> **정답** ① 후기연소기
> • 배기 도관 안에서 재연소-이륙, 상승, 음속 돌파 시 사용
> • 기관면적 증가나 중량 증가 없이 추력 증가
> • 추력 50% 증가에 연료 3배 소모
> ② 물분사 장치 : 압축기 입구, 디퓨저에 물(알코올 혼합)을 분사시켜 흡입 공기의 온도를 강하시켜 공기밀도증가, 이륙 시 10~30% 추력 증가

**35** 가스터빈기관의 압축기 실속 원인 3가지를 서술하시오.

> **정답** ① 압축기 방출압력이 너무 높을 때(CDP가 너무 높을 때)
> ② 압축기 입구 온도가 너무 높을 때(CIT가 너무 높을 때)
> ③ 공기의 누적(chocking)현상 발생 시

**36** 기관 마운트의 역할 2가지를 기술하시오.

> **정답** ① 기관의 장착대
> ② 기관의 무게 지지, 기관의 추력을 기체에 전달

**37** 애뉼러형 연소실의 장점 3가지를 서술하시오.(3점)

> **정답** ① 구조가 간단하다.
> ② 길이가 짧고, 전면면적이 작다.
> ③ 연소가 안정하다.
> ④ 출구온도가 균일하다. 연소효율이 우수하다. 중량이 적다.

**38** EPR은 어떤 압력비를 구분하고 EPR을 통해 알 수 있는 것을 서술하시오.

정답 ① EPR 압력비 구분 : 압축기 입구 전압력, 터빈 출구 전압력
② EPR을 통해 알 수 있는 것 : 연소실의 연소효율로 인한 추력을 알 수 있다.

**39** 가스터빈기관에서 역추력장치 2가지를 서술하시오.

정답 ① 케스케이드 리버서(cascade reverser) : 공기 역학적 차단장치
② 클램셀 리버서(clamshell reverser) : 기계적 차단장치

**40** 다음은 터빈의 냉각방식을 나타낸 것이다. 그림과 같은 냉각방식을 기술하시오.

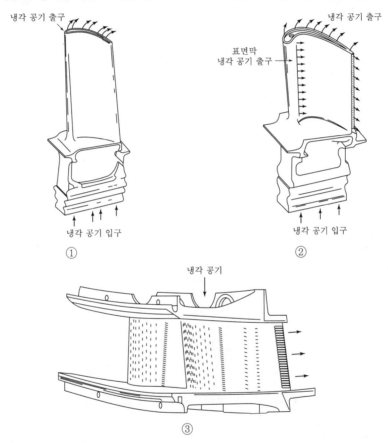

정답 ① 내부 냉각
② 내부와 표면막 냉각
③ 표면막 냉각

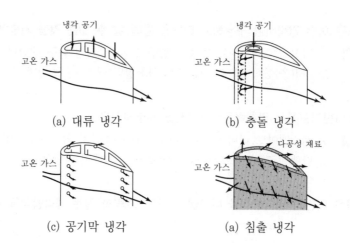

(a) 대류 냉각  (b) 충돌 냉각

(c) 공기막 냉각  (a) 침출 냉각

**41** Shroud Blade의 장점 3가지를 기술하시오.

정답 ① Turbine Wheel의 효율 증대

② 가늘고 길게 경량제작이 가능하고 팁에서의 과중한 가스하중에 의한 블레이드 뒤틀림 혹은 펴짐 방지

③ 진동을 감소시키고 칼날형 공기실을 장착할 근거를 제공한다.

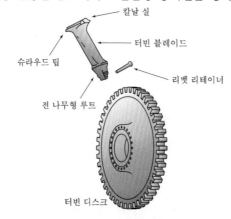

**42** 가스터빈의 터빈로터(회전자)에 크리프(creep)가 생기는 원인 2가지를 기술하시오.

정답 ① 열 응력

② 원심력에 의한 인장응력

## 8) 가스터빈엔진의 작동과 검사

**01** 터빈 깃을 점검하기 위해 조명을 사용하여 점검한 결과 다음과 같은 현상이 나타났다. 그 원인을 쓰시오.

─────────── [보기] ───────────
가. 머리카락모양
나. 물결무늬모양

**정답** 가. 머리카락모양 : 열응력으로 인한 균열
    나. 물결무늬모양 : 과열로 인한 변형

**02** 가스터빈기관 시동 시 발생하는 Hung Start에 대하여 서술하시오.

**정답** FALSE START 결핍시동
    ① 원인 : 시동기 공급 동력 불충분현상
    ② 현상 : 시동이 걸린 후 IDLErpm 까지 증가하지 않고 이보다 낮은 회전수에 머물면서 배기가스 온도는 점점증가 하는 현상

**참고**
• HOT START : 시동 시 배기가스 온도가 규정치 이상으로 되는 시동
• NO START : 정해진 시간(20초)내에 시동이 되지 않는 시동

**03** 압축기와 터빈의 평형작업 중 100g-cm 불평형에 대하여 서술하시오.

**정답** 로터 회전축에서 10cm 거리에 10g만큼의 불평형 또는 5cm 거리에 20g만큼의 불평형이 있음을 말하며, 불평형의 단위는 회전축으로부터의 거리 X 질량으로 g-cm 또는 oz-inch 로 나타냄 또는 불평형 된 무게와 해당 무게가 회전축으로부터 떨어진 거리를 곱한 값으로써, 예를 들어 회전축으로부터 10cm의 거리에 10g의 불평형 또는 5cm의 거리에 20g의 불평형이 있다는 뜻이다.

**04** 압축기와 터빈에서 쓰이는 다음 용어에 대하여 설명하시오.

─────────── [보기] ───────────
NULL OUT, SEPARATION, CALIBRATION

**정답** ① NULL OUT(없앰) : 정확한 불평형을 찾기 위해 반대쪽에서 발생되는 불평형을 그 양만큼 없애 주는 과정
    ② SEPARATION(분리) : 바로 잡기 수평면을 분리시켜 전후방을 용이하게 바로 잡게 하는 방법
    ③ CALIBRATION(보정) : 불평형을 찾기 위해 로터의 반지름을 공식에 대입시켜 보정 무게를 사용하여 평형검사 장비에 인위적으로 입력시키는 과정

① BALANCE
• STATIC BALANCE(수직 평형, 힘 평형) : 관성 주축이 회전축에 평행하게 이동되었을 때 나타나는 것
• DYNAMIC BALANCE(수평 평형, 커플 평형) : 관성 주축이 중심에서 회전축과 교차하는 조건에서 나타나는 것
② NULL OUT(없앰) : 정확한 불평형을 찾기 위해 반대쪽에서 발생되는 불평형을 그 양 만큼 없애주는 과정
③ SEPARATION(분리) : 바로 잡기 수평면을 분리시켜 전후방을 용이하게 바로 잡는 방법
④ CALIBRATION(보정) : 불평형을 찾기 위해 로터의 반지름을 공식에 대입시켜 보정 무게를 사용하여 평형 검사 장비에 인위적으로 입력시키는 과정
⑤ COMPENSATION(보상) : 축, 아버, 어댑터가 포함되어 회전하는 물체의 잔류 불평형을 상쇄시켜 보정을 쉽게 해주는 방법

**05** 터빈에서 터빈 깃의 손상에 대하여 서술하시오.

| Burning, Gouging, Scoring |
| --- |

정답 ① Burning : 국부적으로 색깔이 변하거나 심한 경우 재료가 떨어져나간 상태
② Gouging : 재료가 찢어지거나 떨어져 없어진 상태로서 비교적 큰 외부물질과 부딪혀 생기는 결함
③ Scoring : 깊게 긁힌 형태로서 표면이 예리한 물체에 닿았을 때 생긴 결함

**06** 가스터빈기관의 작동 시 압축기의 실속의 징후를 느꼈을 때 맨 처음 조작하는 것은?

정답 #3, #4 바이패스 밸브

**07** 대형 가스터빈엔진은 압축기 실속 방지방법으로 블리드 계통을 채택하여 사용하는 경우가 많다. 그렇다면 이러한 블리드 계통의 기본 작동 개념을 아래의 조건에 대하여 간단히 서술하시오.

정답 ① 항공기가 순항 시 밸브의 작동 위치 : 밸브 닫힘
② 항공기가 비행 중 밸브 계통에 결함이 발생하였다면 밸브의 작동 위치 : 밸브 열림

**08** 기관 오버홀 순서대로 나열하시오.

| | |
| --- | --- |
| ① test run | ② marshalling |
| ③ cleaning | ④ receiving |
| ⑤ dismantling | ⑥ repaire |
| ⑦ measuring | ⑧ major disassembly |
| ⑨ sub disassembly | ⑩ non destructiveinspection |
| ⑪ sub assembly | ⑫ major assembly |
| ⑬ QEC build up | |

정답 ④-⑤-⑧-⑨-③-⑩-⑦-⑥-②-⑪-⑫-①-⑬

**09** 터빈 블레이드 교환 시 터빈 블레이드가 짝수이거나 홀수로 있다면 올바르게 교환하는 방법에 대하여 서술하시오.

정답 ① 짝수인 경우 : 교환할 블레이드를 포함하여 180도 간격으로 2개의 블레이드를 같은 모멘트 – 중량의 블레이드로 교환하여야 한다.
② 홀수인 경우 : 교환할 블레이드를 포함하여 120도 간격의 3개의 블레이드를 같은 모멘트 – 중량의 블레이드로 교환하여야 한다.

**10** 가스터빈의 터빈로터(회전자)에 크리프(creep)가 생기는 원인 2가지를 기술하시오.

정답 ① 열 응력
② 원심력에 의한 인장응력

**11** 다음의 손상과 원인을 설명하시오.

① 국부적으로 색깔이 변했거나 심한 경우 재료가 떨어져 나간 형태
② 재료가 찢어지거나 떨어져 없어진 상태
③ 깊게 긁힌 형태

정답 ① 소손(burning)
② 가우징(gauging)
③ 스코어(score)

**12** 제트엔진 점검 시 마그네틱 metal(chip)이 규정치보다 초과 하였을 때 어떻게 나타나는가?

정답 윤활유 계통에 잔류하는 chip을 탐지하는 전기경공장치로 배유플러그 근처에 설치된 칩 디텍터 플러그의 두 전극봉 사이로 칩(chip)이 움직이면(누적되면) 회로가 형성되어(연결되어) 경고신호가 발생한다.

**13** 터빈에서 머리카락 모양의 균열은 어떤 손상을 말하는지 기술하시오.

정답 • 반복된 고온과 하중에 의해서 터빈 블레이드의 앞전과 뒷전에 발생한 응력 파열 균열 (Stress Rupture Crack)이다.
• 터빈 블레이드가 매우 과열되었을 때는 뒷전에 잔 물결모양(Rippling)의 균열이 생긴다.

**14** Dry Motoring과 Wet Motoring에 대하여 기술하시오.

정답 ① Dry Motoring : 연료를 연료 조정장치 이후로는 흐르지 못하게 차단한 상태에서 단순히 시동기에 의해 기관을 회전시키면서 점검하는 방법으로 기관을 시동하지 않고도 기관 회전이 원활한지의 여부를 점검할 수 있고, 연료계통과 윤활유 계통의 누설 검사 등을 간단하게 할 수 있다.
② Wet Motoring : 연료를 기관 내부에 흐르게 하여 연료 노즐을 통해 분사시키지만 점화장치를 작동하지 않으면서 하는 점검을 말하며, 이 점검을 통하여 연료 조정장치 이후의 연료계통 점검과 연료의 분사 상태를 점검할 수 있다.

**15** 터보팬기관에 새의 충돌로 인한 N₁, N₂계기와 EPR계기의 진동 시 원인 및 조치사항에 대하여 서술하시오.

> **정답** ① 원인 : 압축기 깃의 손상으로 인한 압축기 실속 발생
> ② 조치
> - 스로틀레버를 idle로 줄이고 연료를 차단한다.
> - EGT가 100C 이하가 되도록 모터링한다.
> - 로터가 자유로이 회전할 수 있는가 확인한다.
> - 약 15분 후 재시동하여 엔진의 최종상태를 확인한다.

**16** 다음 각각의 용어에 대하여 설명하시오.

가. Clean out

나. Clean up

다. Stop drill

> **정답** 가. Clean out : Scratch, Nick 등 Sheet에 있는 작은 홈을 제거하는 것
> 나. Clean up : 모서리의 찌꺼기, 날카로운 면 등이 판의 가장자리에 없도록 하는 것
> 다. Stop drill : 제트엔진의 내부 연소실에서 미세한 균열이 발견되었을 시 수리

**17** 압축기 결함사항중 형상의 명칭과 원인을 기술하시오.

> **정답** ① 균열 : 부분적으로 갈라진 형태, 심한충격이나 과부하 또는 과열이나 재료의 결함으로 발생
> ② 가우징 : 손상을 입어 떨어져나간 상태, 비교적 큰 외부물질에 부딪히거나 움직이는 두 물체가 서로 부딪혀서 생김
> ③ 스코어 : 깊게 긁힌 자국, 표면에 예리한 물체와 닿았을 때 발생
> ④ 신장 : 길이가 늘어난 상태, 고온에서 원심력의 작용에 의해 생김
> ⑤ 찍힘 : 표면이 예리하게 들어가거나 쪼개진 상태, 예리한 물체에 찍혀서 생김

**18** 터빈 깃에서 머리카락 물결무늬의 결함을 무엇이라고 하는지 기술하시오.

> **정답** Crack

**19** 압축기 깃의 손상 원인과 현상을 기술하시오.

> **정답** ① Burning : 국부적으로 색깔이 변하거나 심한 경우 재료가 떨어져나간 상태
> ② Gouging : 재료가 찢어지거나 떨어져 없어진 상태로서 비교적 큰 외부물질과 부딪혀 생기는 결함
> ③ Scoring : 깊게 긁힌 형태로서 표면이 예리한 물체에 닿았을 때 생긴 결함

**20** 가스터빈기관의 배기 부분에 연필로 표시하지 말아야 하는 이유를 서술하시오.

정답 연필로 사용 시, 배기구 온도상승 시 부식이 발생하므로 사용을 금함

**21** 터빈 블레이드 교환 시 터빈 블레이드가 홀수로 있다면 어떻게 해야 하는지 서술하시오.

정답 교환할 블레이드를 포함하여 120도 간격의 3개의 블레이드를 같은 모멘트-중량의 블레이드로 교환하여야 한다.

**22** 기관 정지 시 체크 밸브의 역할을 기술하시오.

정답 유압계통 작동유의 흐름방향 제어장치 중에서 유로의 흐름을 한 방향으로만 흐르도록 해주는 장치, 작동유의 역류를 방지

**23** 터빈 회전자에 발생하는 크리프 현상에 대하여 간단히 설명하시오.

정답 터빈 회전자에 작용하는 열응력과 원심력으로 발생하는 영구적인 신장(늘어남)

**24** 현재 민간 항공기용으로 사용되는 대형 터보팬엔진의 cowl open 순서를 기술하시오.

정답 inlet cowl open → fan cowl open → thrust reverser open → core cowl open

**25** 가스터빈 윤활계통에서 윤활유 분광시험에 대해 서술하시오.

정답 ① 윤활유 분광시험(SOAP) : 정해진 주기(B, C check) 기관 정지 후 30분 이내 시료 채취
(채취는 바닥 중앙으로부터 1/3 지점) 외부로부터 이물질 유입 방지
② 단위 : PPM(Parts Per Million)
③ 주 베어링 : 철(Fe), 구리(Cu), 은(Ag)

**26** 다음은 제트기관의 일부를 분해한 것이다. 이 부위의 명칭과, 분해 시 쓰인 공구의 이름을 기술하시오.

정답 ① 명칭 : 연소실(Combustion chamber)
② 공구 : 압축기(IC-988 클램프)

**27** 항공기에 사용되는 볼트 중 고착 방지 콤파운드를 사용하는 것이 있다. 아래 항목에 대해 서술하시오.

① 장착환경 위치

② 사용 이유

③ 사용 부위

**정답** ① 장착환경 위치 : 열에 의한 응력변형으로 고착이 예상되는 곳(엔진 및 나셀 부분)

② 사용 이유 : 고착을 방지하여 분해 조립이 원활하게 이루어지도록 한다.

③ 사용 부위 : 나사산 부분

**28** 베어링의 손상상태 3가지에 대하여 서술하시오.

**정답** ① 떨어짐 : 베어링의 표면에 발생하는 것으로써 불규칙적이고, 비교적 깊은 홈의 형태의 결함이다.

② 얼룩짐 : 베어링의 표면이 수분 등과 접촉 시 생기는 것으로써 접촉 부분 원래의 색깔이 변색된 것과 같은 결함이다.

③ 밀림 : 베어링이 미끄러지면서 접촉하는 표면의 윤활상태가 좋지 않을 때 생기는 결함이다.

**29** 비파괴검사의 종류 5가지를 기술하시오.

**정답** ① 침투탐상검사

② 자력탐상검사

③ 방사선검사

④ 초음파검사

⑤ 와전류검사

**참고**

침투탐상검사의 절차 : 전처리–침투처리–세정처리–현상처리–관찰

**30** 침투탐상검사의 "허위지시"에 대하여 기술하시오.

**정답** 세척이 불충분 하거나 침투액 또는 현상제의 오염에 의해 생기는 지시를 말한다.

(시험체의 기하학적인 구조, 표면상태, 조작처리에 기인하는 지시모양이 이에 해당된다.)

**31** 다음에 제시된 내용의 검사방법에 대하여 기술하시오.

가. 자분, 표준 시험편, 허위지시

나. 형광액, 자외선 탐사등, A형 표준시험편

**정답** 가. 자력탐상검사

나. 형광침투탐상검사

**32** 항공기 가스터빈기관의 압축기에는 2개의 축이 있는데, 전방축과 후방축이 있다. 고압 압축기 전, 후방 베어링 저압 압축기 전, 후방 베어링이 있다. 그 중 가장 큰 하중(응력)으로 마모되는 곳의 압축기와 그 이유에 대하여 서술하시오.

정답 ① 저압 압축기 전방 베어링

② 대기의 변화나 비행방향 조종으로 인한 흡입공기의 속도 변화에 따라 전방 저압 압축기의 회전속도 또한 함께 변화되기 때문이다.

# 항공기 기체

## 1) 기체구조

**01** 세미모노코크 구조의 구성 요소와 장점에 대하여 서술하시오.

**[정답]** ① 동체구성 요소(수직방향 부재) : Former, Frame, Bulk-head, Skin

② 동체구성 요소(세로방향 부재) : Longeron, stringer

③ 날개구성 요소 : Spar, stringer, Rib, Skin

④ 장점
- 내부 공간 확보가 용이하다.
- 하중을 균등하게 분산시킬 수 있다.
- 무게 당 높은 강도를 유지할 수 있다.
- 압축하중에 대한 좌굴의 문제가 없다.
- 유선형으로 공기저항을 감소시킬 수 있다.

---
**참고**

모노코크 구조의 구성 요소와 장·단점
① 동체구성 요소 : Skin, Bulk-head, Former
② 장점 : 내부 공간 마련이 쉽다.
③ 단점 : 외피의 두께가 두꺼워 무게가 무겁고 균열 등의 작은 손상에도 구조 전체 약화

---

**02** 동체와 날개의 주요 부재로에 대하여 기술하시오.

**[정답]** ① 동체
- Frame, Bulkhead : 수직 부재로 동체의 형태를 만들고, 비틀림 하중을 담당한다. 외피로 집중 하중을 확산 시킨다.
- Longeron : 세로 부재로 동체의 주 하중(굽힘하중)을 담당한다.
- Skin : 공기역학적 외형을 유지하고, 주로 전단 및 비틀림 하중을 담당한다.

② 날개
- Spar, Stringer : 주 하중(굽힘하중, 좌굴하중)을 담당한다.
- Rib : 공기역학적 날개 골을 유지한다.
- Skin : 공기 역학적 외형은 유지하고, 비틀림 하중을 담당한다.

**03** 항공기 외피가 받는 응력은 무엇인지 기술하시오.

> **정답** 주로 전단력과 비틀림력을 받고 압축응력과 인장응력을 분담한다.

**04** 항공기기체 구조에서 트러스구조의 장점과 종류를 기술하시오.

> **정답** ① 장점 : 구조설계와 제작이 용이, 무게에 비해 강도가 크다, 진동에 대한 감쇄성이 크다.
> 피로와 굽힘하중에 강하다.
> ② 종류
> • pratt truss : 대각선 방향으로 보장선을 설치한 구조
> • warren truss : 강재 튜브의 접합점을 용접함으로써 웨브나 보강선의 설치가 필요없는
> 구조

> **참고**
> 응력외피형구조의 장점과 종류를 써라
> • 장점 : 내부공간마련이 용이
> • 종류 : 모노코크 구조, 세미모노코크 구조

**05** 날개의 구성품에 대하여 기술하시오.

> **정답** Spar, stringer, Rib, Skin

> **참고**
> ① Spar, Stringer : 주 하중(굽힘하중, 좌굴하중)을 담당한다.
> ② Rib : 공기역학적 날개 골을 유지한다.
> ③ Skin : 공기 역학적 외형은 유지하고, 비틀림 하중을 담당한다.

**06** 러더와 엘리베이터의 기능에 대하여 기술하시오.

> **정답** ① 러더 : 방향키[요잉]
> ② 엘리베이터 : 승강키[피칭]

**07** 날개의 Stringer의 역할과 배치에 관해 기술하시오.

> **정답** • 역할 : 굽힘 강도를 크게 하고 비틀림에 의한 좌굴 방지
> • 배치 : 날개 길이 방향에 대해 적당한 간격으로 배치

**08** 파일론의 역할에 대하여 기술하시오.

> **정답** 항공기의 날개나 동체에 엔진 나셀(nacelle)이나 포드(pod)를 견고하게 장착, 지지하는
> 구조물

**09** 페일 세이프 구조 종류 4가지를 기술하시오.

**정답** ① 다경로하중 구조(redundant structure) : 일부 부재가 파괴될 경우 그 부재가 담당하던 하중을 분담할 수 있는 다른 부재가 있어 구조 전체의 치명적 파괴를 방지하는 구조
② 이중구조(double structure) : 하나의 큰 부재 대신 2개 이상의 작은 부재를 결합시켜 하나의 부재와 같은 강도를 갖게 한 구조
③ 대치구조(back-up structure) : 하나의 부재가 전체하중을 지탱할 수 있을 경우, 파손에 대비하여 준비된 예비적인 대치부재를 가지고 있는 구조
④ 하중경감 구조(load dropping structure) : 부재가 파손되어 강성이 떨어질 때 강성이 떨어지지 않은 구조 부재에 하중을 전달하여 파괴가 시작된 부재를 파괴 방지할 수 있는 구조

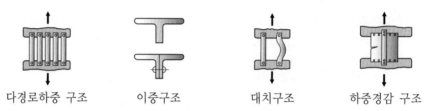

| 다경로하중 구조 | 이중구조 | 대치구조 | 하중경감 구조 |

**10** 이 그림들이 날개 구조 중 무엇의 종류인지 쓰고, 역할을 기술하시오.

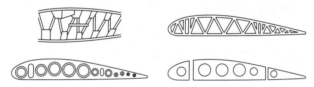

**정답** ① 명칭 : 리브
② 역할 : 날개 단면이 공기역학적 형태를 유지하도록 하고, 외피에 작용하는 하중을 스파에 전달

## 2) 기체 계통

**01** 조종케이블에 관한 질문을 보고 답하시오.

가. 조종케이블의 내부 부식검사는 어떻게 하는가?

나. 풀리의 역할에 대하여 서술하시오.

다. 페어리드의 역할에 대하여 서술하시오.

라. 케이블 가드의 역할에 대하여 서술하시오.

마. 턴버클의 역할에 대하여 서술하시오.

바. 케이블 텐션미터에 대하여 서술하시오.

사. 케이블 텐션 레귤레이터에 대하여 서술하시오.

**정답** 가. 조종케이블의 내부 부식검사 : 외부적 부식이 발견되면 장력을 늦추어 조심스럽게 비틀면서 내부 부식 상태를 검사한다. 내부까지 부식이 진행 되었으면 케이블을 교환한다.

나. 풀리의 역할 : 케이블을 안내하며 방향전환에 사용된다.

다. 페어리드의 역할 : 케이블의 처짐, 얽힘, 흔들림을 방지하고 3°이내의 방향전환에 사용한다.

라. 가드의 역할 : 케이블의 이탈을 방지하고, 안내 역할을 한다.

마. 턴버클의 역할 : 케이블을 연결하고 장력을 조절할 수 있는 부품이다.

바. 케이블 텐션미터의 역할 : 케이블 장력을 측정하는데 사용하는 계측장비이다.

사. 케이블 텐션 레귤레이터의 역할 : 온도변화에 관계없이 항상 일정하게 조절된 장력을 유지시킬 수 있는 부품의 일종이다.

**02** 플라이 바이 와이어 시스템에 대하여 서술하시오.

**정답** 항공기(F-16, A300, B777)에서 케이블을 사용하지 않고 전기적인 신호로 조종력의 향상을 위해 사용하는 시스템

**03** 현재 조종사의 피로를 경감시켜주는 장치를 무엇이라 하는지 기술하시오.

**정답** 자동조종장치(AFCS : Automatic Flight Control System)

**04** 케이블의 세척방법 3가지에 대하여 기술하시오.

**정답** ① 고착되지 않은 먼지나 녹은 마른수건으로 닦아낸다.

② 고착된 먼지나 녹은 #300~#400 정도의 미세한 샌드페이퍼로 없앤다.

③ 표면에 고착된 낡은 방식유는 깨끗한 수건에 케로신을 묻힌 후 닦아낸다. 이때 솔벤트나 케로신을 너무 많이 묻히면 방부제를 녹여 제거하게 되어 와이어의 마멸을 촉진시키고 수명을 단축 시킨다.

④ 세척한 케이블은 깨끗한 마른 헝겊으로 닦아내고 방부 처리한다.

**05** **항공기 랜딩기어에서 시미댐퍼의 기능은 무엇인지 기술하시오.**

> **정답** 항공기의 이·착륙 또는 지상 활주 시 지면과 타이어 밑면의 가로축 방향의 변형과 바퀴의 선회축 둘레 진동과의 합성된 진동이 좌우방향으로 발생하는 현상을 시미현상이라 하고, 이 시미현상을 흡수 완화시켜주는 장치를 시미댐퍼라 한다.

> **참고**
>
> ① 바퀴다리계통의 센터링 실린더의 역할 : 완충 스트러트가 항상 트럭에 대하여 수직이 되도록 하는 장치이다.
> ② 주 착륙장치의 Brake equalizing의 역할 : 2개 또는 4개로 구성되며 바퀴가 전진함에 따라 항공기의 무게가 앞바퀴에 많이 걸리는 것을 뒷바퀴로 옮겨 앞뒤 바퀴가 같은 무게를 받도록 한다.
> ③ 브레이크계통의 드래깅현상 : 제동장치에 기포가 차 있어 페달을 밟은 후 발을 떼더라도 페달이 원 위치로 돌아오지 않는 것
> ④ 브레이크계통의 그래빙현상 : 제동 판이나 라이닝에 오염 물질이 부착되어 제동 상태가 거칠어지는 현상
> ⑤ 브레이크계통의 페이딩현상 : 제동장치가 가열되어 제동 라이닝의 손상으로 제동 효과가 감소하는 현상
> ⑥ segmented rotor brake의 특징 : 고압의 유압계통에 사용하려고 고안된 중형급 브레이크장치로 로터가 여러 개의 조작으로 나뉘어 있다.

**06** **anti skid system은 무엇인지 쓰시오.**

> **정답** 바퀴의 회전속도를 감지하여 브레이크의 작동유압을 조절하여, 제동 시 타이어가 최소 회전속도를 유지하며 미끄럼현상을 방지하여 지면 마찰력 증가로 제동거리 단축과 타이어의 flat을 방지한다.

> **참고**
>
> brake de-booster valve의 역할 : 피스톤형 밸브로서 브레이크의 작동을 신속하게하기 위한 것으로 브레이크를 작동할 때 일시적으로 작동유의 공급량을 증가시켜 신속히 제동되도록 도와준다.

**07** **타이어 퓨즈플러그의 기능에 대하여 기술하시오.**

> **정답** 타이어의 과도한 열팽창으로부터 압력 증가에 의한 손상 방지

> **참고**
>
> - 브레이크계통에 스펀지현상 원인 및 조치 : 작동유 내에 공기가 섞여서 공기의 압축성효과로 인해 불충분한 제동효과를 갖는 것, 블리드 밸브로 공기를 배출 시킨다.
> - 바퀴다리 계통의 side brace의 역할 : 옆 버팀대(side strut) 착륙장치의 측면 방향의 힘을 지탱한다.

**08** 조종케이블의 7×7, 7×19에 대하여 기술하시오.

> **정답** ① 7×7 : 7개의 strand, 1strand당 7가닥의 wire 묶음, 가요성케이블, 내마멸성이 크다.
> ② 7×19 : 7개의 strand, 1strand당 19가닥의 wire 묶음, 초가요성 케이블, 강도가 높고 유연성이 좋아 주 조종계통에 사용된다.

> **참고**
> 케이블의 검사방법을 서술하시오.
> ① 케이블의 와이어에 잘림, 마멸, 부식 등이 없는지 세밀히 검사한다.
> ② 와이어의 잘린 선을 검사할 때는 천으로 케이블을 감싸서 길이 방향으로 천천히 문질러 본다.
> ③ 풀리와 페어리드에 닿은 부분을 세밀히 검사한다.
> ④ 7×7케이블은 1인치당 3가닥, 7×19케이블은 1인치당 6가닥 이상 잘렸으면 교환한다.

**09** 케이블의 내부 부식검사 방법에 대하여 기술하시오.

> **정답** 외부 부식이 발견되면 케이블 장력을 늦추어 조심스레 비틀어 내부 부식을 검사하고 내부까지 부식이 진행되어있으면 케이블 교환

**10** 항공기 이륙 시 앞바퀴의 접개들이 장치가 들어갈 때 wheel wall의 손상을 방지하는 장치에 대하여 기술하시오.

> **정답** Center Device-쇼크 스트러트 내부에 있는 센터링 캠에 의해서 바퀴가 지면에서 떨어지면 바퀴를 정면으로 정렬 시킨다.

**11** cable의 종류 3가지와 특징을 간단히 서술하시오.

> **정답** ① 초가요성 케이블 : 7×19 케이블로 최소직경이 1/8″ 이상이며, 유연성은 우수하나 내마모성이 약하여 1차 조종계통에 사용된다.
> ② 가요성 케이블 : 7×7케이블로 7×19케이블보다 유연성은 떨어지나 내마모성은 우수하다.
> ③ 비가요성 케이블 : 1×19 케이블로 유연성이 없으며 직성운동을 전달하는 곳에 주로 사용한다.

**12** 항공기 타이어의 마멸검사 및 교환조건 4가지를 쓰시오.

> **정답** ① 트레드와 사이드 월의 마모를 검사하는 데 트레드 홈의 깊이를 깊이게이지로 측정한다.
> ② 부분적으로 과도한 마멸 또는 속의 플라이가 보이거나 불평형 상태이면 타이어 교환
> ③ 플라이 사이가 떨어졌거나 와이어비드 사이가 벌어진 경우 교환
> ④ 일반적으로 플라이 수리 25% 이상 손상되면 교환

타이어 교환 시기
• 트레드와 사이드 월의 마멸 및 소상상태 점검
• 트레드의 마멸은 홈의 형태가 없어질 때까지 허용
• 트레드를 관통하지 않은 손상은 허용되나 트레드가 벗겨지거나 끊어지고 가로지르는 깊은 손상 시 타이어
  교환
• 부분적으로 과도한 마멸 또는 속의 플라이가 보이거나 불평형 상태면 타이어 교환
• 측면부(flex)손상일 경우 교환
• 플라이 사이가 떨어졌거나 와이어비드 사이가 벌어진 경우 교환
• 일반적으로 플라이 수의 25% 이상 손상되면 교환

**13** Bonding Wire에 대하여 설명하시오.

**정답** 부재와 부재(예를 들면, 동체와 날개 또는 날개와 조종면 등)를 전기적으로 연결하고, 전위차
를 같게 하여 아크에 의한 손상 방지, 낙뢰 방지, 무선잡음 방지, 계기의 오차 방지 등의
역할을 한다.

**14** ANTI-SKID 계통 3가지를 쓰고 서술하시오.

**정답** ① Nomal Skid-Skid가 생기지 않도록 제동효율 극대화
② Locked Wheel Skid Control-Wheel이 Lock되었을 때 Brake Release
③ Touchdown Protection-Brake를 밟아도 착륙접근동안 Brake 작동 방지
④ Fail-safe Protection-Anti-Skid가 고장 시 자동에서 수동으로 변환

**15** Body Landing gear에 그
림, 구조 명칭에 대하여 서술
하시오.

**정답** ① 휠축
② 사이드 스트럿

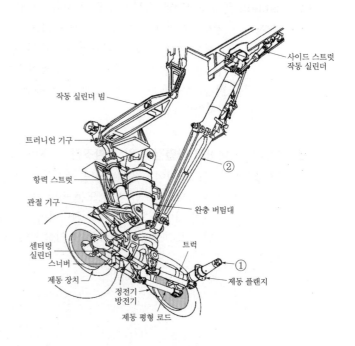

사이드 스트럿
작동 실린더

작동 실린더 빔

트러니언 기구

항력 스트럿

관절 기구

완충 버팀대

센터링
실린더
스너버

트럭

①

제동 장치

제동 플랜지

정전기
방전기

제동 평형 로드

②

**16** 항공기에서 한쪽바퀴만 잭 작업 시 사용하는 장비의 명칭을 기술하시오.

**정답** 싱글 베이스 잭(Single Base Jack)

**17** F-16, A-300, B-747에서 쓰이는 조종장치 명칭을 기술하시오.

**정답** 플라이 바이 와이어 시스템-항공기에서 케이블을 사용하지 않고 전기적인 신호로 조종력의 향상을 위해 사용하는 시스템

**18** 항공기 타이어에 사용되는 기체와 그 이유에 대하여 서술하시오.

**정답** • 타이어에 사용되는 기체 : N2가스
• 이유 : 폭발 또는 화재 예방

**19** 자동조종의 3가지 기능을 서술하시오.

**정답** ① 안정
② 조종
③ 유도

**20** 트럭형 착륙장치 활주중 제동시 전, 후륜에 가해지는 접지력을 동일하게 해주는 장치의 번호와 명칭에 대하여 서술하시오.

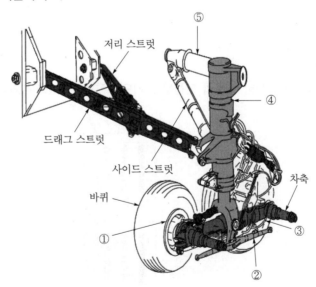

**정답** ② 제동평형로드 : 주 착륙장치 계통의 제동창지가 작동될 때 트럭의 뒷바퀴가 제동력 때문에 지면으로부터 들뜨게 됨에 따라 트럭의 앞바퀴에 항공기의 하중이 집중되는 것을 방지하는 장치

**21** 조종 케이블을 세척하는 방법은?

**정답** ① 고착되지 않은 먼지나 녹은 마른수건으로 닦아낸다.
② 고착된 먼지나 녹은 #300~#400 정도의 미세한 샌드페이퍼로 없앤다.
③ 표면에 고착된 낡은 방식유는 깨끗한 수건에 케로신을 묻힌 후 닦아낸다. 이때 솔벤트나 케로신을 너무 많이 묻히면 방부제를 녹여 제거하게 되어 와이어의 마멸을 촉진시키고 수명을 단축 시킨다.
④ 세척한 케이블은 깨끗한 마른 헝겊으로 닦아내고 방부 처리한다.

**22** Skid control system 계통에서 다음 사항을 간단히 설명하시오.

**정답** ① Normal Skid Control : 바퀴 회전이 줄어들때 작동하게 되며 정지할 때까지는 작동하지 않는다.
② Locked Wheel Skid Control : 바퀴가 락크되었을 때 브레이크가 완전히 풀리게 해준다.
③ Touchdown Protection : 착륙을 위해 접근 중에 조종사가 브레이크 페달을 밟더라도 브레이크가 작동되지 않도록 한다.
④ Fail-safe Protection : 안티스키드 계통이 고장일 때 완전 수동으로 작동되게 하고 경고등을 켜지게 한다.

**23** AFCS(자동조종장치)에서 YawDamper의 기능 3가지를 기술하시오.

**정답** ① 더치롤 방지
② 균형선회
③ 방향 안정성 향상

**24** 다음 그림에서 표시한 부분의 명칭을 쓰시오.(세그먼트 로터 브레이크 그림)

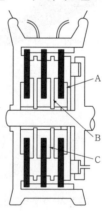

**정답** A-stator, B-rotor, C-stator

**25** 브레이크 종류 4가지를 기술하시오.

정답  ① 팽창 튜브식 브레이크
② 싱글 디스크 브레이크
③ 멀티 디스크 브레이크
④ 세그먼트 로터식 브레이크

**26** 승강키 조종계통 점검과정에서 승강키가 상하로 움직이지 않는다. 고장 원인과 대책을 기술하시오.

정답

| 고장 원인 | 대책 |
|---|---|
| 스톱(stop)의 위치가 부적절하다. | 스톱(stop)의 위치를 조절한다. |
| 푸시풀 튜브가 구부러져 있다. | 푸시풀 튜브를 교환한다. |
| 연결부의 베어링이 닳았다. | 연결부의 베어링을 교환한다. |

**27** 항공기용 조종 케이블 단자의 연결방법 3가지를 기술하시오.

정답  스웨이징 방법, 5단 엮기 방법, 랩 솔더 방법

**28** 타이어의 구조에서 다음 명칭에 대하여 기술하시오.

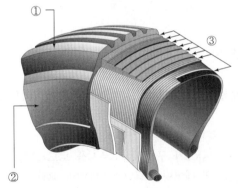

정답  ① 트레드 : 내구성과 강인성을 갖도록 하기 위해 합성고무 성분으로 만들어져 있다.
② 사이드 월 : 코드가 손상을 받거나 노출되는 것을 방지하기 위해 코드바디의 측면을
일차적으로 덮는 구실을 하며, 사이드월에 의해서 코드바디는 거의 충격을 받지 않는다.
③ 카커스플라이(코어바디) : 고무로 코팅된 나일론 코드 패브릭의 대각선 층으로 타이어
바디를 완전히 둘러싸면서 타이어 강도를 제공해준다.

**29** 타이어 마모 시 측정 부분 및 측정기구를 기술하시오.

정답  ① 트레드 홈 및 타이어 깊이 게이지

**30** 브레이크의 종류 4가지를 기술하시오.

> **정답** ① 기능에 따라 : 정상 브레이크, 파킹 브레이크, 비상 및 보조 브레이크
> ② 작동 및 구조 형식에 따라 : 팽창 튜브식, 싱글 디스크식, 멀티디스크식, 세그먼트 로터식

**31** 항공기의 강착 장치의 역할 3가지를 서술하시오.

> **정답** ① 착륙 시 충격흡수
> ② 지상 작동 중 항공기 무게지지
> ③ 활주나 토잉 시 진동 감소
> ④ 지상활주 시 방향전환 및 제동

**32** 다음 그림에 나오는 기구의 명칭과 기능을 쓰시오.

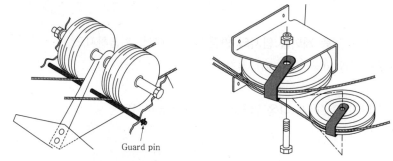

Guard pin

> **정답** 풀리(pully)

**33** 승강키 조종계통 점검과정에서 승강키가 상하로 움직이지 않는다. 고장 원인과 대책을 한 가지만 쓰시오.

> **정답** ① 스톱위치가 부적절 : 스톱의 위치 조절
> ② 푸시풀 튜브가 구부러짐 : 푸시풀 로드 교환
> ③ 연결부의 베어링이 닳았다 : 베어링 교환

**34** 다음과 같이 주어진 타이어 그림에서 각 부의 명칭을 쓰시오.

> **정답** ① 트레드(tread)
> ② 사이드 월(side wall)
> ③ 브레이커(breakers)
> ④ 차퍼(chafers)
> ⑤ 와이어 비드(wire beads)

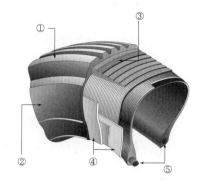

**35** 다음 질문하는 브레이크 현상을 쓰시오.

가. 제동장치가 가열되어 제동 라이닝이 소실되어 제동효과가 감소하는 현상?

나. 제동장치에 공기가 차있어 페달을 밟고난 후 발을 떼더라도 페달이 원위치로 돌아오지 않는 현상?

다. 제동판이나 라이닝에 기름이나 오물이 묻어 제동상태가 거칠어지는 현상?

**정답** 가. 페이딩(Fading)

나. 드래깅(Dragging)

다. 그래빙(Grabbing)

## 3) 항공기 재료

**01** 철강재료 AISI 1025와 철강재료 SAE 4130의 의미에 대하여 기술하시오.

**정답** • AISI-American Iron Steel Institute

• 1 : 탄소강

• 0 : 주 합금의 원소가 없다

• 25 : 탄소 함유량이 0.25%

• SAE-Society of Automotie Engineers

• 41 : 크롬-몰리브덴강

• 30 : 탄소 함유량이 0.30%

**02** AA 2024에서 각각의 의미에 대하여 기술하시오.

**정답** • AA-알루미늄협회규격

• 2-주 합금원소 : 구리

• 0-합금의 개량번호 : 개량하지 않음

• 24-합금의 종류가 24임을 나타낸다.

> **참고**
> 시효경화 : 상온에서 시간의 경과에 따라 그 재료의 강도와 경도가 변화는 것

**03** AL도선의 strip 시 주의사항에 대하여 기술하시오.

**정답** ① 규격에 맞는 와이어스트리퍼를 사용한다.

② 내부의 가는 선 가닥이 cut 되지 않도록 한다.

③ 와이어 규격에 따라 cut 허용 한계를 넘으면 안 된다.

> **참고**
> AL도선을 Strip하는 이유 : 알루미늄도선은 양극처리가 되어 있는데 양극피막은 전기에 대한 부도체이므로 피막을 제거함으로써 전도성을 우수하게 하기 위함이다.

**04** sealant의 기능 5가지를 기술하시오.

> 정답  ① 연료 등의 누설을 방지한다.
> ② 공기기포의 통과를 방지한다.
> ③ 공기에 의한 가압에 견디도록 한다.
> ④ 풍화작용에 의한 부식을 방지한다.
> ⑤ 접착제 기능으로 응력 분산 및 균열속도지연

**05** 기체재료의 특성 3가지를 기술하시오.

> 정답  ① 반복하중에 의한 피로파괴를 일으키지 않아야 한다.
> ② 온도변화에 따른 기계적 성질의 변화가 작아야 한다.
> ③ 큰 하중에 견딜 수 있는 동시에 변형이 너무 크지 않아야 한다.
> ④ 성형성과 가공성 우수
> ⑤ 경량이면서 강도가 우수
> ⑥ 전기 및 열전도성 우수

> **참고**
>
> AL ALLOY의 장점을 써라.
> 전성이 우수하여 성형가공성이 좋다, 상온에서 기계적 성질 우수, 강도와 연신율 조절 가능, 내식성 양호, 시효경화성

**06** 용체화 처리된 알루미늄 합금을 상온에 방지하면 점차 단단해지면, 강도가 커진다. 이를 시효경화라 하는데, 이러한 알루미늄 합금의 종류 1가지를 기술하시오.

> 정답  ① 2017 : 알루미늄 4.0%의 구리를 첨가한 합금(두랄루민)
> ② 2024 : 구리 4.4%와 마그네슘 1.5%를 첨가한 합금(초두랄루민)

**07** 항공기 기체에 AL합금 재료는 다른 금속합금과 비교하여 장점 4가지를 기술하시오.

> 정답  ① 가벼워야 한다.
> ② 강도가 높아야 한다.
> ③ 부식에 강해야 한다.
> ④ 가공성이 우수해야 한다.
> ⑤ 내열성이 좋아야 한다.
> ⑥ 경계성이 좋다.

**08** 다음 보기와 같이 각각의 규격에 대하여 기술하시오.

――――――――― [보기] ―――――――――

AA규격-미국 알루미늄 규격

가. AISI

나. ASTM

다. SAE

**정답** 가. AISI-미국 철강 협회 규격
나. ASTM-미국 재료시험 협회
다. SAE-미국 자동차 협회 표준 규격

**09** 2024 $T_4$와 2024 $T_{42}$의 차이점에 대하여 기술하시오.

**정답** ① 2024 $T_4$ : 제조 시에 용체화 처리 후 자연 시효 한 것
② 2024 $T_{42}$ : 사용자에 의해 용체화 처리된 후 자연 시효 한 것(2014-0, 2024-0, 6061-0 만 사용)

**10** 알크래드 알루미늄 판에 사용되는 코팅제의 명칭과 목적에 대하여 기술하시오.

**정답** ① 명칭 : A(1100) 순수 알루미늄 99.9%
② 목적 : 부식을 방지하기 위해 순수 알루미늄을 3~5% 피복한 상태의 합금판

**11** AA규격에 의한 ice-box 리벳의 종류 2가지와, ice-box에 보관하는 이유를 서술하시오.

**정답** ① 종류 : 2017, 2024
② 보관 이유 : 이 리벳은 상온에서는 너무 강해 그대로는 리벳팅을 할 수 없으며, 열처리 후 사용가능. 연화(annealing) 후 상온에서 그냥 두면 리벳이 경화되기 때문에 냉장고에 보관할 때 연화상태를 오래 지속시킬 수 있다. 냉장고로부터 상온에 노출하면 리벳은 경화되기 시작하며, 2017(D)는 약 1시간쯤 경과하면 리벳경도의 50%, 4일쯤 지나면 완전경화하게 되므로 이 리벳은 냉장고로부터 꺼낸 후 1시간 이내에 사용해야 한다(2024 는 10~15분 이내).

**12** AD 3 DD 5 A의 규격에 대해 설명하시오.

**정답** • AD : 미국 공군 해군 표준규격
• 3 : 볼트의 직경이며 3/16인치이다.
• DD : 초두랄루민(알루미늄 합금 2024-T)
• 5 : 볼트의 길이이며 5/8인치이다.
• A : 볼트 끝 구멍의 유무 표시이다.

**13** AN 310 D – 5 R과 같은 너트 기호에서 D, F, C, B가 무엇을 뜻하는지 서술하시오.

정답 D : 두랄리민 2017-T, F : 강, C : 스테인리스 강, B : 황동

**14** 다음 보기에 따라 전단강도에 강한 AA규격을 나열하시오.

| 2024 – 2017-1100 |
| --- |

정답 ① 2017-T(D : 두랄루민)
② 2024-T(DD : 초두랄루민)

**15** 열가소성, 열경화성에 대하여 각각 서술하고 각 종류 1개씩 기술하시오.

정답 ① 열가소성 수지 : 열을 가해서 성형한 다음 다시 가열하면 연해지고 냉각하면 다시 원래의
상태로 굳어지는 수지
② 열가소성 수지 종류 : 폴리염화비닐(PVC), 폴리에틸렌, 나일론, 폴리메타크릴산메틸
(PMMA)
③ 열경화성 수지 : 한번 열을 가해서 성형하면 다시 가열하더라도 연해지거나 용융되지
않는 성질을 가진 수지
④ 열경화성 수지 종류 : 페놀수지, 폴리우레탄, 에폭시수지

## 4) 항공기 요소

**01** 나비 너트의 일반적인 사용처에 대하여 기술하시오.

정답 호스 클램프나 배터리 단자와 같이 손으로 조여도 무방하거나 또는 자주 풀었다 조였다
하는 장소에 사용한다.

참고
• 캐슬 너트 사용목적과 사용처 : 생크에 안전핀구멍이 나있는 볼트에 사용되며, 큰 인장 하중을 받는 곳에
사용된다.
• 아이 볼트 사용목적과 사용처 : 외부에서 인장 하중이 작용하는 곳에 사용, 착륙장치 계통, 케이블 단자
등에 사용된다.

**02** 항공기에서 클레비스 볼트 종류에 대하여 기술하시오.

정답 ① 클레비스 볼트 : 머리가 둥글고 카운터싱킹 되어 있으며, −자 또는 +자의 홈이 파여
있다.
② 사용할 수 있는 곳 : 조종계통의 기계적인 핀의 역할로 전단 하중이 작용하는 곳
③ 사용할 수 없는 곳 : 인장 하중이 작용하는 곳
④ 사용 공구 : 스크루 드라이버

> **참고**
>
> 아이 볼트의 사용처 : 외부의 인장 하중을 받는 곳에 사용

**03** AN3DD5A에 대하여 설명하시오.

> **정답**
> - AN : 규격명(Air Force-Navy)
> - 3 : 계열 번호 및 지름(3/16인치)
> - DD : 재질 기호로서 알루미늄 합금(2024)
> - 5 : 볼트 길이(5/8인치)
> - A : 나사 끝 구멍의 유무 표시

**04** Cable 내부 부식 점검 방법에 대하여 설명하시오.

> **정답** 외부 부식이 발견되면 케이블 장력을 늦추어 조심스레 비틀어 내부 부식을 검사하고 내부까지 부식이 진행되어 있으면 케이블 교환

**05** 호스와 튜브의 규격을 쓰시오.

> **정답**
> - 호스 : 안지름(분수)
> - 튜브 : 바깥지름(분수)×두께(소수)

**06** AN 470 DD 5-8의 각각의 의미에 대하여 기술하시오.

> **정답**
> - AN : 규격명(Air Force-Navy)
> - 470 : 유니버설 리벳
> - DD : 재질 기호로서 알루미늄 합금(2024)
> - 5 : 계열번호 및 지름(5/32in)
> - 8 : 리벳의 길이(5/16in)

**07** 너트 AN 315-D 5 R의 각각의 의미에 대하여 기술하시오.

> **정답**
> - AN : 규격명(Air Force-Navy)
> - 315 : 평 너트
> - D : 재질 기호로서 알루미늄 합금(2017)
> - 5 : 계열번호 및 지름(5/16in)
> - R : 오른나사(시계방향)

**08** 케이블 연결방법 3가지에 대하여 기술하시오.

> **정답**
> ① 5단 엮기방법
> ② 랩 솔더
> ③ 스웨이징 방법

**09**  AL 합금에 대해 서술하시오.

> **정답** ① 가공성이 양호하다.
> ② 합금의 비율에 따라 강도가 크다.
> ③ 상온에서 기계적 성질이 양호하다.
> ④ 시효경화 특성을 가진다.

**10**  너트가 [보기]와 같이 표시되어 있다. 표시중 "D 7 R"을 간단히 설명하시오.

> AN 315 D 7 R

> **정답** • D : 재질 기호로서 알루미늄 합금(2017)
> • 7 : 계열번호 및 지름(7/16in)
> • R : 오른나사(시계방향)

**11**  전선의 피복을 벗겨 낼 때 사용하는 공구 및 유의사항 2가지를 기술하시오.

> **정답** • 공구 : 와이어 스트리퍼
> • 주의사항
> ⓐ 피복을 잘라내는데 필요 이상의 압력을 가하지 않도록 주의해야 한다 (너무 센 압력을
> 가하면 칼날이 전선을 절단하거나 손상시킬 수도 있다).
> ⓑ 피복사이즈를 맞춰야 한다(맞지 않으면 끊어지거나 헐렁하여 스트리핑이 되지 않는다).

**12**  다음 부품의 명칭을 쓰고, 화살표가 가리키는 부분의 용도를 쓰시오.

> **정답** ① 명칭 : 턴버클
> ② 화살표 부분의 용도 : 왼 단자임을 지시

**13**  다음 그림에서 플렉시블 호스 연결 방법
으로 옳은 것은 무엇인지 기술하시오.

> **정답** A : 틀림　　B : 옳음
> C : 틀림　　D : 옳음
> E : 틀림　　F : 옳음

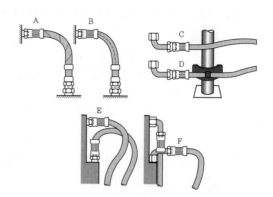

**14** 다음 각각의 볼트 그림에 해당하는 볼트의 명칭을 기술하시오.

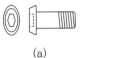  

(a)  (b)  (c)

> **정답** (a) 인터널렌칭 볼트
> (b) 클레비스 볼트
> (c) 아이 볼트

**15** 다음 그림과 같은 작업의 방법 및 장점에 대하여 서술하시오.

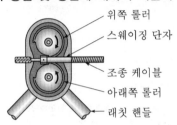

위쪽 롤러
스웨이징 단자
조종 케이블
아래쪽 롤러
래칫 핸들

> **정답** ① 작업방법 : 조종케이블과 터미널을 이용한 스웨이징 연결방법이다.
> ② 작업 장점 : 연결 부분 케이블 강도를 100% 유지하여 가장 많이 사용되는 연결방법이다.

**16** 다음 리벳의 기호가 나타내는 것을 쓰시오.

MS 20426 AD 4-5

> **정답** • 머리 종류 : 둥근머리 리벳
> • AA규격 : 2117T
> • 리벳지름(단위포함) : 4/32 ″ or 1/8 ″
> • 리벳 길이 : 5/16

**17** 다음 리벳의 길이를 직경(D)에 대한 각각의 올바른 치수를 작성하시오.

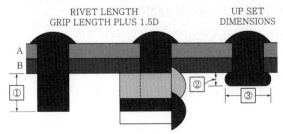

RIVET LENGTH
GRIP LENGTH PLUS 1.5D

UP SET
DIMENSIONS

A
B

① ② ③

> **정답** ① (1.5D)
> ② (0.5D)
> ③ (1.5D)

**18** 호스 외관에 표시하는 식별방법 3가지를 기술하시오.

**정답** ① 호스표면에는 선, 문자, 숫자 등의 식별코드로 호스의 크기, 제작사, 제조날짜, 사용가능
압력, 사용가능온도 등의 지식을 제공한다.

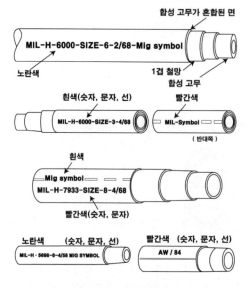

호스의 식별

| ② 구분 | 호스의 특징 | 코드의 색 |
|---|---|---|
| (a) | 방향족 유류와 불꽃에 강함 | 노란색 |
| (b) | 방향족 유류에 강하고 내열성이 있으나 호스 자체로 밀폐되지 않음 | 흰색/빨간색 |
| (c) | 방향족 유류, 오일, 불꽃에 강함 | 빨간색 |
| (d) | 방향족 유류에 강하고 자동 밀폐되지 않음 | 노란색 |
| (e) | 방향족 유류에 강하고 자동 밀폐됨 | 빨간색 |

③ 유관의 식별 : 색깔, 문자, 그림을 사용한다.

**19** AN 350 B 1032 너트 규격에 대하여 기술하시오.

**정답**
- AN 350 : 미 공군, 해군 표준규격의 나비 너트
- B : 너트의 재질(B : 황동)
- 10 : 너트 지름 : 10/16 인치
- 32 : 1인치당 나사산 수(32개)

**20** 턴록 파스너의 종류 3가지를 쓰시오.

정답

| | |
|---|---|
| ① 쥬스 파스너 | 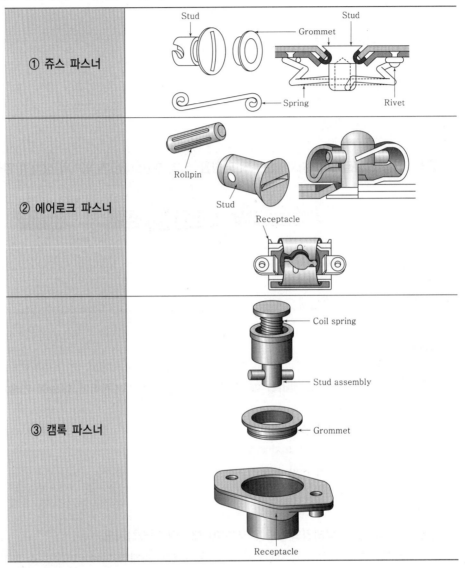 |
| ② 에어로크 파스너 | |
| ③ 캠록 파스너 | |

**21** 다음 그림의 명칭과 사용방법을 기술하시오.

정답　① 명칭 : 크로우풋(CROW FOOT)
　　　② 사용방법 : 박스렌치 또는 오픈렌치로 작업이 어려운 경우 너트를 돌리는 데 필요한
　　　　소켓으로 주로 사용한다.

**22** 항공기에 사용되는 여러 가지 볼트 중 클레비스 볼트에 대해 다음과 같은 질문에 답하시오.

　가. 사용되는 곳

　나. 사용되지 않는 곳

　다. 사용공구

　　**정답** 　가. 전단력이 작용하는 곳

　　　　　　나. 인장력이 작용하는 곳

　　　　　　다. 스크루 드라이버

**23** 다음 그림을 보고 지시하는 A의 명칭을 쓰고, B groove의 의미와 장치의 명칭을 기술하시오.

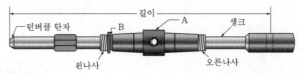

　　**정답** 　① 명칭 : 턴버클

　　　　　　② A : 배럴

　　　　　　③ B : 왼단자

## 5) 기체구조의 수리

**01** 구조 부분 손상 시 정비할 때 주의해야 할 4가지 기본원칙에 대하여 기술하시오.

　　**정답** 　① 원래의 구조강도 유지

　　　　　　② 원래의 윤곽 유지

　　　　　　③ 최소 무게 유지

　　　　　　④ 부식에 대한 보호

　　　　　　⑤ 목적과 기능의 유지

**02** 리벳작업 시 벅테일의 높이와 지름에 대하여 기술하시오.

　　**정답** 　리벳 지름=D일 때 벅테일 높이=0.5D, 벅테일 너비=1.5D

> **참고**
> • 횡단피치 : 리벳 열과 열 사이의 거리를 말한다.(열간 간격) 직경의 4.5~6D, 최소 2.5D
> • 연거리 : 판재의 모서리와 이웃하는 리벳 중심까지의 거리를 말한다. 보통 2.5D이며 최소 2D, 접시머리 경우 최소 2.5D, 최대 4D
> • 리벳피치 : 같은 열에 있는 리벳 중심간 거리를 말한다(리벳 간격). 보통 6~8D, 최소 3D, 최대 12D

**03** 항공기에서 사용하는 특수 리벳의 종류를 기술하시오.

정답 ① 체리 리벳
② 폭발 리벳
③ 리브 너트
④ 고전단 리벳

**04** 리벳작업 시 리벳의 직경은 어떻게 구하는지 기술하시오.

정답 접합판재 중 두꺼운 판 두께의 3배

**05** AL화학처리 방법 중 물을 이용하는 방법에 대하여 기술하시오.

정답 알로다인 처리 방법이다.

> 참고
>
> 알로다인 처리는 알루미늄 합금의 부식저항을 증가시키고 페인트 접합성을 개선시키기 위한 화학적 표면 처리방법으로 절차는 다음과 같다.
> ① 처리할 표면을 산 또는 알칼리 세제에 침수 또는 스프레이를 사용하여 세척한다.
> ② 가압된 물로 세척한다.
> ③ 알로다인 용액에 담그거나 분무 또는 붓칠로 처리하고, 2~3분 동안 굳힌다.
> ④ 물로 세척한 후 디옥실라이트로 세척하여 알카리 물질을 중화시키고 건조 시킨다.

> 주의
>
> ① 물이 묻은 상태에서는 물이 고르게 퍼져 있어야 한다.
> ② 물에 젖어 있을 때는 물을 직접 칠하며 작업 중에는 표면이 젖어있어야 한다.
> ③ 굳을 수 있는 시간이 지난 후 깨끗한 물을 흘려 표면을 흘러내리게 한다.
> ④ 건조 후 표면에 가루가 나타나면 표면을 깨끗이 닦아내지 않았거나 젖은 상태를 유지하지 못했기 때문이다. 가루가 보이는 부분은 다시 처리한다.
> ⑤ 표면이 건조할 때 : 알로다인 #1,000분말 4g을 물 $1\ell$의 비율로 용해시켜 처리액을 만든다.

**06** 판의 두께가 0.04인치, 굽힘반지름이 0.125인치, 굽힘각도가 90도 일 때 mold point와 굽힘접선까지의 거리 및 곡률중심의 거리를 구하시오.

정답 ① $SB = K(R+T) = \tan(\theta/2)[R+T]$
② $BA = (\theta/360)2\pi(R+0.5T)$

**07** 토크렌치에 익스텐션을 장착한 것이다. 토크렌치의 유효 길이는 10in 익스텐션의 유효 길이는 5in, 필요한 토크값은 900in-LBS일 때 필요한 토크에 상당하는 눈금표시에는 얼마까지 조이면 되는가?

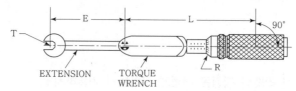

**정답** $R = \dfrac{L}{L+E} \times T = \dfrac{10}{10+5} \times 900 = 600[\text{in}-\text{lbs}]$

**08** 볼트와 너트 체결 시 900in-lbs로 조이려 한다. 토크렌치의 길이가 10", 연장공구의 길이가 5" Reading 토크값은 얼마인지 기술하시오.

**정답** $R = \dfrac{L \times T}{A} = \dfrac{10 \times 900}{10+5} = 600\text{in}-\text{lbs}$

**09** AL 합금의 화학처리 방법 2가지와 화학처리를 하는 이유에 대하여 기술하시오.

**정답** ① 알로다인
② 아노다이징(양극처리)
이유 : 금속에 보호 피막을 만듦, 도료의 밀착성을 높임

**10** 토크렌치의 길이가 10in, 연장대의 길이 4in 볼트에 150in-lbs로 조일 때 토크렌치가 지시하는 값은 얼마인지 기술하시오.

**정답** $R = \dfrac{L \times T}{A} = \dfrac{10 \times 150}{10+4} = 107\text{in}-\text{lbs}$

**11** 다음 도면을 보고 S.B와 B.A를 구하시오.

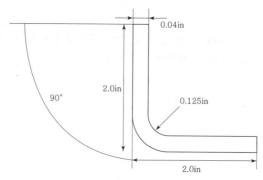

**정답** ① $\text{S.B} = K(R+T) = (0.125+0.04) = 0.165$
② $\text{B.A} = \theta/360 \times 2\pi$ *$(R+1/2T) = \dfrac{90}{360} \times 2\pi\left(0.125 + \dfrac{1}{2}0.04\right) = 0.2277$

**12** 다음 기체 표면의 손상형태에 관하여 서술하시오.

가. nick

나. scratch

다. crease

정답 가. nick : 예리한 물체에 찍혀 표면이 예리하게 들어가거나 쪼개져 생긴 결함

나. scratch : 좁게 긁힌 형태로서 외부 물질의 유입 등으로 생긴 결함

다. crease : 표면이 진동으로 인하여 주름이 잡히는 현상

**13** 판재 굽힘 작업 시 S.B와 B.A를 구하는 공식에 대해 기술하시오.

정답 ① $SB = K(R+T) = \dfrac{\tan\theta}{2}(R+T)$

② $BA = \dfrac{\theta}{360} 2\pi \left(R + \dfrac{1}{2}T\right)$

**14** AN470 DD 5-6은 어떤 규격의 리벳인지 기술하시오.

정답 • AN : 규격 명(Air Force-Navy)

• 470 : 유니버설 리벳

• DD : 재질 기호로서 알루미늄 합금(2024)

• 5 : 계열번호 및 지름(5/32in)

• 6 : 리벳의 길이(6/16in)

**15** 기체 손상 종류별로 올바르게 연결하시오.

가. burning

나. scratch

다. chafing

라. fatigue failure

마. fretting corrosion

정답 가. burning-소손

나. scratch-긁힘

다. chafing-마찰

라. fatigue failure-피로파괴

마. fretting corrosion-마찰 부식

**16** 다음 각각의 기체손상 처리방법에 대하여 기술하시오.

가. 클린 아웃(clean out)

나. 클린 업(clean up)

다. 스무스 아웃(smooth out)

**정답** 가. 클린 아웃(clean out) : 손상 부분을 트림(trim) 작업하거나 다듬질(file) 작업하여 손상 부분을 완전히 제거하는 작업

나. 클린 업(clean up) : 모서리의 찌꺼기, 날카로운 면 등이 판의 가장자리에 없도록 하는 것

다. 스무스 아웃(smooth out) : 판재 표면의 긁힘이나 찍힘 등의 작은 흠집을 제거하는 작업

**17** 다음 기체수리방법(손상수리작업)에 대해 설명하시오.

> cleaning out, clean-up, stop hole, smooth out

**정답** ① cleaning out : 트리밍(trimming), 커팅(cutting), 파일링(filing) 등 손상 부분을 완전히 제거하는 것

② clean-up : 수리재 모서리의 찌꺼기, 날카로운 면 등이 판재의 끝 부분에 없도록 제거하는 작업

③ stop hole : 구조 부재에 균열이 일어난 경우에 그 균열이 계속해서 진전되지 않도록 균열 끝 부분을 뚫어 주는 구멍

④ smooth out : 스크래치(scratch), 닉(nick) 등 판재(sheet)에 있는 작은 흠을 제거하는 것

**18** 다음 리벳 기호를 설명하시오.

> "NAS 1749 m 4-3"

**정답** • NAS : NATIONAL AIRCRAFT STANDARD
• 1749 : CONTACT ELECTRIC PIN
• m : 몰리브덴강
• 4 : 직경 4/32
• 3 : 길이 3/16

**19** 항공기 표면에 자주 일어나는 pitting corrosion을 설명하시오.

**정답** 점부식이라 하며 염분으로 인하여 발생되며 국부적인 분위에 빠른 속도로 부식이 진전되어 조그만 구멍이 나는 부식이다.

**20** 다음은 항공기 도면에 있는 일부의 문구로 나타낸 것이다. 어떤 내용인지 간단히 서술하시오.

> 37 RVT EQ SP STAGGERED

**정답** 37개의 리벳을 동일 간격으로 좌우로 엇갈리게 리벳팅한다.


**21** 블라인드 리벳에 대하여 설명하시오.

**정답** ① 일반적인 사용처 : 일반 리벳을 사용하기에 부적당한 곳이나, 리벳작업을 하는 반대쪽에 접근할 수 없는 곳에 사용

② 사용해서는 안 되는 부분 : 인장력이 작용하거나 리벳 머리에 갭(gap)을 유발시키는 곳, 진동 및 소음 발생지역, 유체의 기밀을 요하는 곳에는 사용을 금지

③ 종류 : 팝 리벳(pop rivet), 마찰고정 리벳(friction lock rivet), 체리고정 리벳(cherry lock rivet), 체리 맥스 리벳(cherry max rivet)


**22** 항공기의 기체 구조부를 수리할 때에 최소중량유지를 위한 고려사항 2가지를 쓰시오.

**정답** ① 덧 붙임판의 크기는 작게

② 필요 이상의 리벳은 쓰지 않는다.


**23** 성형머리 지름과 높이를 쓰시오.

**정답** ① 지름 : 리벳 지름의 1.5배

② 높이 : 리벳 지름의 0.5배


**24** 복합 구조재 중에서 적층구조 표면 손상을 적층 구조재의 적층판을 통과하지 못하여 생기는 긁힘 현상이 있을 때 1PLY에 수리방법에 대하여 기술하시오.

**정답** ① 닦는 방법 : MEK나 아세톤

② 페인트 벗기는 방법 : 샌딩 방법

③ 경화 처리 후 그 다음 해야 할 것 : 샌딩하고 마무리한다.


**25** 리벳 직경 결정과 리벳작업 시 사용 공구는?

**정답** ① 직경 : 장착하고자 하는 판재 중 두꺼운 판재의 3배

② 사용공구 : 리벳건과 버킹바


**26** 리벳과 리벳 구멍의 간격을 0.002~0.004in 정도로 하여, 리벳 보호막의 손상을 막는 작업을 무엇이라 하는가?

**정답** 리머작업(reamer)

**27** 다음의 손상과 원인을 설명하시오.

① 국부적으로 색깔이 변했거나 심한 경우 재료가 떨어져 나간 형태

② 재료가 찢어지거나 떨어져 없어진 상태

③ 깊게 긁힌 형태

정답 ① 소손(burning)
② 가우징(gauging)
③ 스코어(score)

**28** 부식 제거 후 화학피막처리의 목적과 Al합금에 적용되는 것 2가지를 쓰시오.

정답 ① 목적 : 알루미늄 표면에 산화피막을 형성시켜 산화를 방지(부식으로부터 알루미늄을 보호)
② Al합금에 적용되는 것 : 아노다이징, 알로다인

**29** 이 그림의 작업 내용과 여기서 쓰이는 공구 이름은?

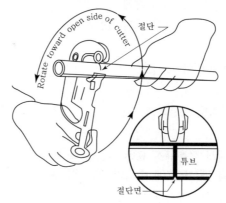

정답 ① 작업 이름 : 튜브의 절단
② 공구 이름 : 커터(cutter)

**30** 다음 리벳 기호를 설명하시오.

| MS-20470-A-6-6-A |
| --- |

정답 • MS : MILITARY STANDARD
• 20470 : 리벳 머리의 형태(Universal Rivet)
• A : 알루미늄 합금
• 6 : 직경 6/32″
• 6 : 길이 6/16″
• A : 시효경화

**31** 다음 보기의 서술 내용은 알루미늄 합금의 어떤 화학피막 처리법인가?

────────────── [보기] ──────────────

① 물 1ℓ에 분말 4g 정도를 혼합한 후 잘 젓는다.
② 헝겊으로 처리할 표면에 균일하게 바른다.
③ 1~5분간 젖은 상태로 유지한다.
④ 물에 적신 헝겊으로 헹구어 낸 다음 Air로 말린다.

**정답** 알로다인 처리(Alodine)

**32** 다음 그림의 명칭과 하는 역할에 대하여 쓰시오.

**정답** ① 명칭 : 핀 클레코
② 역할 : 리벳작업 시 두 장의 판을 임시 고정하는 역할

**33** 두께가 0.05in인 철판을 굽힘 반지름 0.25in 굽힘각 90°로 굽히려 한다. 세트백을 구하시오.

**정답** $SB = K(R+T) = \dfrac{\tan 90}{2}(0.25+0.05) = 0.3\,\mathrm{in}$

**34** 다음 그림에 나열된 공구를 사용하는 작업의 종류와 목적을 쓰시오.

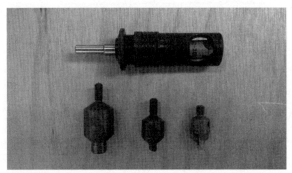

**정답** ① 작업의 종류 : 항공기 외피 등에 접시머리 리벳을 꼭 맞게 장착하기 위해 판재 구멍 주위를 움푹 파는 작업을 카운터싱크라고 하며, 판재 두께가 0.40in 이하일 경우 카운터 싱크가 불가능하기 때문에 이때는 딤플링을 해야 한다.
② 목적 : 접시머리 리벳 체결을 하기 위해 카운터싱크 작업 시 사용

**35** 5in×10in인 앵글재에 1in 크기의 균열이 발생되었다면, splice를 장착 전에 stop hole을 뚫고 클린 아웃 처리를 한다. 이때 스플라이스의 적절한 크기는 어떻게 결정하는가를 쓰시오.

정답 ① 가장 긴 플랜지 폭의 2배 이상으로 한다.
② 클린 아웃 : 손상 부분을 트림작업하거나 다듬질 작업하여 손상 부분을 완전히 제거하는 작업

**36** 비행기 조종면 수리 후 반드시 해야 할 작업과 그 이유는 쓰시오.

정답 ① 작업 : 평행(Balance)점검
② 목적 : 조종면 진동 방지

**37** 리벳 그림 3가지?(체리 리벳, 폭발 리벳, 접시머리 리벳)

정답
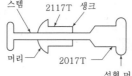 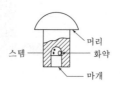 

**38** 다음 리벳 그림을 보고 종류를 쓰시오.

① ② ③

정답 ① 체리 리벳
② 폭발 리벳
③ 접시머리 리벳

**39** S.B와 BA를 구하시오.(단, 두께 : 0.04, R : 0.125, $\theta$ : 90°)

정답 ① $S.B = K(R+T) = \dfrac{\tan 90}{2}(0.125+0.04) = 0.165$

② $BA = \dfrac{\theta}{360}2\pi(R+\dfrac{1}{2}t) = \dfrac{90}{360}2\pi(0.125+\dfrac{1}{2}0.04) = 0.227$

**40** 다음 질문에 대하여 기술하시오.

가. 항공기 무게를 계산하는 기초무게로써 승무원, 승객 등의 유용하중, 사용 가능한 연료, 배출 가능한 윤활유의 무게를 포함하지 않는 상태에서의 항공기 무게를 무엇이라고 하는가?

나. 다음 항공기의 무게중심을 구하시오.(단, 전체중량은 885KG임)

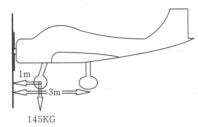

**정답** 가. 항공기의 자기무게

나. $\dfrac{\text{총 모멘트}}{\text{항공기 총 중량}} = \dfrac{(1\text{m}\times145\text{kg})+(3\text{m}\times(885-145)\text{kg})}{885\text{kg}} = 2.672$

소수 셋째 자리 반올림하여 항공기 기준선으로부터 후방 2.67m

**41** 다음 그림에서 (a), (b), (c)의 명칭을 쓰고, 굽힘여유를 구하시오.(두께 1mm, 반지름 2mm, 굽힘각도 45도)

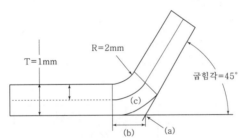

**정답** ① (a) 성형점, (b) 세트백(SB), (c) 굽힘허용량(BA)

② $BA = \dfrac{\theta}{360} 2\pi \left( R + \dfrac{1}{2} T \right) = \dfrac{45}{360} 2\pi \left( 2 + \dfrac{1}{2} 1 \right) = 1.96\,\text{mm}$

**42** 다음은 항공기 기체손상에 관한 용어를 올바르게 연결하시오.

| | | | |
|---|---|---|---|
| Scratch | ① | ❶ | 피로파괴 |
| Burning | ② | ❷ | 소손 |
| fatigue failure | ③ | ❸ | 마모 |
| fretting corrsion | ④ | ❹ | 마찰 부식 |
| Abrasion | ⑤ | ❺ | 긁힘 |

**정답** ① - ❺  ② - ❷  ③ - ❶  ④ - ❹  ⑤ - ❸

**43** 금속 100g을 합성하는 데 수지 50g이 필요하고 수지 10g에 필요한 촉매제의 양이 2.5g일 때 금속 150g을 합성하는 데 필요한 수지와 촉매제의 양을 구하시오.

정답 ① 100g : 50g＝150g : x[수지 : 75g]

② 10g : 2.5g＝75g : y[촉매제 : 18.75g]

**44** 항공기 기체재료의 부식 종류에 대하여 3가지 이상 기술하시오.

정답 ① 표면 부식(surface corrosion) : 가장 일반적인 부식으로 금속 표면이 공기 중의 산소와 직접 반응하여 발생된다.

② 이질금속간 부식(galvanic corrosion) : 동전기 부식, 두 종류의 이질금속이 접촉하여 전해질로 연결되면 한쪽 금속에 부식이 촉진된다.

③ 입자간 부식(intergranular corrosion) : 재료의 입자 성분이 불균일한 것이 원인으로 부적절한 열처리가 주 원인이 된다.

④ 응력 부식(stress corrosion) : 부식 조건하에서 장시간 동안 표면에 가해진 정적인 인장 응력의 복합적인 효과로 발생된다.

⑤ 찰과 부식(fretting corrosion) : 밀착된 구성품 사이에 작은 진폭의 상대운동이 일어날 때에 발생하는 제한된 형태의 부식이다.

⑥ 점부식(pitting corrosion) : 금속의 표면이 국부적으로 깊게 침식되어 작은 점을 만드는 부식이며, 이는 잘못된 열처리나 기계작업에서 생기는 합금 표면의 균일성 결여 때문에 발생된다.

⑦ 피로 부식(fatigue corrosion) : 부식환경에서 금속에 가해지는 반복응력에 의한 응력부식의 형태이며, 부식은 응력이 작용되어 움푹 파인곳에서부터 시작되며, 균열이 진행되기 전에는 부식 형태를 미리 알아내기 어렵다.

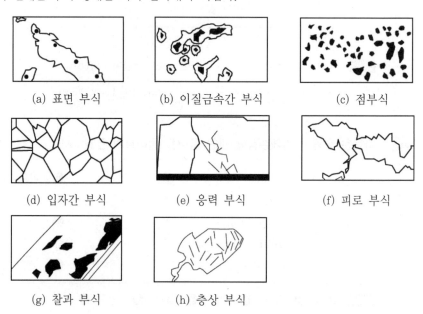

| (a) 표면 부식 | (b) 이질금속간 부식 | (c) 점부식 |
| --- | --- | --- |
| (d) 입자간 부식 | (e) 응력 부식 | (f) 피로 부식 |
| (g) 찰과 부식 | (h) 층상 부식 | |

**45** 알루미늄 합금에 부식이 생겼을 때 부식을 제거한 후 화학적 피막처리를 하는 이유와 그 방법 두 가지를 쓰시오.

**정답** ① 피막처리 이유 : 부식에 대한 저항증가와 도장작업(페인트칠)을 좋게 하기 위해
② 방법 : 아노다이징, 알로다이닝

**46** 도장 작업을 위하여 에어 스프레이를 사용할 시 주의사항을 쓰시오.

**정답** ① 도장할 대상을 깨끗이 세척하고 닦아낸다.
② 에어 스프레이에 묻어있는 이물질, 도료를 깨끗이 세척한다.
③ 공기 압축기 및 공압호스에 남은 잔류 유분이나 수분을 깨끗이 제거한다.
④ 도료에 따른 특성을 정확히 이해하고 작업을 수행한다.

| 합성에나멜 | 아연 크로메이트 프라이머 위에 칠하는 도료이며 광택은 우수하나 내마멸성이 부족하다. |
|---|---|
| 아크릴 랙커 | 워시 프라이머를 칠한 후에 칠하는 도료이며, 항공기에 가장 많이 사용된다. 광택, 내식성, 내후성이 매우 우수하다. |
| 폴리우레탄 | 고속, 고고도 항공기에 널리 쓰이며 산소에 대한 저항성이 있어 열화되기 어려움. 내마모성, 내약품성, 내구성이 우수하다. |
| 아크릴 우레탄 | 칠하기가 쉽고, 내화학성과 내구성을 지니고 있다. |
| 프라이머 | 금속 표면을 도장 작업하기 전에 적절한 전 처리 작업을 한 후에 프라이머를 칠한다. 이는 금속표면과 도료의 마감칠 사이에 접착성을 높이기 위한 것이다. |

**47** 다음의 그림과 같은 두께의 AL판을 90° 굽히려고 한다. 물음에 기술하시오.

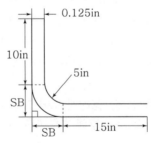

가. 식을 대입하여 SB를 구하여라.

나. 식을 대입하여 BA를 구하여라.

다. 식을 대입하여 전체 길이를 구하여라.

**정답** 가. $SB = K(R + T) = \dfrac{\tan 90}{2}(5 + 0.125) = 5.125$인치

나. $BA = \dfrac{\theta}{360} 2\pi \left(R + \dfrac{1}{2}T\right) = \dfrac{90}{360} 2\pi \left(5 + \dfrac{1}{2} \times 0.125\right) = 7.952$인치

다. $L = 10 + BA + 15 = 10 + 7.952 + 15 = 32.952$인치

**48** 입자간 부식 원인, 검사방법, 발견 시 처리방법을 설명하시오.

정답 ① 원인 : 금속의 부적절한 열처리에 의해 발생된다.(형태–나무결 모양, 섬유형태)
② 검사방법 : 초음파 검사, 와전류 검사, 방사선 검사(내부에 발생되므로 발견이 어려움)
③ 처리방법 : 손상정도와 구조물의 강도를 확인 후 모든 부식 생성물과 떨어져 나간 금속 표면을 기계적인 방법으로 제거하고 수리를 하거나, 부품 교환을 한다. 현실적으론 수리보단 교환을 한다.

**49** 복합소재의 장점 3가지를 기술하시오.

정답 ① 무게당 강도 비율이 높다. 알루미늄 복합재료로 대체하면 30% 이상 인장, 압축강도가 증가하고 무게경감효과가 있다.
② 복잡한 형태 및 공기역학적 곡선형태 제작이 쉽다.
③ 일부 부품과 파스너를 사용하지 않아도 되어 제작이 단순하고 비용이 절감된다.
④ 유연성이 크고, 진동에 강해 피로응력의 문제를 해결한다.
⑤ 부식이 되지 않고 마멸이 잘 되지 않는다.

**50** 다음 리벳작업에서 사용하는 용어를 설명하시오.

가. 피치
나. 끝간격
다. 횡단피치

정답 가. 리벳피치(rivet pitch) : 같은 열에 있는 리벳 중심사이의 거리, 리벳지름의 3~12D, 일반적으로 6~8D
나. 끝거리(edge distance) : 판재의 끝에서 인접한 리벳중심 간의 거리, 최소 연거리는 유니버설 리벳 2~4D이며, 접시머리 리벳은 2.5~4D이다.
다. 횡단피치(transverse pitch) : 리벳의 열과 열 사이의 거리이며 리벳피치의 75%의 정도로, 리벳지름의 4.5~6D이고, 최소 횡단피치는 2.5D이다.

**51** 알루미늄의 표면 처리 방법 중, 용해액 1L에 크롬산 4g을 넣고 잘 휘저어 섞은 다음, 알루미늄 표면에 고르게 바른 후, 2~3분 후에 물로 깨끗이 닦아 내는 처리 방법을 무엇이라고 하는가?

정답 알로다인 처리

**52** 다음의 물음에 답하시오.

가. 그림의 작업은?

나. 카운터싱킹과 딤플링의 차이를 설명하시오.

다. 적용 범위

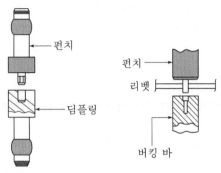

정답 가. 딤플링 작업한다.

나. 카운터싱크 리벳은 리벳머리의 높이보다도 결합해야 할 판재쪽이 두꺼운 경우에 적용하고, 머리쪽의 판 두께가 얇고 아랫면이 두꺼운 경우나 2개의 판이 리벳보다 얇은 경우는 딤플링 작업을 한다.

다. 적용되는 판재 : 0.04in 이하

**53** 복합재료(Composite materials) 적층구조방식에서 표면 긁힘 현상의 수리(표면손상 : cosmetic defect)방법에 대하여 서술하시오.

정답 ① 손상 처리방법 : 손상 부위를 MEK 혹은 아세톤으로 닦는다.

② 손상 부위 페인트 처리방법 : 사포질로 손상 부위의 페인트를 벗겨낸 후 솔벤트로 세척한다.

③ 충진재 또는 인가된 표면퍼티와 수지를 혼합한다.

④ 수지/혼합물 처리 후 : 경화시킨 후에 수리교범에 따라 연마를 하고 표면처리를 한다.

**54** 다음 보기를 보고 리벳 직경과 길이를 구하시오.

가. 두 판재의 두께는 각각 0.030in, 0.040in이다.

정답 ① 직경 : [D=3T] 0.040×3=0.120in

② 길이 : [L=판재두께+1.5D] 0.070+1.5×0.120=0.250in

**55** 기체 수리에서 최소 무게를 유지하기 위해서 유의해야할 사항 두 가지에 대하여 기술하시오.

**정답** ① 덧 붙임판의 크기는 작게
② 필요 이상의 리벳은 쓰지 않는다.

**56** 토크렌치에 익스텐션을 장착한 것이다. 토크렌치의 유효 길이는 15in, 익스텐션의 유효 길이는 5in, 필요한 토크값은 900in-LBS일 때 필요한 토크에 해당하는 실제 죔값을 구하시오.

**정답** $R = \dfrac{L \times T}{L+E} = \dfrac{15 \times 900}{15+5} = 675[\text{in-lbs}]$

**57** 다음과 같은 두께의 철판을 굽히려 한다. 각각의 물음에 답하시오.

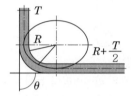

(1) 굽힘접선에서 성형점까지의 길이를 구하시오. (세트백)

**정답** $SB = K(R+T) = \dfrac{\tan 90}{2}(0.125 + 0.04) = 0.165$

(2) 굽힘허용량을 구하시오.

**정답** $BA = \dfrac{\theta}{360} 2\pi(R + \dfrac{1}{2}t) = \dfrac{90}{360} 2\pi(0.125 + \dfrac{1}{2}0.04) = 0.228$

**58** 항공기 기체표면의 리벳작업을 하는데 덧붙일 판재가 8각형, 원형이 있는데 각각의 판재를 사용하는 경우에 대하여 기술하시오.

| 가. 8각형 패치 | 나. 원형 패치 |
|---|---|

**정답** 가. 응력(stress)의 작용 방향을 확실히 아는 경우에 사용하며, 패치의 중심에서 바깥쪽을 향하여 리벳의 수를 감소시켜서 위험한 응력집중의 위험성을 피할 수 있다.
나. 손상 부분이 작고, 응력의 방향을 확실히 알 수 없는 경우에 사용하는 방법으로 2열 배치 방법과 3열 배치 방법으로 나뉜다.

## 6) 구조역학의 기초

**01** 아래의 용어에 대해 설명하시오.

(1) 최대이륙중량

(2) 최소이륙중량

**정답** (1) 최대이륙중량 : 항공기 이륙 시 허용하는 최대중량(자체중량+유상하중), 기체구조 성능
을 고려한 이륙 시의 기준 총 중량 설계최대이륙중량은 최대이륙중량보다 약간 크다.

(2) 최소이륙중량 : 착륙 시 기체 구조 강도 성능을 고려하여 허용되는 최대 기준중량

**02** creep에 대해 설명하시오.

**정답** ① 일정한 응력을 받는 재료가 일정한 온도에서 시간이 경과함에 따라 하중이 일정하더라도
변형률이 변화하는 현상

② 금속이 일정 하중하에서 시간이 경과함에 따라 변형이 증가하는 현상(일반적으로 고온에
서 발생)

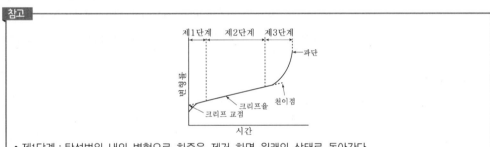

**참고**

• 제1단계 : 탄성범위 내의 변형으로 하중을 제거 하면 원래의 상태로 돌아간다.
• 제2단계 : 변형률이 직선으로 증가한다.
• 제3단계 : 변형률이 급격히 증가하며 파단이 생긴다.

**03** 입자간 부식의 원인, 검사, 조치사항에 대해 기술하시오.

**정답** ① 원인 : 부적절한 열처리
② 검사 : 방사선 검사
③ 처리 : 부품 교환

**04** 손상허용, 페일 세이프, 안전수명에 대해서 각각 설명하시오.

**정답** ① 손상허용 : 구조 부재의 피로균열이나 혹은 제작 기간 동안의 부재결함이 발견되기 전까
지 구조의 안전에 문제가 생기지 않도록 보충하기 위한 것을 말한다.

② 페일 세이프 : 구조의 일부분이 파괴되거나 파손되더라도 나머지 구조가 하중을 담당하
여 치명적인 파괴나 과도한 변형을 방지할 수 있도록 설계된 구조이다.

③ 안전수명 : 피로시험 중 전체의 피로시험에 의해 기체 구조의 수명을 결정하는 것을
말한다.

**05** 기체의 위치에 대한 설명하시오.

> **정답** ① Buttock Line : A/C 수직중심선을 기준으로 좌·우로 나눈 평행한 폭
>
> ② Wing Station : Wing Leading Edge와 90°로 Wing Root에서 Tip쪽으로 평행한 폭
>
> ③ Water Line : 동체의 하면에서 수평면까지의 높이(수직거리)

**06** 항공기의 기본자기무게에 대하여 설명하시오.

> **정답** Basic Empty Weight(기본자기무게) : 승객, 승무원 등의 유효하중, 사용가능한 연료, 배출 가능한 연료 등이 포함되지 않은 무게이다. 단, 사용 불가능한 연료, 배출이 가능한 윤활유, 기관내의 냉각수의 전부, 유압계통의 무게도 포함된다.

**07** 항공기의 정비 중 조종면 평행 작업을 하는 이유와 조종 평행 작업에 사용되는 기구 3가지를 서술하시오.

> **정답** ① 평행 작업을 하는 이유 : 평행 작업을 하지 않으면 조종면을 중립 위치에 두었을 때 수평 비행이 불가능하고, 상승, 하강, 좌우 턴을 할때에 불규칙한 각으로 회전한다. 그리고 조종력이 증가되어 불필요한 힘을 사용하게 되며, 조종면을 움직이는 데 필요한 로드, 케이블, 풀리 등 각 구성품 등에 무리가 가해져 파손 될 위험성이 크다.
>
> ② 검사장비 : 평형추, 각도기, 수평계

**08** 무게 중심을 과도하게 뒤쪽으로 옮겼을 때 다음에 어떤 영향을 주는가? (증가한다. 감소한다. 좋아진다. 나빠진다. 중 쓰시오.)

> **정답** ① 비행속도 : 나빠진다.
>
> ② 항속거리 : 감소한다.
>
> ③ 안정성 : 나빠진다.
>
> ④ 착륙성능 : 좋아진다.

**09** FS선, BBL선, WS선이 뜻하는 것은 무엇인지 기술하시오.

> **정답** ① 동체 위치선(fuselage station) : 기준이 되는 0점, 또는 기준선으로부터의 거리 기준선은 기수 또는 기수로부터 일정한 거리에 위치한 상상의 수직면으로 설정되며, 테일콘의 중심까지 잇는 중심선의 길이로 측정(=BSAT : body station)
>
> ② 동체 버턱선(body buttock line) : 동체 중심선을 기준으로 오른쪽과 왼쪽으로 평행한 너비를 나타낸 선
>
> ③ 날개 위치선(wing station) : 날개보와 직각인 특정한 기준면으로부터 날개 끝 방향으로 측정된 거리
>
> ※ 동체 수위선(BWL : body water line) : 기준으로 정한 특정 수평면으로부터의 높이를 측정한 수직거리. 기준 수평면은 동체의 바닥면으로 설정하는 것이 원칙이지만, 항공기에 따라 가상의 수평면을 설정하기도 한다.

**10** 항공기 무게를 측정하는 장비의 종류와 그렇게 측정된 항공기 중량을 무엇이라 하는가?

정답 ① 잭, 하중셀, 전자식 측정장비, 어댑터
② 항공기 적재중량

**11** 항공기 자기무게에서 제외되면 안 되는 것 3가지를 기술하시오.

정답 ① 발동기 냉각액 전량
② 고정 밸러스트
③ 배출이 불가능한 윤활유

**12** 항공기에서 최대이륙중량과 최대착륙중량을 간단히 서술하시오.

정답 ① 최대이륙중량 : 항공기가 이륙할 수 있는 최대무게(Maximum Design Take Off Weight : MTOW)
② 최대착륙중량 : 항공기 Structure의 강도에 의해 제한된 착륙중량(Maximum Design Landing Weight : MLW)

**13** 다음 그림과 같은 조건에서의 무게중심을 구하시오.

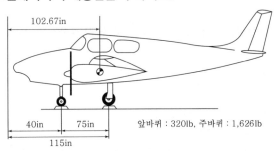

102.67in

40in 75in

115in

앞바퀴 : 320lb, 주바퀴 : 1,626lb

정답 기준선이 주 착륙장치 앞에 있는 전륜식 항공기 공식에 따라 대입하면

$$CG = D - \frac{F \times L}{W} = 115 - \frac{320 \times 75}{1,946} = 102.67\text{인치}$$

• $D$ : 기준선으로부터 주 착륙장치의 무게 측정점까지의 수평거리
• $L$ : 주 착륙장치 무게 측정점으로부터 앞 착륙장치 또는 꼬리 착륙장치의 무게 측정점까지의 수평거리
• $F$ : 앞 착륙장치 무게 측정점에서의 무게
• $R$ : 뒤 착륙장치 무게 측정점에서의 무게
• $W$ : 무게 측정 시기의 항공기 무게
① 기준선이 주 착륙장치 앞에 있는 전륜식 항공기

$$CG = D - \frac{F \times L}{W} [\text{그림(a)}]$$

② 기준선이 주 착륙장치 앞에 있는 미륜식 항공기

$$CG = D + \frac{R \times L}{W} [\text{그림(b)}]$$

③ 기준선이 주 착륙장치 뒤에 있는 전륜식 항공기

$$CG = D + \frac{F \times L}{W} \text{[그림(c)]}$$

④ 기준선이 주 착륙장치 뒤에 있는 미륜식 항공기

$$CG = D - \frac{R \times L}{W} \text{[그림(d)]}$$

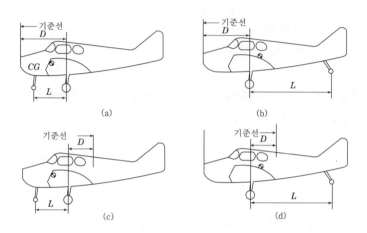

**14** 항공기의 무게중심을 앞으로 옮겼을 경우 단점 4가지를 쓰시오.

정답 ① 연료 소모량 증가
② 필요 출력 증가
③ 착륙 시 Nose Up 곤란
④ 출력 감소 시 급강하 경향
⑤ 진동 발생
⑥ Nose Wheel에 과하중 작용, Flap의 불안정 작동, 지상활주 시 방향 불안정

**15** 조종힌지 축 전방 50cm 부분에 수리를 했더니 무게가 500g이었다. 조종힌지 축 후방 25cm 지점에 몇 g짜리 평형추를 사용해야 하는가?

정답 $50 \times 500 = 25 \times x, \ x = 1{,}000g$

**16** 릴리프 홀에 대해서 기술하시오.

가. 릴리프 홀은 어디에 하는가?

나. 릴리프 홀은 어떻게 하는가?

다. 릴리프 홀은 왜 하는가?

정답 가. 2개 이상의(압축응력) 굽힘이 겹치는 곳에 사용한다.
나. 보통 1/8인치 이상으로 굽힘 반지름의 치수를 지름으로 하는 구멍을 뚫는다.
다. 응력 집중을 제거하여 균열을 방지한다.

**17** 다음과 같은 조건 시 항공기 무게 중심을 구하시오.

① 왼쪽 후방 132cm 거리, 3,200kg 무게
② 오른쪽 후방 132cm 거리, 3,150kg 무게
③ 앞바퀴까지 거리 50cm, 1,000kg 무게

**정답**
$$C.G = \frac{\text{총 모멘트}}{\text{총 무게}} = \frac{W_1 l_1 + W_2 l_2 + \cdots W_n l_n}{W_1 + W_2 + \cdots W_n}$$

$$= \frac{(3,200 \times 132) + (3,150 \times 132) + (1,000 \times 50)}{3,200 + 3,150 + 1,000} = 120.84\,\text{cm}$$

**18** 다음 그림에서 WS / BBL / WBL에 대해 기술하시오.

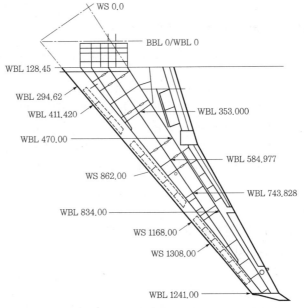

**정답** ① WS(Wing Station) : 기준선에서 측정하여 날개 전·후방을 따라 위치한다.
② BBL(Body Buttock Line) : 동체 중심선의 오른쪽이나 왼쪽으로 평행한 거리를 측정한 폭을 말한다.
③ WBL(Wing Buttock Line) : 날개 중심선의 오른쪽이나 왼쪽으로 평행한 거리를 측정한 폭을 말한다.

# 항공기 계통

## 1) 계기일반

**01** 다음 계기의 색 표기에 대해 설명하시오.

> 붉은색방사선, 노란색호선, 녹색호선, 흰색호선, 푸른색호선

**정답**
① 붉은색방사선 : 최대 및 최소 운용 한계
② 노란색호선 : 안전운용 범위에서 초과금지에 이르는 사이의 경계 및 경고범위를 나타낸다.
③ 녹색호선 : 안전 운용 범위
④ 흰색호선 : 대기속도계에서 플랩 조작에 따른 항공기의 속도 범위
⑤ 푸른색호선 : 기화기를 장비한 왕복기관에서 연료와 기화기의 혼합비가 오토린일 때 안전 운용 범위

**02** 고도계의 탄성오차 3가지에 대하여 기술하시오.

**정답**
① 히스테리시스
② 편위
③ 잔류효과
※ 탄성오차 : 히스테리시스, 편위, 잔류효과 등과 같이 일정한 온도에서 재료의 특성 때문에 생기는 탄성체 고유의 오차이다.

**03** 대기속도계의 Leak Check방법에 대하여 서술하시오.

**정답**
① MB-1시험기를 사용한다.
② 수동압력 펌프를 작동하여 탱크 내의 압력이 50inHg가 되도록 압력 니들 밸브를 열어서 속도계가 650knots를 지시하는지 확인한다.
③ 압력니들 밸브를 닫고 1분간 속도계의 눈금 변화가 2knots 이상이면 누설(leak)되고 있는 것으로 판정한다.

**04** 기압식고도계에서 오차의 종류 4가지를 기술하시오.

> **정답** ① 눈금오차
> ② 기계적 오차
> ③ 탄성오차
> ④ 온도오차

> **참고**
>
> 고도계의 오차분류 4가지를 써라.
> ① 눈금오차 : 일정한 온도에서 진동을 가하여 얻어 낸 기계적 오차는 계기 특유의 오차이다. 일반 적으로 계기의 오차는 눈금 오차를 말하는데 수정할 수 있다.
> ② 온도오차 : 온도 변화에 따른 고도계를 구성하는 부분의 팽창, 수축, 공함과 그 밖에 탄성체의 탄성률 변화, 그리고 대기의 온도 분포가 표준대기와 다르기 때문에 생기는 오차이다.
> ③ 탄성오차 : 히스테리시스, 편위, 잔류효과 등과 같이 일정한 온도에서 재료의 특성 때문에 생기는 탄성체 고유의 오차이다.
> ④ 기계적 오차 : 계기 각 부분의 마찰, 기구의 불평형, 가속도와 진동 등에 의하여 바늘이 일정하게 지시하지 못함으로써 생기는 오차이다. 이들은 압력변화와 관계가 없으며 수정이 가능하다.

**05** 정압계기의 종류 2가지에 대하여 기술하시오.

> **정답** 정압만 이용한 계기 : 고도계, 승강계

> **참고**
>
> 정압과 전압을 이용한 계기 : 속도계, 마하계, 대기속도계

**06** 기압고도계의 보정방법 3가지에 대하여 기술하시오.

> **정답** ① QNH보정 : 14,000ft 미만의 고도에 사용, 고도계가 활주로 표고를 가리키도록 하는 보정, 해면으로부터 기압 고도 지시(진고도)
> ② QNE보정 : 고도계의 기압창구에 해변의 표준대기압인 29.92inHg를 맞춰 고도를 지시(기압 고도), 14,000ft 이상 고도의 비행 시 적용
> ③ QFE보정 : 활주로 위에서 고도계가 0ft를 지시하도록 고도계의 기압창구에 비행장의 기압을 맞추는 방법으로 이·착륙훈련에 편리한 방법

**07** 항공기 계기계통에서 압력계기의 작동 시험에 사용되는 시험기에 대하여 기술하시오.

> **정답** 데드웨이트 시험기

**08** 자이로의 특성 2가지를 기술하시오.

> **정답** 강직성, 섭동성(세차성)

**09** Airspeed에서 가리키는 적색과 흰색 사선으로 된 바늘의 역할과 명칭에 대하여 기술하시오.

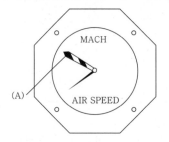

**정답** ① 명칭 : 마하지시계
② 역할 : 항공기의 마하수를 지시한다.

**10** 다음 그림의 계기의 형식과 역할에 대하여 기술하시오.

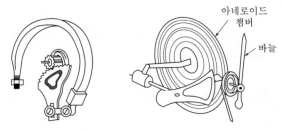

**정답** ① 형식 : 버든튜브형, 아네로이드형
② 역할 : 압력 측정

**11** 다음 그림에서 고도의 종류를 서술하시오.

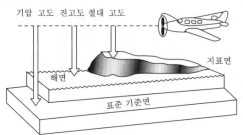

**정답** ① 진고도 : 해면상으로부터 현재 비행중인 항공기까지의 고도
② 절대고도 : 현재 비행중인 항공기로부터 그 당시 지형까지의 고도
③ 기압고도 : 표준대기압인 해면(29.92inhg)으로부터 현재 비행중인 항공기까지의 고도

**12** 항공기 T형 계기판에서 계기명칭을 서술하시오.

① ② ③

④ ⑤ ⑥

정답
① 속도계
② 자세계
③ 고도계
④ 선회계
⑤ 컴퍼스계기
⑥ 승강계

**13** 다음 물음에 대한 올바른 내용을 기술하시오.

① 가, 나의 명칭
   가. 비행기가 안으로 미끄러져 들어올 때
   나. 비행기가 밖으로 미끄러져 나가려 할 때
② 다음과 같은 상태일 때의 비행상태를 쓰시오.

가.          나.          다.

정답
① 가. 내활 선회(slip)
   나. 외활 선회(skid)
② 가. 균형 선회(coordinated turn)
   나. 외활 선회(skid)
   다. 내활 선회(slip)

**14** 항공기 대기속도의 종류 4가지를 기술하시오.

정답 ① 지시대기속도(IAS) : 항공기에 설치된 대기속도계의 지시에 있어서 표준 해면밀도를 쓴 계기가 지시하는 속도를 말한다.

$$V_i = \sqrt{\frac{2q}{\rho_o}}$$

② 수정대기속도(CAS) : 지시대기속도에서 피토 정압관의 장착위치와 계기 자체의 오차를 수정한 속도를 말한다.

③ 등가대기속도(EAS) : 수정대기속도에서 위치오차와 비행고도에 있어 압축성의 영향을 수정한 속도를 말한다.

$$V_e = V_t \sqrt{\frac{\rho}{\rho_o}}$$

④ 진대기속도(TAS) : 등가대기속도에서 고도 변화에 따른 공기밀도를 수정한 속도

$$V_t = V_e \sqrt{\frac{\rho_o}{\rho}}$$

**15** 피토정압관을 사용하는 계기 3가지를 기술하시오.

정답 ① 정압만 이용한 계기-고도계, 승강계
② 정압과 전압을 이용한 계기-속도계, 마하계, 대기속도계

**16** 액량계기의 종류 2가지를 적고 체적과 중량의 각각 해당하는 단위를 기술하시오.

정답 ① 종류 : 사이트 게이지식(Sight Gage), 부자식(Flot), 전기용량식(Electric Capacitance)
② 단위 : 파운드(Pound), 갤런(Gallon)

**17** 왕복기관의 압력계기에 사용하는 수감부의 종류 3가지를 기술하시오.

정답 ① 아네로이드(Aneroid) : 저압의 절대 압력을 측정하는 데 쓰이며, 내부가 진공이어서 외부압력을 절대압으로 지시한다.
② 다이어프램(Diaphragm) : 내·외 측에 모두 압력을 받을 수 있으며 내·외 측의 압력차를 측정하는 데 사용한다.
③ 부르동관(Bourdon tube) : 고압을 측정할 수 있는 장치로서 압력계기의 수감부로 가장 많이 사용한다.
④ 벨로스(Bellow) : 주름 모양의 차압 측정 수감부로서 압력을 받는 면적이 크고 발생되는 변위가 크므로 확대부 없이 직접 지시부에 연결할 수 있다.

**18** 대형항공기의 기관작동 시 조종사에게 지시하는 1차적 기관계기 3가지를 기술하시오.

정답 ① E.P.R계기
② E.G.T계기
③ R.P.M계기

## 2) 공유압

**01** 다음 밸브의 종류에 대하여 설명하시오.

> 선택 밸브, 체크 밸브, 오리피스 체크 밸브, 미터링 체크 밸브, 수동 체크 밸브, 릴리프 밸브, 계통 릴리프 밸브, 온도 릴리프 밸브, 시퀀스 밸브, 셔틀 밸브, 프리오리티 밸브, 퍼지 밸브, 감압 밸브, 디부스터 밸브

**정답**
① 선택 밸브 : 작동 실린더의 운동 방향을 결정하는 밸브이다. 기계적으로 작동하는 밸브와 전기적으로 작동하는 밸브가 있다. 기계적으로 작동하는 밸브에는 회전형, 포핏형, 스풀형, 피스톤형, 플런지형 등이 있다.

② 체크 밸브 : 작동유의 흐름 방향을 한쪽 방향으로는 허용하지만 다른 방향으로는 흐르지 못하게 하는 밸브이다.

③ 오리피스 체크 밸브 : 오리피스와 체크 밸브를 합한 것으로 한쪽 방향으로는 정상적으로 흐르게 하고 다른 방향으로는 흐름을 제한한다. (유량조절 ×)

④ 미터링 체크 밸브 : 오리피스 체크 밸브와 기능은 같으나 유량을 조절할 수 있다.

⑤ 수동 체크 밸브 : 정상 시에는 체크 밸브 역할을 하지만 필요시 양쪽 방향으로 작동유를 흐르도록 하는 밸브이다.

⑥ 릴리프 밸브 : 작동유에 의한 계통 내의 압력을 규정된 값 이하로 제한하는데 사용되는 것으로 과도한 압력으로 인하여 계통 내의 관이나 부품이 파손 될 수 있는 것을 방지한다.

⑦ 계통 릴리프 밸브 : 압력 조절기의 고장 등으로 계통 내의 압력이 규정값 이상으로 되는 것을 방지하기 위한 밸브이다.

⑧ 온도 릴리프 밸브 : 온도 증가에 따른 유압계통의 압력 증가를 막는 역할을 한다.

⑨ 시퀀스 밸브 : 착륙장치, 도어 등과 같이 2개 이상의 작동기를 정해진 순서에 따라 작동되도록 유압을 공급하기 위한 밸브로서 타이밍 밸브라고도 한다.

⑩ 셔틀 밸브 : 정상 유압계통에 고장이 발생하였을 경우에 비상계통을 사용할 수 있도록 해주는 밸브

⑪ 프리오리티 밸브 : 작동유 압력이 일정 이하로 떨어지면 유로를 막아 작동유의 중요도에 따라 우선 필요한 계통만을 작동 시키는 기능을 가진 밸브이다.

⑫ 퍼지 밸브 : 비행자세의 흔들림과 온도 상승으로 인하여 펌프의 공급관과 펌프 출구 쪽에 거품이 생기게 되는데, 공기가 섞인 작동유를 레저버로 배출한다.

⑬ 감압 밸브 : 계통의 압력보다 낮은 압력이 필요한 일부 계통에 설치하는데 계통의 압력을 일부 수준까지 낮추고 이 계통내의 갇힌 작동유의 열팽창에 의한 압력의 증가를 막는다.

⑭ 디부스터 밸브 : 디부스터 밸브는 피스톤형으로써, 브레이크의 작동을 신속하게 하기 위한 밸브이다. 브레이크를 작동할 때 일시적으로 작동유의 공급양을 증가시켜 신속히 제동되도록 하며, 브레이크를 풀 때에도 작동유의 귀환이 신속하게 이루어지도록 한다. 브레이크가 파열되었을 때 주계통 내의 작동유가 새지 않게 하는 역할도 한다.

**02** 유압계통에서 여과기의 역할과 설치 위치에 대하여 서술하시오.

> **정답** 여과기는 레저버 내부, 압력 라인, 리턴 라인 또는 그 밖에 계통을 보호하기 위해서 필요한 모든 장소에 장치되어 있다. 여과의 능력은 미크론(Micron)으로 나타낸다. 1미크론 (Micron)은 1/1,000,000미터 또는 1/390,000인치이다. 종류에는 쿠노형 여과기와 미크론형 여과기가 있다.

**03** 프라이어리티 밸브의 기능에 대하여 기술하시오.

> **정답** 작동유의 압력이 일정압력 이하로 떨어지면 유로를 막고 작동기구의 중요도에 따라 우선 필요한 계통만 작동되게 하고 중요도가 떨어지는 기타의 유로를 막는다.

**04** 정상유압계통고장 시 비상계통으로 유로를 변경시켜주는 밸브에 대하여 기술하시오.

> **정답** 셔틀 밸브(shuttle valve) : 유압작동기 등에 유압을 공급할 수 없는 고장이 발생 했을 때 셔틀 밸브에 의해서 유압 대신에 비상용 압축공기를 공급하여 유압 작동기 등이 작동할 수 있도록 한다.

**05** 연료 펌프에서 릴리프 밸브를 통과한 연료는 어디로 가는지 기술하시오.

> **정답** 기어 펌프 입구

> **참고**
> ① 바이패스 밸브 : 계통의 압력이 규정값보다 높을 때 펌프에서 배출되는 압력을 저장탱크로 되돌려 보내기 위한 밸브
> ② shuttle valve : 정상유압계통에 고장이 생겼을 때 비상 계통을 사용할 수 있도록 해주는 밸브
> ③ sequence valve : 2개 이상의 작동기를 정해진 순서에 따라 작동되도록 유압을 공급하기 위한 밸브로서 타이밍 밸브라고도 한다.
> ④ 릴리프 밸브에 작용하는 3가지 압력 : 스프링 압력, 유체 압력, 입구 및 출구 압력
> ⑤ check valve : 작동유의 흐름 방향을 한쪽 방향으로는 허용하지만 다른 방향으로는 흐르지 못하게 하는 밸브
> ⑥ 흐름평형기(flow equalizer) : 선택 밸브로부터 공급된 작동유가 2개 이상의 작동기를 같은 속도로 움직이게 하려고 각 작동기에 공급되거나 작동기로부터 귀환되는 작동유의 유량을 같게 해주는 장치
> ⑦ 흐름조절기(flow regulator) : 계통의 압력변화에 관계없이 작동유의 흐름을 일정하게 유지시켜주는 장치이다. 이 조절기는 유압모터의 회전수를 일정하게 하거나 nose steering, cowl flap, wing flap 등을 일정한 속도로 작동하게 한다. 그리고 승강키, 방향키, 서보 실린더 등에 공급되는 작동유의 급격한 흐름의 변화를 방지하는 데 사용된다.
> ⑧ 유압퓨즈 : 유압계통의 파이프나 호스가 파손되거나 기기의 실(seal)에 손상이 생겼을 때 작동유가 누설되는 것을 방지하는 장치
> ⑨ 프라이어리티(priority) 밸브 : 펌프의 고장으로 인해 작동유의 압력이 부족할 때 다른 계통에는 압력이 공급되지 않도록 차단하고 우선 필요한 계통에만 유압이 공급되도록 하는 밸브
> ⑩ 브레이크계통의 debooster 밸브 : 브레이크의 신속한 작동을 보조

**06** 고압유계통에 사용하는 시일 중 O-Ring에서 Back up ring의 종류 3가지를 기술하시오.

> **정답** ① 스파이럴형식
> ② 엔드리스형식
> ③ 바이어스 컷트형식

**07** 흐름제어 밸브에서 정해진 순서대로 흐르게 하는 밸브에 대하여 기술하시오.

> **정답** 시퀀스 밸브

**08** 유압퓨즈에 대하여 설명하시오.

> **정답** 유압계통의 파이프나 호스가 파손되거나 기기의 실(seal)에 손상이 생겼을 때 작동유가 누설되는 것을 방지하는 장치

**09** 선택 밸브에 대해 기술하시오.

> **정답** 선택 밸브
> • 작동 실린더의 운동 방향을 결정하는 밸브이다.
> • 기계적으로 작동하는 밸브와 전기적으로 작동하는 밸브가 있다.
> • 기계적으로 작동하는 밸브에는 회전형, 포핏형, 스풀형, 피스톤형, 플런지형 등이 있다.

**10** 다기능 밸브의 기능 2가지를 기술하시오.

> **정답** ① 개폐기능
> ② 압력조절기능
> ③ 역류 방지기능
> ④ 밸브 내부의 공기흐름 조절기능
> ⑤ 기관 작동 시 역류 방지기능을 해제하여 공기공급을 가능하게 함(시동 시).

**11** 유압계통의 동력 펌프 3가지를 기술하시오.

> **정답** ① E.D.P(Engine Driven Pump)
> ② E.M.D.P(Electric Motor Driven Pump)
> ③ A.D.P(Air Driven Pump)
> ④ P.T.U(Power Transfer Unit)
> ⑤ R.A.T(Ram Air Turbine)

**12** 작동유 배관은 주로 호스와 튜브를 사용한다. 각각의 크기는 무엇으로 나타내는가?

> **정답** ① 호스 : 내경(1/16in 간격)
> ② 튜브 : 외경(분수)×두께(소수)

**13** 다음의 밸브에 대해 설명하시오.

가. 시스템 릴리프 밸브

나. 안티 리크 밸브(Anti-leak)

다. 체크 밸브

**정답** 가. 시스템 릴리프 밸브 : 계통 내 압력이 규정값 이상일 때 펌프 입구로 되돌려 보냄

나. 안티 리크 밸브(Anti-leak) : 관이나 호스가 파손되거나 기기 내의 시일에 손상이 생겼을 때 유액의 과도한 누설을 방지하기 위한 장치

다. 체크 밸브 : 유량의 흐름을 한 쪽 방향으로만 제한, 역류 방지

**14** 유압계통 작동유 흐름방향 제어장치 중 유로흐름을 정해진 순서에 따라 유로를 선정해주는 밸브 명칭을 기술하시오.

**정답** 시퀀스(Sequence) 밸브

**15** 공기압계통 Cleaning 방법을 설명하시오.

**정답** 계통에 압력을 가하고 계통 각 구성부품의 배관을 분리하여 행한다.

**16** Hydraulic Reservoir 내에 부착된 Baffle의 역할에 대하여 기술하시오.

**정답** 리저버는 우선적으로 작동유를 저장 및 펌프에 공급하는 역할을 하는데, 핀과 배플은 작동유의 심한요동, 소용돌이로 인한 거품 및 공기유입을 방지한다.

**17** 작동유의 압력이 일정압력 이하로 낮아지면 작동유의 유로를 차단하여 1차 조종계통에 우선적으로 작동유가 공급되도록 하는 밸브에 대하여 기술하시오.

**정답** 프라이오리티 밸브(Priority Valve)

**18** 유압계통에서 축압기를 두는 이유를 간단히 기술하시오.

**정답** 축압기는 가압된 작동유를 저장하는 저장통으로써, 여러 개의 유압기기가 동시에 사용될 때 동력 펌프를 돕고, 동력 펌프가 고장났을 때는 저장되었던 작동유를 유압기기에 공급한다. 또, 유압계통의 서지현상을 방지하고, 유압 계통의 충격적인 압력을 흡수하며 압력 조정기의 개폐 빈도를 줄여 펌프나 압력 조정기의 마멸을 적게 한다. 펌프에서 작동 부분까지의 거리가 멀 경우에는, 작동 부분에 가깝게 축압기를 설치하면 일시적으로 나타날 수 있는 국부적인 압력 감소를 막고, 동작을 원활하게 할 수 있다. 종류로는 다이어프램형, 블래더형, 피스톤형 축압기 등이 있다.

**19** 기관 정지 시 체크 밸브의 역할을 기술하시오.

**정답** 유압계통 작동유의 흐름방향 제어장치 중에서 유로의 흐름을 한 방향으로만 흐르도록 해주는 장치, 작동유의 역류를 방지

**20** 레저버의 기능 3가지를 설명하시오.

> **정답** ① 작동유를 저장한다.
> ② 정상 작동에 필요한 작동유를 공급한다.
> ③ 계통 최소한의 허용 누설량을 보충한다.

**21** 유압계통과 다른 공기압계통의 특징 4가지에 대하여 기술하시오.

> **정답** ① 공기압계통은 압축성인 반면에 유압계통은 비압축성 유체이므로 이용 범위가 넓다.
> ② 적은 양으로 큰 힘을 얻을 수 있다.
> ③ 불연성(Non-inflammable)이고 깨끗하다.
> ④ 리저버와 리턴라인에 해당되는 장치가 불필요하다(구조 간단, 중량 감소).
> ⑤ 조작이 용이하다.
> ⑥ 서보계통으로써 정밀한 조종이 가능하다.

**22** 유압계통에서 작동유의 흐름방향 제어장치 중 유로를 선택해주는 장치에 대하여 기술하시오.

> **정답** 선택 밸브(Selector Valve)

**23** 항공기 유압계통에는 밀폐가 반드시 필요하다. 밀폐를 하는 부품 중 고정된 부분과 움직이는 부분에 사용되는 부품을 쓰시오.

> **정답** ① 서로 움직이는 곳에 쓰이는 것 : 실(seal)
> ② 서로 고정되어 있는 곳에 쓰이는 것 : 개스킷(gasket)

**24** 다음 그림을 보고 축압기의 종류 3가지를 설명하시오.

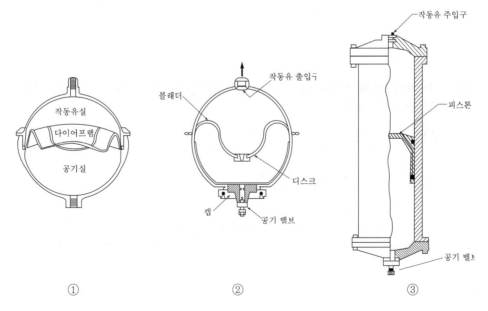

① 다이어프램형 축압기 : 유압계통 최대 압력이 1/3에 해당하는 압력으로 공기를 충전하면 다이어프램이 올라간다. 1,500psi 이하의 계통에 사용한다.

② 블래더형 축압기 : 3,000psi 이상인 계통에 사용한다.

③ 피스톤형 축압기 : 공간을 적게 차지하고 구조가 튼튼해 현재의 항공기에 많이 사용 된다.

**25** 오리피스 체크 밸브의 역할과 항공기에서 대표적인 사용처 한곳을 기술하시오.

정답 ① 역활 : 한 방향으로 유로를 형성하며 반대방향으로는 제한된 양만큼의 유로를 형성 한다.

② 사용처 : 플랩계통의 UP라인, Landing Gear Down line

**26** 유압동력장치는 중심 개방형과 중심 폐쇄형이 있다. 중심 개방형의 특징을 아래 보기에서 모두 고르시오.

> ① 압력 조절기가 필요 없다.
> ② 축압기가 필요 없다.
> ③ 부품의 수명이 길다.
> ④ 중량이 가볍다.
> ⑤ 작동속도가 느리다.

정답 ① ② ③ ④ ⑤

| 형식 | 장점 | 단점 |
|---|---|---|
| open center 중앙열림 | • 부품의 수명이 길다.<br>• 무게 감소(축압기와 압력조절기 필요 없음) | • 작동속도가 느리다.<br>• 두 개 이상의 작동기 동시가동 불가 |
| close center 중앙닫힘 | • 작동속도가 빠르다.<br>• 두 개 이상의 작동기 동시가동가능 | • 고장이 잦음<br>• 무게 증가<br>(축압기와 압력조절기 필요) |

**27** 공압계통으로써 기관의 Bleed Air가 사용되는 항공기 계통으로는 어느 것들이 있는지 3가지만 간단히 기술하시오.

정답 ① 객실여압 및 공기조화계통

② 방빙 및 제빙계통

③ 크로스 블리드 시동계통

④ 연료 가열기(Fuel heater)

⑤ 레저버 여압계통

⑥ 공기구동 유압 펌프, 팬 리버서 구동계통

**28** 다음 보기에서 알맞은 것을 찾아 작성하시오.

ㄱ. 체크 밸브                              ㄴ. 시퀀스 밸브
ㄷ. 릴리프 밸브                            ㄹ. 퍼지 밸브

가. 계통의 압력을 규정치 이상으로 되지 못하게 하는 밸브는?

나. 작동유에 공기가 섞여 있을 때 탱크로 되돌려 보내주는 밸브는?

다. 한쪽 방향의 흐름은 허용하고 반대쪽 흐름은 흐르지 못하게 하는 밸브는?

**정답** 가.-ㄷ, 나.-ㄹ, 다.-ㄱ

**29** 다음 밸브의 명칭과 역할을 기술하시오.

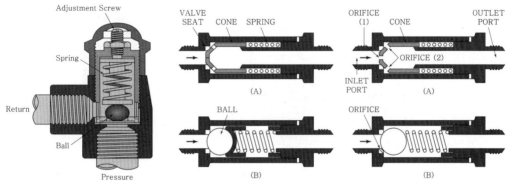

**정답** ① 릴리프 밸브(Relief Valve) : 계통 내의 압력을 규정값 이내로 제한하여 과도한 압력으로 부터 계통의 파손을 방지

② 체크 밸브(Check Valve) : 작동유의 흐름을 허용하고 반대방향으로의 흐름은 차단

**30** 각 밸브의 기능에 대해 기술하시오.

가. 시스템 릴리프 밸브

나. 안티리크 밸브

다. 체크 밸브

**정답** 가. 시스템 릴리프 밸브 : 계통 내 압력이 규정값 이상일 때 펌프 입구로 되돌려 보낸다.

나. 안티리크 밸브 : 관이나 호스가 파손되거나 기기 내의 시일에 손상이 생겼을 때 유액의 과도한 누설을 방지하기 위한 장치이다.

다. 체크 밸브 : 유량의 흐름을 한 쪽 방향으로만 제한하여 역류를 방지한다.

**31** 다음과 같은 부품 명칭을 보기에서 선택하고, 명칭에 해당하는 부품과 같이 사용하는 밸브의 종류를 기술하시오.

```
────────────────── [보기] ──────────────────
              ① 유량제어 밸브
              ② 압력조절 밸브
              ③ 흐름방향제어 밸브
```

**정답**

| 그림 | 밸브 명칭 | 사용하는 밸브 종류 |
|---|---|---|
| 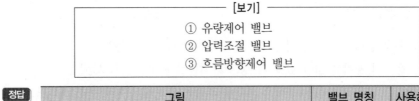 | 압력조절 밸브 | 바이패스 밸브<br>릴리프 밸브<br>체크 밸브 |
| | 유량제어 밸브 | 흐름조절기<br>유압퓨즈<br>오리피스<br>유압관분리 밸브 |
| | 흐름방향제어 밸브 | 선택 밸브<br>체크 밸브<br>시퀀스 밸브<br>바이패스 밸브<br>셔틀 밸브 |

**32** 유압계통 작동유 종류에서 식물성, 광물성, 합성유 색깔을 설명하시오.

**정답**  ① 식물성유 : 파란색
② 광물성유 : 붉은색
③ 합성유 : 자주색

**33** 공압계통에서 수분 분리기가 장착되지 않을 경우 일어날 수 있는 현상 2가지를 설명하시오.

**정답**  ① 계통에 결빙이 생긴다.
② 수분이 공기의 흐름을 방해한다.

**34** 다음 보기를 보고 유압계통의 중심개방형의 특징을 고르시오.

① 리턴라인이 필요 없다.　　　　② 압력조절기가 필요 없다.
③ 실린더 작동속도가 느리다.　　④ 수명이 길다.
⑤ 무게가 무거워진다.

**정답** ① ② ③ ④

## 3) 제빙, 제우 및 방빙계통

**01** 열전쌍 발열 감지회로의 원리를 설명하시오.

**정답** 급격한 온도 상승에 의한 화재를 탐지하는 장치로 서로 다른 종류의 특수한 금속을 서로
접합한 열전쌍을 이용하여 필요한 만큼 직렬로 연결하고, 고감도 릴레이를 사용하여 경고
장치를 작동 시킨다.

**02** 열전쌍식 화재감지회로 시험회로의 시험스위치를 닫으면 작동하는 과정을 상세히 설명하시오.

**정답** • Thermocouple회로에 의한 램프가 on되는 회로
• Relay 2개 사용
• 온도상승 시 기전력 발생에 의해 릴레이 1작동에 의한 릴레이 2동작에 의한 램프

**03** 다음 그림의 명칭과 장착 위치를 기술하시오.

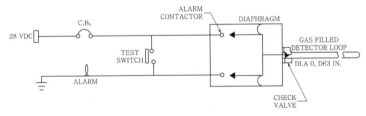

**정답** ① 명칭 : 오버히트 워닝 시스템(overheat warning system)
② 위치 : Engine Turbine Housing
공압화재 보호계통(Pneumatic fire overheat system)은 또 다른 형태의 화재/과열감지
계통으로, 튜브(Detector Loop)는 가열되었을 때 크게 팽창하는 가스를 갖고 있으며, 경고
수준의 온도에 도달하면 가스압력이 체크 밸브(Check valve)를 이길 만큼 충분해져서 다이
어프램(Diaphragm) 우측 입구로 팽창된 가스가 흘러간다. 이것은 다이어프램을 좌측으로
움직이게 하여 경고접촉점 (Alarm contact)을 접촉시켜 경고회로를 작동 시킨다. 열원이
없어진 후에 가스가 저압으로 되어 다이어프램이 가스를 체크 밸브를 통해 튜브로 돌아가
준비상태가 된다.

**04** 다음 그림은 열스위치식(thermal switch type) 화재탐지회로이다. 번호를 지시한 전자부품의 명칭을 서술하고 디밍 스위치의 역할을 간략히 서술하시오.

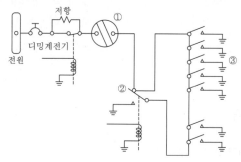

> **정답** ① 조종석 경고등과 경고혼(Cockpit Alarmindicator Light and Bell)
> ② 테스트 스위치
> ③ 열스위치
> ④ 디밍 스위치의 역할 : 야간 작동을 위해 저전압을 제공한다.

**05** 다음 설명에 해당하는 화재 탐지 방법에 대하여 서술하시오.

가. 가스터빈기관의 고온부에(배기가스 계통) 사용되는 화재 탐지 방법

> **정답** 열전쌍식 : 크로멜과 알루멜의 두 개의 이질금속으로 구성되어 고온부와 저온부 사이의 온도 상승률 차이로 전압 발생

> **참고**
> ① 열스위치식 : 열팽창계수가 다른 두 금속을 이용하여 설정값 이상으로 열이 상승하면 열스위치가 닫혀 화재 지시
> ② 연기 탐지기 : 화물칸이나 객실의 연기 탐지
> ③ 공함형식(가스식 화재탐지기) : 온도상승 시 내부의 불활성가스의 압력이 증가되고 증가된 압력은 회로를 닫아주고 response 안에 있는 diaphragm s/w를 작동 시킨다.
> ④ 연속루프식 : 금속관 내 전선을 통해 주위 온도 상승에 따라 전기저항이 감소하는 온도조절기를 충전한 구조

**06** 다음 화재탐지회로에 해당하는 화재탐지장치의 명칭을 서술하시오.

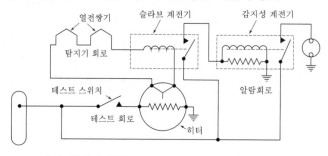

> **정답** Thermocouple 타입 화재탐지회로

**07** 다음 설명에 해당하는 화재 탐지 방법을 서술하시오.

가. 특정한 온도에서 전기회로를 구성시켜주는 물질을 이용한 것은?

나. 특정한 온도 이상에서 두 접점 사이에 있는 물질이 열로 인하여 녹게 되면 두 접점이 접촉하여 회로를 구성시켜 경고표시등 및 경고음을 들어오게 하는 화재탐지기는 무엇인가?

다. 1개의 와이어가 stainless steel tube 안에 있다 화재가 나면 1개의 와이어와 외부 stainless steel tube 간에 전기가 통하여 화재를 감지하는 것은?

> **정답** 가. Thermal Switch
> 나. Melting(용융) Link Switch
> 다. Graviner Type

**08** 날개앞전의 제빙장치에 대하여 서술하시오.

> **정답** ① 알코올분출식 : 날개 앞전의 작은 구멍을 통해 알코올을 분사하여 어는점을 낮게 함으로써 얼음 제거
> ② 제빙부츠식 : 고무로 된 여러 개의 적당한 굵기의 긴 공기부츠를 날개 앞전에 부착시켜 압축공기를 맥동적으로 공급, 배출시켜 공기부츠를 팽창수축시켜 얼음 제거

> **참고**
> 방빙의 방법 2가지
> ① 열적방빙계통 : 방빙이 필요한 부분에 덕트를 설치하고 가열된 공기(압축기 블리드 공기나 기관 배기가스 열교환기)를 통과시켜 온도를 높여 줌으로써 얼음이 어는 것을 방지하는 장치
>   * 전기적인 열을 사용하는 곳 : 피토관, 윈드실드
> ② 화학적방빙계통 : 결빙 우려가 있는 부분에 이소프로필알코올이나 에틸렌글리콜과 알코올을 섞은 용액을 분사, 어는점을 낮게 하여 결빙 방지-프로펠러 깃이나, 윈드실드, 기화기

**09** 항공기의 방빙 종류 2가지에 대하여 기술하시오.

> **정답** ① 압축공기 열 이용 : 압축기 깃 단의 블리드공기를 사용하여 기관흡입구 날개전면부 등의 방빙
> ② 전기저항 열 이용 : 직류나 교류의 저항 열을 이용하여 피토관이나 윈드실드 등의 방빙

**10** 다음 각각의 보기에 대하여 서술하시오.

1) 특정한 온도 이상에서 두 접점 사이에 있는 물질이 열로 인하여 녹게 되면 두 접점이 접촉하여 회로를 구성시켜 경고표시등 및 경고음을 들어오게 하는 화재탐지기는 무엇인가?

2) 윈드패널에 표면장력이 작은 화학액체를 분사하여 피막을 만들어 물방울을 구형형상인 채로 공기흐름 속으로 날아가 버리게 하는 물방울 제거장치는 무엇인가?

> **정답** 1) 용융 링크 스위치(melting link switch)
> 2) 방우제(rain repellent)

**11** THERMAL ANTI-ICing 기능에 대하여 서술하시오.

> **정답** 열적방빙 제빙은 de-icing 엔진에서 발생하는 열을 이용하여 플랩이나 날개 앞전을 가열하여 결빙을 방지하는 방식이다.

**12** 전기저항식온도계에서 비율식으로 하는 이유에 대하여 서술하시오.

> **정답** 온도변화에 의한 저항의 증감으로 생기는 불평형 전류로 지침을 움직인다. 지침의 움직임은 두 개의 선에 흐르는 전류의 비에 따라서 결정되므로 전류의 절대치에 관계하지 않고 전원전압의 영향도 받지 않기 때문이다.

**13** 방빙·제빙 계통에서 가열된 공기의 공급원 세 가지를 기술하시오.

> **정답** ① 터빈 압축기에서 블리드(Bleed)된 고온공기
> ② EEHE(Engine Exhaust Heat Exchanger)에서의 고온공기
> ③ 연소가열기에 의한 가열공기

**14** leading edge의 제빙장치 명칭과 그 원리를 기술하시오.

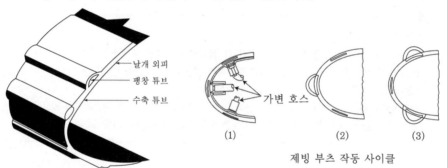

제빙 부츠 작동 사이클

> **정답** ① 명칭 : 제빙부츠
> ② 원리 : 압축공기를 불어넣고 팽창시켜 얼음을 깨서 제거

**15** 항공기에 적용하는 제빙 및 제우 장치의 목적 및 종류에 대하여 각각 기술하시오.

> **정답** ① 항공기 날개 앞전에 달려있어 압축공기를 불어 넣어 팽창시킴으로 얼음을 제거한다.
> 제빙부츠
> ② 항공기 조종사의 시계를 확보하기 위한 것이다.
> 윈드실드 와이퍼, 레인 리펠런트액 저장용기, 노즐과 밸브

## 4) 항법계통

**01** 항공기 항법장치에서 VOR(VHF-Omni-directional Range)의 장점에 대하여 서술하시오.

**정답** 자북극을 지시하는 전파를 받는 순간부터 지행성의 전파를 받는 순간까지의 시간차를 측정하여 발신국의 방향을 알아내는 장치이다. 주로 공항 또는 공항 부근에 설치하여 항공기의 진입 및 강하유도에 사용되는 것은 공항 전 방향 표지시설(TVOR)이라 한다.

**02** 항공기의 비행 중에 엔진, 비행대기, 비행제어, 항법, 통신 등의 작동 상태를 나타내는 중요 변수를 수집하여 비행자료기록장치(FDR)로 보내 저장하고 해석할 수 있는 장치를 무엇이라 하는가?

**정답** 비행자료수집장치(FDM)는 비행자료수집(해독)장치(FDAU) 또는 비행기록집적장치(AIDS)라고 한다.

**03** 다음 거리측정시설 DME에 대해 서술하시오.

**정답** 지상의 기준점으로부터 항공기까지의 경사거리 정보를 항공기에 제공, 주파수 대역은 960MHz에서 1,215MHz까지이며, 질문 및 응답주파수의 간격은 1MHz, 100대까지 동시에 정보요구 시 응답할 수 있다.

**04** ILS와 MLS를 비교하여 서술하시오.

**정답** ① 마이크로 주파수 대역을 사용하여 건물 등의 반사 또는 지형의 영향을 적게 받음으로써 설치조건이 완화된다.
② ILS의 운용 주파수 채널의 수가 40채널인데 비하여 채널수가 200채널로 증가하므로 간섭문제가 경감된다.
③ 풍향, 풍속 등 진입 착륙을 위한 기상상황이나 각종 정보를 제공할 수 있는 자료링크의 기능을 가진다.
④ ILS에 비하여 MLS는 진입영역이 넓고 직선 진입이 곤란한 경우에는 곡선진입이 가능하므로 다양한 항공기의 요구에 대응할 수 있다.

**05** GPWS에 대하여 서술하시오.

**정답** 대지접근경보장치(Ground Proximity Warning System, GPWS)는 항공기의 안전운항을 위한 항공전자장비의 한 가지로서 항공기가 지표 및 산악 등의 지형에 접근할 경우 점멸등과 인공음성으로 조종사에게 이상접근을 경고하는 장치이다. 다른 용어로는 지상 접근경보장치라고도 부른다. 이 장치는 조종사의 판단 없이 항공기가 지상에 접근했을 경우, 조종사에게 경보하는 장치로서 고도계(Altimeter)의 대지로 부터 고도/기압변화에 의한 승강률, 이착륙 형태, 글라이드 슬로프의 편차 정보에 근거해서 항공기가 지표에 접근했을 경우에 경고등과 음성에 의한 경보를 제공한다. 경보는 회피 조작을 수행한 후 항공기가 위험한 상태로부터 벗어날 때까지 지속되며 스위치 등으로 끌 수 없도록 되어 있다. 그러나 GPWS는 다른 경보 장치와 달리 경보의 작동이 직접 조종사에 의한 항공기의 기동과 결합되기 위해 통상의 운항 중이거나 진입 착륙 때는 경보를 제공하지 않게 설계되고 있다.

**06** 다음 7가지의 경고모드가 있다. 각각의 경고모드에 대하여 서술하시오.

정답 ① 모드1 : 강하율이 크다.
② 모드2 : 지표 접근율이 크다.
③ 모드3 : 이륙 후의 고도 감소가 크다.
④ 모드4 : 착륙은 하지 않았으나 고도가 부족하다.
⑤ 모드5 : 글라이드 슬로프의 밑에 편이가 지나치다.
⑥ 모드6 : 전파 고도의 음성(call out)기능
⑦ 모드7 : 돌풍(windshear)의 검출기능

**07** 항법요소 3가지를 서술하시오.

정답 ① 항공기의 위치를 확인
② 침로의 결정
③ 도착예정시간의 산출

**08** FMS(비행관리장치 : Flight management system)의 기능 3가지를 서술하시오.

정답 ① 성능관리기능
② 항법유도기능
③ 추력관리기능
④ 전자비행계기장치관리기능

**09** Glide slope에 대하여 설명하시오.

정답 비행기가 착륙 중에 올바른 각도로 착륙할 수 있도록 활주로 끝 부분에서 밑으로 90Hz, 위로 150Hz의 무선전파를 발사하는 데 비행기의 수감 부는 이 전파를 계기상에 나타낸다.

**10** 항공기에서 마커비콘은 어떠한 역할을 하는지 서술하시오.

정답 마커비콘은 최종 접근 진입로 상에 설치되어 지향성 전파를 수직으로 발사시켜 활주로까지 거리를 지시해 준다.
• 용도 : 항공기에서 활주로 끝까지의 거리표시
• 주의사항 : 수신시의 감도를 저감도로 하여 측정

**11** 다음과 같은 사항에 대하여 설명하고, 보기에 해당되는 종류를 서술하시오.

가. 로컬라이저

나. 글라이드 슬로프

다. 마커비콘

라. | ADF, DME, VOR, INS, TACAN |

**정답** 가. 로컬라이저(Localizer) : 활주로의 수평정보(활주로의 중심선을 맞춰주기 위한 정보)를 항공기에 제공한다.

나. 글라이드 슬로프(Glide Slope) : 활주로의 수직정보(항공기가 안전하게 활주로에 진입하기 위한 항공기의 활공각에 대한 정보)를 항공기에 제공한다. 글라이드 패스(Glide Path)라고도 불린다.

다. 마커비콘(Marker Beacon) : 활주로부터의 거리정보를 항공기에 제공한다.

라. 항법장치의 종류

① 자동방향탐지기(ADF : automatic direction finder)

② 초단파 전방향표지시설(VOR : VHF omni-direction radio range beacon)

③ 거리측정시설(DME : distance measuring equipment)

④ 관성항법장치(INS : inertial navigation system)

⑤ 전술항행장치(TACAN : tactical air navigation system)

**12** 계기착륙장치의 종류를 서술하시오.

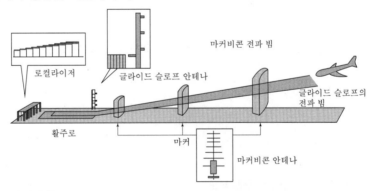

**정답** ① 로컬라이저

② 글라이드 슬로프

③ 마커비콘

**13** AFCS 자동비행제어장치(autopilot flight control system) 기능 세 가지를 쓰시오.

**정답** ① 안정화(Stability) 기능

② 조종(Control) 기능

③ 유도(Guidance) 기능

## 5) 전기회로

**01** 항공기 계폐 스위치 종류 3가지에 대해 기술하시오.

> **정답** ① 로터리형
> ② 마이크로형
> ③ 프록시미티형
> ④ 토글형

**02** 다음의 전체 저항을 구하시오.

$R_1 = 3\text{k}\Omega$, $R_2 = 5\text{k}\Omega$, $R_3 = 10\text{k}\Omega$일 때 전체저항을 구하시오.

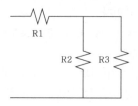

> **정답** ① $R_2$와 $R_3$ 합성저항을 $R_4$라고 하면 병렬 연결
>
> $$\frac{1}{R_4} = \frac{1}{5} + \frac{1}{10} = \frac{3}{10}, \quad R_4 = 3.33\text{k}\Omega$$
>
> ② 따라서 전체저항 $R$은
>
> $$R = R_1 + R_4 = 3 + \frac{10}{3} = \frac{19}{3} = 6.33\text{k}\Omega$$

**03** 전기의 폐회로에서 키르히호프의 제1법칙에 의해 유도할 수 있는 전류의 관계식을 기술하시오.

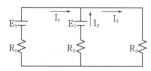

> **정답** $I_1 + I_2 = I_3$

**04** 다음 회로의 총 저항을 구하시오.

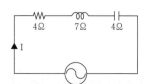

$R = 4\Omega$

$X_C = 7\Omega$

$X_L = 4\Omega$

> **정답** $Z = \sqrt{R^2 + (X_L - X_C)^2} = \sqrt{4^2 + (7-4)^2} = 5\Omega$

**05** 다음 회로의 등가저항을 구하시오.($R_1 = 52\Omega$, $R_2 = 120\Omega$, $R_3 = 80\Omega$)

**정답** 1. 먼저 등가저항 $R'$을 구한다.

$$\frac{1}{R'} = \frac{1}{R_2} + \frac{1}{R_3} = \frac{1}{120} + \frac{1}{80} \qquad R' = 48\Omega$$

2. 직렬회로의 등가저항 $R$을 구한다.

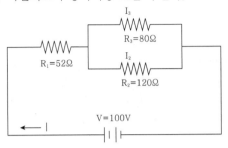

$$R = R + R' = 52 + 48 = 100\Omega$$

**06** 다음 회로의 유효전력을 구하시오.

**정답** • 유효전력, $P = 120W$

• 임피던스, $Z = \sqrt{R^2 + (X_L - X_C)^2} = \sqrt{30^2 + 40^2} = 50\Omega$

• 전류, $I = \dfrac{E}{Z} = \dfrac{100}{50} = 2A$

• 유효전력, $P = I^2 R = 2^2 \times 30 = 120W$

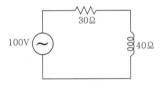

**07** 항공기 전기계통의 회로차단기 종류 4가지를 기술하시오.

**정답** ① 푸시형, ② 스위치형, ③ 푸시풀형, ④ 자동재접속형

---

**참고**

① 항공기전기계통의 회로 보호장치 종류 4가지 : 퓨즈, 회로 차단기, 열 보호장치, 전류제한기

② 항공기 경고장치 종류

• 기계적 경고장치 : 항공기의 문이 이륙 전이나 비행 중에 안전하게 닫혀있는지의 여부나 카울 플랩이 기관출력에 비해 적절한 위치에 있는지, 착륙장치가 비행에 지장 없이 확실하게 올라갔는지의 여부 등을 기계적인 기구를 통해 경고등이나 혼(Horn)에 경고하는 신호를 하는 장치

• 압력 경고장치 : 기관의 윤활유 압력, 연료 압력, 자이로계기에 이용되는 진공압 및 객실여압이 안전한 계 미만의 낮은 압력일 때 경고하는 장치

• 화재 경고장치 : 기관과 그 주위 및 화물실 등의 열에 민감한 재료를 사용하여 화재탐지장치를 설치하여 화재가 발생하면 경고 장치에 의해 신호를 보낸다. 열전쌍식, 열스위치식, 광전지식, 저항 루프형 화재 경고장치

**08** 그림의 피상전력을 구하시오.

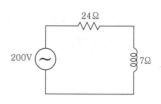

> **정답** 1,600[VA]
>
> - 임피던스, $Z = \sqrt{R^2 + X_L^2} = \sqrt{24^2 + 7^2} = 25\Omega$
> - 전류, $I = \dfrac{V}{Z} = \dfrac{200}{25} = 8A$
> - 피상전력, $P_a = VI = 200 \times 8 = 1,600[VA]$

**09** 절연저항의 측정방법과 목적에 대하여 기술하시오.

> **정답** 메가저항계를 사용하여 전기장치의 절연상태를 검사, 전기장치의 금속프레임과 코일 및 배선사이의 절연저항, 피복전선의 절연상태를 측정한다. 직렬형과 션트형 중 직렬형을 많이 쓴다.

**10** 다음 회로의 역률을 구하시오. [단, 전압 110V, 저항 20Ω, 리액턴스 20]

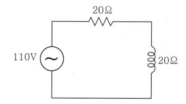

> **정답** $\cos\theta = \dfrac{R}{Z} = \dfrac{R}{\sqrt{R^2 + X^2}} = \dfrac{20}{\sqrt{20^2 + 20^2}} = 0.707 = 70\%$

**11** 전류계에서 분류계의 연결법과 목적에 대하여 기술하시오.

> **정답** 병렬로 연결, 계기의 감도보다 큰 전류를 측정할 때 사용한다.

**12** 릴레이 작동 코일에서 역기전력을 흡수하는 장치의 명칭을 기술하시오.

> **정답** Diode

**13** 키르히호프의 전류 제1법칙에 대하여 서술하시오.

> **정답** 임의의 한 점에 유입된 전류의 총합과 유출되는 전류의 총합은 같다.

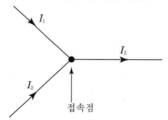

**14** 최대전압 및 유효전력을 구하시오. (115V, 역률 0.866, 50KVA, 3상)

**정답** ① 유효전력＝피상전력×$\cos\theta$
　　　　　　＝피상전력×역률
　　　　　　＝$500,000×0.866$
　　　　　　＝$433,000$

② 최대전압＝$\sqrt{2}$×정격전압
　　　　　　＝$\sqrt{2}×115$
　　　　　　＝$162.63$

③ 무효전력＝피상전력×$\sin\theta$
　　$\cos^2\theta+\sin^2\theta=1$
　　$\sin^2\theta=1-Cos^2\theta=1-0.866^2$
　　$\sin\theta=\sqrt{1-0.866^2}=00.5VAR$

**15** 다음과 같은 플립플롭회로의 $R$에 신호를 주었을 때 $Q$와 $Q$의 값을 구하시오.

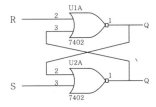

**정답** $Q=1$, $Q=1$

**참고**

① 플립플롭 : 쌍안정 상태의 소자로서 기억소자라고도 함 1비트 기억용량, 1과 0을 식별해서 기억할 수 있기 때문에 2진값 소자이며, 임시기억 장치
② 기억용량 : 플립플롭 4개는 24＝16가지를 식별할 수 있으며, 4비트의 기억용량이 있다.
③ 세트 : 2진값 소자를 어떤 지정된 상태로 설정하는 것
④ 리셋 : 무조건 0의 상태로 지우는 것

**16** 다음 각각의 부품 명칭을 기술하시오.

①

②

③

**정답** ① 공심코일(air core)
② 가변코일(variable)
③ 철심코일(iron core)

**17** 다음 회로의 무효전력값을 구하시오.

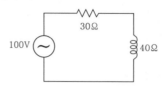

**정답** $Z= \sqrt{(R^2+ XL^2)} = 50$

무효전력 $= I^2 \times Z \times SIN\theta = E \times I \times SIN\theta = 100\text{var}$

**18** Y-결선의 특징 3가지를 기술하시오.

**정답** ① 선간전압의 크기는 상전압의 $\sqrt{3}$ 배

② 위상은 해당하는 상전압보다 30°앞선다.

③ 선전류의 크기와 위상은 상전류와 같다.

**19** 다음과 같은 회로에서 전류 $I_1$, $I_2$, $I_3$와 점 P, K 간의 전압을 구하시오.

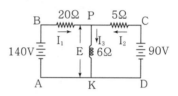

**정답** 키르히호프 제1법칙에서 $I_1 + I_2 = I_3$      ①

키르히호프 제2법칙에서 $20I_1 + 6I_2 = 140$      ②

$5I_2 - 6I_3 = 90$      ③

①, ②, ③식을 연립방정식으로 풀면

$I_1 = 4[A]$, $I_2 = 6[A]$, $I_3 = 10[A]$

따라서 PK 간의 전압 $= 6 \times I_3 = 60[V]$

**20** 3상 교류Y결선의 특징 3가지를 기술하시오.

**정답** ① 선간전압은 상전압의 $\sqrt{3}$ 배이다.

② 위상은 상전압보다 30°앞선다.

③ 선전류는 단자 간에 직렬이므로 위상이나 크기는 같다.

**21** 다음 그림은 카본 파일형 전압 조절기이다. 전류의 방향을 화살표로 표시하시오.

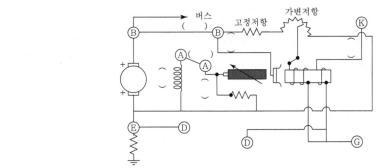

정답

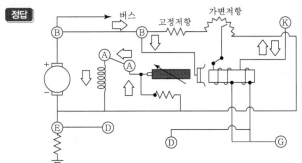

**22** 전류계-분류기의 연결방법 및 역할에 대하여 기술하시오.

정답 ① 전류계 : 전류 측정, 기본 계기에 병렬 연결
② 분류기 : 전류 측정, 기본 계기에 병렬 연결

**23** 전압계의 연결방법에 대해 설명하시오.

정답 전압계는 부하에 병렬 연결하여 측정한다.

**24** 회로 내에 규정 전류 이상의 전류가 흐를 때 회로를 열어 주어 전류의 흐름을 막는 것은 무엇인지 쓰고, 종류를 4가지 서술하시오.

정답 ① 명칭 : 회로 차단기(circuit breaker)
② 종류 : 푸시형, 푸시풀형, 스위치형, 자동 재접속형

**25** 역률을 구하시오.

정답 $$역률(\cos\theta) = \frac{유효전력}{피상전력} = \frac{I^2 R}{I^2 Z} = \frac{30}{50} = 0.6$$

R=30Ω
100V
X=40Ω

E=100V, R=30, X=40

**26** 배율기와 분류기의 기능과 연결 방법을 설명하시오.

| 정답 | 측정 | 연결방법 |
|---|---|---|
| 배율기 | 감도보다 큰 전압을 측정 | 전압계와 직렬 연결 |
| 분류기 | 감도보다 큰 전류를 측정 | 전류계와 병렬 연결 |

**27** 등가저항을 구하시오.

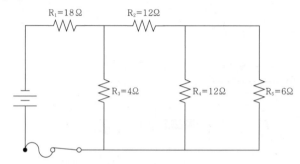

정답 ① $R_4$와 $R_5$의 합성저항을 $R_6$라고 하면 병렬 연결이므로 $\dfrac{1}{R_6} = \dfrac{1}{6} + \dfrac{1}{12} = \dfrac{3}{12}$ $\therefore R_6 = 4\Omega$

② $R_2$, $R_5$와 $R_3$의 합성저항을 $R_7$이라고 하면

$$\frac{1}{R_7} = \frac{1}{R_3} + \frac{1}{R_2 + R_6} = \frac{1}{4} + \frac{1}{12 + 4} = \frac{5}{16}$$

③ 따라서 전체저항 $R$은 $R = R_1 + R_7 = 18 + \dfrac{16}{5} = \dfrac{106}{5} = 21.2\Omega$

**28** 항공기에 쓰이는 전압을 변화시켜주는 장치, 전류를 변화시켜주는 장치에 대하여 기술하시오.

정답 전류 : 인버터, 전압 : 변압기

**29** 전압계, 전류계를 전원 및 부하와 연결하는 방법에 대하여 기술하시오.

정답 ① 전압계 : 전원과 병렬 연결
② 전류계 : 전원과 직렬 연결

**30** 다음 그림의 다이오드의 종류 3가지를 보고 명칭을 기술하시오.

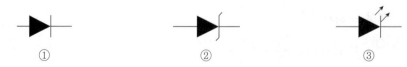

정답 ① 다이오드
② 제너 다이오드
③ 발광 다이오드

**31** 도체의 전기저항을 결정하는 4가지를 기술하시오.

**정답** 도체의 고유성질($\rho$), 도체의 단면적(A), 도체의 길이(L), 온도

**32** 항공기 계기계통에서 압력계기의 작동 시험에 사용되는 시험기를 기술하시오.

**정답** 데드웨이트 시험기

**33** 그림은 3상 전파정류기(3 phase fullwave rectifier)이다. C상에서 부하(load)를 거쳐 B상으로 흐르기 위해서 전류가 흐르는 다이오드(diode)와 전류가 차단되는 다이오드를 번호로 구분하시오.

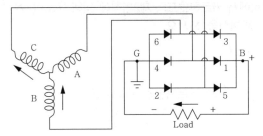

(가) 전류가 흐르는 다이오드

(나) 전류가 차단되는 다이오드

**정답** (가) 전류가 흐르는 다이오드 : 5, 6

(나) 전류가 차단되는 다이오드 : 2, 3

**34** 직류가 교류보다 안 좋은 점 3가지를 기술하시오.

**정답** ① 전압의 가감이 어렵다.

② 항공기에 높은 전류를 요구하는 전기 계통에 직류를 사용하기 위해서는 도선이 굵어져야 한다.

③ 전기계통에 차지하는 무게가 무거워진다.

**35** 다음 그림에서 합성등가저항을 구하시오.

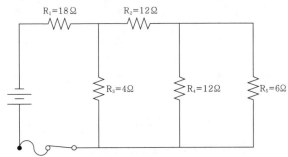

**정답** ① $R_4$와 $R_5$의 합성저항을 $R_6$라고 하면 병렬 연결이므로

$$\frac{1}{R_6} = \frac{1}{6} + \frac{1}{12} = \frac{3}{12}, \quad R6 = 4\Omega$$

② $R_2$, $R_5$와 $R_3$의 합성저항을 $R_7$이라고 하면

$$\frac{1}{R_7} = \frac{1}{R_3} + \frac{1}{R_2 + R_6} = \frac{1}{4} + \frac{1}{12+4} = \frac{5}{16}$$

③ 따라서 전체저항 $R$은 $R = R_1 + R_7 = 18 + \frac{16}{5} = \frac{106}{5} = 21.2\Omega$

**36** 전기의 폐회로에서 키르히호프의 제2법칙에 의해 유도할 수 있는 전류의 관계식을 쓰시오.

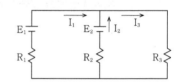

**정답** $E_1 - E_2 = I_2 R_2 - I_1 R_1 = 0$

**37** 다음과 같은 전류계의 션트저항을 구하시오.

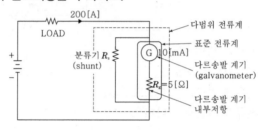

**정답** $0.01[A] \times 5[\Omega] = 199.99[A] \times R_S, \quad R_S = 0.00025[\Omega]$

**38** 다음 회로도에서 스위치를 눌렀을 때 최종적으로 나타나는 결과를 기술하시오.

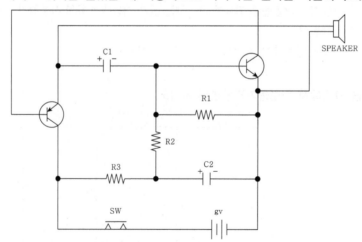

**정답** 결과 : TR이 2N일 경우 경보음이 울리지만, 1N일 경우 울리지 않는다.

**39** 항공기에서 400Hz를 쓰는 이유를 기술하시오.

> 정답  ① 소형화, 경량화의 이점
> ② 최대 성능을 위한 무게 최소화
> ③ 대량의 전원 사용

**40** 다음 각 기호에 대해서 서술하시오.

| 정답 | |
|---|---|
| 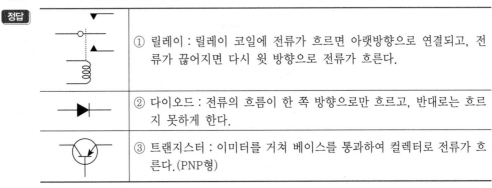 | ① 릴레이 : 릴레이 코일에 전류가 흐르면 아랫방향으로 연결되고, 전류가 끊어지면 다시 윗 방향으로 전류가 흐른다. |
| | ② 다이오드 : 전류의 흐름이 한 쪽 방향으로만 흐르고, 반대로는 흐르지 못하게 한다. |
| | ③ 트랜지스터 : 이미터를 거쳐 베이스를 통과하여 컬렉터로 전류가 흐른다.(PNP형) |

**41** 직류전동기의 종류 3가지와 기능을 설명하시오.

> 정답  ① 직권형 직류전동기 : 시동토크가 커서 시동장치에 많이 사용된다.
> ② 분권형 직류전동기 : 부하 변동에 따른 회전수 변화가 적으므로, 일정한 속도를 요구하는 곳에 사용한다.
> ③ 복권형 직류전동기 : 직권형 계자와 분권형 계자를 모두 갖추고 있어, 직권과 분권의 중간 특성을 가진다.

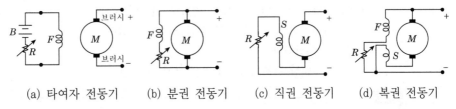

(a) 타여자 전동기    (b) 분권 전동기    (c) 직권 전동기    (d) 복권 전동기

**42** 본딩 점퍼에 관하여 서술하시오.

> 정답  부재와 부재(예를 들면, 동체와 날개 또는 날개와 조종면 등)를 전기적으로 연결, 전위차를 같게 하여 아크에 의한 손상 방지, 낙뢰 방지, 무선잡음 방지, 계기의 오차 방지 등

**43** Dimming 회로에서 다이오드 병렬 연결 시 다이오드의 역할 2가지를 기술하시오.

**정답** ① 역기전력 흡수
② 역전류 차단

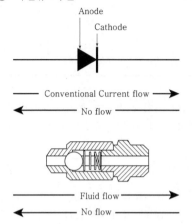

## 6) 직류 및 교류 전력

**01** 축전지 장탈 시 가장 먼저 제거해야하는 선은 무엇인지 기술하시오.

**정답** (−)선

**02** 정속구동장치는 직권과 복권 중 어느 것을 사용하는지 기술하시오.

**정답** 복권전동기
• 전기자와 계자코일이 직렬과 병렬로 연결된 형식
• 직권전동기와 분권전동기의 장점을 가지고 있다.
• 구조가 복잡하다.
• 선풍기, 원심 펌프, 전동기−발전기에 사용된다.

> **참고**
> ① 직권전동기
> • 전기자와 계자코일이 직렬로 연결된 형식이다.
> • 시동할 때에 전기자와 계자코일에 모두 전류가 많이 흘러 시동 회전력(Toque)이 크다는 것이 장점이다.
> • 부하의 크기에 따라 출력전압이 변하기 때문에 전압조절이 어렵다.
> • 경항공기의 시동기, 착륙장치, 카울 플랩 등을 작동하는데 사용된다.
> ② 분권전동기
> • 전기자와 계자코일이 병렬로 연결된 형식이다.
> • 부하의 전류는 출력 전압이 영향을 끼치지 않는다.
> • 직권전동기보다는 회전력(Toque)이 낮다.
> • 일정한 회전속도가 요구되는 인버터 등에 사용된다.

**03** 납산축전지의 화학 반응식을 기술하시오.

**정답** $PbO_2 + H_2SO_4 + Pb \quad \rightleftarrows \quad PbSO_4 + 2H_2O + PbSO_4$

**04** 주파수를 구하는 공식을 기술하시오.

**정답** $f = \dfrac{(계자극수)}{2} \cdot \dfrac{(분당회전수)}{60} = \dfrac{PN}{120} \quad [hz]$

**05** 교류발전기를 병렬 운전 시(여러 개 구동 시) 조건을 3가지 이상 기술하시오.

**정답** 1) 전압의 크기가 같을 것 기전력의 크기가 다르면 무효순환전류가 흘러 출력이 감소한다.
2) 위상이 같을 것
3) 주파수가 같을 것
   ① 위상과 주파수가 다르면 각 발전기가 일치되려고 동기화 전류가 흐른다. 계속해서 동기화 되지 않으면 난조가 발생한다.
   ② 주파수 조절 범위는 $400 \pm 1$[Hz]로서 2[Hz]가 넘으면 안 된다.

**06** 니켈-카드뮴 축전지 중화제는 무엇인지 기술하시오.

**정답** ① 아세트산
② 레몬주스
③ 붕산염 용액

**07** 다음 그림은 직류의 분권발전기(shunt wound generator)이다. 이를 전기회로로 표현하시오.(단, 직류발전기의 부품기호를 정확히 표기할 것)

**정답**
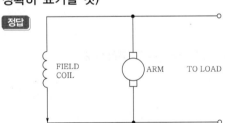
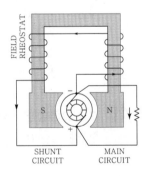

**08** 교류전동기의 종류 3가지와 그 기능에 대하여 간략히 기술하시오.

**정답** ① 만능전동기 : 교류와 직류를 겸용으로 사용 할 수 있다.
② 유도전동기 : 계자 여자가 있어 특별한 조치가 필요하지 않고 부하 감당범위가 넓다.
③ 동기전동기 : 일정한 회전수가 필요한 기구에 사용된다.

**09** 항공기 직류발전기의 고장 원인 및 조치 내용에 대하여 서술하시오.

| 고장 형태 | 고장 원인 | 조치사항 |
|---|---|---|
| 발전기의 출력 전압이 너무 높은 경우 | 전압 조절기 기능불량 | 전압 조절기 조절, 저항 회로 점검 |
| | 전압계의 고장 | 전압계 점검 |
| 발전기의 출력 전압이 너무 낮은 경우 | 전압 조절기의 부정확한 조절 | 전압 조절기 조절 |
| | 계자회로의 잘못된 접속 | 회로를 올바르게 접속 |
| | 전압조절기의 조절용 저항의 불량 | 조절용 저항 교환 |
| 발전기의 출력 전압의 변동이 심한 경우 | 측정 전압계의 잘못된 연결 | 전압계 올바르게 연결 |
| | 전압 조절기의 불충분한 기능 | 전압 조절기 수리, 교환 |
| | 발전기 브러시의 마멸 | 브러시 교환 |
| | 브러시가 꽉 끼어 접촉되지 못한 상태 | 마멸된 브러시 교환, 브러시 홀더 교환 |
| 발전기의 출력 전압이 나오지 않는 경우 | 발전기 스위치 작동의 불량 | 스위치 부분 점검 |
| | 서로 바뀐 극성 | 극성을 올바르게 연결 |
| | 회로의 단선이나 단락 | 단선, 단락 부분을 올바르게 연결 |

**10** 항공기에서 사용하는 전원에서 교류보다 직류를 쓰면 생기는 단점 3가지를 기술하시오.

정답 ① 무게 증가
② 전압 불안정
③ 전력 소모 증가
④ 큰 전력 사용 시 도선이 굵어짐

**11** 3상 교류발전기 극수가 8개, 6,000rpm일 때의 주파수를 구하시오.

정답 $f = \dfrac{P}{2} \times \dfrac{N}{60} = \dfrac{8}{2} \times \dfrac{6,000}{60} = 400\text{rpm}$

**12** CSD(정속구동장치) 장착위치 및 주요기능을 설명하시오.

정답 ① 장착 위치 : 기관구동축과 교류발전기 사이에 장착
② 주요 기능 : 기관의 회전수에 관계없이 발전기의 출력 주파수가 일정하게 발생할 수 있도록 한다.

**13** 다음 그림과 같은 배터리 충전방법의 명칭과 단점 하나를 쓰시오.

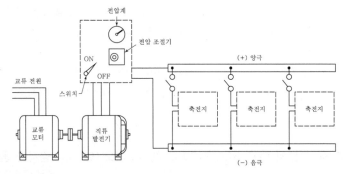

**정답** ① 정전압 충전법
② 규정용량의 충전 완료 시기를 미리 예측할 수 없기 때문에 일정시간 간격으로 충전상태를 확인하여 과충전되지 않도록 주의한다(항공기에 사용되는 충전방법이다).

**14** Starter로 사용되는 Motor는 직권식 직류 Motor와 교류 Motor 중 어느 것을 사용하는지 기술하시오.

**정답** 직권식 직류 Motor

**15** 항공기 배터리 정전류 충전법의 장점과 단점을 기술하시오.

**정답** ① 장점 : 충전 완료 시간 미리 예측 가능
② 단점 : 충전 소요시간이 길며, 수소 및 산소 발생이 많아 폭발 위험이 있다.

## 7) 연료계통

**01** 전기 용량식 연료탱크에서 유전율과 온도와의 관계에 대하여 기술하시오.

**정답** 반비례관계

## 8) 환경제어

**01** 산소계통 작업 시 주의사항 4가지를 기술하시오.

**정답** ① 화재에 대비하여 소화기를 준비한다.
② 무선이나 전기계통을 동시 점검하지 않는다.
③ 환기가 잘 되는 곳에서 한다.
④ 오일이나 그리스 접촉금지, 아주 작은 인화물질이라도 절대 금지
⑤ 유지물질을 멀리하고 손이나 공구에 묻은 오일이나 그리스 제거
⑥ shut off valve slow open
⑦ 산소계통 주위의 작업을 하기 전 shut off valve close
⑧ 불꽃, 고온 물질을 멀리하고, 모든 부품 청결

**02** 산소계통에서 demand 산소 공급에 대하여 기술하시오.

**정답** ① 희석흡입산소장치(dilute demand) : 사용자의 호흡작용으로 산소를 사용자 폐 속으로 공급. 산소조절기는 11,000m(35,000ft) 이상의 고도에서 충분한 산소가 공급되도록 해야 한다.

② 압력흡입산소장치(pressure demand) : 사용자 주위의 압력보다 약간 높은 압력으로 산소를 공급. 정상상태 시 12,700m(42,000ft), 비상시 15,000m(50,000ft)까지 사용한다.

**03** 산소통 목 부분의 DOT 3AA 2400 C 해석하시오.(예 : C = 검사관 공식기호)

**정답** • DOT : US. Department of Transportation－미항공운송국
• 3AA : 실린더를 제작할 때 5년마다 내압(2,400psi)의 3/5까지 압력으로 TEST 사용기간은 35년
• 2,400 : 내압psi
• C : 개량번호

## 9) 통신계통

**01** 다음 빈칸을 채우시오.

| 주파수 이름 | 주파수 범위 | 파장 |
|---|---|---|
| VLF | 3~30kHz | 1,000~100,000m |
| ① | 30~300kHz | 1,000~10,000m |
| ② | 3~30MHz | 10~100m |
| ③ | 30~300MHz | 1~10m |

**정답** ① LF(장파)
② HF(단파)
③ VHF(초단파)

**02** 항공기에서 쓰이는 인터폰의 종류 3가지에 대하여 기술하시오.

**정답** ① Flightinterphone
② Serviceinterphone
③ Cabininterphone
④ Cargointerphone

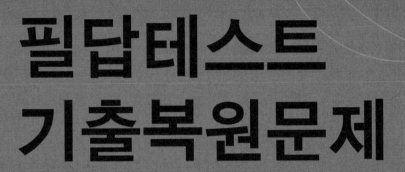

# 필답테스트
# 기출복원문제

>+>+> ✈ Part 2

**01** AA2024의 해석 내용을 기술하시오.

> **정답** ① AA – 미국 알루미늄 규격
> ② 2 – 알루미늄과 구리의 합금
> ③ 0 – 개량처리 하지 않은 합금
> ④ 24 – 합금의 분류 번호

**02** 기체 수리 시 항공기의 최소 무게를 유지하기 위해서 유의해야할 사항 두 가지를 기술하시오.

> **정답** ① 덧 붙임판의 크기는 구조강도를 유지할 수 있는 최소의 크기로 제작 수리한다.
> ② 필요 이상의 리벳은 사용하지 않는다.

**03** 기압고도계의 보정 방법 중 QFE 보정 방법에 대하여 기술하시오.

> **정답** QFE보정 : 고도계가 활주로(지표면)부터의 고도, 즉 절대고도를 지시하도록 수정하는 방법이다.

**04** 분무식 연료 노즐에서 복식 노즐(duplex nozzle)의 1차 연료 노즐과 2차 연료 노즐의 차이점을 서술하시오.

> **정답** ① 1차 연료 : 연료 노즐 중심의 작은 구멍을 통해 분사되고, 시동할 때에 연료의 점화를 쉽게 하기
> 위하여 넓은 각도(150°)로 이그나이터에 가깝게 분사 (분무)되고, 시동 시에 1차 연료만 분사된다.
> ② 2차 연료 : 연료 노즐을 중심으로 가장자리의 큰 구멍을 통해 분사되고, 연소실 벽에 직접 연료가
> 닿지 않고 연소실 안에서 균등하게 연소되도록 비교적 좁은 각도(50°)로 멀리 분사되며 완속속도
> (아이들속도) 이상에서만 작동한다.

**05** 항공기 교류발전기 3상 교류Y결선의 특징 3가지를 기술하시오.

> **정답** ① 선간전압의 크기는 상전압의 $\sqrt{3}$ 배이다.
> ② 선간전압의 위상은 상전압보다 30°앞선다.
> ③ 선전류는 단자 간에 직렬이므로 크기와 위상은 같다.

**06** 판재 굽힘 작업의 S.B와 B.A에 대해 기술하시오.

**정답**
1) SB＝K(R+T)＝tan($\theta$/2)[R+T], K : 굽힘상수, R : 굽힘 반지름, T : 판재의 두께
2) BA＝($\theta$/360)2$\pi$(R+0.5T), R : 굽힘 반지름, T : 판재의 두께

**07** 건식 모터링과 습식 모터링에 대해 기술하시오.

**정답**
- 건식 모터링(Dry Motoring) : 연료를 연료 조정장치 이후로는 흐르지 못하게 차단한 상태에서 단순히 시동기에 의해 기관을 회전 시키면서 점검하는 방법으로 기관을 시동하지 않고도 기관 회전이 원활한 지의 여부를 점검할 수 있고, 연료계통과 윤활유 계통의 누설 등의 간단한 점검이 가능하다.
- 습식 모터링(Wet Motoring) : 연료를 기관 내부에 흐르게 하여 연료 노즐을 통해 분사시키지만 점화장치는 작동하지 않고 진행하는 점검을 말하며, 이 점검을 통하여 연료 조정장치 이후의 연료계통 점검과 연료의 분사 상태를 점검하기 위함이다.

**08** 항공기 전기계통의 회로차단기의 종류 및 명칭, 기호를 그리시오.

①       ②       ③       ④

**정답** ① 푸시형, ② 스위치형, ③ 푸시풀형, ④ 자동재접속형

**09** 실린더 오버사이즈 종류에 해당하는 색을 각각 기술하시오.

**정답** 0.010inch : 초록색, 0.015inch : 노란색, 0.020inch : 빨간색

**10** 항공기 주기 시 강풍에 의한 파손 방지책에 대하여 기술하시오.

**정답**
① 조종면을 중립위치로 한다(바람에 의해 자유롭게 움직이도록 한다.).
② 항공기를 정풍(맞바람)으로 놓는다.
③ 조종간이 움직이지 않게 고정 시킨다.
④ Mooring(로프를 이용하여 항공기를 결박 시킨다.)
⑤ Wheel에 Chock을 고인다.

**11** 입자 간 부식의 원인, 검사, 조치사항에 대해 기술하시오.

**정답**
① 원인 : 부적절한 열처리에 의해 발생, ② 검사 : 방사선 검사방법
③ 처리 : 부품의 교환을 진행한다.

**12** 고도계 오차 4가지를 기술하시오.

 ① 눈금오차
② 온도오차
③ 탄성오차
④ 기계적 오차

**13** 항공기 기체구조의 강도를 유지하기 위한 페일 세이프 구조 종류 4가지를 기술하시오.

**정답** 구조의 일부분이 피로 파괴되거나 파손되더라도 나머지 구조가 하중을 담당하여 감항성에 영향을 미치거나 과도한 변형을 방지할 수 있는 구조

> **참고**
> ① 다경로하중 구조(redundant structure) : 여러 개의 부재를 통하여 하중이 전달되도록 하는 구조로써 어느 하나의 부재가 손상되더라도 다른 부재가 하중을 담당하게 된다.
> ② 이중 구조(double structure) : 2개의 작은 부재로 하나의 몸체를 이루게 함으로써 동일한 강도를 가지게 하고, 어느 부분이 손상되더라도 전체가 파손되는 것을 방지하는 구조이다.
> ③ 대치 구조(back up structure) : 부재가 파손되었을 때를 대비하여 예비적인 대치 부재를 삽입시켜 안전성을 도모한 구조이다.
> ④ 하중경감 구조(load dropping structure) : 2개의 부재가 동시에 하중을 전달하도록 하여 1개의 부재가 파손되기 시작하면 강성이떨어지지 않은 다른 부재에 많은 하중을 담당하게 하는 구조이다.

**14** 신뢰성 정비에 대하여 기술하시오.

**정답** 신뢰성 정비(CM : Condition Monitoring) : 항공기가 안정성에 직접 영향을 주지 않으며 정기적인 검사나 점검을 하지 않은 상태에서 고장을 일으키거나 그 상태가 나타날 때까지 사용할 수 있는 일반 부품이나 장비에 적용하는 것으로 고장률이나 운항 상황 등의 데이터를 분석하여 필요한 부분만을 정비하는 방식이다.

**15** ILS와 MLS를 비교하여 기술하시오.

**정답** ① 마이크로 주파수 대역을 사용하여 건물 등의 반사 또는 지형의 영향을 적게 받음으로써 설치조건이 완화된다.
② ILS의 운용 주파수 채널의 수가 40채널인데 비하여 채널수가 200채널로 증가하므로 간섭문제가 경감된다.
③ 풍향, 풍속 등 진입 착륙을 위한 기상상황이나 각종 정보를 제공할 수 있는 자료링크의 기능을 가진다.
④ ILS에 비하여 MLS는 진입영역이 넓고 직선 진입이 곤란한 경우에는 곡선진입이 가능 하므로 다양한 항공기의 요구에 대응할 수 있다.

**16** 모기지에 대해서 기술하시오.

> **정답** 모기지(main base) : 정비작업을 위해 설비 및 인원 부분품 등을 충분히 갖추고 정시점검 이상의
> 정비 작업을 수행할 수 있는 기지를 말한다.

**17** 선택 밸브에 대해 기술하시오.

> **정답** 선택 밸브
> ① 작동 실린더의 운동 방향을 선택하는 밸브이다.
> ② 기계적으로 작동하는 밸브와 전기적으로 작동하는 밸브가 있다.
> ③ 기계적으로 작동하는 밸브에는 회전형, 포핏형, 스풀형, 피스톤형, 플런지형 등이 있다.

**18** 디토네이션 발생 초기증상 3가지를 기술하시오.

> **정답** ① 실린더 헤드 온도의 상승
> ② 노킹음 발생
> ③ 출력 감소 과열
> ④ 기관의 파손

**19.** 스타터로 사용되는 모터는 직권식 직류 모터와 교류 모터 중 어느 것인지 기술하시오.

> **정답** 직권식 직류

# 필답테스트 기출복원문제

**01** 왕복기관에서 미터링(Metering) 기능 3가지에 대하여 기술하시오.

**정답** ① 요구하는 엔진 출력에 대한 적합한 연료-공기 혼합비가 되도록 연료량을 조절한다.
② 고도가 증가함에 따른 밀도 변화 시 혼합비 과농후 또는 과희박을 방지한다.
③ 고도증가에 따라 Float식 기화기인 경우 플로트실과 Venturi의 압력 차이를 증가시켜 농후 혼합비 현상을 방지한다.(연료량 감소)
④ 기화기의 형식이 압력분사식과 직접분사식인 경우 계량된 공기압과 계량된 연료압력 차이를 증감시켜 연료량을 감소 시킨다.

**02** 가스터빈기관의 터빈 깃에서 머리카락 물결무늬 모양의 결함을 무엇이라고 하는지 기술하시오.

**정답** Crack(균열)

**03** 비행 후 점검사항에 해당 하는 정비 내용에 대하여 서술하시오.

**정답** 하루의 마지막 비행 일정을 마치고 항공기 세척(내·외부), 탑재물 하역, 보급 작업(액체 및 기체), 경미한 결함의 정비 등을 수행하며, 다음날 비행을 위한 점검 등을 말한다.

**04** AISI 1025을 해석하시오.

**정답** • AISI : American Iron Steel Institute
• 1 : 탄소강
• 0 : 주 합금의 원소가 없다.
• 25 : 탄소 함유량이 0.25%

**05** 전기 용량식 연료탱크에서 유전율과 온도와의 관계에 대하여 기술하시오.

**정답** 유전율과 온도는 서로 반비례 관계를 가진다.

**06** 다음 그림은 카본 파일형 전압 조절기이다. 전류의 방향을 화살표로 표시하시오.

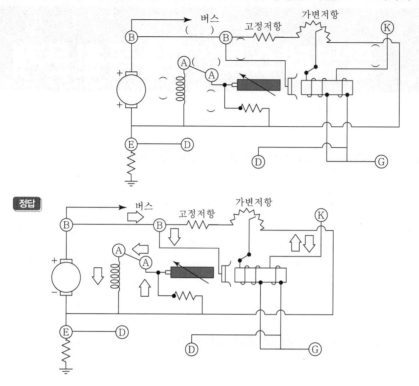

**07** 다기능 밸브의 기능 2가지를 기술하시오.

정답 ① 개폐기능, ② 계통의 압력 조절기능, ③ 유체의 역류 방지기능, ④ 밸브 내부의 공기흐름 조절기능,
⑤ 기관 작동 시(시동 시) 역류 방지기능을 해제하여 공기공급을 가능하게 도와준다.

**08** 가스터빈기관 연소실의 종류와 장점을 기술하시오.

정답 ① 캔형
 • 장점 : 연소실의 정비가 간단하다.
 • 단점 : 연소정지현상(프레임 아웃)이 생기기 쉽다. 과열시동의 우려 및 연소실 출구온도가 균일
 하지 않다.
② 애뉼러형
 • 장점 : 구조 간단, 연소 안정적으로 진행된다. 연소실 효율이 우수하다. 연소실 출구온도분포가
 균일하다.
 • 단점 : 연소실의 정비가 불편하다. 구조적으로 취약성이 있다.
③ 캔-애뉼러형 : 캔형과 애뉼러형의 장단점을 보완하여 만든 연소실형태이다.

**09** 세미모노코크 구성품 5가지와 장점 2가지에 대하여 기술하시오.

**정답**
① 동체구성 요소(수직방향 부재) : Former, Frame, Bulk-head, Skin(외피)
② 동체구성 요소(세로방향 부재) : Longeron(세로대), stringer(세로지)
③ 날개구성 요소 : Spar(날개보), stringer, Rib, Skin(외피)
④ 장점
 • 내부 공간 확보 트러스 구조보다 용이하다.
 • 구조에 발생하는 하중을 균등하게 분산시킬 수 있다.
 • 트러스 구조보다 무게당 높은 강도를 유지할 수 있다.
 • 구조에 발생하는 압축하중에 대한 좌굴의 문제가 없다.
 • 항공기의 모양을 유선형으로 만들 수 있으며, 공기저항을 감소시킬 수도 있다.

**10** 손상허용, 페일 세이프, 안전수명에 대해서 각각 서술하시오.

**정답**
① 손상허용 : 기체구조에서 발견되지 않는 결함 및 피로 부식에 의한 재료의 약화 또는 비행 중 파손이 발생하더라도 항공기 감항성에 영향을 미치지 않는 범위 내의 허용된 손상을 의미한다.
② 페일 세이프 : 구조의 일부분이 파괴되거나 파손되더라도 나머지 구조가 하중을 담당하여 치명적인 파괴나 과도한 변형을 방지하여 항공기 감항성에 영향이 미치지 않도록 설계된 구조이다.
③ 안전수명 : 구조 부재의 피로파괴 등을 고려하여 허용응력과 안전여유를 고려한 범위에서 작동할 때 항공기의 구조 부재가 파괴되지 않고 항공기 감항성을 유지할 수 있는 수명을 의미한다.

**11** 항공기 계기에서 흰색 호선의 의미에 대하여 기술하시오.

**정답**
항공기 대기속도계에 사용하는 색표지로서, 플랩 조작에 따른 항공기의 속도범위를 표시하고 있다. 표시방법은 최대 착륙중량에 대한 실속속도를 하한점으로 표시하고, 플랩을 내리더라도 구조 강도상 무리 범위에서 플랩 내림 속도를 상한점으로 한다.

**12** 항공기에서 한쪽바퀴만 잭 작업 시 사용하는 장비의 명칭을 기술하시오.

**정답**
싱글 베이스 잭(Single Base Jack)

**13** F-16, A-300, B-747에서 현재 사용되고 있는 조종 시스템에 대하여 기술하시오.

**정답**
플라이 바이 와이어 시스템 : 항공기 조종계통에 케이블을 사용하지 않고 전기적인 신호로 조종력의 향상을 위해 사용하는 시스템

**14** 케이블 연결방법 3가지는?

정답 ① 5단 엮기방법  ② 랩 솔더  ③ 스웨이징 방법  ④ 니코프레스

**15** 가스터빈기관 축류식 압축기에서 실속 방지책 2가지를 기술하시오.

정답 ① 가변 입구 안내 베인(VIGV)
② 가변 정익 베인(VSV)
③ 블리드 밸브(BV)
④ 가변 바이패스 밸브(VBV)
⑤ 다축식 압축기 구조

**16** 항공일지(비행일지) 분류 2가지를 기술하시오.

정답 ① 항공기 탑재용 항공일지
② 지상비치용 발동기 및 프로펠러 항공일지

**17** 왕복기관 배기 밸브가 열려있는 각도를 구하시오.

| IO : 10° BTC  IC : 55° ABC |
| EO : 20° BBC  EC : 20° ATC |

정답 20+180+20°＝220°

**18** 항공기용 배터리 정전류 충전법의 장점과 단점을 기술하시오.

정답 ① 정전류 충전법 : 일정한 전류로 계속 충전하는 방식으로 여러 개의 배터리를 충전시키고자 할 때는 전압에 관계없이 용량을 구별하여 배터리를 직렬로 연결한다.
② 장점 : 충전완료시간을 미리 추정할 수 있다.
③ 단점 : 충전 소요시간이 길고 충전 시 주의를 하지 않으면 배터리가 과충전 될 수 있다.

**01** 항공기 기체 구조 기본 작업에서 기본자기무게에 대하여 서술하시오.

> **정답** Basic Empty Weight(기본자기무게) : 승객, 승무원 등의 유효하중, 사용가능한 연료, 배출 가능한 연료 등이 포함되지 않은 무게이다. 단, 사용 불가능한 연료, 배출이 가능한 윤활유, 기관 냉각액, 유압계통의 작동유 무게는 포함 시킨다.

**02** 가스터빈기관의 터빈 회전자에서 발생하는 크리프현상에 대하여 기술하시오.

> **정답** • 정의 : 일정한 응력을 받는 재료가 일정한 온도에서 시간이 경과함에 따라 하중이 일정하더라도 재료의 변형률이 변화하는 현상이다.
> • 금속이 일정하중에서 시간이 경과함에 따라 변형이 증가하는 현상(일반적으로 고온에서 발생)

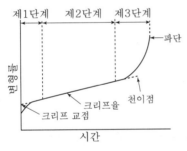

> • 제1단계 : 탄성범위 내의 변형으로 하중을 제거 하면 원래의 상태로 돌아간다.
> • 제2단계 : 변형률이 직선으로 증가
> • 제3단계 : 변형률이 급격히 증가하며 파단이 생긴다.
> • 천이점 : 2단계와 3단계의 중계점
> • 크리프율 : 2단계와 3단계 사이에 형성된 직선의 기울기

**03** 항공기 작동유 계통의 레저버 기능 3가지를 기술하시오.

> **정답** ① 유압계통에 작동유를 공급하고 귀환하는 작동유의 저장소 역할을 한다.
> ② 공기 및 각종 불순물을 제거하는 장소가 된다.
> ③ 계통 내에서 열팽창에 의한 작동유의 증가량을 축적시키는 역할을 한다.

**04** 현재 가스터빈기관에서 터빈 역추력장치를 사용치 않고 팬 역추력 장치만을 사용하는 이유를 서술하시오.

정답 혼합배기방식의 터보팬엔진은 하나의 역추진장치를 장비한 반면 비혼합방식 엔진의 경우에는 팬을 통과한 비연소가스의 역추력장치와 코어엔진을 통과한 연소가스 역추력장치, 두 개를 장착하기도 한다. 고 바이패스엔진 중 일부는 팬 바이패스 유로에만 역추력장치를 설치하기도 하는데 대부분의 추력이 팬 바이패스 공기에서 나오고 연소가스 역추진장치를 설치하게 되면 그로 인해 발생하는 추력이 역추진장치 자중으로 인한 단점을 극복하지 못하므로 장착하지 않는다. 역추력장치들 중 최신개념으로 초 고 바이패스 터보팬엔진에 사용되는 방법으로 팬의 피치를 바꾸는 방법이 있다. 현제에는 팬 피치를 바꾸어 역추력을 얻는 방식을 사용한다.

**05** 항공기용 왕복기관 마그네토 형식에 대하여 기술하시오.

정답 SF6LN DB18N
- S : 단식마그네토
- 6 : 실린더 수 6기통
- N : 제작사(벤딕스)
- B : 베이스부착방식
- F : 플렌지 부착방식
- L : 회전방향이 반시계방향, R : 회전방향이 시계방향
- D : 복식마그네토
- 18 : 실린더 수 18기통

**06** 항공기 전자장비 전기계측에 사용되는 장비는 배율기와 분류기가 있다. 이 전기계측기 각각의 목적 및 기본 계기에 대한 연결 방법에 대하여 기술하시오.

정답 ① 배율기 : 전압 측정, 기본 계기에 직렬 연결
② 분류기 : 전류 측정, 기본 계기에 병렬 연결

**07** 항공기 설계 및 정비 시 기체의 위치를 나타내는 용어에 대하여 기술하시오.

정답 ① Buttock Line-A/C 수직중심선을 기준으로 좌·우로 나눈 평행한 폭
② Wing Station-Wing Leading Edge와 90°로 Wing Root에서 Tip쪽으로 평행한 폭
③ Water Line-동체의 하면에서 수평면까지의 높이(수직거리)

**08** 항공기 타이어에 사용되는 충전가스와 사용되는 목적에 대하여 기술하시오.

정답
- 타이어에 사용되는 충전가스 : $N_2$가스(질소, Nitrogen)
- 목적 : 화재, 폭발

**09** 항공기 기체구조 수리 방법 중 딤플링 작업에 대한 목적 및 방법, 사용가능한 치수에 대하여 기술하시오.

> **정답** ① 목적
> - 판재의 두께가 리벳머리의 두께보다 얇은 경우 딤플링 작업을 한다.
> - 접시머리 리벳작업에서 카운터싱크 작업 시 판재의 두께가 얇을 경우 딤플링 작업을 한다.
> ② 두께 : 딤플링 작업판재의 두께가 0.04inch 이하 일 때 가능하다.
> ③ 방법 : 딤플링 Tool을 이용하여 판재를 눌러서 오목한 홈을 만들며 접시머리 리벳의 헤드가 판재 표면 위로 나와서는 안 된다.

**10** 항공기 지상정비 지원에 대하여 서술하시오.

> **정답** 항공기를 지상에서 이동 또는 고정(견인, 계류, 호이스트, 잭 작업, 지상유도 등)작업을 하며 보급, 세척 및 부식처리, 비행가능상태 확인 작업을 말한다.

**11** 현재 항공기에 사용되고 있는 자동조종의 3가지 기능을 기술하시오.

> **정답** ① 안정
> ② 조종
> ③ 유도

**12** 다음 회로도를 보고 무효전력을 구하시오.

> **정답** 30Ω
> 100V 40Ω $Z = \sqrt{(R^2 + XL^2)} = 50$
> 무효전력 $= I^2 \times Z \times SIN\theta = E \times I \times SIN\theta = 100 \text{var}$

**13** 항공기 계기의 붉은 방사선 의미에 대하여 기술하시오.

> **정답** 항공기의 최대 및 최소 운용 한계를 의미한다.

**14** 가스터빈기관 압축기 깃의 손상 원인과 형태에 대하여 기술하시오.

> **정답**
> - Burning : 국부적으로 색깔이 변하거나 심한 경우 재료가 떨어져나간 상태
> - Gouging : 재료가 찢어지거나 떨어져 없어진 상태로서 비교적 큰 외부물질과 부딪혀 생기는 결함
> - Scoring : 깊게 긁힌 형태로서 표면이 예리한 물체에 닿았을 때 생긴 결함

**15** 항공기가 비행 중에 엔진, 비행대기, 비행제어, 항법 및 통신 등의 작동 상태를 나타내는 중요 변수를 수집하여 비행자료기록장치(FDR)로 보내 저장하고 해석할 수 있는 장치를 무엇이라 하는가?

> **정답** 비행자료획득장치(Flight Data Acquisition Unit) 또는 비행자료직접기록장치(Aircraftintegrated Data System)라고 한다.

**16** 항공기 왕복엔진 피스톤 링 옆 간극이 규정값 이상 및 이하일 때 적용하는 정비방법에 대하여 기술하시오.

> **정답** • 간극이 규정값 이상일 때 : 새로운 피스톤 링으로 교체한다.
> • 간극이 규정값 이하일 때 : 줄 작업을 한다.

**17** 항공기 지상정비 지원 작업에 사용하는 잭의 종류 2가지를 기술하시오.

> **정답** ① 메인 잭
> ② 테일 잭
> ③ 엑슬 잭

# 필답테스트 기출복원문제

**01** 항공기 정비에 적용하는 정비이월기록부에 대하여 서술하시오.

> **정답** 항공기는 정비기지 및 기항지에서는 정류시간, 인원, 장비, 예비 부분품 및 설비가 허용하는 한 최량의 상태로 수리해야 하지만 이로 인하여 불필요한 지연을 피하려고 불량 상태를 기항기지에서 종착기지로 종착기지에서는 정비기지로 이월하는 것을 말한다. 단, 감항성과는 연관이 없는 부품에 대해서만 적용이 가능하다.

**02** 항공기 유압계통에 사용되는 동력 펌프의 종류 3가지를 기술하시오.

> **정답** ① E.D.P(Engine Driven Pump)
> ② E.M.D.P(Electric Motor Driven Pump)
> ③ A.D.P(Air Driven Pump)
> ④ P.T.U(Power Transfer Unit)
> ⑤ R.A.T(Ram Air Turbine)

**03** 항공기에 사용되는 피토정압관을 사용하는 계기 종류 3가지를 기술하시오.

> **정답** • 정압만 이용한 계기 : 고도계, 승강계
> • 정압과 전압을 이용한 계기 : 속도계, 마하계, 대기속도계

**04** 항공기 화재탐지계통에 사용되는 열전쌍식 화재감지회로의 시험회로 시험스위치를 닫으면 작동하는 시험과정에 대하여 기술하시오.

> **정답** • Thermocouple회로에 의해 램프가 on되는 회로
> • Relay 2개 사용
> • 온도상승 시 기전력 발생에 의해 릴레이 1작동에 의한 릴레이 2동작에 의한 램프

**05** 고도에 따른 기압 보정에서 QNE보정에 대하여 서술하시오.

> **정답** QNE보정 : 고도계의 기압창구에 해변의 표준대기압인 29.92inHg를 맞춰 고도를 지시(기압 고도)
> 14000ft 이상의 고도 비행 시 적용

**06** 정속 프로펠러에 장착된 쌍발엔진(Twin-Engine) 항공기의 두 엔진에 동일한 rpm을 만들기 위한
장치의 계통명에 대하여 기술하시오.

> **정답** Auto Syncronizer System

**07** 가스터빈기관의 터빈 깃 팁의 형식 중 Shroud 터빈 적용 부분과 장점에 대하여 기술하시오.

> **정답** 저압터빈
> - Blade의 진동에 의한 응력을 완화
> - 경량 제작
> - Blade Tip에서 가스의 손실 방지
> - 큰 가스하중상태에서 Blade의 뒤틀림을 방지하여 곧은 상태 유지
> - Knife Edge형 Air Seal 장착 지점을 제공

**08** 왕복기관 냉각방식 중 공랭식 냉각장치의 주요 부품 3가지에 대하여 기술하시오.

> **정답** ① 배플 : 공기의 흐름을 실린더에 고르게 전달하기 위한 장치(재질 : Al합금)
> ② 냉각핀 : 냉각효과 증대를 위해 실린더에 장착한 금속판
> ③ 카울 플랩 : 냉각 공기의 양을 조절(지상 : full open, 비행 시 : close)

**09** 항공기용 왕복엔진 "R-985-22"에서 985의 의미에 대하여 기술하시오.

> **정답** 총 배기량이 985in$^3$를 의미한다.

**10** 항공기 기체구조 수리 리벳작업의 리벳 배치 방법에 대하여 기술하시오.

> **정답** ① 횡단피치
> - 리벳 열과 열 사이의 거리를 말한다(열간 간격).
> - 직경의 4.5에서 6D, 최소 2.5D
> ② 연거리
> - 판재의 모서리와 이웃하는 리벳 중심까지의 거리를 말한다.
> - 보통 2.5D이며 최소 2D, 접시머리 경우 : 최소 2.5D, 최대 4D

③ 리벳피치
  • 같은 열에 있는 리벳 중심간 거리를 말한다(리벳 간격).
  • 보통 6에서 8D, 최소 3D, 최대 12D

**11** 가스터빈기관의 화재탐지계통에서 열전쌍 발열 감지회로의 원리를 서술하시오.

정답 급격한 온도 상승에 의한 화재를 탐지하는 장치로 서로 다른 종류(크로멜-알루멜)의 특수한 금속을 서로 접합한 열전쌍을 이용하여 필요한 만큼 직렬로 연결하고, 고감도 릴레이를 사용하여 경고 장치를 작동 시킨다.

**12** 항공기용 트럭형 착륙장치 활주중 제동 시 전·후륜에 가해지는 접지력을 동일하게 해주는 장치의 번호와 명칭을 기술하시오.

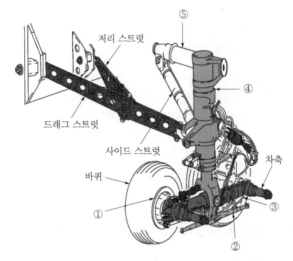

정답 ②번 제동평형로드 : 주 착륙장치 계통의 제동창치가 작동될 때 트럭의 뒷바퀴가 제동력 때문에 지면으로 부터 들뜨게 됨에 따라 트럭의 앞바퀴에 항공기의 하중이 집중되는 것을 방지하는 장치이다.

**13** 다음 기체 정비 시 손상 부위 수리 방법에 대하여 기술하시오.

Clean - Out, Clean - Up, Stop Hole

정답 ① Clean-Out : Scratch, Nick 등 Sheet에 있는 작은 홈을 제거하는 것
② Clean-Up : 모서리의 찌꺼기, 날카로운 면 등이 판의 가장자리에 없도록 하는 것
③ Stop Hole : 균열의 가장자리 주위에는 눈으로 식별할 수 없는 금속간의 파괴 부분을 없애기 위해 1/8in~3/32in 크기의 구멍을 균열 전방 1/16in 정도에 뚫음

**14** 항공기 오버홀작업에 대하여 서술하시오.

**정답** 항공기의 기체·기관 및 장비 등을 완전히 분해, 세척, 검사, 수리 및 조립하여 새것과 같은 상태로 만들며 항공기의 사용 시간을 0으로 환원 시킬 수 있는 작업, 보통 7일 이상의 운항 스케줄이 없는 상태에서 진행한다.

**15** 항공기용 리벳 규격 AN470 DD 5-6에 대하서 해석하시오.

**정답**
- AN : 규격 명(Air Force-Navy)
- 470 : 유니버설 머리 리벳
- DD : 재질 기호로서 알루미늄 합금(2024)
- 5 : 계열번호 및 지름(5/32in)
- 6 : 리벳의 길이(6/16in)

**16** 항공기용 케이블의 세척방법에 대하여 기술하시오.

**정답**
① 고착되지 않은 먼지나 녹은 마른수건으로 닦아낸다.
② 고착된 먼지나 녹은 #300에서 #400정도의 미세한 샌드페이퍼로 없앤다.
③ 표면에 고착된 낡은 방식유는 깨끗한 수건에 케로신을 적신 후 닦아낸다. 이때 솔벤트 또는 케로신을 너무 많이 묻히면 방부제를 녹여 제거하게 되어 와이어의 마멸을 촉진시키고 수명을 단축 시킨다.
④ 세척한 케이블은 깨끗한 마른 헝겊으로 닦아내고 방부 처리한다.

**17** 항공기에 사용되는 알루미늄 도선 Strip시 주의사항 2가지를 기술하시오.

**정답**
① 도선 규격에 해당하는 와이어스트리퍼를 사용한다.
② 도선 내부의 가는 선 가닥이 단락(단선)되지 않도록 한다.
③ 도선 규격에 따라 단락(단선)의 허용 한계를 넘지 않도록 한다.

**18** 가스터빈기관의 압축기, 터빈 검사 시 사용되는 용어에 대하여 기술하시오.

> NULL OUT, SEPARATION, CALIBRATION

**정답**
① NULL OUT(없앰) : 정확한 불평형을 찾기 위해 반대쪽에서 발생되는 불평형을 그 양 만큼 없애주는 과정
② SEPARATION(분리) : 바로 잡기 수평면을 분리시켜 전후방을 용이하게 바로 잡게 하는 방법
③ CALIBRATION(보정) : 불평형을 찾기 위해 로터의 반지름을 공식에 대입시켜 보정 무게를 사용하여 평형검사 장비에 인위적으로 입력시키는 과정

# 필답테스트 기출복원문제

**01** 항공기 설계 부품의 도면과 관련된 문서 2가지를 기술하시오.

> **정답** ① 허용목록(application)
> ② 부품목록(part list)
> ③ 기술변경서(engineering changing notice)
> ④ 도면변경서(darawing changing notice)

**02** 가스터빈기관의 배기 부분 정비 시 연필 사용을 금지하는 이유에 대하여 서술하시오.

> **정답** 배기구 온도상승 시 연필 사용 부분에 대한 부식이 발생하므로 사용을 금지한다.

**03** 가스터빈기관에 사용되는 윤활유 펌프의 종류 3가지를 기술하시오.

> **정답** ① 기어형 ② 베인형 ③ 지로터형

**04** 항공기에 사용되는 고도계의 오차 4가지를 기술하시오.

> **정답** ① 눈금오차 ② 온도오차 ③ 탄성오차 ④ 기계적 오차

**05** 본딩 점퍼에 관하여 서술하시오.

> **정답** 부재와 부재(예를 들면, 동체와 날개 또는 날개와 조종면 등)를 전기적으로 연결하여 전위차를 같게 함으로써 아크에 의한 손상을 방지한다(낙뢰 방지, 무선잡음 방지, 계기의 오차 방지 등등).

**06** 현재 민항 항공기용으로 주로 쓰이는 대형 터보팬엔진의 카울(COWL)은 inLET COWL, 1)팬 카울, 2)역추력 카울, 3)코어 카울로 구분되어 진다. 정비업무를 위해 모든 카울이 닫혀져 있는 상태에서 여는 순서를 나열하시오.(단, inLET COWL은 여는 카울이 아니므로 제외한다.)

> **정답** 팬 카울 → 역추력 카울 → 코어 카울

**07** 가스터빈기관의 고온 섹션에 고착 방지 콤파운드를 사용하는 이유와 사용방법에 대하여 서술하시오.

정답
- Anti-seize Compound는 고열에 의한 고착 방지를 위해 사용한다.
- 엔진의 터빈 부분, 디퓨져 부분 등 고열에 의해 고착될 수 있는 부분에 사용한다.

**08** 항공기 조종계통의 승강키 상하작동 불능 시 고장 원인 및 조치사항에 대하여 기술하시오.

정답
- 원인-스톱의 위치 부적절, 푸시풀-튜브의 구부러짐, 베어링 연결부가 마모된다.
- 조치-스톱의 위치를 조절한다. 푸시풀-튜브를 교환, 연결부의 베어링 교환을 진행한다.

> **참고**
> ① 조종간의 움직임이 승강키에 전달되지 않는다. 원인 및 조치사항은?
>   - 원인 : 연결부의 베어링 닳음, 푸시풀 튜브 끝의 구멍이 커짐, 동체에 연결되는 벨크랭크 부위의 베어링 볼트의 닳음
>   - 조치 : 연결부의 베어링 교환, 푸시풀 튜브 교환, 베어링이나 볼트 교환
> ② 조종간의 움직임이 빡빡하다. 원인 및 조치사항은?
>   - 원인 : 베어링 손상, 승강키와 수평안정판의 연결 부위의 힌지가 빡빡하다.
>   - 조치 : 베어링 교환, 힌지 교환 및 윤활

**09** 항공기 왕복기관의 실린더 배럴이 오버사이즈 한계를 넘어갔을 때의 정비방법에 대하여 서술하시오.

정답
허용한계 이상으로 마멸된 실린더 수리 방법이라면 교체한다.

**10** 항공기 산소계통의 산소통 목 부분의 "DOT 3AA 2400 C"를 해석하시오.

정답
- DOT : US, Department of Transportation-미항공운송국
- 3AA : 실린더를 제작할 때 5년마다 내압(2,400psi)의 3/5까지 압력으로 TEST, 사용기간은 35년
- 2,400 : 내압 psi
- C : 개량번호

**11** 항공기 기체구조에 사용되는 항공기용 너트 "AN 315 D 7 R"에 대하여 기술하시오.

정답
- AN : 규격명(Air Force-Navy)
- 315 : 평 너트
- D : 재질 기호로서 알루미늄 합금(2017)
- 7 : 계열번호 및 지름(7/16in)
- R : 오른나사(시계방향)

**12** 항공기용 프로펠러 종류 중 가변 프로펠러와 정속 프로펠러를 비교하여 서술하시오.

> **정답** ① 가변피치 : 비행 중 조종사가 당해 비행 목적에 따라 피치변경선택 조절, 일반적으로 저피치와 고피치의 2단 가변프로펠러가 사용된다.
> ② 정속구동 : 조속기를 장착하여 기관회전 속도에 관계없이 조종사가 선택한 항상 일정한 프로펠러의 회전속도를 가지며, 무한한 피치각의 변화로 가장 효율이 우수한 프로펠러이다.

**13** 다음 그림 회로의 총 저항을 구하시오.

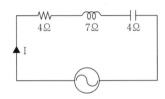

> **정답** $Z = \sqrt{R^2 + (X_L - X_C)^2} = \sqrt{4^2 + (7-4)^2} = 5\Omega$

**14** 항공기용 연료에 의한 증기폐색 원인 3가지를 기술하시오.

> **정답** ① 연료의 기화성이 너무 클 때
> ② 연료의 증기압이 너무 높을 때
> ③ 연료 도관이 배기 도관 근처를 지날 경우
> ④ 연료 도관의 굴곡이 너무 심할 경우
> ⑤ 비행기가 고고도를 비행할 경우

**15** 주간점검(Weekly Check)의 정의를 기술하시오.

> **정답** 정의 : 항공기 내·외의 손상, 누설, 부품의 손실, 마모 등의 상태에 대해 점검을 행하는 것으로 매 7일마다 수행하며, 항공기의 출발태세를 확인한다.

**16** 항공기 기체 손상 종류별 정의를 연결하시오.

| burning, scratch, chafing, fatigue failure, fretting corrosion |
| --- |

| 소손, 긁힘, 마찰, 피로파괴, 마찰 부식 |
| --- |

> **정답** burning : 소손, scratch : 긁힘, chafing : 마찰, fatigue failure : 피로파괴, fretting, corrosion : 마찰 부식

**17** 항공기 전기계통의 배율기-분류기 연결방법 및 각각의 목적에 대하여 기술하시오.

정답
- 배율기 : 전압 측정, 기본 계기에 직렬 연결
- 분류기 : 전류 측정, 기본 계기에 병렬 연결

**01** 다음과 같은 회로에 소비되는 유효전력을 구하시오.

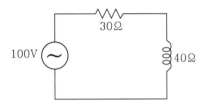

> **정답** 유효전력, P=120W
>
> 임피던스, $Z= \sqrt{R^2+(X_L-X_C)^2} = \sqrt{30^2+40^2} = 50\Omega$
>
> 전류, $I= \dfrac{E}{Z} = \dfrac{100}{50} = 2A$
>
> 유효전력, $P= I^2R = 2^2 \times 30 = 120\,W$

**02** 항공기용 전압계의 연결방법에 대해 기술하시오.

> **정답** 전압계는 부하에 병렬 연결하여 측정한다.

**03** 항공기 기체의 구조손상 수리 시 4가지 원칙을 기술하시오.

> **정답** ① 원래의 구조강도 유지
> ② 원래의 윤곽 유지
> ③ 최소 무게 유지
> ④ 부식에 대한 보호
> ⑤ 목적과 기능의 유지

**04** 항공기 지상유도 시 안전 및 유의사항 3가지에 대하여 기술하시오.

**정답** ① 활주 신호의 정위치는 양쪽 날개 끝 선상이며, 조종사가 신호를 잘 볼 수 있어야 한다.
② 활주 신호는 동작을 크게 하여 명확히 표시해야 한다.
③ 신호가 불확실하여 조종사가 신호를 따르지 않을 경우에는 정지 신호 후 다시 신호한다.
④ 조종사와 신호수는 계속 일정한 거리를 유지해야 한다.

**05** 다음 볼트의 규격에 대하여 서술하시오.

> "AN 3 DD 5 A"

**정답** • AN : 미 공군 해군 표준
• 3 : 볼트의 직경 3/16″
• DD : 볼트의 재질(알루미늄 합금 2024)
• 5 : 볼트의 길이 5/8″
• A : 볼트의 생크 부분(나사부)에 구멍이 없음

**06** 항공기 작동유 배관은 주로 호스와 튜브를 사용한다. 이때 사용되는 각각의 크기를 나타내는 형식에 대하여 기술하시오.

**정답** • 호스 : 내경(1/16in 간격)
• 튜브 : 외경(분수)×두께(소수)

**07** 항공기 계기계통에서 압력계기의 작동 시험에 사용되는 시험기의 명칭을 기술하시오.

**정답** 데드웨이트 시험기

**08** 다음 항공기용 케이블의 구성을 간단히 서술하시오.

> 7×7, 7×19

**정답** • 7×7 : 7개의 와이어로 1개의 다발을 만들고 이 다발 7개로 1개의 케이블을 만든다. 가요성케이블, 내마멸성이 크다.
• 7×19 : 19개의 와이어로 1개의 다발을 만들고 이 다발 7개로 1개의 케이블을 만든다. 초가요성케이블, 강도가 높고 유연성이 좋아 주 조종계통에 사용

**09** 다음 마그네토의 형식에 대해 서술하시오.

> S F 14 L U - 7

정답 S : single 마그네토, 14 : 실린더개수, U : 제작사, F : 플랜지 장착, L : 왼쪽 회전(구동축에서 본 회전방향), 7 : 개조 순서

**10** 항공기용 점화 플러그 장착 시 가해지는 토크값이 중요하다. 그 이유에 대하여 기술하시오.

정답 • 과도 토크 : 나사산 손상, gasket의 손상
• 과소 토크 : 압축에 의한 혼합가스의 누설 또는 플러그 빠짐

**11** 다음의 용어에 대해 서술하시오.

> Illustrated Parts Catalog, Procurable Part List

정답 ① Illustrated Parts Catalog : 교환 가능한 항공기 부품 등을 식별, 신청, 저장 및 사용할 때 이용할 수 있도록 항공기 제작사에서 ATA Spec. 100을 근거로 발행한 것(IPC)
② Procurable Part List : 구매부품 목록(PPL)

**12** 가스터빈기관 터빈 깃 냉각방식 중 공랭식 냉각방식에 해당되는 종류를 나열하시오.

정답 ① 대류 냉각(convection cooling)
② 충돌 냉각(impingement cooling)
③ 공기막 냉각(air film cooling)
④ 침출 냉각(transpiration cooling)

**13** 가스터빈기관에서 사용되는 애뉼러형 연소실의 장점에 대하여 기술하시오.

정답 • 장점 : 구조가 간단하다. 연소안정, 출구온도분포가 균일하다.
• 단점 : 정비가 불편하다. 연소실의 구조적 취약성을 가진다.

**14** 항공기 날개의 Stringer에 대한 역할과 배치 방법에 대하여 기술하시오.

정답 • 역할 : 굽힘 강도를 크게 하고 비틀림에 의한 좌굴 방지를 방지한다.
• 배치 : 날개 길이 방향에 대해 적당한 간격으로 스트링어를 배치한다.

**15** 다음 그림에 해당하는 부품의 명칭을 기술하시오.

> **정답**  ① ～◯◯◯◯◯～　　공심코일
>
> ② ～◯◯◯◯◯～　　가변코일
>
> ③ ～◯◯◯◯～　철심코일(변압기)

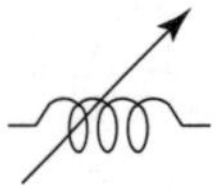

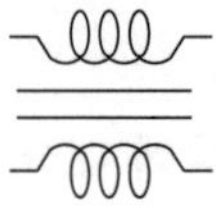

**16** 항공기 계류 시 적용하는 로프의 매듭방법 2가지를 기술하시오.

> **정답**  ① 보라인 매듭법
> ② 스퀘어 매듭법

**17** 항공기용 기압식 고도계 중 탄성오차에 해당하는 3가지 오차를 기술하시오.

> **정답**  ① 히스테리시스
> ② 편위
> ③ 잔류효과

**18** 다음 항공기용 밸브에 대하여 서술하시오.

> 시스템 릴리프 밸브, 안티 리크 밸브, 체크 밸브

> **정답**  ① 시스템 릴리프 밸브 : 계통 내 압력이 규정값 이상일 때 펌프 입구로 되돌려 보냄
> ② 안티 리크 밸브(Anti-leak) : 관이나 호스가 파손되거나 기기 내의 시일에 손상이 생겼을 때 유액의 과도한 누설을 방지하기 위한 장치
> ③ 체크 밸브 : 유량의 흐름을 한 쪽 방향으로만 제한, 역류 방지

**01** 다음과 같은 두께의 철판을 굽히려 한다. 각각의 물음에 답하시오.

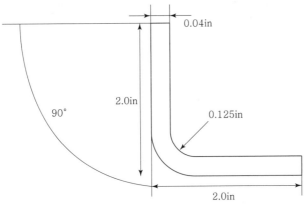

**가.** 몰드 포인트(Mold point)에서 곡률 중심 사이의 거리 X를 구하시오.(단, 소수 3째 자리까지만 구하시오.)

> **정답**  $SB = K(R+T) = (0.125+0.04) = 0.165$

**나.** 굽힘 여유(bend allowance)를 구하시오.

> **정답**  $BA = \dfrac{\theta}{360°} \times 2\pi \left(R + \dfrac{1}{2}\right) = 0.228$

**02** 다음 항공기 정비방식인 "Hard Time(HT)"에 대하여 서술하시오.

> **정답**  예방정비개념을 기본으로 하여 장비(보기)나 부품의 상태에 관계없이 정비 시간 또는 폐기시간의 한계를 정하여 정기적으로 분해점검 하거나 교환하는 정비방식의 기준 시간(기간)으로 오버홀이나 시한성 부품설정 등이 있다. Discard, OFF-A/C, Restoration, Overhaul이 요구된다.

**03** 그림과 같은 회로에 소비되는 피상전력을 구하시오.

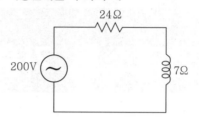

**정답** 임피던스 $Z = \sqrt{R^2 + X_L^2} = \sqrt{24^2 + 7^2} = 25\Omega$

200V 7Ω 전류 $I = \dfrac{V}{Z} = \dfrac{200}{25} = 8A$

피상전력 $P_a = VI = 200 \times 8 = 1,600[VA]$

**04** 가스터빈기관의 시동기 종류 3가지에 대하여 기술하시오.

**정답** ① 전기식 시동계통
② 공기식 시동계통
③ 가스터빈식 시동계통

**05** 항공기 정비 중 조종면 평행 작업을 하는 이유와 조종 평행 작업에 사용하는 기구 3가지를 기술하시오.

**정답** ① 평행 작업을 하는 이유 : 평행 작업을 하지 않으면 조종면을 중립 위치에 두었을 때 수평 비행이
불가능하고, 상승, 하강, 좌우 턴을 할 때에 불규칙한 각으로 회전한다. 그리고 조종력이 증가되어
불필요한 힘을 사용하게 되며, 조종면을 움직이는 데 필요한 로드, 케이블, 풀리 등 각 구성품
등에 무리가 가해져 파손 될 위험성이 크다.
② 검사장비 : 평형추, 각도기, 수평계

**06** Skid control system 계통에서의 다음 사항에 대하여 각각 서술하시오.

Normal Skid Control, Locked Wheel Skid Control, Touchdown Protection, Fail-safe Protection

**정답** ① Normal Skid Control : 바퀴 회전이 줄어들 때 작동하게 되며 정지할 때까지는 작동하지않는다.
② Locked Wheel Skid Control : 바퀴가 락크 되었을 때 브레이크가 완전히 풀리게 해준다.
③ Touchdown Protection : 착륙을 위해 접근 중에 조종사가 브레이크 페달을 밟더라도 브레이크가
작동되지 않도록 한다.
④ Fail-safe Protection : 안티스키드 계통이 고장일 때 완전 수동으로 작동되게 하고 경고등을
켜지게 한다.

**07** 항공기 왕복기관의 콜드 점검 및 마그네토에 쓰여 있는 숫자의 의미와, p 리드선을 이용한 점검 방법에 대하여 각각 서술하시오.

> **정답** ① 콜드 점검 : 공랭식 기관에서 기관 작동 후에 실린더의 온도를 검사하는 것으로, 점화상태가 의심되는 실린더의 온도를 측정하여 실린더의 작동특성을 판단하는 검사
> ② 마그네토 숫자 : 엔진의 실린더 수
> ③ P선 이용 점검 : 타이밍 라이트를 이용하여 마그네토의 내부점화시기를 조절할 때 타이밍 라이트의 적색선은 P선에 연결하고, 흑색선은 마그네토 케이스에 접지 시킨다.

**08** 축류형 압축기의 구성 2가지와 압축기의 검사 장비에 대하여 기술하시오.

> **정답** ① 구성 : 고정자 깃 과 회전자 깃
> ② 검사장비 : 보어스코프를 사용하여 검사한다.

**09** 항공기 왕복기관을 장기 저장 시 습도 지시계의 사용 목적 및 나타내는 각각의 색깔에 대하여 기술하시오.

> **정답** • 저압공기를 보급시키고 밀폐시키며 외부에는 내부의 습기를 탐지하는 습도 지시계를 장착한다. 금속용기 내의 습도를 색깔로 알 수 있다.
> • 0% : 선명한 청색, 20% : 연한 청색, 40% : 분홍, 80% : 백색

**10** 기관의 회전수(rpm)에 관계없이 일정한 출력 주파수를 발생할 수 있도록 하는 장치를 무엇이라고 하는지 기술하시오.

> **정답** 정속구동장치(CSD)

**11** 다음 기체손상의 종류에 대해 서술하시오.

> nick, scratch, crease

> **정답** ① nick : 예리한 물체에 찍혀 표면이 예리하게 들어가거나 쪼개져 생긴 결함
> ② scratch : 좁게 긁힌 형태로서 외부물질의 유입 등으로 생긴 결함
> ③ crease : 표면이 진동으로 인하여 주름이 잡히는 현상

**12** 항공기용 조종 케이블의 세척방법에 대하여 기술하시오.

**정답** ① 고착되지 않은 먼지나 녹은 마른수건으로 닦아낸다.
② 고착된 먼지나 녹은 #300에서 #400정도의 미세한 샌드페이퍼로 없앤다.
③ 표면에 고착된 낡은 방식유는 깨끗한 수건에 케로신을 적신 후 닦아낸다. 이때 솔벤트 또는
케로신을 너무 많이 묻히면 방부제를 녹여 제거하게 되어 와이어의 마멸을 촉진시키고 수명을
단축 시킨다.
④ 세척한 케이블은 깨끗한 마른 헝겊으로 닦아내고 방부 처리한다.

**13** 항공기 표본검사(Samplinginspection)에 대하여 서술하시오.

**정답** 동일 형식의 항공기나 발동기, 프로펠러 및 보기운용 계수를 감안하여 표본 수를 정하여 inspection
함으로써 전량에 대하여 검사하는데 필요한 인력, 물자, 시간의 소모를 줄이고 당해 형식의 신뢰도를
검토 판단하는 검사 방법이다.

**14** 회로 내에 규정 전류 이상의 전류가 흐를 때 회로를 열어 주어 전류의 흐름을 막는 것은 무엇인지
쓰고, 그 장치에 해당하는 종류 4가지를 기술하시오.

**정답** • 명칭 : 회로 차단기(Circuit breaker)
• 종류 : 푸시형, 푸시풀형, 스위치형, 자동 재접속형

**15** 침투탐상검사의 "허위지시" 또는 "무관련지시"의 정의에 대하여 서술하시오.

**정답** 세척이 불충분하거나 침투액이나 현상제의 오염에 의해 생기는 지시를 말한다.
(시험체의 기하학적인 구조, 표면상태, 조작처리에 기인하는 지시모양이 이에 해당된다.)

**16** 항공기에서 사용되는 인터폰의 종류 3가지에 대하여 기술하시오.

**정답** ① Flightinterphone
② Serviceinterphone
③ Cabininterphone
④ Cargointerphone

## 17 항공기 GPWS란?

**정답** 대지접근경보장치(Ground Proximity Warning System, GPWS)는 항공기의 안전운항을 위한 항공전자장비의 한 가지로서 항공기가 지표 및 산악 등의 지형에 접근할 경우 점멸등과 인공음성으로 조종사에게 이상접근을 경고하는 장치이다. 다른 용어로는 지상접근경보장치라고도 부른다. 이 장치는 조종사의 판단 없이 항공기가 지상에 접근했을 경우, 조종사에게 경보하는 장치로서 고도계(Altimeter)의 대지로 부터 고도/기압변화에 의한 승강률, 이착륙 형태, 글라이드 슬로프의 편차정보에 근거해서 항공기가 지표에 접근했을 경우에 경고등과 음성에 의한 경보를 제공한다. 경보는 회피 조작을 수행한 후 항공기가 위험한 상태로부터 벗어날 때까지 지속되며 스위치 등으로 끌수 없도록 되어 있다. 그러나 GPWS는 다른 경보 장치와 달리 경보의 작동이 직접 조종사에 의한 항공기의 기동과 결합되기 위해 통상의 운항 중이거나 진입 착륙 때는 경보를 제공하지 않게 설계되고 있다.

**01** 항공기 왕복엔진의 베플 장치 기능에 대하여 서술하시오.

> **정답** 공기의 순환을 원활하게 하여 실린더 헤드의 냉각을 돕는 장치

**02** 항공기용 마그네토의 타이밍라이트 도선 연결 작업 종료 후 가장 우선적으로 확인 하는 사항에 대하여 서술하시오.

> **정답** 조종실의 키 박스에서 키의 위치가 마그네토 both 위치에 있는지 확인한다.

**03** 항공기 유압계통의 작동유 흐름 방향 제어장치 중 유로흐름을 정해진 순서에 따라 유료를 선택하는 밸브명칭에 대하여 기술하시오.

> **정답** 시퀀스(Sequence) 밸브

**04** 항공기 전자장비에 사용되는 릴레이를 작동할 때 열기전력을 흡수하기 위해 장착되는 것은 무엇인지 기술하시오.

> **정답** 다이오드

**05** 항공기 기체재료에 사용되고 있는 AL합금에 대해 서술하시오.

> **정답** ① 가공성이 양호하다.
> ② 합금의 비율에 따라 강도가 크다.
> ③ 상온에서 기계적 성질이 양호하다.
> ④ 시효경화 특성을 가진다.

**06** 항공기 정비 시 적용할 수 있는 점검 3가지에 대하여 기술하시오.

> **정답** ① 작동점검(operation check)
> ② 기능점검(function check)
> ③ 육안점검(visual check)

**07** 대형 가스터빈기관은 압축기 실속 방지 방법으로 블리드 계통을 채택하여 사용하는 경우가 많다. 기본 작동 개념을 아래의 조건에 대하여 간단히 기술하시오.

가. 항공기가 순항 시 밸브의 작동 위치는 어디인가?

> **정답** 밸브 닫힘

나. 항공기가 비행 중 밸브 계통에 결함이 발생하였다면 밸브의 작동 위치는 어디인가?

> **정답** 밸브 열림

**08** THERMAL ANTI-ICing 기능

> **정답** 열적 방빙 기능은 엔진에서 발생하는 열을 이용하여 플랩이나 날개 앞전을 가열하는 방법으로 결빙이 되는 것을 방지하는 방법이다.

**09** 비행 중 각 연료탱크 내의 연료 중량과 연소 소비 순서 조정은 연료 관리 방식에 의해 수행되는데 그 방법으로는 탱크 간 이송(tank to tank transfer) 방법과 탱크와 기관 간 이송(tank to engine transfer) 방법이 있다. 이 두 가지 방법에 대한 차이점을 기술하시오.

> **정답** ① tank to tank transfer : 각 연료탱크에서 해당 기관으로 연료를 공급하고, 그 소비되는 양만큼 동체의 연료탱크에서 각각의 연료탱크로 이송하고, 그 후 날개 안쪽에서 바깥쪽 연료탱크로 이송하는 방법이다. 연료를 이송 중 모든 탱크의 연료량이 같아지면 연료이송을 중단한다.
> ② tank to engine transfer : 각 연료탱크 간의 연료 이송은 하지 않고, 먼저 동체 연료탱크에서 모든 기관으로 연료를 공급한 후, 날개 안쪽 연료탱크에서 연료를 공급하다가 모든 연료탱크의 연료량이 같아지면 각각의 연료탱크에서 해당 기관으로 연료를 공급한다.

**10** 다음 그림에 있는 TRIP SLOTTED FLAP의 명칭을 기술하시오.

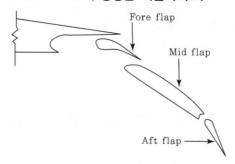

Fore flap

Mid flap

Aft flap

**정답** 3단 슬롯 플랩이라고 함

**11** 다음 항공기 기체손상 수리방법에 대하여 서술하시오.

> 클린 아웃(clean out), 클린 업(clean up), 스무스 아웃(smooth out)

**정답** ① 클린 아웃(clean out) : 손상 부분을 트림(trim) 작업하거나 다듬질(file) 작업하여 손상 부분을
　완전히 제거하는 작업
② 클린 업(clean up) : 모서리의 찌꺼기, 날카로운 면 등이 판의 가장자리에 없도록 하는 것
③ 스무스 아웃(smooth out) : 판재 표면의 긁힘이나 찍힘 등의 작은 흠집을 제거하는 작업

**12** 가스터빈기관의 터빈 반동도 종류 3가지를 기술하시오.

**정답** ① 반동(Reaction)
② 충동(impulse)
③ 충동-반동(impulse-Reaction)

**13** 다음 그림은 직류의 분권발전기(shunt wound generator)이다.
이를 전기회로로 표현 하시오.(단, 직류발전기의 부품기호를 정
확히 표기할 것)

**정답**

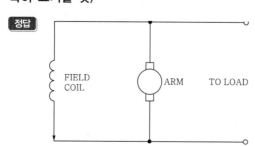

FIELD
COIL　　ARM　　TO LOAD

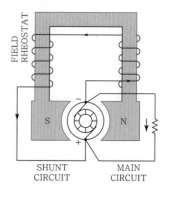

FIELD RHEOSTAT

S　　N

SHUNT
CIRCUIT　　MAIN
CIRCUIT

**14** 기체 정비방식을 나타내는 용어 3가지를 기술하시오.

> **정답** ① 운항정비(Line Maintenance)
> ② 정시점검(Scheduledinspection)
> ③ 기체 오버홀(Aircraft Overhaul)

**15** fire zone electrical class c에 대하여 기술하시오.

> **정답** 전기화재이며, C급 화재에 속한다. 사용하는 소화기는 $CO_2$ 소화기가 가장 적합하다.

**16** 다음과 같은 제원을 가진 왕복엔진의 지시마력(Pi)을 구하시오.

> **정답** • 실린더 수(n) : 8
> • 실린더 행정(S) : 0.1cm
> • 실린더 반경(r) : 4cm
> • 회전속도(N) : 2,000rpm
> • 평균 유효압력(Pm) : $10kg/cm^2$

> **정답**
> $$iHP = \frac{10 \times 0.1 \times \frac{\pi}{4}8^2 \times 2,000 \times 8}{9,000} = 89.36 PS$$

**17** 항공기 지상 견인 작업 시 다음의 질문에 대하여 기술하시오.

가. 견인 속도는 몇 km/h인가?

나. 견인 시 감독자 위치?

> **정답** 가. 8km/h 미만 또는 5mi/h, 보행자와 같은 속도
> 나. 견인 시 정면에서 유도

**18** 다음 항공기용 리벳 기호를 서술하시오.

> NAS 1749 m 4-3

> **정답** • NAS : NATIONAL AIRCRAFT STANDARD
> • 1749 : CONTACT ELECTRIC PIN
> • m : 몰리브덴강
> • 4 : 직경 4/32
> • 3 : 길이 3/16

**01** 가스터빈기관 연료 펌프의 종류 3가지를 기술하시오.

 ① E.D.P(Engine Driven Pump)
② E.M.D.P(Electric Motor Driven Pump)
③ A.D.P(Air Driven Pump)
④ P.T.U(Power Transfer Unit)
⑤ R.A.T(Ram Air Turbine)

**02** 다음 괄호 안에 알맞은 단어를 기술하시오.

> 가스터빈기관의 터빈케이스 냉각 시 사용하는 공기는 ( ① )이며, 순항시 저압 밸브의 위치는 ( ② )상태이고, 고압터빈 밸브 위치는 ( ③ )상태이다.

**정답** ① Bleed air
② 닫힘
③ 열림

**03** 다음 항공기 정비 작업 시 감독관의 해당 업무에 대하여 기술하시오.

가. 정비작업 문서는 빈칸 없이 모든 항목을 기록해야 한다. 불필요한 기록란에는 어떻게 표시하는가?

**정답** N/A

나. 정비 작업에서 반, 그룹으로 작업을 수행한 후 문서에 날인을 해야 하는데, 어떻게 하는가?

**정답** 서명은 정비한 사람 개인서명을 한다.

**04** 항공기 AFCS(자동조종장치)에서 Yaw Damper의 기능 3가지를 기술하시오.

**정답** ① 더치롤 방지
② 균형선회
③ 방향 안정성 향상

**05** 항공기 표면에 자주 일어나는 pitting corrosion에 대하여 서술하시오.

[정답] 점부식이라 하며 염분으로 인하여 발생되는 국부적이고 빠른 속도로 부식이 진행되어 조그만 구멍이 발생하는 부식이다.

**06** 산소 아세틸렌 용접 시 얇은 판재는 전진법과 후진법중 어떤 방법을 사용하는가?

[정답] 후진법

**07** 항공기 공기압 계통 Cleaning 방법에 대하여 서술하시오.

[정답] 계통 내에 압력을 가하고 계통 각 구성부품의 배관을 분리하여 행한다.

**08** 다음은 항공기 도면에 있는 일부의 문구를 나타낸 것이다. 어떤 내용인지 간단히 서술하시오.

37 RVT EQ SP STAGGERED

[정답] 모두 37개의 리벳을 동일 간격 좌우로 엇갈리게 리벳팅을 한다.

**09** 다음 항공기용 마그네토의 형식 기호를 해석하시오.

S 6 L N

[정답] S : 단식마그네토, 6 : 실린더 수 6기통, L : 회전방향이 반시계방향, N : 제작사(벤딕스 신틸라)

**10** 다음 회로의 역률을 구하시오.

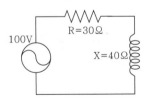

[정답] 
$$역률(\cos\theta) = \frac{유효전력}{피상전력} = \frac{I^2 R}{I^2 Z} = \frac{30}{50} = 0.6$$

**11** 항공기 왕복기관 실린더 Oversize별 색상 3가지를 서술하시오.

**정답** ① 0.254mm(0.010in) : 초록색
② 0.381mm(0.015in) : 노란색
③ 0.508mm(0.020in) : 빨간색


**12** 항공기용 조종 케이블의 세척방법에 대하여 기술하시오.

**정답** ① 고착되지 않은 먼지나 녹은 마른수건으로 닦아낸다.
② 고착된 먼지나 녹은 #300에서 #400정도의 미세한 샌드페이퍼로 없앤다.
③ 표면에 고착된 낡은 방식유는 깨끗한 수건에 케로신을 적신 후 닦아낸다.
　이때 솔벤트 또는 케로신을 너무 많이 묻히면 방부제를 녹여 제거하게 되어 와이어의 마멸을
　촉진시키고 수명을 단축시킨다.
④ 세척한 케이블은 깨끗한 마른 헝겊으로 닦아내고 방부 처리한다.


**13** 너트가 [보기]와 같이 표시되어 있다. [보기]의 내용 중 "D 7 R"을 간단히 서술하시오.

> AN 315 D 7 R

**정답** ① D : 재질 기호로서 알루미늄 합금(2017)
② 7 : 계열번호 및 지름(7/16in)
③ R : 오른나사(시계방향)


**14** 항공기 유압계통의 Hydraulic Reservoir 내에 부착된 Baffle의 역할에 대하여 서술하시오.

**정답** 레저버는 우선적으로 작동유를 저장 및 펌프에 공급하는 역할을 하고 핀과 배플은 작동유의 심한요동,
소용돌이로 인한 거품 및 공기유입을 방지한다.


**15** 항공기 엔진 윤활유 계통에서 스크린-디스크형 윤활유 여과기가 막혔을 때 윤활유의 흐름에 대하여
서술하시오.

**정답** 바이패스 밸브(By pass valve)에 의해 여과되지 않은 윤활유가 정상 공급된다.


**16** 물품의 분류는 물품의 기능, 용도 및 재질 등을 고려한 방법으로 분류한다. 특히 소모성 물품은
Bulk item, Mandatory replacement, On condition 등으로 분류하는데, 이에 대하여 서술하시오.

**정답** 기체, 원동기 및 장비품을 일정한 주기에 점검하여 다음 주기까지 감항성을 유지할 수 있다고 판단되면
계속 사용하고 발견된 결함에 대해서는 수리 또는 장비품을 교환하는 정비의 기법을 나타낸다.

**17** 항공기 점검 시 기체구조에 많이 발생하는 크리프에 대하여 간단히 설명하고 크리프-파단 곡선을 간략하게 그리시오.

**정답** 일정한 응력을 받는 재료가 일정한 온도에서 시간이 경과함에 따라 하중이 일정하더라도 변형률이 변화하는 현상을 의미한다(일반적으로 고온에서 발생).

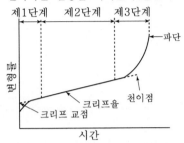

- 제1단계 : 탄성범위 내의 변형으로 하중을 제거 하면 원래의 상태로 돌아간다.
- 제2단계 : 변형률이 직선으로 증가
- 제3단계 : 변형률이 급격히 증가하며 파단이 생김
- 천이점 : 2단계와 3단계의 중계점
- 크리프율 : 2단계와 3단계 사이에 형성된 직선의 기울기

# 필답테스트 기출복원문제

**01** 항공기 왕복기관의 오토사이클에서 다음과 같은 과정을 설명하시오.

> 등온과정, 정적과정, 정압과정, 단열과정

**정답** ① 등온과정 : 온도가 일정하게 유지되면서 일어나는 압력과 체적의 상태변화 $Pv = const$

② 정적과정 : 체적이 일정하게 유지되면서 일어나는 압력과 온도의 상태변화 $\dfrac{P}{T} = const$

③ 정압과정 : 압력이 일정하게 유지되면서 일어나는 체적과 온도의 상태변화 $\dfrac{v}{T} = const$

④ 단열과정 : 주위와 열의 출입이 차단된 상태에서 진행되는 상태변화로 다른 에너지에 비해 계를 출입하는 열량이 무시될 정도로 작게 가정 $Pv^k = const$

**02** 항공기 교류발전기의 정격이 115V, 3상 50kVA, 400Hz, 역률이 86%라 할 때 최대 전압과 유효전력을 구하시오.

**정답** • 최대전압 : "최대전압(값) = $\sqrt{2} \times$ 실효전압(값)"이므로 최대전압 = $\sqrt{2} \times 115 = 162.634$
• 유효전력 : "유효전력 = 피상전력 × 역률"이므로 유효전력 = $50,000 \times 0.866 = 43,300[W]$

**03** 항공기 기관 정지 시 체크 밸브의 역할에 대하여 기술하시오.

**정답** 유압계통 작동유의 흐름방향 제어장치 중에서 유로의 흐름을 한 방향으로만 흐르도록 해주는 장치이며, 작동유의 역류를 방지한다.

**04** 항공기 기체구조 수리에 사용되는 블라인드 리벳에 대하여 서술하시오.

**정답** ① 일반적인 사용처 : 일반 리벳을 사용하기에 부적당한 곳이나, 리벳작업을 하는 반대쪽에 접근할 수 없는 곳에 사용 한다.
② 사용해서는 안 되는 부분 : 인장력이 작용하거나 리벳 머리에 갭(gap)을 유발시키는 곳, 진동 및 소음 발생 지역, 유체의 기밀을 요하는 곳에는 사용을 금지
③ 종류 : 팝 리벳(pop rivet), 마찰고정 리벳(friction lock rivet), 체리고정 리벳(cherry lock rivet), 체리 맥스 리벳(cherry max rivet)

**05** 항공기용 배터리(Battery) 충전 방법 중 정전류 충전법의 장단점을 기술하시오.

> **정답** 정전류 충전법
> - 일정한 규정 전류로 계속 충전하는 방식으로 여러 개를 충전시키고자 할 때는 전압에 관계없이 용량을 구별하여 직렬로 연결한다.
> - 장점으로는 충전완료시간을 미리 추정할 수 있다.
> - 단점으로는 충전 소요시간이 길고 주의를 하지 않으면 충전 완료에서 과충전 되기 쉽다.

**06** 항공기 작동유의 압력이 일정압력 이하로 낮아지면 작동유의 유로를 차단하여 1차 조종계통에 우선적으로 작동유가 공급되도록 하는 밸브의 명칭을 기술하시오.

> **정답** 프라이오리티 밸브(Priority Valve)

**07** 왕복기관 냉각계통의 주요 구성 요소 4가지를 기술하시오.

> **정답** ① 냉각핀
> ② 배플
> ③ 카울 플랩
> ④ 공기스쿠프

**08** 다음은 4행정 1사이클 항공기 왕복엔진의 밸브 오버랩에 대한 내용이다. ( ) 안을 채우시오.

> 배기가스의 배출효과를 높이고 유입 혼합기의 양을 많게 하기 위해 배기행정( ① )에서 흡입 밸브가 열리고, 흡입행정( ② )에서 배기 밸브가 닫힌다. 이때 흡·배기 밸브가 동시에 열려있는 기간을 밸브 오버랩이라 한다.

> **정답** ① 말기
> ② 초기

**09** 항공기 고도계의 기압보정 방법 3가지에 대하여 각각 서술하시오.

> **정답** ① QNH보정 : 14,000ft 미만의 고도에 사용, 고도계가 활주로 표고를 가리키도록 하는 보정, 해면으로부터 기압 고도 지시(진고도)
> ② QNE보정 : 고도계의 기압창구에 해변의 표준대기압인 29.92inHg를 맞춰 고도를 지시(기압 고도) 14,000ft 이상 고도의 비행 시 적용
> ③ QFE보정 : 활주로 위에서 고도계가 0ft를 지시하도록 고도계의 기압창구에 비행장의 기압을 맞추는 방법으로 이·착륙훈련에 편리한 방법(절대고도)

**10** 항공기 공기압계통은 유압계통과는 다르게 수분 분리기를 반드시 두어야 하는데 그 이유에 대하여 기술하시오.

> **정답** 공기의 급속한 냉각으로 생긴 안개 형태의 습기와 응축된 수분을 분리하기 위함이다.

**11** 항공기 정비방식 중 오버홀 정비에 대하여 서술하시오.

> **정답** 항공기의 기체·기관 및 장비 등을 완전히 분해, 세척, 검사, 수리 및 조립하여 새것과 같은 상태로 만들며 항공기의 사용 시간을 0으로 환원 시킬 수 있는 작업이며, 부분품의 오버홀이란 공장에 있어서의 순환 품목에 대한 최고 단계의 정비이며 제작회사의 수리방법에 따라 분해, 세척, 검사, 구성품의 교환, 수리, 조립, 기능시험의 전 과정을 수행한 것을 말한다.

**12** 가스터빈기관의 터빈 블레이드 교환 시 터빈 블레이드가 홀수일 때 적용하는 정비방법에 대하여 서술하시오.

> **정답** 교환할 블레이드를 포함하여 120도 간격의 3개의 블레이드를 같은 모멘트-중량의 블레이드로 교환하여야 한다.

**13** 항공기 유압계통에서 축압기를 두는 목적을 서술하시오.

> **정답** 항공기 유압계통에 사용되는 축압기는 가압된 작동유를 저장하는 저장통으로써, 여러 개의 유압 작동기가 동시에 사용될 때 동력 펌프에 힘을 추가해 주며, 동력 펌프가 고장이 났을 경우에는 저장되었던 작동유를 유압 기기에 공급한다. 또, 유압계통 의 서지현상을 방지하고, 유압 계통의 충격적인 압력을 흡수하며 압력 조정기의 개폐 빈도를 줄여 펌프나 압력 조정기의 마모를 줄여준다. 펌프에서 작동 부분까지의 거리가 멀 경우에는, 작동 부분에 가깝게 축압기를 설치하면 일시적으로 나타날 수 있는 국부적인 압력 감소를 막고, 동작을 원활하게 할 수 있다. 종류로는 다이어프램형, 블래더형, 피스톤형 축압기 등이 있다.

**14** 항공기의 기체 구조를 수리할 때 항공기의 최소중량유지를 위한 고려사항 2가지에 대하여 기술하시오.

> **정답** ① 덧 붙임판의 크기는 작게한다.
> ② 필요 이상의 리벳은 쓰지 않는다.

**15** 항공기 전기계통에서 배율기와 분류기의 기능과 연결 방법에 대하여 기술하시오.

| 정답 | 측정 | 연결방법 |
|---|---|---|
| 배율기 | 감도보다 큰 전압을 측정 | 전압계와 직렬 연결 |
| 분류기 | 감도보다 큰 전류를 측정 | 전류계와 병렬 연결 |

**16** 항공기 기체제작 및 수리에 사용되는 AL합금 재료는 다른 금속합금에 비하여 가지는 장점 4가지를 기술하시오.

> **정답** ① 무게가 가볍다.
> ② 강도가 높다.
> ③ 부식에 강하다.
> ④ 가공성이 우수하다.
> ⑤ 내열성이 우수하다.
> ⑥ 경계성이 우수하다.

**17** 다음과 같은 두께의 철판을 굽히려 한다. 물음에 답하시오.(90°, R=0.125, T=0.04)

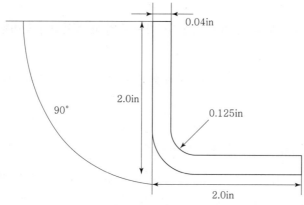

0.04in

2.0in

90°

0.125in

2.0in

가. S.B=K(R+T)=1(0.125+0.04)=0.165in

나. B.A = $BA = \dfrac{\theta}{360°} \times 2\pi \left( R + \dfrac{1}{2}T \right)$

$BA = \dfrac{90}{360°} \times 2\pi \left( 0.125 + \dfrac{1}{2}0.04 \right)$

$= 0.228$

**18** 항공기가 운항 중에 발생된 자료를 항상 해독 및 저장하여 항공기의 운항 상태를 수시로 개선하기 위한 기록 장치의 명칭을 기술하시오.

> **정답** AIDS(Air Integrated Data System)

01 프로펠러 항공기가 비행 중 엔진에 결함이 발생하였을 때 프로펠러가 바람에 의하여 발생하는 결함의
확대 방지를 위하여 스위치를 조작하여 깃각을 비행방향과 수평방향에 가깝도록 페더링을 하는
목적에 대하여 기술하시오.

정답 풍차작용을 방지


02 가스터빈기관의 방빙 · 제빙 계통에 사용되는 가열된 공기의 공급원 세 가지를 쓰시오.

정답 ① 터빈 압축기에서 블리드(Bleed)된 고온공기
② EEHE(Engine Exhaust Heat Exchanger)에서의 고온공기
③ 연소가열기에 의한 가열공기


03 다음 그림의 등가저항을 구하시오.

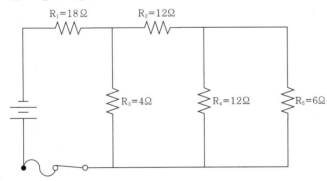

정답 ① $R_4$와 $R_5$의 합성저항을 $R_6$라고 하면 병렬 연결이므로 $\dfrac{1}{R_6} = \dfrac{1}{6} + \dfrac{1}{12} = \dfrac{3}{12}$ ∴ $R_6 = 4\Omega$

② $R_2$, $R_5$와 $R_3$의 합성저항을 $R_7$이라고 하면

$$\frac{1}{R_7} = \frac{1}{R_3} + \frac{1}{R_2 + R_6} = \frac{1}{4} + \frac{1}{12+4} = \frac{5}{16}$$

③ 따라서 전체저항 $R$은

$$R = R_1 + R_7 = 18 + \frac{16}{5} = \frac{106}{5} = 21.2\Omega$$

**04** 항공기에 사용되는 AFCS(autopilot flight control system) 목적을 기술하시오.

정답 ① 더치롤(dutch roll) 방지
② 균형 선회
③ 원하지 않는 편요의 발생 방지

**05** 평형의 종류 중 정적평형에 대하여 서술하시오.

정답 어떤 물체가 자체의 무게 중심으로 지지되고 있는 경우, 정지된 상태를 그대로 유지하려는 경향을 말한다. 조종면의 정적 평형 상태를 벗어나는 경우는 과소평형인 상태와 과대평형인 상태의 두 가지가 있다.

**06** 항공기 복합 구조 재료 중에서 적층구조 표면 손상을 적층 구조재의 적층판을 통과하지 못하여 생기는 긁힘 현상이 있을 때 수리방법에 대하여 기술하시오.

정답 ① 닦는 방법 : MEK나 아세톤을 이용하여 제거한다.
② 페인트 벗기는 방법 : 샌딩 작업을 진행한다.
③ 경화 처리 후 그 다음 해야 할 것 : 샌딩 작업 후 마무리한다.

**07** 항공기 왕복엔진 형식 R-985-22에서 985의 의미에 대하여 기술하시오.

정답 ① R : Radial(성형)
② 985 : 총 배기량($in^3$)
③ 22 : 엔진 개량번호

**08** 항공정비 용어 중 정비기지에 대해서 서술하시오.

정답 정비를 위하여 설비 및 인원, 장비품 등을 충분히 갖추고 정시점검 이상의 정비작업을 수행할 수 있는 지점을 말한다.

**09** 가스터빈기관 EGT 온도계의 수감부에서 사용되는 일반적인 열전쌍식 온도계에 사용되는 일반적인 금속을 기술하시오.

정답 크로멜-알루멜

**10** 항공기용 알루미늄 STRIP 작업 시 주의사항 2가지를 기술하시오.

정답 ① strip이 깨끗하게 되도록 규정된 공구를 사용한다.
② 규정된 공구 이외의 특별한 공구를 사용 시에는 도체에 칼자국이나 절단면이 생기지 않도록 주의한다.
③ 도선의 송상이 규정된 limit를 넘지 않도록 한다.
④ 도선이 끊어지지 않도록 주의한다.

**11** 프로펠러의 유효피치와 기하학적 피치에 대하여 서술하시오.

정답 ① 유효피치 : 프로펠러 1회전에 실제로 얻은 전진 거리($EP=V\times\dfrac{60}{n}=2\pi r\cdot\tan\phi$)

② 기하학적 피치 : 공기를 강체로 가정하고 이론적으로 얻을 수 있는 피치($GP=2\pi r\cdot\tan\beta$)

**12** 항공기 유압계통 레저버의 기능 3가지에 대하여 기술하시오.

정답 ① 작동유를 저장
② 정상 작동에 필요한 작동유 공급
③ 계통 최소한의 허용 누설량을 보충

**13** 가스터빈기관 바이패스 비를 식으로 기술하시오.

정답 가스발생기를 통과한 공기 유량과 가스발생기를 제외한 팬을 통과한 공기 유량과의 비
$$BPR=\dfrac{2\text{차 공기유량}}{1\text{차 공기유량}}$$

**14** 가스터빈기관의 오일-냉각기에서 오일을 냉각시키는 데 냉각매체로 주로 사용하는 것 두 가지를 기술하시오.

정답 냉각 공기, 연료

**15** 항공기 기체 구조에서 카울 플랩의 기능과 작동방식에 대하여 기술하시오.

정답 ① 기능 : 공기의 유량을 조절하여 엔진의 작동온도를 조절하며, 지상작동 및 최대출력(이륙, 상승)시 최대로 열린다.
② 작동방식 : 전기식(작동모터), 수동식(기계)

**16** 항공기 지상 잭 작업의 주의사항 5가지를 기술하시오.

정답 ① 바람의 영향을 받지 않는 곳에서 작업한다.
② 잭은 사용하기 전에 사용가능상태 여부를 검사해야 한다.
③ 위험한 장비나 항공기의 연료를 제거한 상태에서 작업해야 한다.
④ 잭으로 항공기를 들어 올렸을 때는 항공기에 사람이 탑승하거나 흔들어서는 안 된다.
⑤ 어느 잭이나 과부하가 걸리지 않도록 한다.

> 참고
>
> 잭(JACK)의 종류
> ① 고정 높이 잭
> ② 삼각 받침이 있는 머리, 꼬리, 액슬 잭
> ③ 삼각 받침이 없는 머리, 꼬리, 액슬 잭

**17** 항공기용 너트 규격 AN 315 D 5 R에 대하여 기술하시오.

정답 • AN : AN 표준 기호
• 315 : 계열번호(항공기용 평너트)
• D : 재질 기호(알루미늄(F : 철, C : 스테인리스강, B : 황동))
• 5 : 사용 볼트의 지름(5/16in(7.94mm)
• R : 오른나사(L : 왼나사)

**18** 항공기용 리벳의 성형머리 지름과 높이에 대하여 기술하시오.

정답 ① 지름 : 리벳 지름의 1.5배
② 높이 : 리벳 지름의 0.5배

**19** 항공기 기체구조 페일 세이프 구조에 대해 기술하시오.

정답 구조의 일부분이 피로 파괴되거나 파손되더라도 나머지 구조가 하중을 담당하여 감항성에 영향을 미치거나 과도한 변형을 방지할 수 있는 구조를 말한다.

**01** 항공기 착륙 및 지상 활주 시 앞바퀴가 좌우로 흔들리는 현상 및 방지장치에 대하여 기술하시오.

**정답** ① 시미(shimmy)현상
② 시미현상의 원인 : 항공기가 지상 활주 중 지면과 타이어 사이의 마찰과 충격에 의해 생긴다.
③ 방지기구 : 시미댐퍼(shimmy damper)

**02** 항공기용 기압식고도계의 오차 중 탄성오차 종류 3가지를 기술하시오.

**정답** 히스테리시스, 편위, 잔류효과

**03** 항공기 왕복기관 운용 시 최대출력혼합비와 최량경제혼합비에 대하여 서술하시오.

**정답** ① 최대출력혼합비(Best Power Mixture) : 최대출력을 얻을 수 있는 이론혼합비보다 농후한 혼합비
② 최량경제혼합비(Best Economy Mixture) : 최소 연료유량으로 일정 출력을 발생시키는 혼합비(희박혼합비)

**04** 항공기 기체수리 작업 및 제작 시 사용되는 리벳과 리벳 구멍의 간격을 0.002~0.004in 정도로 하여, 리벳 보호막의 손상을 막는 작업의 명칭을 기술하시오.

**정답** 리머작업(reamer)

**05** 다음 기체수리방법(손상수리작업)에 대해 서술하시오.

> cleaning out, clean-up, stop hole, smooth out

**정답** ① cleaning out : 트리밍(trimming), 커팅(cutting), 파일링(filing) 등 손상 부분을 완전히 제거하는 것
② clean-up : 수리재 모서리의 찌꺼기, 날카로운 면 등이 판재의 끝 부분에 없도록 제거하는 작업

③ stop hole : 구조 부재에 균열이 일어난 경우에 그 균열이 계속해서 진전되지 않도록 균열 끝 부분을 뚫어 주는 구멍

④ smooth out : 스크래치(scratch), 닉(nick) 등 판재(sheet)에 있는 작은 흠을 제거하는 것

## 06 항공기용 베어링 외형 결함의 명칭을 설명하라.

> galling, banding, fatigue pitting

**정답** ① 밀림(galling) : 베어링이 미끄러지면서 접촉하는 표면이 윤활상태가 좋지 않을 때 생기며 이러한 현상이 일어나면 표면이 밀려 다른 부분에 층이 남게 된다.

② 밴딩(banding) : 베어링이 회전하는 접촉면에서 발생하며 회전하는 면에 변색된 띠의 무늬가 일정한 방향으로 나 있는 형태를 취하는 것으로 원래의 표면이 손상된 것은 아니다.

③ 떨어짐(fatigue pitting) : 베어링의 표면에 발생하는 것으로써 불규칙적이고 비교적 깊은 홈의 형태를 나타낸다. 베어링의 접촉하는 표면이 떨어져 나가서 홈이 생긴다.

## 07 항공기 기체구조에 사용되는 리벳의 직경 결정과 리벳팅 작업 시 사용 공구는?

**정답** ① 직경 : 장착하고자 하는 판재 중 두꺼운 판재의 3배(3T)

② 사용공구 : 리벳건과 버킹바

## 08 헬리콥터의 장치 중 메인 로터 자유회전을 조정하는 장치는 무엇인가?

**정답** 프리휠 클러치(Freewheel clutch) : 오버러닝 클러치(Overrunning clutch)라고도 하며, 기관의 작동이 불량하거나 정지비행 중 회전날개의 회전에 지장이 초래되는 현상, 즉 기관 브레이크의 역할을 방지하기 위한 것이며, 종류에는 롤러형(Roller)과 스프래그형(Sprag)이 있다.

## 09 항공기 유압계통이 공기압계통과 비교하여 가지는 특징 4가지에 대하여 기술하시오.

**정답** ① 공기압계통은 압축성인 반면에 유압계통은 비압축성 유체이므로 이용 범위가 넓다.

② 적은 양으로 큰 힘을 얻을 수 있다.

③ 불연성(Non-inflammable)이고 깨끗하다.

④ 리저버와 리턴라인에 해당되는 장치가 불필요하다(구조 간단, 중량 감소).

⑤ 조작이 용이하다.

⑥ 서보계통으로써 정밀한 조종이 가능하다.

**10** 항공기 왕복기관의 압력비가 8이고 비열비가 1.4인 오토 사이클의 열효율을 구하시오.

**정답** $\eta_{tho} = 1 - \left(\dfrac{1}{\epsilon}\right)^{k-1} = 1 - \left(\dfrac{1}{8}\right)^{1.4-1} = 0.565$

**11** 가스터빈기관에서 사용하는 윤활유 펌프 종류 3가지를 기술하시오.

**정답** 기어(Gear), 제로터(Gerotor), 베인(Vane)

**12** 항공기 공유압계통에 사용되는 축압기(accumulator)의 기능에 대하여 서술하시오.

**정답** 가압된 작동유의 저장소로서 예비 압력을 저장하고 서지현상을 방지한다.

**13** 다음 그림은 직류의 분권발전기(shunt wound generator)이다. 이를 전기회로로 표현하시오.(단, 직류발전기의 부품기호를 정확히 표기할 것)

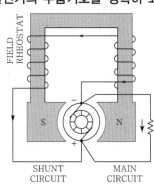

**정답**

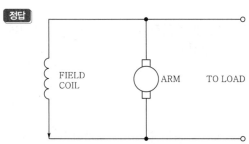

**14** 항공기 정비방식에 대하여 서술하시오.

**정답** 정비방식에는 Hard Time(HT), On condition(OC), Condition Monitoring(CM)이 있다.

**15** 유압계통에서 작동유의 흐름방향제어장치 중 유로를 선택해주는 밸브의 명칭을 기술하시오.

> **정답** 선택 밸브(Selector Valve)

**16** 육안검사의 일종으로 조명 등과 렌즈를 조합하여 엔진 등의 특정 부분에 삽입하여 그 영상을 접안렌즈로 관찰하는 검사 방법을 무엇이라 하는지 기술하시오.

> **정답** 보어스코프(Bore scope)

**17** 항공기 왕복엔진 실린더 내벽의 마모가 규정치를 벗어난 경우 수리하는 방법에 대하여 서술하시오.

> **정답** ① 오버사이즈(Oversize)값으로 깎아내고, 피스톤링과 피스톤을 Oversize값으로 교환한다.
> ② 표준값으로 크롬 도금한다.
> ③ 새로운 배럴로 교환한다.

**18** 항공정비의 목적을 3가지 관점에서 기술하시오.

> **정답** 항공정비의 목적은 안전하고 쾌적한 운항을 위하여 항공기 품질을 유지 또는 향상 시키는 점검(Inspection Check), 서비스(Service), 세척(Cleaning) 및 개조작업(Modification) 등을 말한다.

**19** 항공기 배터리 충전방법 중 정전압 충전법 및 정전압 충전법에 대한 장·단점을 설명하시오.

> **정답** ① 일정한 전압의 발전기로 충전하는 방법
> ② 장점 : 과충전에 대한 특별한 주의가 없어도 짧은 시간에 충전을 완료할 수 있다.
> ③ 단점 : 충전 완료시간을 미리 예측할 수 없다.

**20** 항공기 방화구역(fire zone)에 대하여 서술하시오.

> **정답** Fire Zone이라 함은 화재 탐지(Fire Detection)와 화재 소화 장비, 그리고 화재에 대한 높은 저항력이 요구되는 곳으로써 항공기 제작자에 의해서 지정된 지역이나 부위이다.

> ┌─ **참고** ─────────────────────────────
> │ ① Class A Zone : 유사한 모양의 장애물에 공기의 흐름이 정렬된 장치를 통과하는 여러 곳이다. 왕복
> │ 기관의 Power Section 지역이다.
> │ ② Class B Zone : 공기의 흐름이 장애물을 공기력으로 제거하는 다수의 지역이다. Heat Exchanger
> │ Duct와 Exhaust Manifold Shroud 지역이다.
> │ ③ Class C Zone : 비교적 적은 공기의 흐름이 있다. Power Section으로부터 격리된 Engine Accessory
> │ Components 지역이다.
> └──────────────────────────────────

**01** 항공기의 발전기에서 생성되는 교류 전류의 주파수[Hz]를 구하는 공식을 기술하시오.(단, 극수는 $P$이며, 분당 회전수는 $N$으로 한다.)

> **정답** $f = \dfrac{P}{2} \times \dfrac{N}{60}$ ($P$ : 극수, $N$ : 회전수)

**02** 다음을 측정할 때 사용하는 게이지의 명칭을 기술하시오.

> 실린더 안지름 측정, 피스톤 링 옆간극 측정, 터빈 축의 휨 측정

> **정답** ① 실린더 안지름 측정 : 텔레스코핑 게이지
> ② 피스톤 링 옆간극 측정 : 두께 게이지
> ③ 터빈 축의 휨 측정 : 다이얼 게이지

**03** 다음 항공기용 알루미늄 규격에 대하여 기술하시오.

> AISI, ASTM, SAE

> ──── [보기] ────
> AA규격 : 미국 알루미늄 규격

> **정답** ① AISI : 미국 철강 협회 규격
> ② ASTM : 미국 재료시험 협회
> ③ SAE : 미국 자동차 협회 표준 규격

**04** 다음은 항공기용 알루미늄 합금의 어떤 화학피막 처리법인지 기술하시오.

> ──────── [보기] ────────
> ① 물 1ℓ에 분말 4g 정도를 혼합한 후 잘 젓는다.
> ② 헝겊으로 처리할 표면에 균일하게 바른다.
> ③ 1~5분간 젖은 상태로 유지한다.
> ④ 물에 적신 헝겊으로 헹구어 낸 다음 Air로 말린다.

**정답** 알로다인 처리(Alodine)


**05** 현재 민간 항공기용으로 사용되는 대형 터보팬엔진의 카울(Cowl)은 ① 팬 카울, ② 역추력 카울, ③ 코어 카울로 구분되어진다. 정비업무를 위하여 이러한 카울을 열어야 하는 경우가 자주 발생하므로 모든 카울이 닫혀져 있는 상태에서 여는 순서를 나열하시오(단, 인렛 카울은 여는 카울이 아니므로 제외한다).

**정답** 팬 카울 → 코어 카울 → 역추력 카울


**06** 비파괴검사의 종류 5가지를 기술하시오.

**정답** 침투탐상검사, 초음파검사, 와전류검사, 자력검사, 방사선검사


**07** 다음 그림에서 표시한 부분의 명칭을 기술하시오.(세그먼트 로터 브레이크 그림)

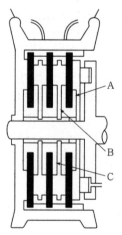

**정답** A-stator, B-rotor, C-stator

**08** 항공기 윤활 계통의 흐름도이다. ( ) 안에 알맞은 말을 기술하시오.

윤활유 탱크 - ((ㄱ)) - ((ㄴ)) - ((ㄷ)) - ((ㄹ)) - 구동기어

――――――――― [보기] ―――――――――
주 연료 펌프, 윤활유 냉각기, 윤활유 압력 펌프, 윤활유 여과기

**정답**
ㄱ 주 연료 펌프
ㄴ 윤활유 냉각기
ㄷ 윤활유 여과기
ㄹ 윤활유 압력 펌프

**09** 항공기 항법계통에 사용되는 자이로의 특성 2가지를 기술하시오.

**정답** 강직성, 섭동성(세차성)

**10** 항공기의 기체 구조 중 Bar, Beam, Wire, Tube 등으로 구성된 기체 구조의 명칭과 종류를 기술하시오.

**정답**
• 명칭 : truss 구조
• 종류 : warren truss, pratt truss

**11** 다음 항공기에 사용되는 부품의 명칭은 무엇인가?

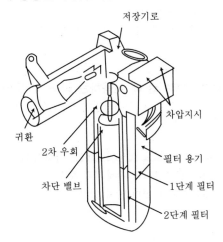

저장기로
차압지시
귀환
2차 우회
필터 용기
차단 밸브
1단계 필터
2단계 필터

**정답**
• 이름 : 여과기
• 역할 : 유체의 불순물을 걸러내는 역할

**12** 항공기에 쓰이는 전압을 변화시켜주는 장치 및 전류를 변화시켜주는 장치의 명칭을 기술하시오.

> **정답**  전류 : 인버터, 전압 : 변압기

**13** 항공기 전기 계통에 사용되는 전압계, 전류계의 전원 및 부하와 연결하는 방법을 기술하시오.

> **정답**  • 전압계 : 전원과 병렬 연결
> • 전류계 : 전원과 직렬 연결

**14** 항공기 무게 중심을 과도하게 뒤쪽으로 옮겼을 때 발생하는 영향에 대하여 기술하시오(증가한다. 감소한다. 좋아진다. 나빠진다. 중 기술하시오.).

> **정답**  • 비행속도 : 나빠진다.
> • 항속거리 : 감소한다.
> • 안정성 : 나빠진다.
> • 착륙성능 : 좋아진다.

**15** 가스터빈기관의 연료계통에서 여압 및 드레인 밸브의 장착 위치와 역할 2가지를 기술하시오.

> **정답**  • 장착 위치 : F.C.U와 연료 매니폴드 사이
> • 역할
> ⓐ 연료의 흐름을 1차 연료와 2차 연료로 분리
> ⓑ 기관이 정지되었을 때에 매니폴드나 노즐에 남아 있는 연료를 외부로 방출
> ⓒ 연료압력이 일정 압력 이상이 될 때까지 연료의 흐름을 차단하는 역할

**16** 항공기용 전선의 피복을 벗겨 낼 때 사용하는 공구 및 유의사항 2가지를 기술하시오.

> **정답**  • 공구 : 와이어 스트리퍼
> • 주의사항
> ⓐ 피복을 잘라내는 데 필요 이상의 압력을 가하지 않도록 주의해야 한다(너무 센 압력을 가하면 칼날이 전선을 절단하거나 손상시킬 수도 있다).
> ⓑ 피복사이즈를 맞춰야 한다(맞지 않으면 끊어지거나 헐렁하여 스트리핑이 되지 않는다).

**17** 가스 터빈 엔진의 모터링의 종류 중 Dry Motoring과 Wet Motoring에 대하여 서술하시오.

**정답** ① 드라이 모터링(dry motoring) : 연료를 차단한 상태에서 시동기에 의해 기관을 회전시키면서 점검하는 방법, 정비나 부품 교환했을 때 누설점검 및 기능 점검을 하기 위해 실시한다.
② 웨트 모터링(wet motoring) : 연료를 기관 내부에 흐르게 하여 연료 노즐을 통해 분사 시키지만 점화장치는 작동하지 않는다. 연료계통 점검과 연료의 분사상태를 점검할 수 있다.

**18** 항공기 유압계통에는 밀폐가 반드시 필요하다. 밀폐를 하는 부품 중 고정된 부분과 움직이는 부분에 사용되는 밀폐제의 종류를 기술하시오.

**정답** • 서로 움직이는 곳에 쓰이는 것 : 실(seal)
• 서로 고정되어 있는 곳에 쓰이는 것 : 개스킷(gasket)

**01** 항공기 조종계통의 자동조종장치(auto pilot)의 기능을 3가지 기술하시오.

> **정답** 안정화 기능, control 기능, 유도 기능

**02** 항공기 정비용어 FOD의 정의와 FOD에 강한 가스터빈기관의 압축기 형식을 기술하시오.

> **정답** FOD : 외부 물질에 의한 손상
> 압축기 형식 : 원심식 압축기

**03** 항공기 날개에 사용되는 leading edge의 제빙장치 명칭과 그 원리를 기술하시오.

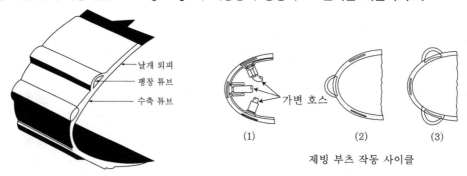

날개 외피
팽창 튜브
수축 튜브

가변 호스

(1)　　　　(2)　　　　(3)

제빙 부츠 작동 사이클

> **정답** 명칭 : 제빙부츠
> 원리 : 압축공기를 불어넣고 팽창시켜 얼음을 깨서 제거

**04** 다음 그림의 다이오드의 종류 3가지를 보고 각각의 명칭을 기술하시오.

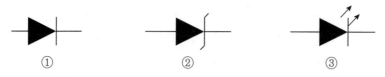

①　　　　②　　　　③

① 다이오드
② 제너 다이오드
③ 발광 다이오드


**05** 항공기 왕복기관의 시동 보조 장치 3가지를 기술하시오.

① 부스터 코일
② 인덕션 바이브레이터
③ 임펄스 커플링


**06** IPC(Illustrated Parts Catalog)의 내용에 대하여 서술하시오.

교환 가능한 항공기 부품 등을 식별, 신청, 저장 및 사용할 때 이용할 수 있도록 항공기 제작사에서 ATA Spec. 100을 근거로 발행한 것


**07** Airspeed에서 가리키는 적색과 흰색 사선으로 된 바늘의 역할과 명칭에 대하여 기술하시오.

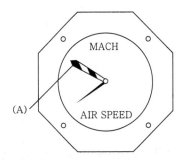

① 명칭 : 마하지시계
② 역할 : 항공기의 마하수를 지시한다.


**08** 항공기 기체 제작 및 정비 시 사용되는 FS선, BBL선, WS선이 뜻하는 것을 각각 서술하시오.

① 동체 위치선(fuselage station) : 기준이 되는 0점, 또는 기준선으로부터의 거리이다. 기준선은 기수 또는 기수로부터 일정한 거리에 위치한 상상의 수직면으로 설정되며, 테일 콘의 중심까지 잇는 중심선의 길이로 측정(＝BSAT : body station)
② 동체 버턱선(body buttock line) : 동체 중심선을 기준으로 오른쪽과 왼쪽으로 평행한 너비를 나타낸 선
③ 날개 위치선(wing station) : 날개보와 직각인 특정한 기준면으로부터 날개 끝 방향으로 측정된 거리
※ 동체 수위선(BWL : body water line) : 기준으로 정한 특정 수평면으로부터의 높이를 측정한 수직거리이다. 기준 수평면은 동체의 바닥면으로 설정하는 것이 원칙이지만, 항공기에 따라 가상의 수평면을 설정하기도 한다.

**09** 항공기 연료계통에 사용되는 부스터 펌프의 역할을 서술하시오.

**정답** 시동, 이륙, 상승 및 주 연료 펌프 고장 시에 연료를 공급한다.


**10** 항공기용 교류전동기의 종류 3가지와 그 기능에 대하여 간략히 기술하시오.

**정답** ① 만능전동기 : 교류와 직류를 겸용으로 사용 할 수 있다.
② 유도전동기 : 계자 여자가 있어 특별한 조치가 필요하지 않고 부하 감당범위가 넓다.
③ 동기전동기 : 일정한 회전수가 필요한 기구에 사용된다.


**11** 항공기 기압고도계의 보정방법 3가지를 기술하시오.

**정답** ① QNH 보정 : 고도 14,000ft 미만의 고도에서 사용하는 것으로써, 고도계가 해면으로부터의 기압
고도, 즉 진고도를 지시하도록 수정하는 방법
② QNE 보정 : 고도계가 표준 해면상으로부터의 높이 즉 기압고도를 지시하도록 고도계를 수정하는
방법
③ QFE 보정 : 고도계가 활주로(지표면)으로부터의 고도 즉 절대 고도를 지시하도록 수정하는 방법


**12** 공냉식 항공기 왕복기관 냉각계통의 주요 구성 요소 3가지를 기술하시오.

**정답** 냉각핀, 배플, 카울 플랩


**13** 항공기용 리벳의 전체 길이 측정방법에 대하여 기술하시오.

**정답** G+1.5D : 그립 길이(G)와 머리성형을 위한 이상적인 돌출 길이(=벅테일 높이,1.5D)

**14** 다음 그림의 축압기 종류 3가지에 대하여 서술하시오.

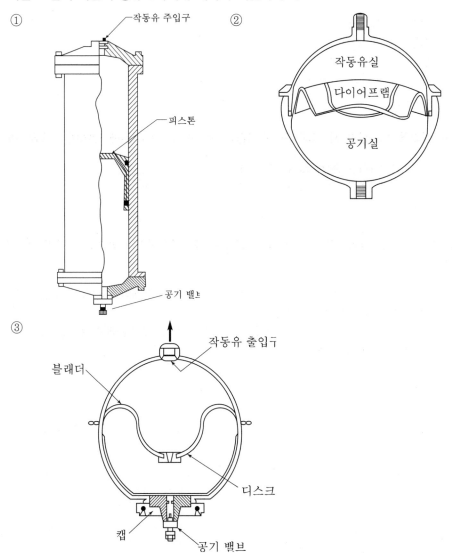

① 작동유 주입구

피스톤

공기 밸브

② 작동유실

다이어프램

공기실

③ 작동유 출입구

블래더

디스크

캡

공기 밸브

---

**정답** ① 다이어프램형 축압기 : 유압계통 최대 압력이 1/3에 해당하는 압력으로 공기를 충전하면 다이어프램이 올라간다. 1,500psi 이하의 계통에 사용한다.

② 블래더형 축압기 : 3,000psi 이상인 계통에 사용한다.

③ 피스톤형 축압기 : 공간을 적게 차지하고 구조가 튼튼해 현재의 항공기에 많이 사용된다.

**15** 항공기에 사용되는 브레이크 종류 4가지를 기술하시오.

> **정답**  ① 팽창 튜브식 브레이크
> ② 싱글 디스크 브레이크
> ③ 멀티 디스크 브레이크
> ④ 세그먼트 로터식 브레이크

**16** 항공기용 점화플러그 장착 시 가해지는 토크값이 중요하다. 그 이유에 대하여 기술하시오.

> **정답**  • 과도 토크 : 나사산 손상, gasket의 손상
> • 과소 토크 : 압축에 의한 혼합가스의 누설 또는 플러그 빠짐

**17** 가스터빈기관의 터빈 블레이드 교환 시 터빈 블레이드가 짝수이거나 홀수로 있다면 어떻게 해야 하는가?

> **정답**  ① 짝수인 경우 : 교환할 블레이드를 포함하여 180도 간격으로 2개의 블레이드를 같은 모멘트-중량 의 블레이드로 교환하여야 한다.
> ② 홀수인 경우 : 교환할 블레이드를 포함하여 120도 간격의 3개의 블레이드를 같은 모멘트-중량의 블레이드로 교환하여야 한다.

01  다음 그림은 Shock strut에서 수행하고 있는 작업에 대하여 기술하시오.

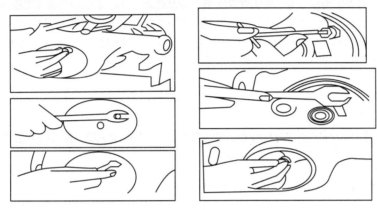

**정답** Shock strut servicing 작업인 수축 작업(deflating)의 일반적인 절차로, 유압유를 보급하고 다시 팽창(inflating) 시킨다.

**해설** 세부작업 절차
(A) 공기 밸브에서 캡을 제거한다.
(B) 스위블 너트가 안전하게 조여져 있는지 렌치로 점검한다.
(C) 만약 공기 밸브에 밸브코어가 있으면 밸브코어와 밸브시트 사이에 갇혀있는 공기압력을 밸브코어를 눌러서 뺀다.
(D) 밸브코어를 제거한다.
(E) 스위블 너트를 반시계방향으로 돌리면서 스트러트의 공기압력을 모두 뺀다. 이때 Shock strut가 압축되는지 확인한다.
(F) 스트러트가 완전히 압축되면 공기 밸브 어셈블리를 제거한다.

02  항공기 왕복기관에서 발생될 수 있는 디토네이션 발생으로 인한 결함 3가지를 기술하시오.

**정답** 과열 현상, 출력 손실, 엔진의 손상

**03** 항공기용 점화 플러그 사용 시 고온에서 hot plug를 쓸 때와 저온에서 cold plug를 쓸 때의 발생현상을 서술하시오.

> **정답** 과열되기 쉬운 기관에 고온 플러그를 장착하면 조기점화가 발생하고, 저온으로 작동하는 기관에 저온 플러그를 장착하면 플러그의 팁에 연소되지 않은 탄소가 융착되어 점화 플러그의 파울링(fouling) 현상이 발생한다.

**04** 항공기의 정비 중 조종면 평행 작업을 하는 이유와 조종 평행 작업에 사용되는 기구 3가지를 서술하시오.

> **정답** ① 평행 작업을 하는 이유 : 평행 작업을 하지 않으면 조종면을 중립 위치에 두었을 때 수평 비행이 불가능하고, 상승, 하강, 좌우 턴을 할 때에 불규칙한 각으로 회전한다. 그리고 조종력이 증가되어 불필요한 힘을 사용하게 되며, 조종면을 움직이는 데 필요한 로드, 케이블, 풀리 등 각 구성품 등에 무리가 가해져 파손 될 위험성이 크다.
> ② 검사장비 : 평형추, 각도기, 수평계

**05** 다음 항공기 착륙 시 사용되는 7가지의 경고모드가 있다. 각각의 경고모드를 알려주는 장치의 명칭을 기술하시오.

---

- 모드1 : 강하율이 크다.
- 모드2 : 지표 접근율이 크다.
- 모드3 : 이륙 후의 고도 감소가 크다.
- 모드4 : 착륙은 하지 않았으나 고도가 부족하다.
- 모드5 : 글라이드 슬로프의 밑에 편이가 지나치다.
- 모드6 : 전파 고도의 음성(call out)기능
- 모드7 : 돌풍(windshear)의 검출기능

---

> **정답** 대지접근 경보장치(GPWS : Ground Proximity Warning System)

**06** 항공기 3상 발전기의 결선방법 중 Y결선의 특성 3가지를 기술하시오.

> **정답** ① 선간전압의 크기는 상전압의 $\sqrt{3}$ 배이다.
> ② 선간전압의 위상은 해당 상전압보다 30° 앞선다.
> ③ 선전류의 크기와 위상은 상전류와 같다

**07** 다음의 손상과 원인을 서술하시오.

가. 국부적으로 색깔이 변했거나 심한 경우 재료가 떨어져 나간 형태
나. 재료가 찢어지거나 떨어져 없어진 상태
다. 깊게 긁힌 형태

| 정답 | 손상 | 원인 |
|---|---|---|
| | 소손(burning) | 과열 |
| | 가우징(gauging) | 비교적 큰 외부 물질에 부딪히거나 움직이는 두 물체가 서로 부딪힐 때 |
| | 스코어(score) | 표면이 예리한 물체에 닿았을 때 |

**08** 다음 그림에서 알 수 있는 화재탐지회로의 명칭을 기술하시오.

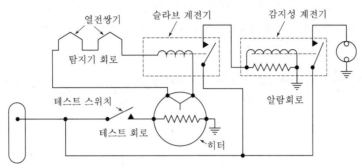

정답   서모 커플형(Thermocouple type) 화재탐지회로

**09** 대형 가스터빈기관은 압축기 실속 방지 방법으로 블리드 계통을 채택하여 사용하는 경우가 많다. 기본 작동 개념을 아래의 조건에 대하여 간단히 기술하시오.

가. 항공기가 순항 시 밸브의 작동 위치는 어디인가?
나. 항공기가 비행 중 밸브 계통에 결함이 발생하였다면 밸브의 작동 위치는 어디인가?

정답   가. 밸브 닫힘
     나. 밸브 열림

**10** 항공기 정비 시 사용되는 토크렌치에 익스텐션을 장착한 것이다. 토크렌치의 유효 길이는 10in, 익스텐션의 유효 길이는 5in, 필요한 토크값은 900in-lbs일 때 필요한 토크에 상당하는 눈금표시에는 얼마까지 조이면 되는가?

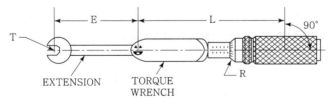

정답   $R = \dfrac{L}{L+E} \times T = \dfrac{10}{10+5} \times 900 = 600[\text{in-lbs}]$

**11** 비행 중 각 연료탱크 내의 연료 중량과 연소소비 순서 조정은 연료관리 방식에 의해 수행되는데, 그 방법으로는 탱크 간 이송(tank to tank transfer) 방법과 탱크와 기관 간 이송(tank to engine transfer) 방법이 있다. 이 두 가지 방법에 대한 차이점을 기술하시오.

> **정답**  ① tank to tank transfer : 각 연료탱크에서 해당 기관으로 연료를 공급하고, 그 소비되는 양만큼 동체의 연료탱크에서 각각의 연료탱크로 이송하고, 그 후 날개 안쪽에서 바깥쪽 연료탱크로 이송하는 방법이다. 연료를 이송 중 모든 탱크의 연료량이 같아지면 연료이송을 중단한다.
> ② tank to engine transfer : 각 연료탱크 간의 연료 이송은 하지 않고, 먼저 동체 연료탱크에서 모든 기관으로 연료를 공급한 후, 날개 안쪽 연료탱크에서 연료를 공급하다가 모든 연료탱크의 연료량이 같아지면 각각의 연료탱크에서 해당 기관으로 연료를 공급한다.

> **해설**

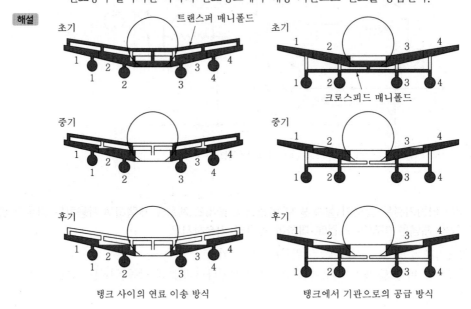

탱크 사이의 연료 이송 방식        탱크에서 기관으로의 공급 방식

**12** 항공기용 니켈 카드뮴(Ni-Cd) 축전지의 전해액이 누설 되었을 때 사용하는 중화제 종류를 기술하시오.

> **정답**  아세트산, 레몬주스, 붕산염 용액
> **해설**  납산 축전지의 중화제는 탄산나트륨이다.

**13** 도체의 전기저항을 결정하는 4가지 요소에 대하여 기술하시오.

> **정답**  도체의 고유성질($\rho$), 도체의 단면적(A), 도체의 길이(L), 온도

**14** 항공기 기체제작 및 수리에 사용되는 리벳의 직경을 결정하는 방법을 서술하시오.

> **정답**  장착하고자 하는 판재 중 두꺼운 판재의 3배

**15** 가스터빈기관의 압축기 반동도를 구하는 식을 기술하시오.

정답  $\Phi_c = \dfrac{\text{로터에 의한 압력 상승}}{\text{단당 압력 상승}} \times 100\%$

**16** 항공기에 발생된 부식 제거 후 화학피막처리의 목적과 Al합금에 적용되는 부식 방지 방법에 대하여 기술하시오.

정답  ① 목적 : 알루미늄 표면에 산화피막을 형성시켜 산화를 방지(부식으로부터 알루미늄을 보호)
② Al합금에 적용되는 것 : 아노다이징, 알로다인

**17** 항공기 성형 왕복엔진 2열 18기통 엔진의 점화순서를 기술하시오.

가. 뒷열

나. 앞열

정답  가. 뒷열 : 1-5-9-13-17-3-7-11-15
나. 앞열 : 2-6-10-14-18-4-8-12-16

**18** 항공기 왕복엔진의 타이밍이 다음과 같을 때 배기 밸브가 열려있는 각도를 구하시오.

| IO : 10°BTC | IC : 55°ABC |
|---|---|
| EO : 20°BBC | EC : 20°ATC |

정답  $20° + 180° + 20° = 220°$

참고

이론상으로 밸브는 상사점과 하사점에서 열리고 닫힌다. 그러나 실제 엔진에서는 흡입 효율 향상 등을 위해 상사점 및 하사점 전후에서 밸브가 열리고 닫힌다.
밸브 오버랩 = IO BTC 10° + EC ATC 20° = 30°
흡입 밸브가 열려있는 각도 = IO BTC 10° + 180° + IC ABC 55° = 245°

01 항공기 무게를 측정하는 장비의 종류 및 측정된 항공기 중량을 무엇이라 하는지 기술하시오.

**정답** ① 잭, 하중셀, 전자식 측정장비, 아답터
② 항공기 적재중량

02 다음 그림에 있는 장비의 명칭 및 사용하는 작업의 목적을 서술하시오.

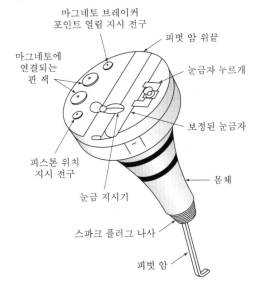

마그네토 브레이커
포인트 열림 지시 전구

피벗 암 위끝

마그네토에
연결되는
핀 잭

눈금자 누르개

보정된 눈금자

피스톤 위치
지시 전구

몸체

눈금 지시기

스파크 플러그 나사

피벗 암

**정답** ① 명칭 : 타임라이트
② 목적 : 왕복기관의 외부점화시기를 맞추기 위해 피스톤이 점화가 이루어지는 압축 상사점 전의 점화진각에 도달하도록 맞춰준다.

**03** 다음 마그네토의 형식에 대해 서술하시오.

> S F 14 L U-7

**정답**
- S : single 마그네토
- F : 플랜지 장착
- 14 : 실린더 개수
- L : 왼쪽 회전(구동축에서 본 회전방향)
- U : 제작사
- 7 : 개조 순서

**04** 승강키 조종계통 점검과정에서 승강키가 상하로 움직이지 않는다. 고장 원인과 대책을 기술하시오.

**정답**

| 고장 원인 | 대책 |
|---|---|
| 스톱(stop)의 위치가 부적절하다. | 스톱(stop)의 위치를 조절한다. |
| 푸시풀 튜브가 구부러져 있다. | 푸시풀 튜브를 교환한다. |
| 연결부의 베어링이 닳았다. | 연결부의 베어링을 교환한다. |

**05** 가스터빈기관의 터빈 블레이드 교환 시 터빈 블레이드가 홀수로 있다면 어떻게 해야 하는가?

**정답** 교환할 블레이드를 포함하여 120도 간격의 3개의 블레이드를 같은 모멘트 – 중량의 블레이드로 교환하여야 한다.

**06** 항공기 정비 방식 중 C.M(condition monitoring)에 대해 서술하시오.

**정답** OC 및 HT 정비개념과 같은 기본적인 정비방식으로써, System이나 장비품의 고장을 분석하여 그 원인을 제거하기 위한 적절한 조치를 취함으로써 항공기의 감항성을 유지토록 하는 정비방식

**07** 너트가 [보기]와 같이 표시되어 있다. 표시 중 "D 7 R"을 간단히 서술하시오.(4점)

> AN 315 D 7 R

**정답**
- D : 재질(2017T)
- 7 : 사용 볼트의 지름 (7/16in)
- R : 오른 나사

**08** 전륜식 항공기의 무게중심(C.G)을 구하는 공식을 기술하시오.(단, D : 기준선에서 후륜까지 거리, F : 전륜에 가해지는 무게, W : 총무게, L : 전륜과 후륜 사이 거리)

> **정답** $$C.G = \frac{F \times (D-L) + (W-F) \times D}{W}$$

**09** 항공기 유압계통에 사용되는 작동유 종류 3가지와 색깔을 기술하시오.

> **정답** ① 식물성유 : 파란색
> ② 광물성유 : 붉은색
> ③ 합성유 : 자주색

**10** 항공기 기체구조 중에서 파일론의 역할에 대하여 기술하시오.

> **정답** 항공기의 날개나 동체에 엔진 나셀(nacelle)이나 포드(pod)를 견고하게 장착, 지지하는 구조물

**11** 항공기 방빙 및 제빙 계통에서 디아이싱(de-icing)의 정의와, 그 방법 2가지를 기술하시오.

> **정답** • 제빙 : 항공기가 비행 중 외피에 형성된 얼음을 제거하는 것
> • 방법
> ① 전열선 및 고온공기
> ② 제빙부츠
> ③ 알코올 분사

**12** 다음 타이어의 구조에서 1, 2, 3에 해당하는 명칭을 기술하시오.

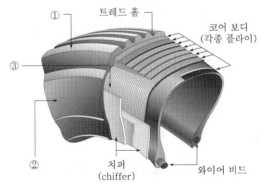

**정답**
① 트레드
② 사이드월
③ 카커스플라이

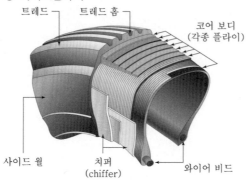

**참고**

① 트레드 : 내구성과 강인성을 갖도록 하기 위해 합성고무 성분으로 만들어져 있다.
② 사이드월 : 코드가 손상을 받거나 노출되는 것을 방지하기 위해 코드바디의 측면을 일차적으로 덮는 구실을 하며, 사이드월에 의해서 코드바디는 거의 충격을 받지 않는다.
③ 카커스플라이(코드바디) : 고무로 코팅된 나일론 코드 패브릭의 대각선 층으로 타이어 바디를 완전히 둘러싸면서 타이어 강도를 제공해준다.

**13** 가스터빈기관에 사용되는 오일 펌프 종류 3가지를 기술하시오.

**정답** 기어형, 베인형, 제로터형

**14** 가스터빈기관에서 축류식 압축기의 실속을 방지하는 방법 3가지를 기술하시오.(3점)

**정답** 다축식 구조, 블리드 밸브, 가변 고정자 깃

**참고**

압축기 회전자 깃과 고정자 깃도 날개골 모양으로 되어 있으므로 공기와의 받음각이 커지면 날개골에서 흐름이 떨어져 양력이 급격히 감소하고, 항력이 증가하는 실속이 일어난다. 압축기에서는 공기 흡입속도가 작을수록, 회전속도가 클수록 실속이 쉽게 일어난다.

**15** 항공기 계기계통에서 압력계기의 작동 시험에 사용되는 시험기의 명칭을 기술하시오.

**정답** 데드웨이트 시험기

**16** 항공기 연료계통에서 발생할 수 있는 Vapor Lock 현상을 유발시키는 조건 3가지를 기술하시오.

정답 ① 연료의 기화성이 너무 좋을 때
② 연료관 내의 연료의 압력이 낮을 때
③ 연료의 온도가 높을 때

**17** 항공기용 조종 케이블 단자의 연결방법 3가지를 기술하시오.

정답 스웨이징 방법, 5단 엮기 방법, 랩 소울더 방법

**18** 그림은 3상 전파정류기(3 phase fullwave rectifier)이다. C상에서 부하(load)를 거쳐 B상으로 흐르기 위해서 전류가 흐르는 다이오드(diode)와 전류가 차단되는 다이오드를 번호로 구분하시오.

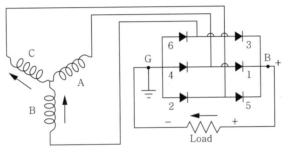

가. 전류가 흐르는 다이오드
나. 전류가 차단되는 다이오드

정답 가. 전류가 흐르는 다이오드 : 5, 6
나. 전류가 차단되는 다이오드 : 2, 3

# 필답테스트 기출복원문제

**01** 항공기 정비 시 적용하는 Seal 작업 중 Gasket과 Packing의 차이점과 공통점을 기술하시오.

**정답** ① 공통점 : 유압계통의 작동유 누설 방지
② 차이점
• Gasket : 고정된 부품 사이의 밀폐용
• Packing : 움직이는 부품 사이의 밀폐용

**02** 다음 그림은 직류의 분권발전기(shunt wound generator)이다. 이를 전기회로로 표현하시오.(단, 직류발전기의 부품기호를 정확히 표기할 것)

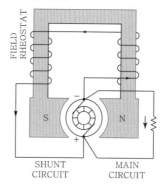

**정답**

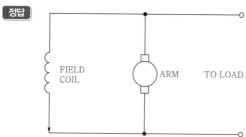

**03** 다음 물음에 대하여 각각 기술하시오.

가. 가스터빈엔진 중 2축으로 구성된 터보팬엔진이 가속 중 실속이 일어났다. 실속 발생이 예상되는 엔진 섹션은?

나. 가스터빈엔진 중 2축으로 구성된 터보팬엔진이 감속 중 실속이 일어났다. 실속 발생이 예상되는 엔진 섹션은?

**정답** 가. $N_2$ 압축기
　　　　 나. $N_1$ 압축기

**04** 왕복엔진에서 "continental IO-400" 형식을 해석하시오.

**정답** ① I : 직접연료분사장치
　　　 ② O : 대향형 기관
　　　 ③ 400 : 엔진의 총 배기량이 $400in^3$

> **참고**
>
> ① G T S I O-520 D → Dual Magneto → 총배기량 = $520in^3$
> ② I O L-300 → 수냉식
> ③ 각 기호의 의미
>
> | 기호 | 의미 |
> |------|------|
> | A(E) | Acrobatic-연료 및 오일계통이 배면비행에 적합하도록 설계 |
> | G | Geared-프로펠러 감속 기어 장착 |
> | I | fuelinjected-연속 연료분사 계통이 장착 |
> | L | Left-hand rotation-좌회전식 |
> | O | Opposed type-대향형 기관 |
> | R | Radial type-성형기관 |
> | S | Supercharged-기계식 과급기 장착(라이코밍사) |
> | T | Turbocharger-배기 터빈식 과급기 장착(라이코밍사) |
> | TS | Turbosupercharger-터보차저 장착(컨티넨탈사) |
> | H | Horizontal-크랭크축이 수평으로 배치(헬리콥터용) |
> | V | Vertical-크랭크축이 수직으로 배치(헬리콥터용) |

**05** 항공기에 사용되는 기압식 고도계에서 발생하는 오차의 종류 4가지를 기술하시오.

**정답** 눈금오차, 온도오차, 탄성오차, 기계적 오차

**06** 항공기 뒷전 플랩의 일종으로 조종력을 경감시켜주는 장치인 탭의 종류 4가지를 기술하시오.

**정답** 트림탭, 서보탭, 밸런스탭, 스프링탭, 안티서보탭

밸런스 : 앞전밸런스(＝오버행밸런스, 세트백밸런스), 혼밸런스, 내부밸런스, 프리즈밸런스

**07** 항공기 기체구조 수리작업 리벳작업 시 딤플링 작업에 대하여 간단히 기술하시오.

가. 어느 경우에 딤플링을 하는가?

나. 적용되는 판자의 두께는?

다. 딤플링이란?

**정답** 가. 판재의 두께가 얇아서 카운터싱크 작업이 불가능할 때

나. 0.04in 이하

다. 접시머리 리벳의 머리 부분이 판재의 접합부와 꼭 들어맞도록 하기 위해 판재의 구멍주위를 움푹 파는 작업

**08** 항공기 왕복엔진에 사용되는 과급기 형식의 3가지를 기술하시오.

**정답** 원심식, 루츠식, 베인식

**09** 터보팬엔진(Turbofan Engine)에서 바이패스 비란 무엇인지 간단히 서술하시오.

**정답** $BPR = \dfrac{2\text{차 공기유량}}{1\text{차 공기유량}}$

**10** 다음이 설명하는 정비방식의 종류를 기술하시오.

가. OC 및 HT 정비개념과 같은 기본적인 정비방식으로써, System이나 장비품의 고장을 분석하여 그 원인을 제거하기 위한 적절한 조치를 취함으로써 항공기의 감항성을 유지토록 하는 정비방식

나. 기체, 원동기 및 장비품을 일정한 주기에 점검하여, 다음 주기까지 감항성을 유지할 수 있다고 판단되면 계속 사용하고 발견된 결함에 대해서는 수리 또는 장비품 등을 교환하는 정비기법

다. 관련 Manual에서 명시하는 고유기능 수준으로 복원하는 정비작업

**정답** 가. CM(Condition Monitoring)

나. OC(On Condition)

다. 오버홀(Overhaul : OVHL)

**11** 항공기 왕복기관에서 실린더 오버홀 시 오버사이즈의 크기에 따라 색깔을 기술하시오.

> **정답** ① 0.254mm(0.010in) : 초록색
> ② 0.381mm(0.015in) : 노란색
> ③ 0.508mm(0.020in) : 빨간색

**12** 가스터빈기관의 터빈 회전자에 발생하는 크리프 현상에 대하여 간단히 서술하시오.

> **정답** 터빈 회전자에 작용하는 열응력과 원심력으로 발생하는 영구적인 신장(늘어남)

**13** 항공기 강착장치의 목적 3가지를 기술하시오.

> **정답** ① 항공기의 무게를 지지
> ② 이착륙 시 충격을 흡수
> ③ 지상에서 방향을 전환

**14** 항공기 항법요소 3가지를 기술하시오.

> **정답** ① 항공기의 위치를 확인
> ② 침로의 결정
> ③ 도착예정시간의 산출

**15** 다음 타이어 그림의 단면 중 각각의 명칭을 기술하시오.

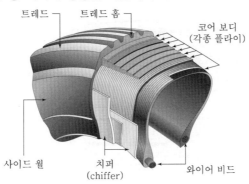

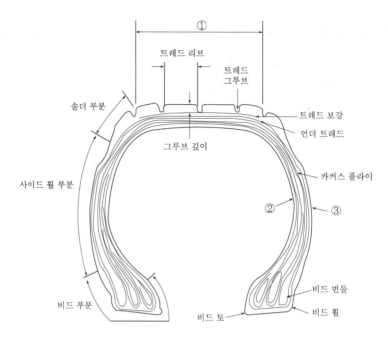

| 정답 | ① 트레드 |
| --- | --- |
| | ② 라이너 |
| | ③ 사이드월 |

**16** 이 그림의 작업 내용과 여기서 쓰이는 공구 이름을 기술하시오.

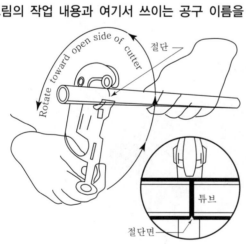

Rotate toward open side of cutter

절단

튜브

절단면

| 정답 | ① 작업이름 : 튜브의 절단 |
| --- | --- |
| | ② 공구이름 : 커터(cutter) |

**17** 항공기 배터리 충전방법 중 정전압법에 대해 설명하고 장점 2가지를 서술하시오.

정답 ① 정전압법 : 일정한 전압의 발전기로 충전하는 방식으로 기상 충전에 사용
② 장점 : 과충전에 대한 특별한 주의가 없고, 짧은 시간에 충전을 완료할 수 있다.

**18** 항공기용 알루미늄 합금 2024 $T_4$와 2024 $T_{42}$의 차이점을 서술하라.

정답 ① 2024 $T_4$ : 제조 시에 용체화 처리 후 자연 시효 한 것
② 2024 $T_{42}$ : 사용자에 의해 용체화 처리된 후 자연 시효 한 것(2014-0, 2024-0, 6061-0만 사용)

# 필답테스트 기출복원문제

**01** 다음 그림의 작업에 쓰이는 공구의 명칭과 역할을 기술하시오.

> **정답** ① 명칭 : 와이어 스트리퍼(wire striper)
> ② 역할 : 전선 피복을 벗길 때 주로 사용

**02** 항공기 지상 견인 작업 시 주의사항에 대하여 기술하시오.

> **정답** ① 견인 속도는 몇 km 이내여야 하는가? : 8km/h(5mile)
> ② 견인 시 감독자 위치 : 정면에서 유도

**03** 다음 그림의 명칭과 장착위치를 기술하시오.

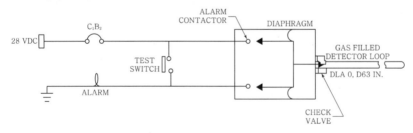

> **정답** ① 명칭 : 오버히트 워닝 시스템(overheat warning system)
> ② 위치 : Engine Turbine Housing

공압화재 보호계통(Pneumatic fire overheat system)은 또다른 형태의 화재/과열감지 계통으로, 튜브 (Detector Loop)는 가열되었을 때 크게 팽창하는 가스를 갖고 있으며, 경고수준의 온도에 도달하면 가스압력이 체크 밸브(Check valve)를 이길 만큼 충분해져서 다이어프램(Diaphragm) 우측 입구로 팽창된 가스가 흘러간다. 이것은 다이어프램을 좌측으로 움직이게 하여 경고접촉점(Alarm contact)을 접촉시켜 경고회로를 작동 시킨다. 열원이 없어진 후에 가스가 저압으로 되어 다이어프램이 가스를 체크밸브를 통해 튜브로 돌아가 준비상태가 된다.

04 항공기 왕복기관의 마그네토 회전수를 구하는 공식을 기술하시오.

**정답**
$$\frac{\text{마그네토 축 속도}}{\text{엔진 크랭크축 속도}} = \frac{\text{실린더 수}}{2 \times \text{극수}}$$

05 항공기 왕복엔진 R-985-22에서 '985'가 의미하는 것에 대하여 기술하시오.

**정답** 엔진의 총 배기량이 $985in^3$

06 항공기의 무게중심이 과도하게 뒤에 위치할 경우 각각의 조건에 만족하는 현상을 보기에서 선택하여 기술하시오.

──────── [보기] ────────
① 증가한다.　　　　　② 감소한다.
③ 좋아진다.　　　　　④ 나빠진다.

**정답**
① 항속거리 : 감소한다.
② 비행속도 : 나빠진다.
③ 착륙성 : 좋아진다.
④ 안정성 : 나빠진다.

07 항공기에 사용되는 직류가 교류보다 안 좋은 점 3가지를 기술하시오.

**정답**
① 전압의 가감이 어렵다.
② 항공기에 높은 전류를 요구하는 전기 계통에 직류를 사용하기 위해서는 도선이 굵어져야 한다.
③ 전기계통에 차지하는 무게가 무거워진다.

**08** 항공기 자기무게에서 제외되면 안 되는 것 3가지를 기술하시오.

> **정답** ① 발동기 냉각액 전량
> ② 고정 밸러스트
> ③ 배출이 불가능한 윤활유

**09** 다음과 같은 제원을 가진 왕복엔진의 지시마력(Pi)을 구하시오.

---

- 실린더 수(n) : 8
- 실린더 반경(r) : 4cm
- 평균 유효압력(Pm) : 10kg/cm$^2$
- 실린더 행정(S) : 0.1cm
- 회전속도(N) : 2,000rpm

---

> **정답**
> $$iHP = \frac{10 \times 0.1 \times \frac{\pi}{4} 8^2 \times 2,000 \times 8}{9,000}$$
> $$= 89.36PS$$

**10** 항공기가 지상 활주 중 지면과 타이어 사이의 마찰 또는 충격에 의하여 앞바퀴가 좌우로 흔들리는 현상이 나타난다. 이와 같은 현상을 감쇠 및 방지하기 위한 장치는 무엇인가?

> **정답** 시미 댐퍼(shimmy damper)

**11** 다음 그림이 나타내는 열역학적 사이클에서 각 과정에 대해 서술하시오.

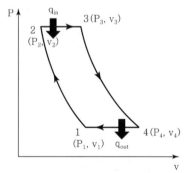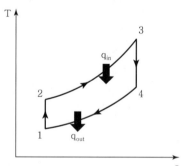

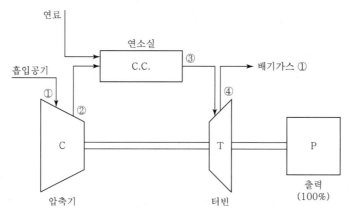

연료

흡입공기

연소실
C.C.

③

배기가스 ①

①

②

④

C

T

P

압축기

터빈

출력
(100%)

**정답** 브레이턴 사이클(정압사이클)

① 1 → 2 : 단열압축, 압축기에서 공기를 압축

② 2 → 3 : 정압수열, 연소실에서 연소

③ 3 → 4 : 단열팽창, 공기가 터빈을 구동하면서 팽창

④ 4 → 1 : 정압방열, 배기과정

**12** 다음 항공기 리벳 기호를 서술하시오.

> MS-20470-A-6-6-A

**정답**
- MS : MILITARY STANDARD
- 20470 : 리벳 머리의 형태(Universal Rivet)
- A : 알루미늄 합금
- 6 : 직경 6/32″
- 6 : 길이 6/16″
- A : 시효경화

**13** 다음과 같은 두께의 철판을 굽히려 한다. 각각의 물음에 답하시오.

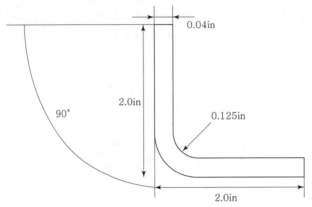

가. 몰드 포인트(Mold point)에서 곡률 중심사이의 거리 X를 구하시오.(단, 소수 3째 자리까지만 구하시오)

나. 굽힘 여유(bend allowance)를 구하여라.

**정답** 가. SB = K(R+T) = (0.125+0.04) = 0.165

나. $BA = \dfrac{\theta}{360°} \times 2\pi \times \left(R + \dfrac{T}{2}\right) = 0.22765$

**14** 다음 그림의 부품의 명칭과 역할에 대하여 기술하시오.

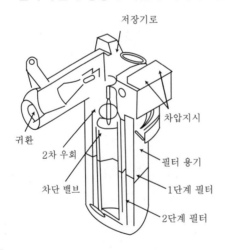

**정답** ① 명칭 : 카트리지형 여과기
② 역할 : 유체 내의 이물질 제거

**15** 다음 그림의 계기 형식과 역할은 무엇인가?

정답 ① 형식 : 버든튜브형, 아네로이드형
② 역할 : 압력 측정

**16** 다음 정비방식에 대해 서술하시오.

가. HT(Hard Time)

나. OC(On Condition)

다. CM(Condition Monitoring)

정답 가. HT(Hard Time) : 장비품 등을 일정한 주기로 항공기에서 장탈하여 정비하거나 폐기하는 정비기법
나. OC(On Condition) : 기체, 원동기 및 장비품을 일정한 주기에 점검하여, 다음 주기까지 감항성을 유지할 수 있다고 판단되면 계속 사용하고 발견된 결함에 대해서는 수리 또는 장비품 등을 교환하는 정비기법
다. CM(Condition Monitoring) : OC 및 HT 정비개념과 같은 기본적인 정비방식으로써, System이나 장비품의 고장을 분석하여 그 원인을 제거하기 위한 적절한 조치를 취함으로써 항공기의 감항성을 유지토록 하는 정비방식

**17** 항공기 정비 시 사용하는 Backup Ring의 역할과 종류 3가지를 기술하시오.

정답 ① 역할 : 고압용 시일에는 O-Ring의 튀어나옴을 방지하고, O-Ring의 수명을 연장하는데 사용
② 종류 : 스파이럴(spiral), 바이어스 컷트(bias cut), 앤드리스(endless)

> 참고
>
> O링은 105kg/cm$^2$(1,500psi) 이상의 압력에서는 찌그러지므로, 이를 방지하려고 테플론이나 가죽으로 된 백업링을 사용한다.

**18** 가스터빈기관의 터빈 쉬라우드 블레이드의 장점 3가지를 기술하시오.

정답 ① 터빈 휠의 효율 증대
② 가늘고 길게 경량제작이 가능하고 팁에서의 과중한 가스하중에 의한 블레이드 뒤틀림 혹은 펴짐 방지
③ 진동을 감소시키고 칼날형 공기실을 장착할 근거를 제공한다.

**01** 다음 그림의 명칭 및 단점 2가지를 기술하시오.

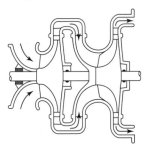

**정답** ① 명칭 : 2단 원심식 압축기
② 단점 : 압력비가 낮다. 대량공기의 처리가 어렵다.

**02** 다음 그림의 명칭 및 역할에 대하여 기술하시오.

**정답** ① 명칭 : 핀 클레코
② 역할 : 리벳작업 시 두 장의 판을 임시 고정하는 역할

**03** FMS(비행관리장치 : Flight management system)의 기능 3가지를 기술하시오.

**정답** ① 성능관리기능
② 항법유도기능
③ 추력관리기능
④ 전자비행 계기장치 관리기능

**04** 오리피스 체크 밸브의 역할과 항공기에서 대표적인 사용처 한곳을 적으시오.

**정답** ① 역할 : 한 방향으로 유로를 형성하며 반대방향으로는 제한된 양만큼의 유로를 형성 한다.
② 사용처 : 플랩계통의 UP라인, Landing Gear Down line

**05** 항공기 타이어에 쓰이는 기체와 사용목적에 대하여 기술하시오.

**정답** ① 사용 기체 : 질소
② 사용하는 이유 : 화재예방

**06** 릴레이의 계자코일에 역기전력을 흡수하기 위해 설치하는 부품의 명칭을 기술하시오.

**정답** 다이오드(Diode)

**07** 항공기 가스터빈기관의 EPR계기에 사용하는 압력 두 군데를 적고, 기능을 기술하시오.

**정답** ① 압력 두 군데 : 압축기 입구압력($Pt_2$)과 터빈출구 압력($Pt_7$)
② 기능 : 연소가스의 전압과 유입되는 공기 전압의 비를 표시한다.

**08** 다음에 제시된 내용의 검사방법에 대하여 각각 기술하시오.

가. 자분, 표준 시험편, 허위지시
나. 형광액, 자외선 탐사등, A형 표준시험편

**정답** 가. 자력탐상검사
나. 형광침투탐상검사

**09** 항공기 주기 시 주의사항 3가지를 각각 기술하시오.

**정답** ① 항공기 기수를 바람 부는 쪽으로 향하게 한다.
② 마닐라 로프는 젖으면 줄어들기 때문에 약간의 여유를 두고 묶어야 한다.
③ 고정장치를 사용하여 조종면 등을 고정하고 바퀴에는 받침목을 고인다.

**10** 다음 그림의 기구 명칭과 측정하는 이유 그리고 공급되는 압력에 대하여 기술하시오.

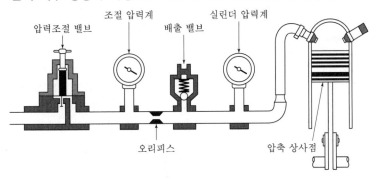

압력조절 밸브  조절 압력계  배출 밸브  실린더 압력계

오리피스  압축 상사점

정답 ① 측정기 명칭 : 실린더 압축 시험기
② 이유 : 밸브와 피스톤 링의 기밀유지 상태확인
③ 공급압력 : 공기 압축기에서 80psi($5.85\text{kgf/cm}^2$)으로 공급

**11** 항공기에서 최대이륙중량과 최대착륙중량을 간단히 기술하시오.

정답 ① 최대이륙중량 : 항공기가 이륙할 수 있는 최대무게(Maximum Design Take Off Weight : MTOW)
② 최대착륙중량 : 항공기 Structure의 강도에 의해 제한된 착륙중량(Maximum Design Landing Weight : MLW)

**12** 다음 보기의 서술내용은 알루미늄 합금의 어떤 화학피막 처리법인가?

① 물 1ℓ에 분말 4g 정도를 혼합한 후 잘 젓는다.
② 헝겊으로 처리할 표면에 균일하게 바른다.
③ 1~5분간 젖은 상태로 유지한다.
④ 물에 적신 헝겊으로 헹구어 낸 다음 Air로 말린다.

정답 알로다인 처리(Alodine)

**13** 액량계기의 종류 2가지를 적고 체적과 중량에 각각 해당하는 단위를 적으시오.

정답 ① 종류 : 사이트 게이지식(Sight Gage), 부자식(Flot), 전기용량식(Electric Capacitance)
② 단위 : 파운드(Pound), 갤런(Gallon)

**14** 다음의 기체 손상 처리방법에 대하여 각각 기술하시오.

　가. 클린아웃(Clean out)

　나. 스무스 아웃(Smooth out)

　다. 스톱홀(Stop hole)

　정답　가. 트리밍, 커팅, 파일링 등으로 손상 부위를 완전히 제거하여 처리하는 방법
　　　　나. 스크래치(scratch), 닉(nick) 등 판재(sheet)에 있는 작은 흠을 제거하는 것
　　　　다. 균열(crack) 등이 있을 경우 균열의 끝 부분에 직경 1/8~3/32인치 사이의 크기로 구멍을 뚫어
　　　　　　균열이 확대되는 것을 방지하는 처리법


**15** 기체손상의 종류에 대해 각각 기술하시오.

　가. Nick

　나. Scratches

　다. Crease

　정답　가. Nick : 부분적으로 가장자리가 파손 또는 패어 들어간 결함
　　　　나. Scratches : 외부의 물체에 의하여 재료의 표면이 얕게 긁혀진 손상
　　　　다. Crease : 표면이 진동으로 인하여 주름이 잡히는 현상


**16** 다음 계기판에서 지시하는 계기명칭을 각각 기술하시오.

① 　② 　③ 

④ 　⑤ 　⑥ 

　정답　① 속도계　② 자세계　③ 고도계　④ 선회계　⑤ 기수방위지시계　⑥ 승강계

**17** 피스톤링 옆간극을 측정하는 기구 명칭과 간극이 규정값 이상일 때와 간극이 규정값 미만일 때의 수리 방법에 대하여 기술하시오.

> **정답** ① 측정기구 : 두께 게이지
> ② 규정값 이상일 때 : 피스톤 링을 교환한다.
> ③ 규정값 미만일 때 : 피스톤 링의 옆면을 래핑 콤파운드로 래핑 작업을 한다.

**01** 항공기 합법계통의 ILS 시스템을 구성하는 지상 시설 3가지를 기술하시오.

> **정답** ① 로컬라이저
> ② 마커비콘
> ③ 글라이드 슬로프

**02** 다음과 같은 베어링의 사용처를 기술하시오.

가. 플레인 베어링

나. 볼 베어링

다. 롤러 베어링

> **정답** 가. 커넥팅 로드
> 나. 성형엔진과 가스터빈엔진의 추력 베어링
> 다. 고출력 왕복엔진 크랭크 샤프트의 메인 베어링

**03** 다음 그림에서 지시하는 부분의 명칭과 역할을 기술하시오.

> **정답** ① Thimble hole : 2차 공기가 라이너 안쪽으로 들어가 공기와 연료의 혼합을 원활하게 하고 불꽃을 모아준다.
> ② Louver : 2차 공기가 라이너 내벽을 타고 흐르면서 냉각과 보호작용을 한다.

**04** 실린더 압축시험 시 알 수 있는 것 3가지를 기술하시오.

**정답** ① 밸브의 손상
② 피스톤 링의 마모
③ 연소실 내의 기밀상태

**05** 다음 부품의 명칭을 쓰고, 화살표가 가리키는 부분의 용도를 기술하시오.

**정답** ① 명칭 : 턴버클
② 화살표 부분의 용도 : 왼 단자임을 지시

**06** 항공기 왕복기관에서 발생하는 디토네이션 이란 무엇이며 예방 방법 3가지를 설명하시오.

**정답** ① 디토네이션 : 점화 후 화염전파 전에 미연소 혼합가스가 자연 발화하는 현상으로 피스톤 헤드의 손상과 출력손실이 발생한다.
② 방지방법 : 적절한 옥탄가의 연료 사용, 실린더 내의 온도제한, 압축비 제한

**07** 가스터빈기관의 출력 증가 장치 2가지에 대해 서술하시오.

**정답** ① 후기연소기 : 배기 도관 안에서 재연소-이륙, 상승, 음속 돌파 시 사용
• 기관면적 증가나 중량 증가 없이 추력 증가
• 추력 50% 증가에 연료 3배 소모
② 물분사 장치 : 압축기 입구, 디퓨저에 물(알코올 혼합)을 분사시켜 흡입 공기의 온도를 강하시켜 공기밀도 증가, 이륙 시 10~30% 추력 증가

**08** 다음 빈칸을 채우시오.

| 주파수 이름 | 주파수 범위 | 파장 |
|---|---|---|
| VLF | 3~30kHz | 1,000~100,000m |
| ① | 30~300kHz | 1,000~10,000m |
| ② | 3~30MHz | 10~100m |
| ③ | 30~300MHz | 1~10m |

**정답** ① LF(장파)
② HF(단파)
③ VHF(초단파)

**09** 다음 항공기 지상유도신호 각각의 의미를 기술하시오.

① ② ③

**정답**  ① 유도자 표시
② 감속(회전익 하강)
③ 축 장착

**10** 항공기 왕복기관 마그네토 E-gap이 의미하는 것을 쓰고 조절방법을 기술하시오.

**정답**  ① E-gap : 마그네토에서 회전 자석의 중립 위치와 브레이커 포인트가 열리는 위치 사이의 회전 각도로 2차 전류 또는 전압이 최대가 되는 지점이다.
② 조절방법 : 외부 점화시기 조절 – 마그네토 내의 타이밍 마크와 기어의 깎인 부분이 일치되도록 구동기어를 회전시킨 후 마그네토를 엔진에 부착한다. 타이밍라이트의 검은 선(−)은 기관에 연결하고, 빨간 선(+)은 브레이커 포인트에 연결하고 타이밍라이트가 켜질 때까지 마그네토를 천천히 움직여 E-gap을 맞춘다.

**11** 항공기 공압 시스템에서 뉴메틱을 얻는 방법을 3가지 기술하시오.

**정답**  ① 압축기의 블리드 에어
② 기관 구동식 압축기
③ 그라운드 뉴메틱 카드
④ APU

**12** 유압동력장치는 중심 개방형과 중심 폐쇄형이 있다. 중심 개방형의 특징을 아래 보기에서 모두 고르 시오.

| ① 압력 조절기가 필요 없다. | ② 축압기가 필요 없다. |
|---|---|
| ③ 부품의 수명이 길다. | ④ 중량이 가볍다. |
| ⑤ 작동속도가 느리다. | |

**정답** ①, ②, ③, ④, ⑤

| 형식 | 장점 | 단점 |
|---|---|---|
| open center 중앙 열림 | • 부품의 수명이 길다.<br>• 무게 감소(축압기와 압력조절기 필요 없음) | • 작동속도가 느리다.<br>• 두 개 이상의 작동기 동시가동 불가 |
| close center 중앙 닫힘 | • 작동속도가 빠르다.<br>• 두 개 이상의 작동기 동시가동 가능 | • 고장이 잦음<br>• 무게 증가(축압기와 압력조절기 필요) |

**13** 두께가 0.05in인 철판을 굽힘 반지름 0.25in 굽힘각 90°로 굽히려 한다. 세트백을 구하시오.

**정답** $SB = K(R+T) = \tan\dfrac{90}{2}(0.25+0.05) = 0.3\,\text{in}$

**14** 조종간을 다음과 같이 움직일 때 항공기의 움직임을 기술하시오.
가. 앞으로 밀 때
나. 뒤로 당길 때
다. 좌측으로 회전할 때
라. 우측으로 회전할 때

**정답** 가. 하강
나. 상승
다. 좌선회
라. 우선회

**15** 대형항공기 계류(mooring) 시 유의사항 5가지에 대하여 기술하시오.

**정답** ① 각종 플러그와 커버를 장착한다.
② 날개 앞전과 뒷전을 비행상태로 둔다.
③ 조종면에 Ground Lock을 장착한다.
④ Parking Brake를 잡아놓는다.
⑤ Main Fuel Tanks에 최소 10%의 연료를 채운다.

**16** 다음 그림은 열스위치식(thermal switch type) 화재탐지회로이다. 번호를 지시한 전자부품의 명칭을 서술하고 디밍 스위치의 역할을 간략히 서술하시오.

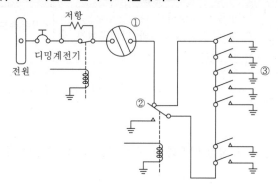

정답
① 조종석 경고등과 경고혼(Cockpit Alarmindicator Light and Bell)
② 테스트 스위치
③ 열스위치
④ 디밍 스위치의 역할 : 야간 작동을 위해 저전압을 제공한다.

**17** 다음 그림에서 합성등가저항을 구하시오.

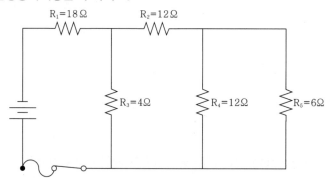

정답
① $R_4$와 $R_5$의 합성저항을 $R_6$라고 하면 병렬 연결이므로

$$\frac{1}{R_6} = \frac{1}{6} + \frac{1}{12} = \frac{3}{12}, \quad R_6 = 4\,\Omega$$

② $R_2$, $R_5$와 $R_3$의 합성저항을 $R_7$dl라고 하면

$$\frac{1}{R_7} = \frac{1}{R_3} + \frac{1}{R_2 + R_6} = \frac{1}{4} + \frac{1}{12+4} = \frac{5}{16}$$

③ 따라서 전체저항 $R$은 $R = R_1 + R_7 = 18 + \frac{16}{5} = \frac{106}{5} = 21.2\,\Omega$

**01** 부식 방지를 위한 알크래드 알루미늄 판에 사용되는 코팅제의 명칭과 목적을 기술하시오.

> **정답** ① 명칭 : A(1100) 순수 알루미늄 99.9%
> ② 목적 : 부식을 방지하기 위해 순수 알루미늄을 3~5% 피복한 상태의 합금판임

**02** 5in×10in인 앵글재에 1in 크기의 균열이 발생되었다면, splice를 장착 전에 stop hole을 뚫고 클린 아웃 처리를 한다. 이때 스플라이스의 적절한 크기를 결정하는 방법에 대하여 기술하시오.

> **정답** ① 가장 긴 플랜지 폭의 2배 이상으로 한다.
> ② 클린 아웃 : 손상 부분을 트림작업하거나 다듬질 작업하여 손상 부분을 완전히 제거하는 작업

**03** 비행기 조종면 수리 후 반드시 해야 할 작업과 그 이유에 대하여 기술하시오.

> **정답** ① 작업 : 평행(Balance) 점검
> ② 목적 : 조종면 진동 방지

**04** 항공기용 알루미늄 도선을 strip할 때 주의사항 2가지를 기술하시오.

> **정답** ① strip이 깨끗하게 되도록 규정된 공구를 사용한다.
> ② 규정된 공구이외의 특별한 공구를 사용 시에는 도체에 칼자국이나 절단면이 생기지 않도록 주의한다.
> ③ 도선의 손상이 규정된 Limit를 넘지 않도록 한다.
> ④ 도선이 끊어지지 않도록 주의한다.

**05** 전기의 폐회로에서 키르히호프의 제2법칙에 의해 유도할 수 있는 전류의 관계식을 기술하시오.

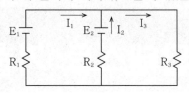

**정답** $E_1 - E_2 = I_2 R_2 - I_1 R_1 = 0$

**06** 항공기 공압계통에서 기관의 Bleed Air가 사용되는 항공기 계통으로는 어느 것들이 있는지 3가지만 간단히 기술하시오.

**정답** ① 객실여압 및 공기조화계통
② 방빙 및 제빙계통
③ 크로스 블리드 시동계통
④ 연료 가열기(Fuel heater)
⑤ 레저버 여압계통
⑥ 공기구동 유압 펌프, 팬 리버서 구동계통

**07** 항공기 터보제트기관의 배기가스 소음감소 방법 2가지를 기술하시오.

**정답** ① 멀티튜브 제트노즐형
② 주름살 형(꽃모양 형)
③ 소음흡수라이너 부착

**08** 항공기 왕복엔진 피스톤 헤드의 모양 3가지를 기술하시오.

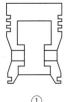 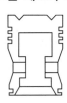 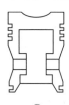  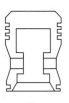

①　　　　②　　　　③　　　　④　　　　⑤

**정답** ① 평면형
② 오목형
③ 컵형
④ 돔형
⑤ 반원뿔형

**09** 왕복기관에서 실린더 오버홀 시 플랜지에 표시된 초록색과 주황색의 오버사이즈 크기를 각각 기술하시오.

정답 ① 0.254mm(0.010in) : 초록색
② 표준 크롬도금 : 주황색

**10** 가스터빈기관의 압축기 실속 원인 3가지를 기술하시오.

정답 ① 압축기 방출압력이 너무 높을 때(CDP 너무 높을 때)
② 압축기 입구 온도가 너무 높을 때(CIT 너무 높을 때)
③ 공기의 누적(chocking)현상 발생 시

**11** 다음 그림에 나열된 공구를 사용하는 작업의 종류와 목적을 기술하시오.

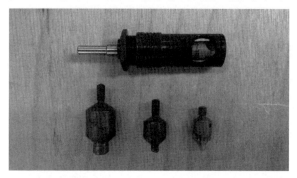

정답 ① 작업의 종류 : 항공기 외피 등에 접시머리 리벳을 꼭 맞게 장착하기 위해 판재 구멍 주위를 움푹 파는 작업을 카운터싱크라고 하며, 판재 두께가 0.40in 이하일 경우 카운터싱크가 불가능하기 때문에 이때는 딤플링을 해야 한다.
② 목적 : 접시머리 리벳 체결을 하기 위해 카운터싱크 작업 시 사용

**12** 압력계기에 사용되는 수감부의 종류 3가지를 기술하시오.

정답 ① 버든튜브
② 다이어프램
③ 벨로스
④ 부르동관

**13** 항공기 제트기관의 연료 구비조건 3가지를 기술하시오.

> **정답** ① 증기압이 낮아야 한다.
> ② 결빙점이 낮아야 한다.
> ③ 인화점이 높아야한다.
> ④ 대량생산이 가능하고 가격이 싸야한다.
> ⑤ 단위 무게당 발열량이 커야한다.
> ⑥ 점성이 낮고 깨끗하고 균질해야 한다.

**14** 항공기 자동비행 조종장치(AFCS)의 Yaw Damper의 3가지 기능을 기술하시오.

> **정답** ① 더치롤(dutch roll) 방지
> ② 균형선회(turn coordination)
> ③ 기체진동 방지(structural modal suppression)

**15** 항공기 항법등의 위치명과 색깔을 각각 기술하시오.

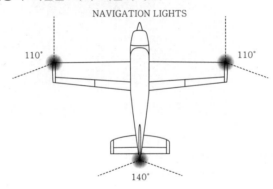

NAVIGATION LIGHTS

> **정답** ① 날개 좌측 : 적색
> ② 날개 우측 : 청색
> ③ 꼬리날개 : 백색

**16** 다음 회로개폐기의 switch 종류 3가지를 각각 기술하시오.

> **정답** ① toggle switch
> ② micro switch
> ③ proximity switch
> ④ rotary switch

**17** IPC(도해부품목록)와 AR의 원어와 의미를 각각 서술하시오.

**정답** ① IPC : Illustrated Parts Catalog이고, 교환 가능한 항공기 부품 등을 식별, 신청, 저장 및 사용할 때 이용할 수 있도록 항공기 제작사에서 ATA Spec. 100을 근거로 발행한 것
② AR : As Require의 약어이며, 이는 장착하는 데 필요한 부품의 개수를 명확하게 적지 않는 대신 필요한 만큼 사용하라는 뜻

**18** 현재 민간 항공기용으로 사용되는 대형 터보팬엔진의 cowl open 순서는?

**정답** inlet cowl open → fan cowl open → thrust reverser open → core cowl open

**01** 항공기 항법램프의 역할에 대하여 기술하시오.

> **정답** ① 항공기의 진행 방향과 위치를 표시하기 위한 등화
> ② 왼쪽 날개 끝 : 붉은색
> ③ 오른쪽 날개 끝 : 녹색등
> ④ 동체 꼬리 : 흰색등

**02** 항공기 착륙장치의 경고 회로에 의한 각 상태별 경고램프의 색깔을 각각 기술하시오.

> **정답** ① 바퀴가 완전히 내려간 상태 : 녹색등
> ② 바퀴가 완전히 올라간 상태 : 어떤 등도 켜지지 않음
> ③ 바퀴가 올라가지도 내려가지도 않은 상태 : 붉은색

**03** 항공기 배터리 정전류 충전법의 장점 및 단점을 각각 기술하시오.

> **정답** ① 장점 : 충전 완료 시간 미리 예측가능
> ② 단점 : 충전 소요 시간이 길며, 수소 및 산소 발생이 많아 폭발 위험이 있다.

**04** 다음 설명에 해당하는 화재 탐지 방법은?

> ─────────── [보기] ───────────
> 열전쌍식, 열스위치식, 연기 탐지기, 공압형식, 연속루프식

> **정답** ① 열전쌍식 : 크로멜과 알루멜의 두 개의 이질금속으로 구성되어 고온부와 저온부 사이의 온도상승률 차이로 전압 발생
> ② 열스위치식 : 열팽창계수가 다른 두 금속을 이용하여 설정값 이상으로 열이 상승하면 열스위치가 닫혀 화재 지시
> ③ 연기 탐지기 : 화물칸이나 객실의 연기 탐지
> ④ 공함형식(가스식 화재탐지기) : 온도상승 시 내부의 불활성가스의 압력이 증가되고 증가된 압력은 회로를 닫아주고 response 안에 있는 diaphragm s/w를 작동시킴
> ⑤ 연속루프식 : 금속관 내 전선을 통해 주위 온도 상승에 따라 전기저항이 감소하는 온도조절기를 충전한 구조

**05** 항공기 왕복기관 윤활계통에서 윤활유 분광시험에 대해 서술하시오.

> **정답** ① 윤활유 분광시험(SOAP) : 정해진 주기(B, C check) 기관 정지 후 30분 이내 시료 채취(채취는 바닥 중앙으로부터 1/3 지점) 외부로부터 이물질 유입 방지
> ② 단위 : PPM(Parts Per Million)
> ③ 주베어링 : 철(Fe), 구리(Cu), 은(Ag)

**06** 항공기 교류발전기의 병렬운전 조건 3가지를 기술하시오.

> **정답** ① 주파수
> ② 전압
> ③ 위상의 일치

**07** 다음 그림에서 항공기용 리벳으로 사용하는 종류를 각각 기술하시오.

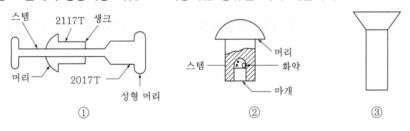

스템  2117T  생크
머리  2017T  성형 머리
①

스템  머리  화약  마개
②

③

> **정답** ① 체리 리벳
> ② 폭발 리벳
> ③ 접시머리 리벳

**08** 항공기 기체제작 및 수리에 사용하는 너트 형식을 해석하시오.

───── [보기] ─────
AN 315 D 7 R

> **정답** • AN : 규격명(미 공/해군 표준기호)
> • 315 : 너트의 종류(평너트)
> • D : 재질(2017 T)
> • 7 : 사용 볼트의 지름(7/16inch)
> • R : 오른나사

**09** 항공기 기체 제작 및 정비 시 사용되는 FS선, BBL선, WS선이 뜻하는 것을 각각 서술하시오.

**정답** ① 동체 위치선(fuselage station) : 기준이 되는 0점, 또는 기준선으로부터의 거리이다. 기준선은 기수 또는 기수로부터 일정한 거리에 위치한 상상의 수직면으로 설정되며, 테일 콘의 중심까지 잇는 중심선의 길이로 측정(＝BSAT : body station)
② 동체 버턱선(body buttock line) : 동체 중심선을 기준으로 오른쪽과 왼쪽으로 평행한 너비를 나타낸 선
③ 날개 위치선(wing station) : 날개보와 직각인 특정한 기준면으로부터 날개 끝 방향으로 측정된 거리
  ※ 동체 수위선(BWL : body water line) : 기준으로 정한 특정 수평면으로부터의 높이를 측정한 수직거리이다. 기준 수평면은 동체의 바닥면으로 설정하는 것이 원칙이지만, 항공기에 따라 가상의 수평면을 설정하기도 함

**10** 항공기 왕복기관의 오토사이클 열효율을 구하시오.(압력비 8, 비열비 1.4)

**정답**
$$\eta o = 1 - \left(\frac{1}{\epsilon}\right)^{k-1} = 1 - \left(\frac{1}{8}\right)^{1.4-1} = 0.564$$
$$\eta o = 56.4\%$$

**11** 항공기 타이어 마모 시 측정 부분 및 측정기구에 대하여 기술하시오.

**정답** 트레드 홈 및 타이어 깊이 게이지

**12** 항공기 브레이크의 기능 및 형식에 따른 종류 4가지를 기술하시오.

**정답** ① 기능에 따라 : 정상 브레이크, 파킹 브레이크, 비상 및 보조 브레이크
② 작동 및 구조 형식에 따라 : 팽창 튜브식, 싱글 디스크식, 멀티디스크식, 세그먼트 로터식

**13** 다음 그림에서 항공기용 플렉시블 호스 연결 방법으로 옳은 것을 선택하시오.

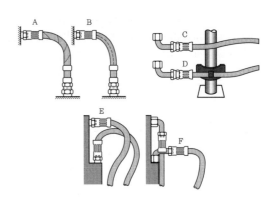

**정답** A : 틀림　　B : 옳음
C : 틀림　　D : 옳음
E : 틀림　　F : 옳음

**14** 가스터빈기관의 오일 냉각기 종류 및 역할에 대하여 기술하시오.

> **정답** ① 종류 : 대류 냉각방식(공기), 열교환기 방식(가열)
> ② 역할 : 윤활유가 가지고 있는 열을 연료에 전달 (오일은 냉각, 연료는 가열)

**15** 다음 항공기 정비방식에 대하여 각각 서술하시오.

---
**[보기]**

Hard Time, On Condition, Condition Monitoring, Carry-Over

---

> **정답** ① Hard Time : 시한성 정비 방식이다. 정비 시간의 한계 및 폐기 시간의 한계를 정해서 정기적으로 분해, 점검 또는 교환하는 방식
> ② On Condition : 일정한 주기에 점검하여 다음 주기까지 감항성을 유지할 수 있다고 판단되면 계속 사용하고, 발견된 결함에 대해서는 수리 또는 교환하는 방식
> ③ Condition Monitoring : 시스템이나 장비품의 고장을 분석하여 그 원인을 제거하기 위한 적절한 조치를 취함으로써 항공기의 감항성을 유지하는 정비방식
> ④ Carry-Over : 감항성에 영향을 미치지 않는 경우 MEL에 따라서 결함이 있는 상태로 항공기운용 하는 방식

**16** 항공기 정비 목표를 경제성을 제외한 나머지 3가지에 대하여 기술하시오.

> **정답** ① 감항성
> ② 정시성
> ③ 쾌적성

**17** 항공기 합법장치 계통 중 ILS에 대해 서술하시오.

> **정답** ① 계기 착륙 시설 : 활주로에서 지향성 전파를 발사해 최종 진입중인 항공기에게 정확한 활주로 진입각 지시
> ② Localizer : 활주로 중심선 지시
> ③ Glide Slope : 항공기 진입각 지시
> ④ Marker Beacon : 최종 접근 진입로 상에 설치 활주로까지의 거리 지시

# 필답테스트 기출복원문제

**01** 다음은 제트기관의 일부를 분해한 것이다. 이 부위의 명칭과, 분해시 쓰인 공구를 기술하시오.

**정답** ① 명칭 : 연소실(Combustion chamber)
② 공구 : 압축기(IC-988 클램프)

**02** 다음 그림 회로의 전체 저항을 구하시오.

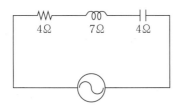

$4\Omega$    $7\Omega$    $4\Omega$

**정답** $Z = \sqrt{R^2 + (X_L - X_C)^2} = \sqrt{4^2 + (7-4)^2}$
$5\Omega$

**03** 다음 회로도에서 스위치를 눌렀을 때 최종적으로 나타나는 결과를 기술하시오.

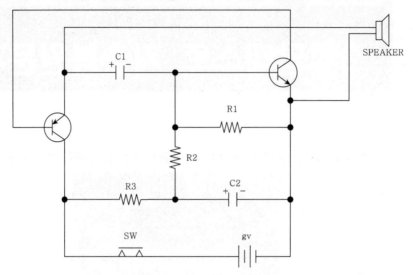

정답  결과 : 경보음이 울린다.


**04** 다음 특징에 맞는 세척제를 기술하시오.

> 가. 금속표면에 대한 솔벤트 세척제로서 작은 면적의 페인트를 벗기는 약품으로 극히 제한적으로 사용
> 나. 안전 솔벤트(safety solvent)라 하며, 이것은 일반세척과 그리스 세척제로 사용
> 다. 부드러운 세척용 물질로서, 항공기의 표면 세척용 세척제이며, 먼지, 오일 및 그리스를 제거하기
>     위한 항공기 표면 세척에 사용
> 라. 단단한 방부페인트를 유연하게 하려고 솔벤트 에멀션세척제와 혼합하여 일반 세척용으로 사용

정답  가. 메틸에틸케톤(methyl ethyl ketone : MEK)
    • 금속표면에 대한 솔벤트 세척제로서 작은 면적의 페인트를 벗기는 약품으로 극히 제한적으로
      사용
    • 약 24°F(−4.4°C)의 인화점
    • 휘발성이 강한 솔벤트 세척제이며, 금속세척 세제로도 이용
    • 호흡 시 인체에 매우 해롭기 때문에 사용도중 안전에 유의
  나. 메틸클로로포름(methyl chloroform)
    • 안전 솔벤트(safety solvent)라 하며, 이것은 일반세척과 그리스 세척제로 사용
    • 장시간 사용하면 피부염을 일으킬 수 있으므로 주의해서 사용
  다. 비누, 청정세제
    부드러운 세척용 물질로서, 항공기의 표면 세척용 세척제이며, 먼지, 오일 및 그리스를 제거하기
    위한 항공기 표면 세척에 사용

라. 케로신
- 단단한 방부페인트를 유연하게 하려고 솔벤트 에멀션 세척제와 혼합하여 일반 세척용으로 사용
- 다른 종류의 보호제와 함께 바르거나 씻는 작업이 뒤따라야 하며, 드라이클리닝 솔벤트와 같이 빨리 증발하지는 않으나, 세척된 표면상에 식별할 수 있는 막을 남긴다. 이때 생긴 막은 안전 솔벤트, 유화세제 또는 청정제 혼합물을 이용하여 제거

**05** 항공기용 축전지의 충전방법과 단점을 각각 기술하시오.

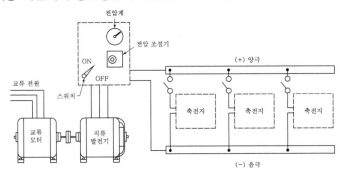

정답 ① 명칭 : 정전압 충전법
② 단점 : 충전시간을 미리 예측 할 수 없기 때문에 과충전의 우려가 있다.

**06** 항공기 연료탱크에서 기관으로 흐르는 연료를 시간당 부피, 무게단위로 측정하는 계기의 명칭과 종류 2가지를 기술하시오.

정답 ① 명칭 : 유량계(Flowmeter)
(항공기의 유량계의 연료유량은 흔히 파운드/시간(lb/h)또는 갤런/시간(gal/h)으로 표시)
② 종류 : 차압식 유량계(differential pressure-type flowmeter), 베인식 유량계(vane-type flowmeter), 질량식 유량계(mass flow type flowmeter)

**07** 항공기에 기체 재료에 사용되는 AA규격에 의한 ice-box 리벳의 종류 2가지와, ice-box에 보관하는 목적에 대하여 기술하시오.

정답 ① 종류 : 2017, 2024
② 보관 목적 : 이 리벳은 상온에서는 너무 강해 그대로는 리벳팅을 할 수 없으며, 열처리 후 사용 가능하다. 연화(annealing) 후 상온에서 그냥 두면 리벳이 경화되기 때문에 냉장고에 보관할 때 연화상태를 오래 지속시킬 수 있다. 냉장고로부터 상온에 노출하면 리벳은 경화되기 시작하며, 2017(D)는 약 1시간쯤 경과하면 리벳경도의 50%, 4일쯤 지나면 완전 경화하게 되므로 이 리벳은 냉장고로부터 꺼낸 후 1시간 이내에 사용해야 한다(2024는 10~15분 이내).

**08** 항공기 기체수리 시 반드시 지켜야할 기본원칙 4가지 사항을 기술하시오.

정답 ① 원래의 강도 유지
② 원래의 윤곽 유지
③ 최소무게 유지
④ 부식에 대한 보호

**09** 다음을 측정할 때 사용하는 게이지의 명칭을 기술하시오.

실린더 안지름 측정, 피스톤 링 옆간극 측정, 터빈 축의 휨 측정

정답 ① 실린더 안지름 측정 : 텔레스코핑 게이지
② 피스톤 링 옆간극 측정 : 두께 게이지
③ 터빈 축의 휨 측정 : 다이얼 게이지

**10** 항공기 연료의 구비조건 3가지를 기술하시오.

정답 ① 증기압이 낮아야 한다.
② 어는점이 낮아야 한다.
③ 인화점이 높아야 한다.
④ 단위 중량당 발열량이 커야 한다.
⑤ 부식성이 적어야 한다.
⑥ 점성이 낮아야 한다.

**11** 가스터빈기관에서 축류식 압축실속 방지법 3가지를 기술하시오.

정답 다축식 구조, 가변정익, 블리드 밸브

**12** 토크렌치의 유효 길이는 15″, 연결대의 유효 길이는 3″, 볼트의 필요 토크값이 1,440in-lb일 때 토크렌치의 지시값을 구하시오.

정답 $R = \dfrac{L \times T}{L + E} = \dfrac{15 \times 1,440}{15 + 3}$

1,200in-lb

**13** 다음에 해당하는 조명을 각각 2가지만 기술하시오.

> 조종실조명, 객실조명, 항공기외부조명

**정답** ① 조종실조명 : 실내조명, 계기 및 판넬조명, 표시등, 보조조명 등
② 객실조명 : 천장등, 출입구등, 독서등, 객실시안등, 화장실조명등, 비상등
③ 항공기외부조명 : 항공등, 출동 방지등, 착륙등, 착빙감시등, 선회등, 로고등

**14** 다음 그림과 같은 전류계의 션트저항을 구하시오.

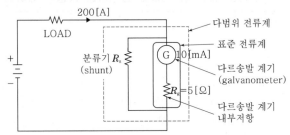

**정답** $0.01[A] \times 5[\Omega] = 199.99[A] \times R_S$

$R_S = 0.00025[\Omega]$

**15** 헬기의 완전관절식 주회전날개에 사용하는 힌지 3개를 기술하시오.

**정답** 플래핑 힌지, 페더링 힌지, 리드-래그 힌지

**16** 다음 가스터빈기관의 압축기 깃 손상상태 명칭과 원인을 기술하시오.

> 스코어, 소손, 가우징

**정답** ① 스코어(Score) : 깊게 긁힌 형태로 표면이 예리한 물체와 닿았을 때 생긴다.
② 소손(Burning) : 국부적으로 색깔이 변하거나 심한 경우 재료가 떨어져나간 상태
③ 가우징(Gouging) : 재료가 찢어지거나 떨어져 없어진 상태로서 비교적 큰 외부물질과 부딪혀 생기는 결함

# 필답테스트 기출복원문제

**01** 다음 보기의 부분에서 항공기의 결빙장소를 방빙하는 방법에 대하여 각각 기술하시오.

> ㄱ. 낫셀                                    ㄴ. 피토관
> ㄷ. 프로펠러

**정답** 방빙계통은 얼음이 어는 현상을 방지함을 목적으로 두고 있고 그에 따른 방법에서 가열공기식 방빙은 compressure bleed air와 연소히터를 이용하고, 전기적 방빙은 전기를 이용하여 heating하고, 화학적 방빙은 알코올을 사용하여 결빙온도를 내려 수분을 액체 상태로 유지하여 결빙됨을 방지한다.
> ① 낫셀 : 전기, 열
> ② 피토관 : 전기
> ③ 프로펠러 : 전기, 알코올

**02** 항공기 공장정비에서 부품을 정비하는 공장 정비의 정의 및 종류 3가지를 기술하시오.

**정답** 공장정비는 항공기 정비 시 많은 정비 시설과 시간이 요구되는 경우, 항공기의 장비 및 부품을 장탈하여 전문공장에서 수행하는 정비를 말한다.
> ① 기체공장정비 : 운항 정비에서 할 수 없는 정시점검, 기체 오버홀
> ② 기관공장정비 : 장탈한 기관의 검사, 기관 중정비, 기관의 상태정비, 기관 오버홀
> ③ 장비공장정비 : 장비의 벤치체크, 장비의 수리, 장비의 오버홀

**03** 항공기 오일의 역할에 대해 3가지 이상 기술하시오.

**정답** 윤활작용, 기밀작용, 냉각작용, 청결작용, 방청작용

**04** 항공기 기체구조의 강도를 유지하기 위한 페일 세이프 구조 종류 4가지를 기술하시오.

**정답** ① 다경로하중 구조(redundant structure) : 일부 부재가 파괴될 경우 그 부재가 담당하던 하중을 분담할 수 있는 다른 부재가 있어 구조 전체의 치명적 파괴를 방지하는 구조
② 이중구조(double structure) : 하나의 큰 부재 대신 2개 이상의 작은 부재를 결합시켜 하나의 부재와 같은 강도를 갖게 한 구조
③ 대치구조(back-up structure) : 하나의 부재가 전체하중을 지탱할 수 있을 경우, 파손에 대비하여 준비된 예비적인 대치부재를 가지고 있는 구조
④ 하중경감 구조(load dropping structure) : 부재가 파손되어 강성이 떨어질 때 강성이 떨어지지 않은 구조 부재에 하중을 전달하여 파괴가 시작된 부재의 파괴를 방지할 수 있는 구조

① 다경로하중 구조　② 이중구조　③ 대치구조　④ 하중경감 구조

**05** 다음 볼트 그림에 해당하는 명칭을 각각 기술하시오.

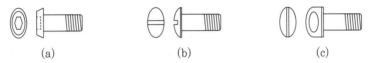

(a)　　　　　(b)　　　　　(c)

**정답** (a) 인터널렌칭 볼트　(b) 클레비스 볼트　(c) 아이 볼트

**06** 다음 [보기]에서 알맞은 것을 찾아 작성하시오.

―――――――――――――― [보기] ――――――――――――――
ㄱ. 체크 밸브　　　　　　　　ㄴ. 시퀀스 밸브
ㄷ. 릴리프 밸브　　　　　　　ㄹ. 퍼지 밸브

① 계통의 압력을 규정치 이상으로 되지 못하게 하는 밸브
② 작동유에 공기가 섞여 있을 때 탱크로 되돌려 보내주는 밸브
③ 한쪽 방향의 흐름은 허용하고 반대쪽 흐름은 흐르지 못하게 하는 밸브

**정답** ①-ㄷ　②-ㄹ　③-ㄱ

**07** 항공기 기관 마운트의 역할 2가지에 대하여 기술하시오.

**정답** ① 기관의 장착대　② 기관의 무게지지　기관의 추력을 기체에 전달

**08** 두 개의 축으로 구성된 터보팬기관에서 감속 중 또는 가속 중에 실속이 발생되는 부분은 어디인지 구술하시오.

정답 압축기

**09** 항공기 왕복기관 슈퍼차저의 종류 3가지를 기술하시오.

정답 ① 원심력식 슈퍼차저  ② 루츠식 슈퍼차저  ③ 베인식 슈퍼차저

**10** 공기 흡입 덕트의 역할 및 아음속 및 초음속 비행 시 각각의 알맞은 덕트의 형식을 기술하시오.

정답 ① 역할 : 고속으로 들어오는 공기의 속도를 감속시키면서, 압력을 상승한다.
② 아음속 : 확산형 공기 덕트
③ 초음속 : 수축-확산형 공기 덕트

**11** 다음 그림과 같은 조건에서의 항공기 무게중심을 구하시오.

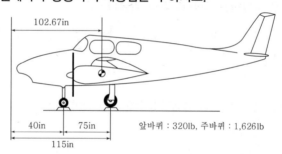

102.67in

40in  75in  앞바퀴 : 320lb, 주바퀴 : 1,626lb
115in

정답 기준선이 주 착륙장치 앞에 있는 전륜식 항공기 공식에 따라 대입하면

$$CG = D - \frac{F \times L}{W} = 115 - \frac{320 \times 75}{1,946} = 102.67 \text{인치}$$

- D : 기준선으로부터 주 착륙장치의 무게 측정점까지 수평거리
- L : 주 착륙장치 무게 측정점으로부터 앞 착륙장치 또는 꼬리 착륙장치의 무게 측정점까지 수평거리
- F : 앞 착륙장치 무게 측정점에서의 무게
- R : 뒤 착륙장치 무게 측정점에서의 무게
- W : 무게 측정 시기의 항공기 무게

① 기준선이 주 착륙장치 앞에 있는 전륜식 항공기 $CG = D - \dfrac{F \times L}{W}$ [그림(a)]

② 기준선이 주 착륙장치 앞에 있는 미륜식 항공기 $CG = D + \dfrac{R \times L}{W}$ [그림(b)]

③ 기준선이 주 착륙장치 뒤에 있는 전륜식 항공기 $CG = D + \dfrac{F \times L}{W}$ [그림(c)]

④ 기준선이 주 착륙장치 뒤에 있는 미륜식 항공기 $CG = D - \dfrac{R \times L}{W}$ [그림(d)]

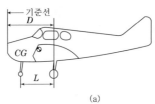

(a)

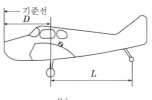

(b)

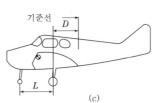

(c)

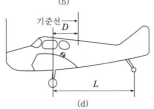

(d)

**12** 항공기 전기계통에서 주파수 400Hz를 사용하는 목적을 기술하시오.

정답 ① 소형화, 경량화의 이점 ② 최대 성능을 위한 무게 최소화 ③ 대량의 전원 사용

**13** 항공기에 사용되는 개스킷과 패킹 링의 공통 목적과 차이점에 대하여 기술하시오.

정답 ① 목적 : 유압과 공기압 계통에 사용, 계통의 손실 방지, 유체의 누설 최소화
② Gasket : 상대적으로 운동이 없는 고정부에 사용한다.
③ Packing : 상대적으로 운동하는 이동부에 사용한다(천연고무).

**14** 항공기 기체구조 판재굽힘 작업 중 S.B와 BA를 구하시오.(단, 두께 : 0.04, $R$ : 0.125, $\theta$ : 90°)

정답 ① $S.B = K(R + T) = \dfrac{\tan 90}{2}(0.125 + 0.04) = 0.165$

② $BA = \dfrac{\theta}{360} 2\pi \left(R + \dfrac{1}{2}t\right) = \dfrac{90}{360} 2\pi \left(0.125 + \dfrac{1}{2}0.04\right) = 0.227$

**15** 다음 용어를 서술하시오.

| 결함, 기능 불량, 분해 점검 |
| --- |

정답 ① 결함 : 항공기의 구성품 또는 부품 고장으로 계통이 비정상적으로 작동하는 상태
② 기능불량 : 항공기의 부품 또는 구성품이 목적한 기능을 상실하는 것
③ 분해점검 : 구성품이 지침서에 명시된 허용 한계값 이내인지를 확인하기 위해서 분해, 검사 및
점검을 하는 것

**16** 항공기 기체구조 수리 시 딤플링 작업에 대해 서술하시오.

**정답** 판재의 두께와 0.04인치 이하로 얇아서 카운터싱크 작업이 불가능할 때는 딤플링 작업을 한다. 작업방법은, 펀치와 버킹바를 사용하거나 리벳을 이용하는 방법이 있다. 판을 2개 이상 겹쳐서 동시에 딤플링 하는 방법은 가능한 한 삼가야 하며, 반대 방향으로 다시 딤플링해서는 안 된다. 또한, 제작 부품과 동일한 재료와 판 두께의 시험편에 대해 딤플링을 한 다음에는 균열의 발생이나 다른 카운터싱크된 결과와 딤플링 결과가 잘 일치하는지를 확인해야 한다.

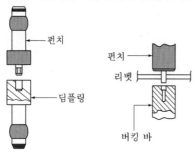

**17** 다음 그림에서 나타내고 있는 고도의 종류를 각각 기술하시오.

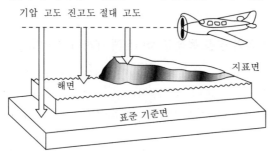

**정답** ① 진고도 : 해면상으로부터 현재 비행 중인 항공기까지의 고도
② 절대고도 : 현재 비행중인 항공기로부터 그 당시 지형까지의 고도
③ 기압고도 : 표준대기압인 해면(29.92inhg)으로부터 현재 비행중인 항공기까지의 고도

**01** 항공기 고도계의 기압보정방법 3가지에 대하여 다음 각 기호에 대해서 서술하시오.

> **정답** ① QNH 보정 : 해면으로부터의 고도인 진고도를 지시하도록 수정
> ② QFE 보정 : 고도계가 활주로로부터 고도, 즉 절대고도를 지시하도록 수정
> ③ QNH 보정 : 고도계가 표준 해면상으로부터의 높이인 기압고도를 지시하도록 수정

**02** 가스터빈기관의 연료계통 구성품은 다음과 같다. 아래의 연료계통 구성 흐름도에 보기를 보고 채우시오.

| 가. 연료조절기 | 나. 기관구동연료 펌프 |
|---|---|
| 다. 연료차단 밸브 | 라. 연료필터 |
| 마. 연료가열기 | 바. 연료압력스위치 |
| 사. 가압 및 드레인 밸브 | 아. 연료 매니폴드 |
| 자. 연료유량변환기 | 차. 연료분사 노즐 |

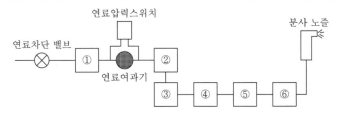

> **정답** ① – 나(기관구동연료 펌프), ② – 마(연료가열기), ③ – 가(연료조절기), ④ – 자(연료유량변환기),
> ⑤ – 사(가압 및 드레인 밸브), ⑥ – 아(연료 매니폴드)

**03** 항공기 방빙장치에서 공기식과 전기식의 사용처에 대하여 서술하시오.

> **정답** ① 공기식 방빙 : 날개 앞전, 조종면 등
> ② 전기식 방빙 : 윈드실드, 피토 튜브, 레이돔, 프로펠러

**04** 항공기 교류전동기의 종류 3가지와 기능에 대하여 서술하시오.

> **정답** ① 만능전동기 : 교류와 직류를 겸용으로 사용할 수 있다.
> ② 유도전동기 : 시동이나 계자 여자가 있어 특별한 조치가 필요 없고 부하 범위가 넓다.
> ③ 동기전동기 : 일정한 회전수가 필요한 기구에 사용된다.

**05** 다음 그림과 같은 작업의 방법 및 장점에 대하여 서술하시오.

위쪽 롤러
스웨이징 단자
조종 케이블
아래쪽 롤러
래칫 핸들

> **정답** ① 작업 방법 : 조종케이블과 터미널을 이용한 스웨이징 연결
> 방법
> ② 작업 장점 : 연결 부분 케이블 강도를 100% 유지하여 가장
> 많이 사용되는 연결 방법

**06** 다음과 같은 터빈 깃의 손상 원인에 대하여 기술하시오.

> **정답** ① 물결무늬 모양 : 과열에 의한 변형
> ② 머리카락 모양 : 열응력에 의한 균열

**07** 다음과 같은 두께의 철판을 굽히려 한다. 각각의 물음에 답하시오.

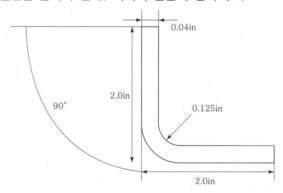

0.04in

2.0in

90°

0.125in

2.0in

> **정답** ① 몰드 포인트(mold point)에서 곡률 중심사이의 거리를 구하시오.
> $SB = K(R + T) = 0.165$
> ② 굽힘 여유(band allowance)를 구하시오.
> $$BA = \frac{\theta}{360} \times 2\pi\left(R + \frac{1}{2}\right) = \frac{90}{360} \times 2\pi\left(0.125 + \frac{1}{2}0.04\right) = 0.228$$

**08** 항공기의 강착 장치의 역할 3가지를 서술하시오.

> **정답**  ① 착륙 시 충격흡수
> ② 지상 작동 중 항공기 무게지지
> ③ 활주나 토잉 시 진동 감소
> ④ 지상활주 시 방향전환 및 제동

**09** 항공기 유압계통이 사용되는 계통 3가지 이상을 서술하시오.

> **정답**  ① 착륙장치 계통
> ② 브레이크 계통
> ③ 조종장치 계통

**10** 항공기 T형 계기판에서 계기명칭을 서술하시오.

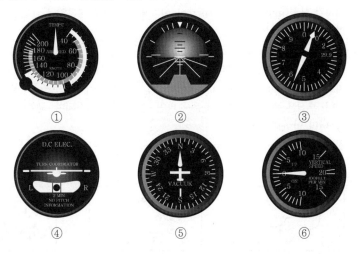

> **정답**  ① 속도계
> ② 자세계
> ③ 고도계
> ④ 선회계
> ⑤ 기수방위지시계
> ⑥ 승강계

**11** 다음 각각의 실린더 외부 명칭에 대해 기술하시오.

정답 ① 로커 암 보스 ② 냉각 핀 ③ 플랜지 ④ 스커트 ⑤ 실린더 동체(배럴) ⑥ 실린더 헤드 ⑦ 밸브 스프링

**12** 항공기 기체재료의 부식 종류에 대하여 3가지 이상 기술하시오.

정답 ① 표면 부식(surface corrosion) : 가장 일반적인 부식으로 금속 표면이 공기 중의 산소와 직접 반응하여 발생된다.
② 이질금속간 부식(galvanic corrosion) : 동전기 부식, 두 종류의 이질금속이 접촉하여 전해질로 연결되면 한쪽 금속에 부식이 촉진된다.
③ 점부식(pitting corrosion) : 금속의 표면이 국부적으로 깊게 침식되어 작은 점을 만드는 부식이며, 이는 잘못된 열처리나 기계작업에서 생기는 합금 표면의 균일성 결여 때문에 발생된다.
④ 입자간 부식(intergranular corrosion) : 재료의 입자 성분이 불균일한 것이 원인으로 부적절한 열처리가 주원인이 된다.
⑤ 응력 부식(stress corrosion) : 부식 조건하에서 장시간 동안 표면에 가해진 정적인 인장 응력의 복합적인 효과로 발생된다.
⑥ 피로 부식(fatigue corrosion) : 부식환경에서 금속에 가해지는 반복응력에 의한 응력부식의 형태이며, 부식은 응력이 작용되어 움푹 파인 곳에서부터 시작되며, 균열이 진행되기 전에는 부식형태를 미리 알아내기 어렵다.
⑦ 찰과 부식(fretting corrosion) : 밀착된 구성품 사이에 작은 진폭의 상대운동이 일어날 때에 발생하는 제한된 형태의 부식이다.

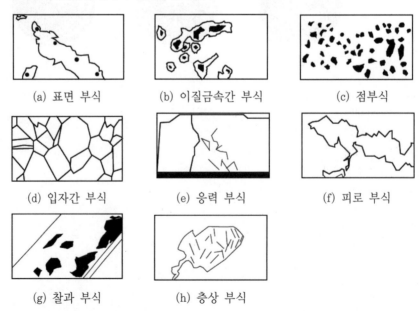

(a) 표면 부식    (b) 이질금속간 부식    (c) 점부식

(d) 입자간 부식    (e) 응력 부식    (f) 피로 부식

(g) 찰과 부식    (h) 층상 부식

**13**  축류식 압축기의 실속 방지책 3가지 이상을 서술하시오.

**정답**  ① 다축식 구조
② 가변 정익 베인
③ 가변 입구 안내 깃
④ 블리드 밸브
⑤ 가변 바이패스 밸브

**14**  항공기 직류발전기의 고장 원인 및 조치 내용에 대하여 서술하시오.

**정답**  ① 출력전압이 측정이 안 된다.
② 출력전압이 너무 높다.
③ 출력전압의 변동이 심하다.

| 고장 형태 | 고장 원인 | 조치사항 |
|---|---|---|
| 발전기의 출력 전압이 너무 높은 경우 | 전압 조절기 기능불량 | 전압 조절기 조절, 저항회로 점검 |
| | 전압계의 고장 | 전압계 점검 |
| 발전기의 출력 전압이 너무 낮은 경우 | 전압 조절기의 부정확한 조절 | 전압 조절기 조절 |
| | 계자회로의 잘못된 접속 | 회로를 올바르게 접속 |
| | 전압조절기의 조절용 저항의 불량 | 조절용 저항 교환 |
| 발전기의 출력 전압의 변동이 심한 경우 | 측정 전압계의 잘못된 연결 | 전압계 올바르게 연결 |
| | 전압 조절기의 불충분한 기능 | 전압 조절기 수리, 교환 |
| | 발전기 브러시의 마멸 | 브러시 교환 |
| | 브러시가 꽉 끼어 접촉되지 못한 상태 | 마멸된 브러시 교환, 브러시 홀더 교환 |
| 발전기의 출력 전압이 나오지 않는 경우 | 발전기 스위치 작동의 불량 | 스위치 부분 점검 |
| | 서로 바뀐 극성 | 극성을 올바르게 연결 |
| | 회로의 단선이나 단락 | 단선, 단락 부분을 올바르게 연결 |

**15** 자동차 가솔린 기관은 9,000rpm을 내는데, 프로펠러 항공기용 가솔린엔진은 어떤 부품을 제한하였더니 2,800rpm이 나왔다. 기관의 회전수를 제한하는 이유와 장치의 명칭에 대하여 서술하시오.

 ① 프로펠러 감속기어 : 엔진이 최대 출력을 내기 위하여 고rpm으로 회전하는 동안 엔진의 출력을 흡수하여 가장 효율적인 속도로 프로펠러를 회전 시킨다. 감속기어를 사용할 때는 항상 엔진보다 느리게 회전하게 된다.

② 제한하는 이유 : 깃 끝 속도가 음속에 가까워지면 실속이 일어나 프로펠러 효율이 급격히 감소된다. 감속 기어를 사용하여 프로펠러 깃 끝 속도를 음속의 90% 이하로 제한한다.

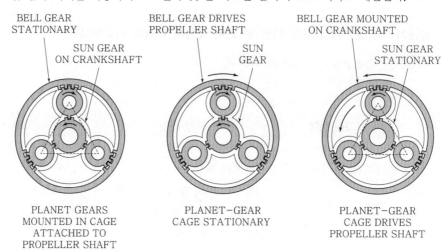

**01** 다음 리벳의 길이를 직경(D)을 이용하여 각각의 공식을 기술하시오.

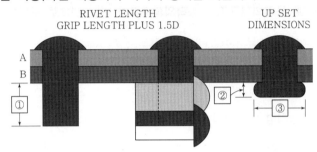

RIVET LENGTH
GRIP LENGTH PLUS 1.5D

UP SET
DIMENSIONS

**정답** ① 1.5D ② 0.5D ③ 1.5D


**02** 보기에 해당하는 곳에 알맞게 기입하시오.

> ① 과열탐지기
> ② 연기탐지기
> ③ 화재과열탐지기

─────────────── [보기] ───────────────

가. 기관, 보조동력장치(   )
나. 화장실, 화물실(   )
다. 랜딩기어, 날개앞전, 장비실(   )

**정답** 가. 기관, 보조동력장치(③)
　　　 나. 화장실, 화물실(②)
　　　 다. 랜딩기어, 날개앞전, 장비실(①)


**03** 가스터빈기관의 EPR은 어떤 압력비를 구분하고 EPR 목적에 대하여 기술하시오.

**정답** ① EPR 압력비 구분 : 압축기 입구 전압력, 터빈 출구 전압력
　　　 ② EPR을 통해 알수 있는 것 : 연소실의 연소효율로 인한 추력을 알 수 있다.

**04** 다음 리벳의 기호가 나타내는 것을 기술하시오.

> MS 20426 AD 4-5

**정답**
- 머리 종류 : 둥근머리 리벳
- AA규격 : 2117T
- 리벳 지름(단위 포함) : 4/32″ 또는 1/8″
- 리벳 길이 : 5/16″

**05** 동체구조 3가지를 응력외피구조와 응력외피구조가 아닌 것으로 구분하여 기술하시오.

**정답**
① 응력외피구조 : 모노코크, 세미모노코크 구조
② 응력외피구조가 아닌 것 : 트러스 구조

**06** 가스터빈기관 애뉼러형 연소실의 장점 3가지를 서술하시오.

**정답**
① 구조가 간단한다.
② 길이가 짧고, 전면면적이 작다.
③ 연소가 안정하다.
④ 출구온도가 균일하다. 연소효율이 우수하다. 중량이 적다.

**07** 항공기에 사용되는 볼트 중 고착 방지 콤파운드를 사용하는 것이 있다. 아래 항목에 대해 서술하시오.

> 장착 위치, 사용 이유, 사용 부위

**정답**
① 장착환경 위치 : 열에 의한 응력변형으로 고착이 예상되는 곳(엔진 및 나셀 부분)
② 사용 이유 : 고착을 방지하여 분해 조립이 원활하게 이루어지도록 한다.
③ 사용 부위 : 나사산 부분

**08** 다음 항공기 무게중심에 관한 질문에 대하여 각각 기술하시오.

가. 항공기 무게를 계산하는 기초무게로써 승무원, 승객 등의 유용하중, 사용 가능한 연료, 배출 가능한 윤활유의 무게를 포함하지 않는 상태에서 항공기의 무게를 무엇이라고 하는가?

나. 다음 항공기의 무게중심을 구하시오.(단, 전체중량은 885KG)

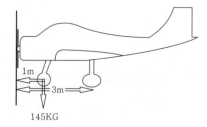

1m
3m
145KG

**정답** ① 항공기의 자기무게

② $\dfrac{\text{총 모멘트}}{\text{항공기 총 중량}} = \dfrac{(1m \times 145kg) + (3m \times (885-145)kg)}{885kg} = 2.672$

소수 셋째 자리에서 반올림하여 항공기 기준선으로부터 후방 2.67m

**09** 다음은 벤딕스(Bendix) 마그네토의 형식을 표시한 것이다. 형식을 해석하시오.

> S 6 L N

**정답**
- S : 싱글 마그네토
- 6 : 실린더의 수(6기통)
- L : 구동축에서 본 마그네토의 회전방향(좌회전)
- N : 제작사 표시(벤딕스 신틸라)

**10** 항공기에 사용되는 다기능 밸브(Pressure Regulating and Shut Off Valve)의 기능 3가지를 서술하시오.

**정답**
① 개폐기능
② 압력조절 기능
③ 역류 방지 기능
④ 밸브 내부의 공기 흐름 조절 기능, 기관 작동 시의 역류 방지 기능의 해제

**11** 현재 사용 중인 계기착륙장치(ILS)에 비해 마이크로파 착륙장치(MLS)가 가지는 장점 3가지를 서술하시오.

**정답**
① ILS의 진입로는 단 1개인데 비해 MLS는 진입영역이 넓고, 곡선진입이 가능
② ILS는 VHF, UHF 대역의 전파를 사용하므로 건물, 지형 등의 반사 영향을 받기 쉬우나, MLS는 마이크로 주파수 대역을 사용하므로 건물, 전 방지형의 영향을 적게 받음
③ ILS의 운용주파수 채널수가 40채널인데 비해 MLS는 채널수가 200채널로 간접문제가 경감
④ 풍향, 풍속 등 진입 착륙을 위한 기상 상황이나 각종 정보를 제공할 수 있는 자료 링크의 기능

**12** 실린더 배럴 마멸 한계값 초과 시 수리방법에 대하여 서술하시오.

**정답**
① 오버사이즈값으로 깎아내고, 피스톤링과 피스톤을 오버사이즈값으로 교환한다.
② 표준값으로 크롬 도금한다.
③ 새로운 배럴로 교환한다.

2013년 2회 **13-02-9**

**13** 다음 각 기호에 대해서 기술하시오.

| | |
|---|---|
| | ① 릴레이 : 릴레이 코일에 전류가 흐르면 아랫방향으로 연결되고, 전류가 끊어지면 다시 윗 방향으로 전류가 흐른다. |
| | ② 다이오드 : 전류의 흐름이 한 쪽 방향으로만 흐르고, 반대로는 흐르지 못하게 한다. |
| | ③ 트랜지스터 : 이미터를 거쳐 베이스를 통과하여 컬렉터로 전류가 흐른다.(PNP형) |

**14** 항공기 장비품의 정비방법 3가지를 서술하시오.

정답 ① Hard Time : 시한성 정비 방식. 정비 시간의 한계 및 폐기 시간의 한계를 정해서 정기적으로 분해, 점검 또는 교환하는 방식
② On Condition : 일정한 주기로 점검하여 다음 주기까지 감항성을 유지할 수 있다고 판단되면 계속 사용하고, 발견된 결함에 대해서는 수리 또는 교환하는 방식
③ Condition Monitoring : 시스템이나 장비품의 고장을 분석하여 그 원인을 제거하기 위한 적절한 조치를 취함으로써 항공기의 감항성을 유지하는 정비방식
④ Carry-Over : 감항성에 영향을 미치지 않는 경우 MEL에 따라서 결함이 있는 상태로 항공기를 운용하는 방식

**15** 다음 왕복기관 밸브 개폐 시기 선도를 나타낸 것이다. 다음 각각의 물음에 답하시오.

가. 밸브 오버랩 각도는?

나. ㉠, ㉡, ㉢, ㉣ 부분별 행정과정 명칭을 기입하시오.

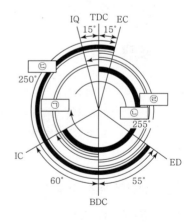

정답 가. 30도(흡입 밸브가 열리고 배기 밸브가 닫힐 때의 각도)
나. ㉠ 압축행정
㉡ 흡입행정
㉢ 배기행정
㉣ 폭발 또는 출력행정

**01** 항공기용 호스 외관에 표시하는 식별방법 3가지를 기술하시오.

정답 ① 호스표면에는 선, 문자, 숫자 등의 식별코드로 호스의 크기, 제작사, 제조날짜, 사용가능압력,
사용가능온도 등의 지식을 제공한다.

②

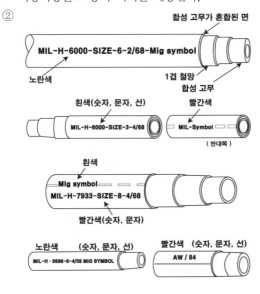

호스의 식별

| 구분 | 호스의 특징 | 코드의 색 |
|---|---|---|
| (a) | 방향족 유류와 불꽃에 강함 | 노란색 |
| (b) | 방향족 유류에 강하고 내열성이 있으나 호스 자체로 밀폐되지 않음 | 흰색/빨간색 |
| (c) | 방향족 유류, 오일, 불꽃에 강함 | 빨간색 |
| (d) | 방향족 유류에 강하고 자동 밀폐되지 않음 | 노란색 |
| (e) | 방향족 유류에 강하고 자동 밀폐됨 | 빨간색 |

③ 유관의 식별 : 색깔, 문자, 그림을 사용한다.

**02** 다음은 가스터빈기관의 터빈 깃 냉각방식을 나타낸 것이다. 그림에 해당하는 터빈 깃 냉각방법에 대하여 기술하시오.

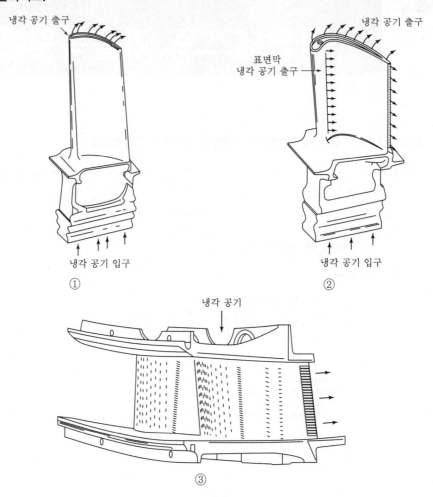

정답 ① 내부 냉각
　　② 내부와 표면막 냉각
　　③ 표면막 냉각

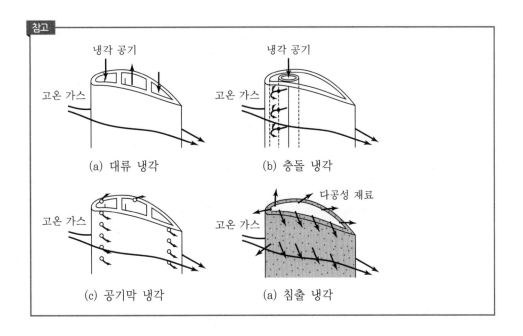

<table>
<tr><td>(a) 대류 냉각</td><td>(b) 충돌 냉각</td></tr>
<tr><td>(c) 공기막 냉각</td><td>(a) 침출 냉각</td></tr>
</table>

**03** 왕복엔진에서 터보차저의 동력공급원에 대하여 기술하시오.

> **정답** ① 엔진의 배기가스로부터 얻은 터빈 휠에 의해 구동되도록 설계된 외부 동력장치
> ② 램 공기압 : 터보 압축기의 입구 쪽에 작용하여 기화기 또는 연료분사입구 쪽으로 출력

**04** 다음 그림에서 (a), (b), (c)의 명칭을 쓰고, 굽힘여유를 구하시오.(두께 1mm, 반지름 2mm, 굽힘각도 45도)

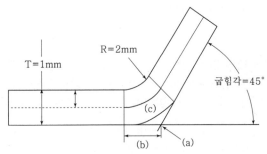

> **정답** ① (a) 성형점
> (b) 세트백(SB)
> (c) 굽힘허용량(BA)
> ② $BA = \dfrac{\theta}{360} 2\pi \left( R + \dfrac{1}{2} T \right) = \dfrac{45}{360} 2\pi \left( 2 + \dfrac{1}{2} 1 \right) = 1.96 \text{mm}$

**05** 다음 그림과 같은 왕복엔진의 실린더 번호와 어떤 형식의 엔진인지 기술하시오.

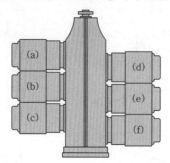

정답  ① (a) 6번, (b) 4번, (c) 2번, (d) 5번, (e) 3번, (f) 1번
② 수평대향형 엔진
③ 점화순서 : 1-6-3-2-5-4


**06** 연료계통에서 engine driven pump에서 by-pass valve가 작동하는 경우 3가지를 기술하시오.

정답  ① 연료공급 후 남은 연료를 되돌릴 때
② 엔진이 작동하지 않을 때
③ 연료필터에 고체 이물질이 있을 때


**07** 항공기 착륙 시 바퀴가 지면의 마찰로 인해 떨리는 현상을 무엇이라 하며, 그 현상을 방지하기 위한 장치의 명칭을 기술하시오.

정답  ① 시미(shimmy)현상
② 시미댐퍼(shimmy damper)


**08** 비행 중 각 연료탱크 내의 연료 중량과 연소 소비 순서 조정은 연료 관리 방식에 의해 수행되는데 그 방법으로는 탱크 간 이송(tank to tank transfer) 방법과 탱크와 기관 간 이송(tank to engine transfer) 방법이 있다. 이 두 가지 방법에 대한 차이점을 기술하시오.

정답  ① tank to tank transfer : 각 연료탱크에서 해당 기관으로 연료를 공급하고, 그 소비되는 양만큼 동체의 연료탱크에서 각각의 연료탱크로 이송하고, 그 후 날개 안쪽에서 바깥쪽 연료탱크로 이송하는 방법이다. 연료를 이송 중 모든 탱크의 연료량이 같아지면 연료이송을 중단한다.
② tank to engine transfer : 각 연료탱크 간의 연료 이송은 하지 않고, 먼저 동체 연료탱크에서 모든 기관으로 연료를 공급한 후, 날개 안쪽 연료탱크에서 연료를 공급하다가 모든 연료탱크의 연료량이 같아지면 각각의 연료탱크에서 해당 기관으로 연료를 공급한다.

**09** 가스터빈기관에서 역추력장치 종류 2가지에 대하여 기술하시오.

> **정답**  ① 케스케이드 리버서(cascade reverser) : 공기 역학적 차단장치
> ② 클램셀 리버서(clamshell reverser) : 기계적 차단장치

**10** 항공기 왕복엔진 부자식 기화기에서 이코너마이저의 목적과 형식 종류 3가지를 기술하시오.

> **정답**  ① 목적 : 연료출력이 순항 출력 이상일 때 농후 혼합비를 형성하기 위해 연료를 추가로 공급
> ② 종류 : 니들 밸브식, 피스톤식, 매니폴드 압력식

**11** 왕복엔진에서 디토네이션이 일어나는 원인으로 과압력과 과온도를 발생시키는 원인 4가지를 기술하시오.

> **정답**  ① 높은 흡입 공기온도
> ② 너무 낮은 연료의 옥탄가
> ③ 너무 높은 압축비
> ④ 너무 희박한 공기 혼합비

**12** 항공기에서 사용하는 전원에서 교류 전원보다 직류전원 사용 시 발생하는 단점 3가지를 기술하시오.

> **정답**  ① 무게 증가
> ② 전압 불안정
> ③ 전력 소모 증가
> ④ 큰 전력 사용 시 도선이 굵어짐

**13** 항공기의 무게중심을 앞으로 옮겼을 경우 단점 4가지를 기술하시오.

> **정답**  ① 연료 소모량 증가
> ② 필요 출력 증가
> ③ 착륙 시 Nose Up 곤란
> ④ 출력 감소 시 급강하 경향
> ⑤ 진동 발생
> ⑥ Nose Wheel에 과하중 작용, Flap의 불안정 작동, 지상활주 시 방향 불안정

**14** 다음의 항공기 기체손상에 관한 용어를 올바르게 연결하시오.

| | | | |
|---|---|---|---|
| Scratch | ① | 가. | 피로파괴 |
| Burning | ② | 나. | 소손 |
| fatigue failure | ③ | 다. | 마모 |
| fretting corrsion | ④ | 라. | 마찰부식 |
| Abrasion | ⑤ | 마. | 긁힘 |

 정답
① → 마
② → 나
③ → 가
④ → 라
⑤ → 다

**15** 항공기의 기체수리 시 기본원칙 3가지를 기술하시오.

정답 ① 원래의 강도 유지
② 원래의 윤곽 유지
③ 최소 무게 유지
④ 부식에 대한 보호

**01** 항공기 기체 제작 및 수리 시 사용하는 블라인드 리벳에 대하여 서술하시오.

**정답** ① 일반적인 사용처
　　　 일반 리벳을 사용하기에 부적당한 곳이나, 리벳작업을 하는 반대쪽에 접근할 수 없는 곳에 사용
　　② 사용해서는 안 되는 부분
　　　 인장력이 작용하거나 리벳 머리에 갭(Gap)을 유발시키는 곳, 진동 및 소음발생지역, 유체의
　　　 기밀을 요하는 곳에서는 사용을 금지
　　③ 종류 : 팝 리벳, 마찰 고정 리벳, 체리 고정 리벳, 체리 맥스 리벳

**02** 다음 가스터빈기관의 압축기 깃 손상상태 명칭과 원인을 기술하시오.

> 스코어, 소손, 가우징

**정답** ① 스코어(score) 원인 : 깊게 긁힌 형태로 표면이 예리한 물체와 닿았을 때 생긴다.
　　② 소손(Burning) 원인 : 국부적으로 색깔이 변하거나 심한 경우 재료가 떨어져나간 상태
　　③ 가우징(Gouging) 원인 : 재료가 찢어지거나 떨어져 없어진 상태로서 비교적 큰 외부 물질과 부딪
　　　혀 생기는 결함

**03** 다음 그림 각각의 축압기 명칭을 기술하시오.

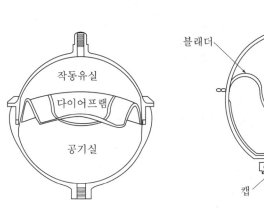
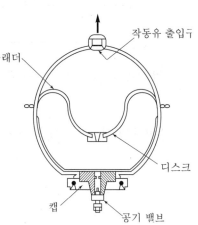

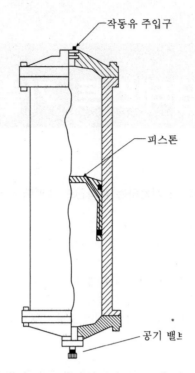

작동유 주입구

피스톤

공기 밸브

**정답** ① 다이어프램형 ② 블래더형 ③ 피스톤형

**04** 다음 그림에서 알 수 있는 화재탐지회로의 명칭을 기술하시오.

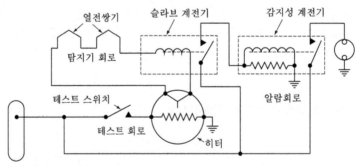

열전쌍기

슬라브 계전기

감지성 계전기

탐지기 회로

테스트 스위치

테스트 회로

히터

알람회로

**정답** 서모 커플형(Thermocouple type) 화재탐지회로

**05** 왕복엔진의 타이밍이 다음과 같을 때 배기 밸브가 열려있는 각도는?

| | |
|---|---|
| IO : 10°BTC | IC : 55°ABC |
| EO : 20°BBC | EC : 20°ATC |

**정답** 20°+180°+20°=220°

**06** 다음 그림의 밸브 명칭 및 역할을 각각 기술하시오.

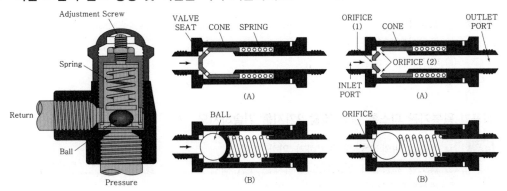

> **정답** ① 릴리프 밸브(Relief Valve) : 계통 내의 압력을 규정값 이내로 제한하여 과도한 압력으로부터
> 계통의 파손을 방지
> ② 체크 밸브(Check Valve) : 작동유의 흐름을 허용하고 반대방향으로의 흐름은 차단

**07** 다음 항공기 지상유도신호의 의미를 각각 기술하시오.

1)                     2)                     3)

> **정답** 1) 기관정지(cut engine), 2) 고임목 설치(chockinsert), 3) 감속(slow down)

**08** 항공기 연료계통에서 발생할 수 있는 베이퍼락(Vapour Lock)의 의미와 방지법을 기술하시오.

> **정답** ① 베이퍼락 : 내연기관의 연료공급장치에서 증기나 기포가 발생해 연료흐름이 부분적으로 또는
> 완전히 중단되는 현상이다.
> ② 방지법 : 기화성이 낮은 연료 사용, 연료의 온도가 높아지지 않도록 연료라인부의 단열재사용,
> 부스터 펌프를 사용한다.

**09** 금속 100g을 합성하는데 수지 50g이 필요하고 수지 10g에 필요한 촉매제의 양이 2.5g일 때 금속 150g을 합성하는데 필요한 수지와 촉매제의 양을 구하시오.

> **정답** ① 100g : 50g = 150g : x[수지 : 75g]
> ② 10g : 2.5g = 75g : y[촉매제 : 18.75g]

**10** 항공기 계기착륙장치의 종류를 기술하시오.

> **정답** ① 로컬라이저
> ② 글라이드 슬로프
> ③ 마커비콘

**11** 항공기 왕복기관 피스톤 링의 역할 3가지를 기술하시오.

> **정답** ① 연소실 내의 압력을 유지하기 위한 밀폐
> ② 과도한 윤활유가 연소실로 들어가는 것을 막음
> ③ 피스톤으로부터 실린더 벽으로 열을 전도

**12** 공기 구조손상을 수리 시 적용하는 기본원칙 4가지를 기술하시오.

> **정답** ① 본래의 강도 유지
> ② 본래의 윤곽 유지
> ③ 최소 무게 유지
> ④ 부식 방지 처리

**13** Shroud Blade의 장점 3가지를 기술하시오.

> **정답** ① Turbine Wheel의 효율 증대
> ② 가늘고 길게 경량제작이 가능하고 팁에서의 과중한 가스하중에 의한 블레이드 뒤틀림 혹은 퍼짐 방지
> ③ 진동을 감소시키고 칼날형 공기실을 장착할 근거를 제공한다.

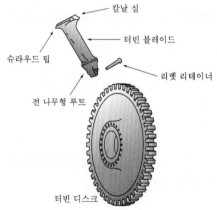

칼날 실
터빈 블레이드
슈라우드 팁
리벳 리테이너
전 나무형 루트
터빈 디스크

**14** 다음 그림 전기의 폐회로에서 키르히호프의 제1법칙에 의해 유도할 수 있는 전류의 관계식을 기술하시오.

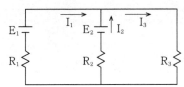

**정답** $I_1 + I_2 = I_3$


**15** 다음 보기에 해당하는 방빙, 제빙의 방법을 기술하시오.

> 리딩 에지, 왕복기관의 캬뷰레이터, 피토 튜브

**정답** ① 리딩 에지 : 리딩 에지 내부에 가열된 공기를 보내어 얼음형성을 방지(열적 방빙)
② 왕복기관의 카뷰레이터 : 알코올을 분사해 어는점을 낮춰 방빙(화학적 방빙)
③ 피토 튜브 : 전기 히터를 이용하여 방빙(전기적 방빙)


**16** 다음 보기에 맞는 점검 내용을 기술하시오.

> A Check, B Check, C Check, D Check

**정답** ① A Check : 운항에 직접 관련해서 빈도가 높은 정비단계로서 항공기 내·외의 Walk-Around inspection, 특별장비의 육안점검, 액체 및 기체류의 보충, 결함 교정, 기내청소, 외부세척 등을 행하는 점검
② B Check : 항공기 내·외부의 육안 검사, 특정 구성품의 상태점검 또는 작동점검, 액체 및 기체류의 보충을 행하는 점검
③ C Check : 제한된 범위내에서 구조 및 계통의 검사, 계통 및 구성품의 작동점검, 계획된 보기 교환, Servicing 등을 행하여 항공기의 감항성을 유지하는 점검
④ D Check : 인가된 점검주기 시간 한계내에서 항공기 기체구조 점검을 주로 수행하며, 부분품의 기능점검 및 계획된 부품의 교환, 잠재적 교정과 Servicing 등을 행하여 감항성을 유지하는 기체점검의 최고단계를 말한다.


**17** 항공기용 "AN 350 B 1032" 너트를 해석하시오.

**정답** • AN 350 : 미 공군, 해군 표준규격의 나비 너트
• B : 너트의 재질(B : 황동)
• 10 : 너트 지름 : 10/16인치
• 32 : 1인치당 나사산 수 : 32개

01 항공기 기압 고도계 오차의 종류 4가지를 기술하시오.

[정답] ① 눈금오차
② 온도오차
③ 기계적 오차
④ 탄성오차

02 항공기 전기계통에 사용되는 3상 교류발전기 극수가 8개, 6,000rpm이다. 주파수를 구하시오.

[정답] $f = \dfrac{P}{2} \times \dfrac{N}{60} = \dfrac{8}{2} \times \dfrac{6,000}{60} = 400\text{rpm}$

03 가스터빈기관의 압축기 및 터빈의 평형이 맞지 않을 때 정비 과정에 대하여 기술하시오.

[정답] ① 보정(calibration) : 불평형을 찾기 위해 로터의 반지름을 공식에 대입시켜 보정 무게를 사용하여 평형 검사 장비에 인위적으로 입력시키는 과정
② 없앰(null out) : 정확한 불평형을 찾기 위해 반대쪽에서 발생되는 불평형을 제거하는 방법
③ 분리(separation) : 바로잡기 수평면을 분리시켜 전·후방을 용이하게 바로잡게 하는 방법

04 다음 점검에 대해 기술하시오.

A Check, B Check, C Check, D Check

[정답] ① A Check : 운항에 직접 관련해서 빈도가 높은 정비단계로서 항공기 내·외의 Walk-Around inspection, 특별장비의 육안점검, 액체 및 기체류의 보충, 결함 교정, 기내청소, 외부세척 등을 행하는 점검
② B Check : 항공기 내·외부의 육안 검사, 특정 구성품의 상태점검 또는 작동점검, 액체 및 기체류의 보충을 행하는 점검
③ C Check : 제한된 범위내에서 구조 및 계통의 검사, 계통 및 구성품의 작동점검, 계획된 보기 교환, Servicing 등을 행하여 항공기의 감항성을 유지하는 점검

④ D Check : 인가된 점검주기 시간 한계내에서 항공기 기체구조 점검을 주로 수행하며, 부분품의 기능점검 및 계획된 부품의 교환, 잠재적 교정과 Servicing 등을 행하여 감항성을 유지하는 기체점검의 최고단계를 말한다.

**05** 승강키 조종계통 점검과정에서 승강키가 상하로 움직이지 않는다. 고장 원인과 대책을 기술하시오.

| 고장 원인 | 대책 |
|---|---|
| 스톱(stop)의 위치가 부적절하다. | 스톱(stop)의 위치를 조절한다. |
| 푸시풀 튜브가 구부러져 있다. | 푸시풀 튜브를 교환한다. |
| 연결부의 베어링이 닳았다. | 연결부의 베어링을 교환한다. |

**06** 알루미늄 합금에 부식이 생겼을 때 부식을 제거한 후 화학적 피막처리를 하는 이유와 그 방법 두 가지를 기술하시오.

**정답** ① 피막처리 이유 : 부식에 대한 저항증가와 도장작업(페인트칠)을 좋게 하기 위해
② 방법 : 아노다이징, 알로다이닝

**07** 날개구조 중 그림에 해당하는 명칭 및 역할에 대하여 각각 기술하시오.

 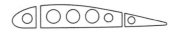

**정답** ① 명칭 : 리브
② 역할 : 날개 단면이 공기역학적 형태를 유지하도록 하고, 외피에 작용하는 하중을 스파에 전달

**08** 항공기 왕복기관 오일계통 분광시험 시 검출된 금속별로 예상 결함 부위와 그때 사용하는 단위는?

> 가. 철, 은, 구리
> 나. 마그네슘, 알루미늄, 철
> 다. 단위

**정답** ① 철금속 : 피스톤 링, 밸브 스프링, 베어링
② 은분입자 : 마스터 로드 실
③ 구리입자 : 부싱, 밸브가이드
④ 알루미늄 합금 : 피스톤, 기관 내부
⑤ 마그네슘 : 기어박스 케이스

⑦ 주석 : 납땜한 곳

⑥ 단위 : PPM(Parts Per Million) 입자의 개수를 100만분의 1단위로 나타낸다. 예를 들어 300PPM 이라면 300/1,000,000이므로 백분율로 하면 0.03이 된다.

**09** 다음 그림에 나오는 기구의 명칭과 기능을 기술하시오.

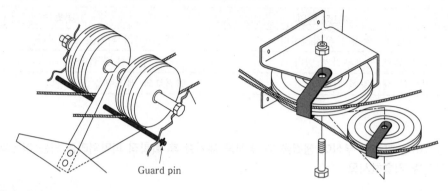

Guard pin

[정답] 풀리(pully), 케이블의 진행방향을 변경시켜준다.

**10** 다음 항공기 지상유도신호의 의미를 각각 기술하시오.

1)  2)  3)

[정답] 1) 기관정지(cut engine)
2) 고임목 설치(chockinsert)
3) 감속(slow down)

**11** over heating warning system 의 기능과 장착 위치에 대하여 기술하시오.

[정답] ① 기능 : 화재탐지
② 장착위치 : 나셀 및 터빈

**12** 항공기에 사용하는 브레이크의 종류 4가지를 기술하시오.

정답 ① 슈 브레이크
② 싱글 디스크 브레이크
③ 멀티 디스크 브레이크
④ 세그먼트 로터 브레이크

**13** 그림을 보고 물음에 답하시오.

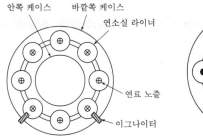
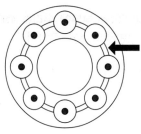

가. 이 연소실의 종류는?
나. 화살표로 가리키는 것의 이름은?
다. 화살표로 가리키는 것의 기능은?

정답 가. 캔-애뉼러형 연소실
나. 연결관(화염전파관)
다. 화염을 좌우측중앙에서 위아래로 전파

**14** 항공기에 사용되는 보기의 밸브 기능에 대해 기술하시오.

┌───────── [보기] ─────────┐
│ 가. 시스템 릴리프 밸브              │
│ 나. 안티리크 밸브                   │
│ 다. 체크 밸브                       │
└─────────────────────────┘

정답 가. 시스템 릴리프 밸브 : 계통 내 압력이 규정값 이상일 때 펌프 입구로 되돌려 보낸다.
나. 안티리크 밸브 : 관이나 호스가 파손되거나 기기 내의 시일에 손상이 생겼을 때 유액의 과도한
누설을 방지하기 위한 장치
다. 체크 밸브 : 유량의 흐름을 한 쪽 방향으로만 제한하여 역류를 방지한다.

**15** 항공기 왕복기관의 콜드 점검 및 마그네토에 쓰여 있는 숫자의 의미와, p 리드선을 이용한 점검 방법에 대하여 각각 서술하시오.

정답 ① 콜드 점검 : 공랭식 기관에서 기관 작동 후에 실린더의 온도를 검사하는 것으로, 점화상태가 의심되는 실린더의 온도를 측정하여 실린더의 작동특성을 판단하는 검사
② 마그네토 숫자 : 엔진의 실린더 수
③ P선 이용 점검 : 타이밍 라이트를 이용하여 마그네토의 내부점화시기를 조절할 때 타이밍라이트의 적색선은 P선에 연결하고, 흑색선은 마그네토 케이스에 접지 시킨다.

**16** 조종힌지 축 전방 50cm 부분에 수리를 했더니 무게가 500g이었다. 조종 힌지축 후방 25cm 지점에 사용해야 하는 평형추의 g을 구하시오.

정답 $50 \times 500 = 25 \times x$, $x = 1,000$g

**01** 다음 괄호 안에 들어갈 알맞은 단어를 기술하시오.

> 배기가스의 배출 효과를 높이고 유입혼합기의 양을 많게 하기 위해 배기행정( ① )에서 흡입 밸브가
> 열리고, 흡기행정( ② )에서 배기 밸브가 닫힌다. 이때 흡·배기 밸브가 동시에 열려 있는 기간을 밸브
> 오버랩이라 한다.

**정답** ① 전
     ② 후

**02** 다음 물음에 각각 기술하시오.

① 가, 나의 명칭
    가. 비행기가 안으로 미끄러져 들어올 때
    나. 비행기가 밖으로 미끄러져 나가려 할 때
② 다음과 같은 상태일 때의 비행상태를 기술하시오.

가. 나. 다.

**정답** ① 가. 내활 선회(slip)
      나. 외활 선회(skid)
    ② 가. 균형 선회(coordinated turn)
      나. 외활 선회(skid)
      다. 내활 선회(slip)

**03** 아음속 비행기, 초음속 비행기 흡입구 형태를 그림으로 그리고 명칭을 기술하시오.

| 정답 | | |
|---|---|---|
| 그림 | ⟨ | ⟩⟨ |
| 명칭 | 아음속(확산형) | 초음속(수축확산형) |

**04** 왕복기관 열효율 공식이 다음과 같을 때 질문에 답을 작성하시오.

$$열효율 : \eta = 1 - \left(\frac{1}{\epsilon}\right)^{k-1}$$

가. 열효율을 증가시키는 방법은?

나. 위의 방법 적용 시 단점은?

정답  가. 압축비를 증가시키면 전체 열효율이 증가된다.

나. 압축비가 높아질 경우 실린더 헤드 온도가 증가하고 노킹 등의 비정성 연소현상 발생가능성이 증가한다.

**05** 연료 조종 장치(fuel control unit)의 구성 요소 2가지를 기술하시오.

정답 ① 유량조절 부분(metering section)

② 수감 부분(computing section)

**06** 항공기 산소계통 작업 시 주의사항 4가지를 구술하시오.

정답 ① 화재에 대비하여 소화기를 준비한다.

② 무선이나 전기계통을 동시 점검하지 않는다.

③ 환기가 잘 되는 곳에서 한다.

④ 오일이나 그리스 접촉금지, 아주 작은 인화물질이라도 절대 금지한다.

⑤ 유지물질을 멀리하고 손이나 공구에 묻은 오일이나 그리스를 제거한다.

⑥ shut off valve slow open

⑦ 산소계통 주위의 작업을 하기 전 shut off valve close

⑧ 불꽃, 고온 물질을 멀리하고, 모든 부품을 청결하게 한다.

**07** 도장 작업을 위하여 에어 스프레이를 사용할 시 주의 사항에 대하여 기술하시오.

정답  ① 도장할 대상을 깨끗이 세척하고 닦아낸다.
② 에어 스프레이에 묻어있는 이물질, 도료를 깨끗이 세척한다.
③ 공기 압축기 및 공압호스에 남은 잔류 유분이나 수분을 깨끗이 제거한다.
④ 도료에 따른 특성을 정확히 이해하고 작업을 수행한다.

| 합성에나멜 | 아연 크로메이트 프라이머 위에 칠하는 도료이며 광택은 우수하나 내마멸성이 부족하다. |
|---|---|
| 아크릴 랙커 | 워시 프라이머를 칠한 후에 칠하는 도료이며, 항공기에 가장 많이 사용된다. 광택, 내식성, 내후성이 매우 우수하다. |
| 폴리우레탄 | 고속, 고고도 항공기에 인기가 있으며, 젖은 모습이 특징이다. 단단하고, 내약품성, 내구성이 우수하다. |
| 아크릴 우레탄 | 칠하기가 쉽고, 내화학성과 내구성을 지니고 있다. |
| 프라이머 | 금속 표면을 도장 작업하기 전에 적절한 전 처리 작업을 한 후에 프라이머를 칠한다. 이는 금속표면과 도료의 마감칠 사이에 접착성을 높이기 위한 것이다. |

**08** 다음의 전체 저항을 구하여라.

$R_1 = 3K\Omega$, $R_2 = 5K\Omega$, $R_3 = 10K\Omega$ 일 때 전체저항을 구하시오.

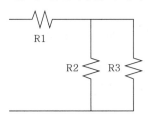

정답  ① $R_2$와 $R_3$ 합성저항을 $R_4$라고 하면 병렬 연결

$$\frac{1}{R_4} = \frac{1}{5} + \frac{1}{10} = \frac{3}{10}, \ R_4 = 3.33\,\mathrm{k}\Omega$$

② 따라서 전체저항 $R$은

$$R = R_1 + R_4 = 3 + \frac{10}{3} = \frac{19}{3} = 6.33\,\mathrm{k}\Omega$$

**09** 공랭식 왕복기관의 냉각장치 구성품 3가지를 기술하시오.

정답  ① 냉각핀
② 배플
③ 카울 플랩

**10** 항공기의 무게중심이 과도하게 뒤에 위치할 경우 각각의 조건에 만족하는 현상을 보기에서 선택하여 기술하시오.

> **[보기]**
> ① 증가한다.  ② 감소한다.
> ③ 좋아진다.  ④ 나빠진다.

**정답** ① 항속거리 : 감소한다.
② 비행속도 : 나빠진다.
③ 착륙성 : 좋아진다.
④ 안정성 : 나빠진다.

**11** 항공기 자기 계기의 정적오차 3가지를 기술하시오.

**정답** ① 불이차 : 컴퍼스에 설치된 영구자석 축과 컴퍼스 카드의 남북을 이은축이 서로 일치하지 않을 때로서 제작상의 오차이며, 컴퍼스의 중심선과 항공기 기체축이 서로 평행하지 않은 설치상의 오차를 말한다.
② 반원차 : 항공기 내의 전기기구 및 전선에 의한 불 이자기 및 기체 구조재 중 수직철재 구조재에 의한 오차, 자차 중 가장 크다.
③ 사분오차 : 항공기에 사용하고 있는 철재에 의해서 생기는 오차이다.

**12** 비행기에 빨간색, 초록색, 백색 등이 있는데, 항법램프의 기능 2가지를 기술하시오.

**정답** ① 항공기의 비행 방향을 다른 항공기에 알려준다.
② 항공기의 주기 상태를 알려준다.

**13** 다음 리벳그림을 보고 각각의 종류를 기술하시오.

①

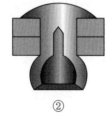
②

③

**정답** ① 체리 리벳
② 폭발 리벳
③ 접시머리 리벳

**14** 항공기 기체구조 제작 및 수리 시 릴리프 홀에 대해서 기술하시오.

가. 릴리프 홀은 어디에 하는가?

나. 릴리프 홀은 어떻게 하는가?

다. 릴리프 홀은 왜 하는가?

정답  가. 2개 이상의(압축응력) 굽힘이 겹치는 곳에 사용한다.

나. 보통 1/8인치 이상으로 굽힘 반지름의 치수를 지름으로 하는 구멍을 뚫는다.

다. 응력 집중을 제거하여 균열을 방지한다.

**15** 길이 15in인 토크렌치에 3in의 연장공구를 사용하여 1440in-lb로 볼트를 조이려한다. 이때 토크렌치에 지시값은 얼마가 되어야 하는가?

정답  $TA = \dfrac{L \cdot T}{L \pm E} = \dfrac{15 \times 1,440}{18} = 1,200\text{in-lb}$

**16** 왕복기관 시동 계통 기본 구성품 중 4가지의 명칭을 기술하시오.

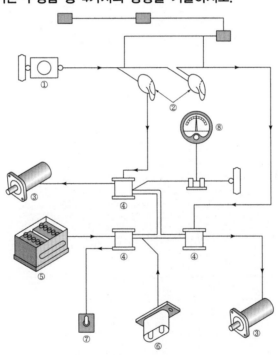

정답  ① 차단기  ② 시동스위치  ③ 시동기  ④ 시동 솔레노이드  ⑤ 축전지  ⑥ 외부전원 플러그
⑦ 축전지 스위치  ⑧ 전류계

# 필답테스트 기출복원문제

**01** 방빙계통(Anti-icing)의 가열공기(Hot Air)의 공급원 3가지에 대하여 기술하시오.

**정답** ① 압축기 블리드 공기
② 연소가열기에 의한 가열공기
③ 기관 배기 열교환기의 고온공기

**02** 다음과 같은 부품 명칭을 보기에서 선택하고, 명칭에 해당하는 부품과 같이 사용하는 밸브의 종류를 기술하시오.

```
─────────────── [보기] ───────────────
① 유량제어 밸브
② 압력조절 밸브
③ 흐름방향제어 밸브
```

**정답**

| 그림 | 밸브 명칭 | 사용하는 밸브 종류 |
|------|-----------|---------------------|
| 바이패스 밸브 볼 — 귀환관<br>스프링<br>피스톤<br>펌프로부터 → → 계통 쪽으로 | 압력조절 밸브 | 바이패스 밸브<br>릴리프 밸브<br>체크 밸브 |
| 니들 밸브<br>오리피스 | 유량제어 밸브 | 흐름조절기<br>유압퓨즈<br>오리피스<br>유압관분리 밸브 |

| 그림 | 밸브 명칭 | 사용하는 밸브 종류 |
|---|---|---|
| 펌프 쪽 | 흐름방향제어<br>밸브 | 선택 밸브<br>체크 밸브<br>시퀀스 밸브<br>바이패스 밸브<br>셔틀 밸브 |

**03** 터보팬엔진의 바이패스비 정의를 기술하시오.

**정답** ① 팬을 통과하여 팬 덕트로 나가는 공기량과 코어엔진으로 들어가는 공기량의 비

② $BPR = \dfrac{2차\ 공기유량}{1차\ 공기유량}$

**04** 항공기 날개 뒷전에 설치되어 플랩의 일종으로 조종력을 경감시켜주는 장치이다. 탭의 종류 4가지를 서술하시오.

**정답** ① 트림 탭
② 서보 탭
③ 밸런스 탭
④ 스프링 탭

**05** 다음의 그림과 같은 두께의 AL판을 90° 굽히려고 한다. 각각의 물음에 기술하시오.

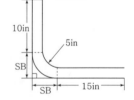

가. 식을 대입하여 SB를 구하여라.

나. 식을 대입하여 BA를 구하여라.

다. 식을 대입하여 전체 길이를 구하여라.

**정답**

가. $SB = K(R+T) = \dfrac{\tan 90}{2}(5+0.125) = 5.125$ 인치

나. $BA = \dfrac{\theta}{360}\,2\pi\left(R+\dfrac{1}{2}\,T\right) = \dfrac{90}{360}\,2\pi\left(5+\dfrac{1}{2}\times 0.125\right) = 7.952$ 인치

다. $L = 10 + BA + 15 = 10 + 7.952 + 15 = 32.952$ 인치

**06** 항공기 기체재료 AN 3 DD 5 A 규격에 대해 서술하시오.

> **정답** ① AN : 미국 공군 해군 표준규격
> ② 3 : 볼트의 직경이며 3/16인치이다.
> ③ DD : 초두랄루민(알루미늄 합금 2024-T)
> ④ 5 : 볼트의 길이이며 5/8인치이다.
> ⑤ A : 볼트의 끝 구멍의 유무 표시이다.

**07** 안전색채를 두어 시설물, 장비 및 각종기기에 색을 표시하여 작업자에게 위험물, 주의 및 경고상태를 정확하게 알림으로써 사고를 미연에 방지할 수 있다. 다음의 내용을 보고 해당하는 안전색채를 기술하시오.

가. 고압선, 폭발물, 인화성 물질, 위험한 기계류에 사용
나. 충돌, 추락, 전복 및 이와 유사한 사고 위험이 있는 장비와 시설물에 표시
다. 장비 및 기기의 수리, 조절 및 검사 중일 때 장비의 작동을 방지하기 위해 사용

> **정답** 가. 붉은색
> 나. 노란색
> 다. 파란색

**08** 항공기에 사용되는 액량계기의 종류 2가지를 쓰고, 액량계에서 사용하는 부피(체적) 단위와 무게 단위를 각각 기술하시오.

> **정답** ① 종류 : 플로트식(Flot), 정전용량식(Electric Capacitance), 사이트 게이지식(Sight gage)
> ② 부피 단위 : 갤런(Gallon)
> ③ 무게 단위 : 파운드(Pound)

**09** 항공기에 사용하는 공급전원 3가지를 기술하시오.

> **정답** ① 보조전원(GPU)
> ② 보조전원(APU)
> ③ 주전원(GENERATOR)

**10** 다음은 가스터빈기관의 시동절차이다. ①번, ②번 화살표가 의미하는 것은 무엇인가?

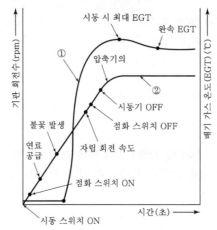

> **정답** ① EGT
> ② 완속rpm

**11** 가스터빈엔진 연료 노즐에서 1차 연료와 2차 연료 분사에 대한 다음과 같은 질문에 대하여 서술하시오.

가. 1차, 2차 연료 분사의 특징을 서술하시오.

나. 1차, 2차 연료의 분사시기에 대해 서술하시오.

> **정답** 가. 1차 연료는 150°각도로 연소실 중간위치까지 넓은 각도로 이그나이터에 가깝게 분사한다.
> 2차 연료는 50°각도로 연소실 끝까지 좁은 각도로 멀리 분사한다.
> 나. 1차 연료는 시동 시부터 분사되며, 2차 연료는 완속 PRM 이상에서 분사된다.

**12** CSD(정속구동장치) 장착위치 및 주요 기능을 서술하시오.

> **정답** ① 장착 위치 : 기관구동축과 교류발전기 사이에 장착
> ② 주요 기능 : 기관의 회전수에 관계없이 발전기의 출력 주파수가 일정하게 발생할 수 있도록 한다.

**13** 스파크플러그 장착 시 고온 기관에 Hot plug를 사용할 경우와 저온 기관에 Cold plug를 사용 시 발생되는 문제점을 기술하시오.

> **정답** ① 고온부에 Hot plug 장착 시 : 조기점화 발생
> ② 저온부에 Cold plug 장착 시 : 점화 플러그에 파울링(Fouling)현상이 발생
> ③ 파울링(Fouling)현상 : 정상적인 연소가 되지 않아 플러그 팁에 탄소찌꺼기 융착 현상

**14** 크리프(Creep)를 설명하고 그래프를 그리시오.

정답 ① 크리프 : 일정한 응력을 받는 재료가 일정한 온도에서 시간이 경과함에 따라 하중이 일정하더라도
변형률이 변화하는 현상

②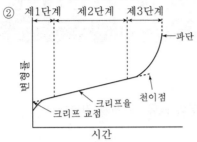

**15** 입자간 부식 원인, 검사방법 및 부식 처리방법을 서술하시오.

정답 ① 원인 : 금속의 부적절한 열처리에 의해 발생된다(형태 – 나무결 모양, 섬유형태).
② 검사방법 : 초음파 검사, 와전류 검사, 방사선 검사(내부에 발생되므로 발견이 어려움)
③ 처리방법 : 손상정도와 구조물의 강도를 확인 후 모든 부식 생성물과 떨어져 나간 금속 표면을
기계적인 방법으로 제거하고 수리를 하거나, 부품 교환을 한다. 현실적으론 수리보단 교환을
한다.

**01** 항공기 왕복기관의 압력계기에 사용하는 수감부의 종류 3가지를 기술하시오.

정답 ① 아네로이드(Aneroid) : 저압의 절대 압력을 측정하는데 쓰이며, 내부가 진공이어서 외부압력을 절대압으로 지시한다.
② 다이어프램(Diaphragm) : 내·외측에 모두 압력을 받을 수 있으며 내·외측의 압력차를 측정하는데 사용한다.
③ 부르동관(Bourdon tube) : 고압을 측정할 수 있는 장치로서 압력계기의 수감부로 가장 많이 사용한다.
④ 벨로스(Bellow) : 주름 모양의 차압 측정 수감부로서 압력을 받는 면적이 크고 발생되는 변위가 크므로 확대부 없이 직접 지시부에 연결할 수 있다.

**02** 항공기 왕복기관 윤활유 분광시험에 관련된 내용 중 다음과 같은 사항에 대하여 기술하시오.
가. 윤활유 분광시험의 단위는?
나. 윤활유 분광시험은 몇 분 이내에 채취하는가?
다. 철/알루미늄 성분 채취 시 예상되는 결함 부위는?

정답 가. PPM
나. 30분 이내
다. 철(피스톤 링, 밸브 스프링, 베어링), 알루미늄(피스톤, 기관 내부)

**03** 다음과 같은 조건 시 항공기 무게 중심을 구하시오.

───────── [보기] ─────────
① 왼쪽 후방 132cm 거리, 3,200kg 무게
② 오른쪽 후방 132cm 거리, 3,150kg 무게
③ 앞바퀴까지 거리 50cm, 1,000kg 무게

정답
$$C.G = \frac{총\ 모멘트}{총\ 무게} = \frac{W_1 l_1 + W_2 l_2 + \cdots W_n l_n}{W_1 + W_2 + \cdots W_n}$$
$$= \frac{(3,200 \times 132) + (3,150 \times 132) + (1,000 \times 50)}{3,200 + 3,150 + 1,000} = 120.84\,\mathrm{cm}$$

**04** 항공기 기체구조에 사용되는 복합소재의 장점 3가지를 기술하시오.

> **정답** ① 무게당 강도 비율이 높다. 알루미늄 복합재료로 대체하면 30% 이상 인장, 압축강도가 증가하고 무게경감효과가 있다.
> ② 복잡한 형태 및 공기역학적 곡선형태 제작이 쉽다.
> ③ 일부 부품과 파스너를 사용하지 않아도 되어 제작이 단순하고 비용이 절감된다.
> ④ 유연성이 크고, 진동에 강해 피로응력의 문제를 해결한다.
> ⑤ 부식이 되지 않고 마멸이 잘 되지 않는다.

**05** 다음과 같은 사항에 대하여 설명하고, 보기에 해당되는 종류를 기술하시오.

가. 로컬라이저

나. 글라이드 슬로프

다. 마커비콘

라. ADF, DME, VOR, INS

> **정답** 가. 로컬라이저(Localizer) : 활주로의 수평정보(활주로의 중심선을 맞춰주기 위한 정보)를 항공기에 제공한다.
> 나. 글라이드 슬로프(Glide Sliop) : 활주로의 수직정보(항공기가 안전하게 활주로에 진입하기 위한 항공기의 활공각에 대한 정보)를 항공기에 제공한다. 글라이드 패스(Glide Path)라고도 불린다.
> 다. 마커비콘(Marker Beacon) : 활주로부터의 거리정보를 항공기에 제공한다.
> 라. 항법장치의 종류
> ① 자동방향탐지기(ADF : automatic direction finder)
> ② 초단파 전방향표지시설(VOR : VHF omni-direction radio range beacon)
> ③ 거리측정시설(DME : distance measuring equipment)
> ④ 관성항법장치(INS : inertial navigation system)
> ⑤ 전술항행장치(TACAN : tactical air navigation system)

**06** 다음 그림에서 나타내고 있는 고도의 종류를 각각 기술하시오.

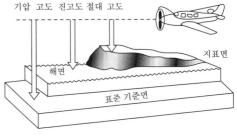

> **정답** ① 진고도(QNH 보정) : 고도 14,000ft 미만의 고도에서 사용하는 것으로써, 고도계가 해면으로부터의 기압고도, 즉 진고도를 지시하도록 수정하는 방법
> ② 기압고도(QNE 보정) : 고도계가 표준 해면상으로부터의 높이, 즉 기압고도를 지시하도록 고도계를 수정하는 방법
> ③ 절대고도(QFE 보정) : 고도계가 활주로부터의 고도, 즉 절대고도를 지시하도록 수정하는 방법

**07** 다음 항공기 기체제작 및 수리 시 리벳작업에서 사용하는 용어를 서술하시오.

　가. 피치

　나. 끝간격

　다. 횡단피치

 가. 리벳피치(rivet pitch) : 같은 열에 있는 리벳 중심사이의 거리, 리벳지름의 3~12D, 일반적으로
　　　　6~8D

　　나. 끝거리(edge distance) : 판재의 끝에서 인접한 리벳중심간의 거리, 최소 연거리는 유니버설
　　　　리벳 2~4D이며, 접시머리 리벳은 2.5~4D이다.

　　다. 횡단피치(transverse pitch) : 리벳의 열과 열 사이의 거리이며 리벳피치 75%의 정도로, 리벳지름
　　　　의 4.5~6D이고, 최소 횡단피치는 2.5D이다.


**08** 항공기 왕복기관에 사용하는 윤활유의 특성 3가지를 기술하시오.

 ① 높은 인화점

　② 높은 화학 안정성

　③ 높은 점도지수

　④ 높은 공기와 오일의 분리성

　⑤ 낮은 점도

**09** 턴로크 파스너의 종류 3가지를 기술하시오.

정답

| | |
|---|---|
| ① 쥬스 파스너 | 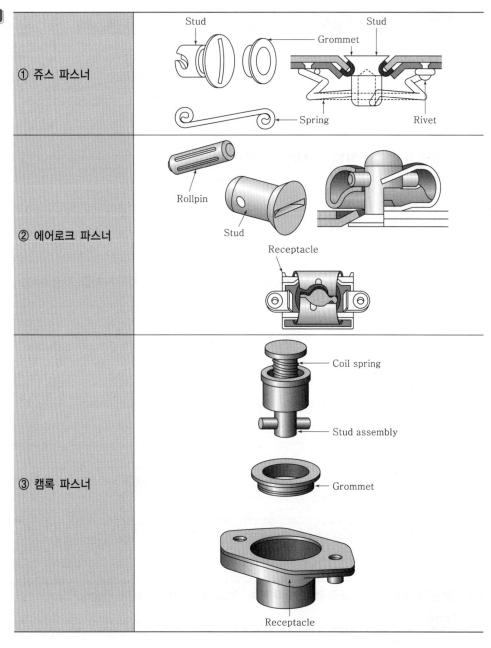 |
| ② 에어로크 파스너 | |
| ③ 캠록 파스너 | |

**10** 가스터빈기관 터빈 깃의 냉각방법 3가지를 기술하시오.

**정답**

| ① 대류 냉각 | ② 충돌 냉각 | ③ 공기막 냉각 | ④ 침출 냉각 |
|---|---|---|---|
| 냉각 공기<br>고온 가스 | 냉각 공기<br>고온 가스 | 고온 가스 | 다공성 재료<br>고온 가스 |

**11** 항공기 De-Icing 방법 2가지를 기술하시오.

**정답**
① 제빙부츠
② 알코올분출
③ 전열선 및 고온공기

**12** 항공기 왕복기관의 공랭식 냉각계통에서 냉각이 필요한 장치 3가지를 기술하시오.

**정답**
① 냉각 핀
② 배플
③ 카울 플랩

**13** 다음과 같은 사항에 대한 정의를 기술하시오.

가. Flight Time
나. Time in Service

**정답**
가. Flight Time : Block Time이라고도 하며, 항공기가 비행을 목적으로 Ramp에서 자력으로 움직이기 시작한 시간부터 착륙하여 정지할 때까지의 경과시간
나. Time in Service : Air time이라고도 하며, 항공기가 비행을 목적으로 이륙(바퀴가 떨어지는 순간)부터 착륙(바퀴가 땅에 닿는 순간)할 때까지의 경과시간

**14** 항공기 왕복기관의 조기점화, 베이퍼락, 역화의 원인에 대하여 기술하시오.

**정답**
① 조기점화(Preigition) : 정상 불꽃점화가 되기 전에 실린더 내부의 높은 열에 의하여 뜨거워지고 열점이 되어 비정상적인 점화를 일으키는 현상
② 베이퍼 락(Vapour Lock) : 내연기관의 연료 공급장치에서 증가나 기포가 발생해 연료흐름이 부분적으로 또는 완전히 중단되는 현상
③ 역화(Back Fire) : 과희박 혼합비 상태에서 연소속도가 더욱 느려져 흡입행정에서 흡입 밸브가 열렸을 때 실린더 안에 남아 있는 화염에 의하여 매니폴드가 기화기 안의 혼합가스로 인화되는 현상

**15** 다음 그림과 같이 타이어 각각의 명칭을 기술하시오.

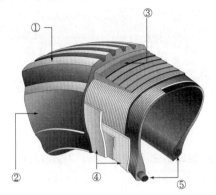

**정답**
① 트레드(tread)
② 사이드 월(side wall)
③ 브레이커(breakers)
④ 차퍼(chafers)
⑤ 와이어 비드(wire beads)

**16** 항공기 직류전동기의 종류 3가지와 기능을 서술하시오.

**정답**
① 직권형 직류전동기 : 시동토크가 커서 시동장치에 많이 사용된다.
② 분권형 직류전동기 : 부하 변동에 따른 회전수 변화가 적으므로, 일정한 속도를 요구하는 곳에 사용한다.
③ 복권형 직류전동기 : 직권형 계자와 분권형 계자를 모두 갖추고 있어, 직권과 분권의 중간 특성을 가진다.

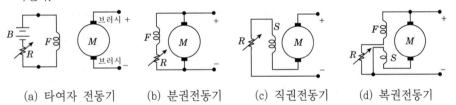

(a) 타여자 전동기　　(b) 분권전동기　　(c) 직권전동기　　(d) 복권전동기

# 필답테스트 기출복원문제

**01** 다음이 질문에 해당하는 브레이크 현상을 각각 기술하시오.

가. 제동장치가 가열되어 제동 라이닝이 소실되어 제동효과가 감소하는 현상?

나. 제동장치에 공기가 차있어 페달을 밟고난 후 발을 떼더라도 페달이 원위치로 돌아오지 않는 현상?

다. 제동판이나 라이닝에 기름이나 오물이 묻어 제동상태가 거칠어지는 현상?

> **정답** 가. 페이딩(Fading)
> 나. 드래깅(Dragging)
> 다. 그래빙(Grabbing)

**02** 항공기 공장정비의 종류 3가지를 기술하시오.

> **정답** ① 오버홀 : 부품을 분해, 세척, 검사, 교환 및 수리, 조립 시험함으로써 사용 시간을 "0"으로 환원
> ② 수리 : 부품을 정비 및 손질함으로써 그 기능을 복구시키는 작업
> ③ 벤치체크 : 부품의 사용여부 및 수리, 오버홀의 필요여부를 결정하기 위한 기능점검

**03** 가스터빈기관의 그림을 보고 사용되는 압축기 장점 3가지를 기술하시오.

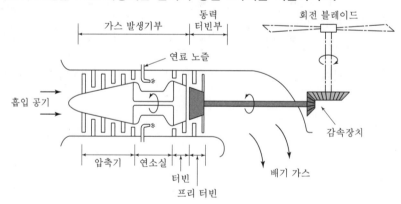

> **정답** ① 대량의 공기처리 능력이 좋다.
> ② 압력비 증가를 위해 다단으로 제작이 가능하다.
> ③ 입·출구의 압력비가 높고 효율이 높아 고성능 기관에 사용된다.

**04** 다음 터보제트기관의 총 추력을 구하시오.

가. 속도 700km/h로 비행하는 항공기에 장착된 터보제트기관이 60kg/s 질량유량의 공기를 흡입하여 700m/s의 속도로 배기시키고, 배기속도는 1,000m/s이다.

**정답** $F_g = ma\,V_j = 60 \times 700 = 42{,}000(\mathrm{kg \cdot m/s^2 \cdot N})$

**05** 항공기 자이로 계기(Gyroinstrument)에 사용되는 자이로의 2가지 특성을 기술하시오.

**정답** ① 강직성
② 섭동성

**06** 항공기 기체재료 AN 310 D – 5 R과 같은 너트 기호에서 D, F, C, B가 무엇을 뜻하는지 서술하시오.

**정답** D : 두랄리민 2017-T
F : 강
C : 스테인리스 강
B : 황동

**07** 알루미늄의 표면 처리 방법 중, 용해액 1L에 크롬산 4g을 넣고 잘 휘저어 섞은 다음, 알루미늄 표면에 고르게 바른 후, 2~3분 후에 물로 깨끗이 닦아 내는 처리 방법을 무엇이라고 하는가?

**정답** 알로다인 처리

**08** 항공기 정비 방식 종류중 HT, OC, CM에 대해 각각 서술하시오.

**정답** ① HT(Hard Time) : 일정한 사용 시간에 도달한 장비품 등을 항공기에서 떼어내어 정비하는 방식
② OC(On Condition) : 기체, 기관 및 장비품 등을 일정한 주기로 점검하고 다음 점검 주기까지 감항성을 유지할 수 있다고 판단되면 계속 사용하고, 결함이 발견되면 수리 또는 교환
③ CM(Condition Monitoring) : 일반적으로 감항성에 영향을 주지 않는 항공기 계통이나 장비품의 고장을 분석하여 그 원인을 제거하기 위한 적절한 조치를 취하는 품목을 대상으로 감항성을 지속적으로 유지하는 방식

**09** 유압계통 작동유 종류에서 식물성, 광물성, 합성유 색깔을 각각 서술하시오.

**정답** ① 식물성유 : 파란색
② 광물성유 : 붉은색
③ 합성유 : 자주색

**10** 항공기 고도계의 오차 종류 중 탄성오차에 해당하는 3가지를 기술하시오.

> **정답** ① 히스테리시스
> ② 편위
> ③ 잔류효과

**11** 다음 각각의 물음에 답하시오.

가. 그림의 작업은?

나. 카운터싱킹과 딤플링의 차이를 서술하시오.

다. 적용범위

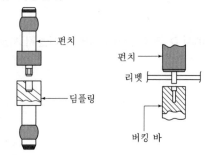

> **정답** 가. 딤플링 작업
> 나. ① 플러시머리 리벳작업을 할때는 카운터싱크(countersinking)나 딤플링(dimpling)의 방법을
> 사용한다. 카운터싱크 리벳은 리벳머리의 높이보다도 결합해야 할 판재쪽이 두꺼운 경우에
> 적용하고, 머리쪽의 판 두께가 얇고 아랫면이 두꺼운 경우나 2개의 판이 리벳보다 얇은 경우는
> 딤플링 작업을 한다.

> ② 딤플링 : 접시머리 리벳의 머리 부분이 판재의 접합부와 꼭 들어맞도록 하기 위해 판재의
> 구멍주위를 움푹 파는 작업
> 다. 적용되는 판재 : 0.04in 이하

**12** 다음 그림과 같은 항공기 배터리 충전방법의 명칭과 단점을 기술하시오.

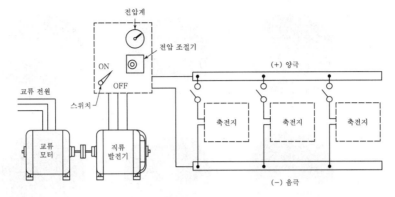

**정답** ① 정전압 충전법
② 규정용량의 충전 완료 시기를 미리 예측할 수 없기 때문에 일정시간 간격으로 충전상태를 확인하여 과충전되지 않도록 주의한다(항공기에 사용되는 충전방법이다).

**13** 항공기 기체 구조 중 슬롯의 역할 및 슬롯과 같은 앞전 플랩 종류 2개를 기술하시오.

**정답** ① 역할 : 날개에서 높은 에너지의 공기흐름을 날개 윗면으로 유도하여, 높은 받음각에서 공기흐름의 박리를 지연시키는 장치이다.
② 앞전 플랩의 종류 : 드룹노즈, 핸들리페이지슬롯, 크루거 플랩, 로컬캠버, 슬랫

**14** 다음은 왕복기관 밸브개폐시기선도를 나타낸 것이다. 다음 물음에 서술하시오.
가. 밸브 오버랩 각도는?
나. ㉠, ㉡, ㉢, ㉣ 부분별 행정과정 명칭을 기입하시오.

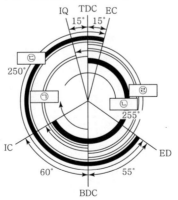

**정답** 가. 30도
나. ㉠ 압축행정, ㉡ 흡입행정, ㉢ 배기행정, ㉣ 출력행정

**15** 다음 계기판에 있는 계기 명칭을 서술하시오.

① ② ③

④ ⑤ ⑥

**정답**
① 속도계
② 자세계
③ 고도계
④ 선회계
⑤ 컴퍼스계기
⑥ 승강계

**16** 항공기 왕복기관의 압력비가 8이고, 비열비 1.4인 오토사이클의 열효율을 구하시오.

**정답**

$$\eta_0 = 1 - \left(\frac{1}{\epsilon}\right)^{K-1} = 1 - \left(\frac{1}{8}\right)^{1.4-1} = 0.565$$

**01** 항공기 정비목적 중 경제성을 제외한 나머지를 기술하시오.

> **정답** ① 감항성
> ② 정시성(신속성)
> ③ 쾌적성

**02** 다음 그림은 왕복기관에서 사용하는 장비이다. 장비명칭, 사용용도, 사용압력을 각각 기술하시오.

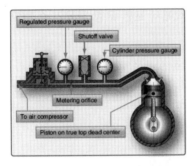 

> **정답** ① 명칭 : 실린더 압축시험기
> ② 용도 : 실린더 내의 기밀상태가 유지되는지 시험
> ③ 사용압력 : 0~100psi(80psi 유지)

**03** 화재경고장치 중 화재 및 탐지장치, 연기탐지장치, 과열탐지기 등으로 나누어 질 때 올바른 장소를 기술하시오.

　가. 기관, 보조동력장치

　나. 화장실, 화물실

　다. 랜딩기어, 날개앞전

> **정답** 가. 화재 및 과열 탐지기
> 나. 연기탐지기
> 다. 과열 탐지기

**04** 항공기 공유압계통에 사용되는 축압기(accumulator)의 기능에 대하여 서술하시오.

> **정답** ① 가압된 작동유를 저장
> ② 비상시 여러 개의 유압기가 동시에 사용될 때 작동유를 공급
> ③ 유압계통의 서지현상을 방지

**05** 가스터빈기관의 터빈로터(회전자)에 크리프(creep)가 생기는 원인 2가지를 기술하시오.

> **정답** ① 열 응력
> ② 원심력에 의한 인장응력

**06** 각각의 항공기 기종의 기체구조수리 방법이 기술되어 있는 정비기술 도서 명칭을 기술하시오.

> **정답** 기체구조수리교범(SRM : Structure Repair Manual)

**07** 복합재료(Composite materials) 적층구조방식에서 표면 긁힘 현상의 수리(표면손상 : cosmetic defect)방법에 대하여 서술하시오.

> **정답** ① 손상 처리방법 : 손상 부위를 MEK 혹은 아세톤으로 닦는다.
> ② 손상 부위 페인트 처리방법 : 사포질로 손상 부위의 페인트를 벗겨낸 후 솔벤트로 세척한다.
> ③ 충진재 또는 인가된 표면퍼티와 수지를 혼합한다.
> ④ 수지/혼합물 처리 후 : 경화시킨 후에 수리교범에 따라 연마를 하고 표면처리를 한다.

**08** 항공기 연료의 구비조건 3가지를 기술하시오.

> **정답** ① 증기압, 어는점, 점성이 낮을 것
> ② 인화점이 높고, 단위중량당 발열량이 크고, 부식성이 작을 것
> ③ 깨끗하고, 대량생산이 가능하고, 가격이 저렴할 것

**09** 항공기에 기체 재료에 사용되는 AA규격에 의한 ice-box 리벳의 종류 2가지와 ice-box에 보관하는 목적에 대하여 기술하시오.

> **정답** ① D(2017-T) : 두랄루민
> ② DD(2024-T) : 초두랄루민
> ③ 아이스박스 보관이유 : 시효경화를 지연시키기 위해

**10** 3상 발전기의 결선방법 중 Y결선 특징의 (   )에 알맞은 내용을 기술하시오.

가. 선간전압의 크기는 상전압의 (   )배 크고, 위상은 상전압보다 (   ) 앞선다.

나. 선전류의 크기와 위상은 (   )와 같다.

**정답** 가. $\sqrt{3}$, 30°

나. 상전류

**11** 최소눈금이 1/100mm 인 마이크로미터가 배럴은 8과 1/2를 지나고 배럴과 심블은 25눈금에 일치되었을 때의 값을 기술하시오.

**정답** 8.75mm

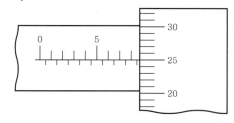

**12** 가스터빈기관의 $P-V$, $T-S$선도를 그리고 각각의 과정에 대해 서술하시오.

**정답** ①

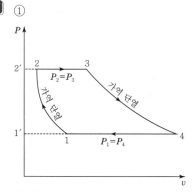
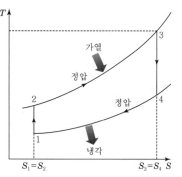

② 단열압축(1 → 2), 정압수열(2 → 3), 단열팽창(3 → 4), 정압방열(4 → 1)

**13** 360km/h로 비행하는 터보제트엔진이 100kgf/s로 공기를 유입하고 있고, 배기속도는 200m/s일 때 이 비행기의 추력마력(THP)은 얼마인가?

**정답**

① $Fn = \dfrac{W_a}{g}(V_j - V_a) = \dfrac{200 - 100}{9.8} = 10.2$

② $THP = \dfrac{Fn \cdot Va}{75} = \dfrac{10.2 \times 100}{75} = 13.6$

**14** 항공기 대기속도의 종류 4가지에 대하여 기술하시오.

**정답** ① 지시대기속도(IAS) : 항공기에 설치된 대기속도계의 지시에 있어서 표준 해면밀도를 쓴 계기가 지시하는 속도를 말한다.

$$V_i = \sqrt{\frac{2q}{\rho_o}}$$

② 수정대기속도(CAS) : 지시대기속도에서 피토 정압관의 장착위치와 계기 자체의 오차를 수정한 속도를 말한다.

③ 등가대기속도(EAS) : 수정대기속도에서 위치오차와 비행고도에 있어 압축성의 영향을 수정한 속도를 말한다.

$$V_e = V_t \sqrt{\frac{\rho}{\rho_o}}$$

④ 진대기속도(TAS) : 등가대기속도에서 고도 변화에 따른 공기밀도를 수정한 속도

$$V_t = V_e \sqrt{\frac{\rho_o}{\rho}}$$

**15** 항공기용 케이블의 세척방법에 대하여 기술하시오.

**정답** ① 고착되지 않은 먼지나 녹은 마른수건으로 닦아낸다.
② 고착된 먼지나 녹은 #300에서 #400 정도의 미세한 샌드페이퍼로 없앤다.
③ 표면에 고착된 낡은 방식유는 깨끗한 수건에 케로신을 적신 후 닦아낸다. 이때 솔벤트 또는 케로신을 너무 많이 묻히면 방부제를 녹여 제거하게 되어 와이어의 마멸을 촉진시키고 수명을 단축 시킨다.
④ 세척한 케이블은 깨끗한 마른 헝겊으로 닦아내고 방부 처리한다.

**16** 항공기 기체구조의 강도를 유지하기 위한 페일 세이프 구조 종류 4가지를 기술하시오.

**정답** ① 다경로하중 구조(redundant structure)
② 이중구조(double structure)
③ 대치구조(back-up structure)
④ 하중경감 구조(load dropping structure)

# 필답테스트 기출복원문제

**01** 항공기에 사용되는 클레비스 볼트에 대해 다음과 같은 질문에 답하시오.

가. 사용되는 곳

나. 사용되지 않는 곳

다. 사용공구

**정답** 가. 전단력이 작용하는 곳

나. 장력이 작용하는 곳

다. 스크루 드라이버

**02** 다음 설명에 해당하는 화재탐지방법을 기술하시오.

가. 특정한 온도에서 전기회로를 구성시켜주는 물질을 이용한 것은?

나. 특정한 온도 이상에서 두 접점 사이에 있는 물질이 열로 인하여 녹게 되면 두 접점이 접촉하여 회로를 구성시켜 경고표시등 및 경고음이 들어오게 하는 화재탐지기는 무엇인가?

다. 1개의 와이어가 stainless steel tube 안에 있다 화재가 나면 1개의 와이어와 외부 stainless steel tube 간에 전기가 통하여 화재를 감지하는 것은?

**정답** 가. Thermal Switch

나. Melting(용융) Link Switch

다. Graviner Type

**03** 항공기 왕복기관 유압태핏 및 유압리프트가 있을 경우 장점 3가지를 기술하시오.

**정답** ① 열팽창에 의한 변화에 대해 밸브 간격을 항상 "0"으로 자동 조절한다.

② 밸브 개폐시기를 정확하게 한다.

③ 밸브 기구의 마모가 자동적으로 보상되므로 특히 조정을 행하지 않아도 장기간 정규 출력을 유지할 수 있다.

④ 밸브 작동기구의 충격을 없게 하고 소음을 방지한다.

⑤ 밸브 기구의 수명을 길게 한다.

**04** 다음 그림을 보고 ①~⑤번 명칭을 기술하시오.

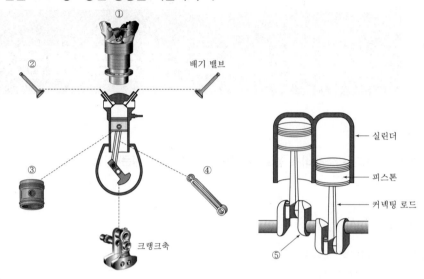

**정답** ① 실린더  ② 흡기 밸브  ③ 피스톤  ④ 커넥팅로더  ⑤ 크랭크 샤프트

**05** 항공기 기체 제작 및 정비에 사용되는 WS선, BBL선, WBL선이 뜻하는 것을 그림을 참고 하여 각각 서술하시오.

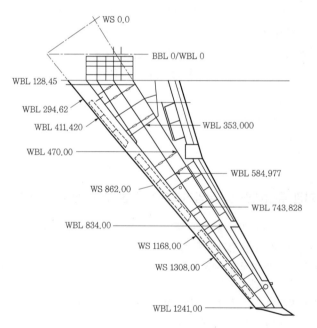

**정답** ① WS(Wing Station) : 기준선에서 측정하여 날개 전·후방을 따라 위치한다.
② BBL(Body Buttock Line) : 동체 중심선의 오른쪽이나 왼쪽으로 평행한 거리를 측정한 폭을 말한다.
③ WBL(Wing Buttock Line) : 날개 중심선의 오른쪽이나 왼쪽으로 평행한 거리를 측정한 폭을 말한다.

**06** 다음 그림에 나온 공구의 명칭과 사용방법에 대하여 기술하시오.

**정답** ① 명칭 : 크로우풋(Crow Foot)
② 사용방법 : 박스렌치 또는 오픈렌치로 작업이 어려운 경우 너트를 돌리는데 필요한 소켓으로 주로 사용한다.

**07** 가스터빈기관 원심식 압축기의 중요 구성품 3가지를 기술하시오.

**정답** ① 임펠러(Impeller)
② 디퓨저(Diffuser)
③ 매니폴드(Manifold)

**08** 항공기 계기 착륙장치 ILS 지상시설 종류 3가지를 기술하시오.

**정답** ① 로컬라이저(Localizer)
② 글라이드 슬로프(Glide Slop)
③ 마커비콘(Marker Beacon)

**09** 가스터빈기관의 압축기 실속 원인 3가지를 기술하시오.

**정답** ① 압축기 출구압력이 너무 높을 때(CDP가 너무 높을 때)
② 압축기 입구온도가 너무 높을 때(CIT가 너무 높을 때)
③ 공기흐름에 비하여 과도하게 높거나 낮은 rpm을 가질 때
④ 압축기 블레이드와 스테이터 베인이 오염되거나 손상 되었을 때
⑤ 낮은 속도에서 역추력 시스템 작용 시 배기가스가 재흡입 될 때

**10** 항공기 압력계기에 사용되는 압력수감부 3가지를 기술하시오.

**정답** ① 아네로이드(aneroid)
② 다이어프램(diaphragm)
③ 버든튜브(bourdon tube)
④ 벨로스(bellows)

**11** 항공기 왕복엔진의 피스톤이 6개 이고 지름이 5in, 길이가 5in인 왕복엔진의 총 배기량을 구하시오.

**정답** $ALK = \dfrac{\pi}{4} 5^2 \times 5 \times 6 = 589.05 \text{in}^3$

**12** 다음 그림은 카본 파일형 전압 조절기이다. 전류의 흐름 방향을 바르게 표시하시오.

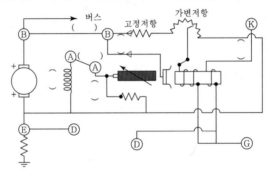

**정답**

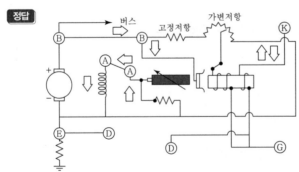

**13** 항공기 밀폐용 sealant 기능 3가지에 대하여 기술하시오.

**정답** ① 공기에 의한 가압에 견디도록 한다.
② 연료 등의 누설을 방지한다.
③ 공기 기포의 통과를 방지한다.
④ 풍화작용에 의한 부식을 방지한다.
⑤ 접착제 기능으로 응력 분산 및 균열속도 지연

**14** 항공기 지상유도 시 안전사항 3가지를 기술하시오.

> **정답**
> ① 활주신호는 동작을 크게 하여 명확히 표시하여야 한다.
> ② 만약 신호가 확실하지 못하여 조종사가 신호에 따르지 않을 경우에는 정지신호를 한 다음 신호를 다시 시작해야 한다.
> ③ 조종사와 유도신호수는 계속 일정한 거리를 유지해야 하며 뒷걸음칠 때는 장애물에 걸려 넘어지지 않도록 주의한다.
> ④ 야간에 항공기를 유도할 경우에는 등화봉을 사용하여 유도해야 한다.
> ⑤ 야간 유도신호는 정지신호를 제외하고는 주간에서의 유도신호와 같은 방법으로 해야 한다.
> ⑥ 야간에 사용되는 정지신호는 "긴급정지"신호이며 등화봉을 머리 앞쪽에서 "X"자로 그려 표시해야 한다.
> ⑦ 유도신호의 정위치는 오른쪽이나 왼쪽날개 끝에서 앞쪽 방향이며, 조종사가 신호를 잘 볼 수 있도록 해야 한다.
> ⑧ 유도신호는 동작을 크게 하여 명확하게 표시해야 한다.
> ⑨ 조종사가 신호에 따르지 않을 경우에는 정지신호를 한 다음 다시 신호를 시작해야 한다.

**15** 다음 버니어 캘리퍼스의 값을 읽고 기록하시오.

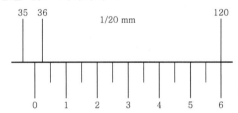

> **정답**  35.6mm

**16** 항공기 유압계통 구성품 중 축압기(Accumulator)의 기능 3가지를 기술하시오.

> **정답**
> ① 가압된 작동유를 저장
> ② 비상시 여러 개의 유압기가 동시에 사용될 때 작동유를 공급
> ③ 유압계통의 서지현상을 방지

**01** 다음은 벤딕스(Bendix) 마그네토의 형식을 표시한 것이다. 각각의 항목에 대하여 서술하시오.

> S   6   L   N
> ①   ②   ③   ④

**정답** ① 싱글 마그네토
　　② 6기통 실린더
　　③ 구동축에서 본 마그네토의 회전방향 : 왼쪽
　　④ 제작사 표시 : 벤딕스 신틸라

**02** 항공기 항법계통에서 FMS(Flight Management System)의 기능 3가지를 기술하시오.

**정답** ① 항법 유도기능
　　② 성능 관리기능
　　③ 추력 관리기능
　　④ 전자비행계기장치 관리기능

**03** 왕복기관 실린더에서 피스톤이 압축상사점 위치에 있을 때 장탈 작업이 수월한 이유에 대하여 서술하시오.

**정답** ① 흡입 밸브와 배기 밸브가 닫혀있기 때문에 장탈이 용이하다.
　　② 압축상사점은 피스톤이 완전히 펴진 상태이기 때문에 장탈이 용이하다.

**04** 항공기의 정적평형을 맞추기 위해 필요한 추의 무게는 후방 50cm 500g이다. 전방 25cm 전방에 추가해야할 무게는?

**정답** $50 \times 500 = 25 \times x$, $x = 1,000$g

**05** 항공기 개폐 스위치 종류 3가지를 기술하시오.

정답 ① 로터리형
② 마이크로형
③ 프록시미티형
④ 토글형


**06** 다음 항공기 직류발전기의 종류 3가지를 기술하시오.

정답 ① 직권식
② 분권식
③ 복권식


**07** 항공기 공압계통에서 수분 분리기가 장착되지 않을 경우 일어날 수 있는 현상 2가지를 서술하시오.

정답 ① 계통에 결빙이 생긴다.
② 수분이 공기의 흐름을 방해한다.


**08** 항공기 기체재작 및 수리에 사용하는 리벳 직경과 길이를 보기에 맞게 구하시오.

─────────── [보기] ───────────
두 판재의 두께는 각각 0.030in, 0.040in이다.

정답 ① 직경 : [D=3T] 0.040×3=0.120in
② 길이 : [L=판재두께+1.5D] 0.070+1.5×0.120=0.250in

**09** 항공기 유압계통에 사용되는 축압기의 종류 3가지를 기술하시오.

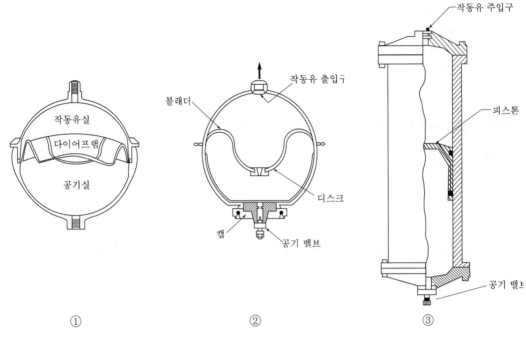

①                ②             ③

**정답** ① 다이어프램 형
        ② 블래더형
        ③ 피스톤 형

**10** 다음 보기에 따라 전단강도에 강한 AA규격을 나열하시오.

> 2024-2017-1100

**정답** ① 2017-T(D : 두랄루민)
        ② 2024-T(DD : 초두랄루민)

**11** PV선도에서 등온, 정적, 정압, 단열의 압축, 온도, 체적 관계식을 서술하시오.

**정답** PV＝RT

**12** 항공기 기체 제작 및 정비에 사용되는 BBL, WS, FS에 대해 서술하시오.

**정답** ① BBL(Body Bottock Line) : 동체 중심선을 기준으로 오른쪽과 왼쪽으로 평행한 너비를 나타낸 선
        ② WS(Wing Station) : 날개보와 직각인 특정한 기준면으로부터 날개 끝 방향으로 측정된 거리

③ FS(Fuselage Station) : 기준이 되는 0점, 또는 기준선으로부터의 거리, 기준선은 기수 또는 기수로부터 일정한 거리에 위치한 상상의 수직면으로 설정되며, 테일 콘의 중심까지 있는 중심선의 길이로 측정(BSTA : Body STAtion)

**13** 다음 보기를 보고 유압계통 중심개방형의 특징을 고르시오.

| ① 리턴라인이 필요 없다. | ② 압력조절기가 필요 없다. |
| ③ 실린더 작동속도가 느리다. | ④ 수명이 길다. |
| ⑤ 무게가 무거워진다. | |

**정답** ①, ②, ③, ④

**14** 항공기 연료 보급 시 화재를 방지하기 위한 3점 접지에 대해 기술하시오.

**정답** ① 항공기와 지상
② 연료차와 지상
③ 항공기와 연료차

**15** 보기를 보고 연료계통을 순서대로 나열하시오.

| ① 여과기 | ② 연료 노즐 |
| ③ 매니폴드 | ④ P&D 밸브 |
| ⑤ 주 연료 펌프 | ⑥ FCU |

**정답** ⑤ → ① → ⑥ → ④ → ③ → ②

**16** 다음 그림을 보고 명칭과 기능에 대해 서술하시오.

1차 연료만 분무 시

1차 연료와 2차 연료
동시 분무 시

**정답** ① 명칭 : 분무식 연료 노즐
② 기능 : 1차 연료는 150° 각도로 노즐 중심의 작은 구멍으로 분사되어 이그나이터에 가깝게 분사된다. 2차 연료는 50° 각도로 가장자리의 큰 구멍을 통해 연소실 끝까지 분사되며, 완속회전속도 이상에서 작동된다.

**01** 다음의 내용을 포함하고 있는 각각의 검사방법을 기술하시오.

가. 자력, 자분

나. 형광액, 모세관현상, 허위지시

**정답** ① 자분탐상검사

② 형광침투검사

**02** 다음 항공기 배터리 정전류 충전법의 정의와 장·단점을 기술하시오.

**정답**
- 정의 : 일정한 규정 전류로 계속 충전하는 방식으로 여러 개를 충전시키고자 할 때는 전압에 관계없이 용량을 구별하여 직렬로 연결한다.
- 장점 : 충전완료시간을 미리 추정할 수 있다.
- 단점 : 충전 소요시간이 길고 주의를 하지 않으면 충전 완료에서 과충전되기 쉽다.

**03** 다음은 벤딕스(Bendix) 마그네토의 형식에 대하여 해석하시오.

| D | F | 18 | R | N |
|---|---|----|---|---|
| ① | ② | ③ | ④ | ⑤ |

**정답** ① 복식 마그네토

② 플랜지장착방식

③ 18기통 실린더

④ 구동축에서 본 마그네토의 회전방향 : 오른쪽

⑤ 제작사 표시 : 벤딕스 신틸라

| 부호 자리 | 부호 | 부호의 의미 |
|---|---|---|
| 1(형식) | S | 단식(single type) |
| | D | 복식(double type) |
| 2(장착 방식) | B | 베이스 장착 방식(base mounted) |
| | F | 플랜지 장착 방식(flange mounted) |
| 3(숫자) | – | 실린더 수 |
| 4(회전 방향) | R | 오른쪽으로 회전 |
| | L | 왼쪽으로 회전 |
| 5(제작 회사) | G | 제너럴 일렉트릭(General Electric) |
| | N | 벤딕스 |
| | A | 델코 어플라이언스(Delco Appliance) |
| | U | 보시(Bosch) |
| | C | 델코-레미(Delco-Remy) |
| | D | 에디슨 스플릿도프(Edison-Splitdorf) |

**04** 직경이 5mm인 솔리드 생크 리벳을 2mm AL 판재 2장에 체결하려 한다. 이때 리벳 길이를 구하시오.

정답 ① 식 : 리벳 길이 : 판 두께+1.5D=4+(1.5×5)
② 답 : 11.5mm

**05** 두께가 0.05in인 철판을 굽힘 반지름 0.25in 굽힘각 90°로 굽히려 한다. 세트백의 식과 답을 기술하시오.

정답 $SB = K(R+T) = \dfrac{\tan 90}{2}(0.25 + 0.05) = 0.3\,\text{in}$

**06** 항공기에 무게를 측정하는 데 사용하는 장비 2가지와 그 장비의 무게를 무엇이라 하는지 기술하시오.

정답 ① 블록(block), 촉(chock), 잭(jack)
② 테어무게(tare weight)

**07** 다음의 그림을 보고 각각의 질문에 대하여 기술하시오.

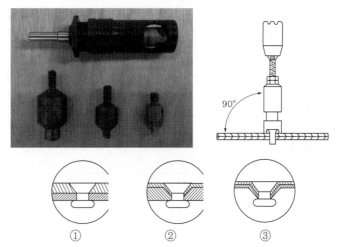

① ② ③

가. 공구를 사용하는 작업명칭은?

나. 사용하는 이유?

**정답** 가. 카운터싱킹

나. 리벳머리를 판재의 접합부에 꼭 맞게 구멍주위를 움푹 파는 작업, 판재두께가 0.04in 이상일 때 사용한다. 즉, 리벳머리의 높이보다도 결합해야 할 판재쪽이 두꺼운 경우에 적용

**08** 가스터빈기관의 캔형 연소실의 연소실 번호를 부여하는 방법에 대하여 기술하시오.

**정답** 후방의 12시 방향에서 오른쪽부터 1번~8번 순번으로 부여한다.

**09** 다음의 볼트 그림에 해당하는 각각의 명칭을 기술하시오.

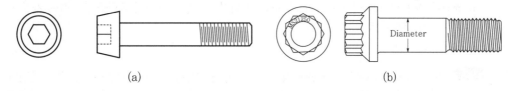

(a) (b)

**정답** (a) 인터널렌칭 볼트(내부렌치 볼트)

(b) 12각머리 볼트

**10** 다음의 내용에 알맞은 시동현상을 각각 기술하시오.

가. 시동이 걸린 후 IDLErpm 까지 증가하지 않고 이보다 낮은 회전수에 머물면서 배기가스 온도가 점점증가 하는 현상이며 원인은 시동기 공급동력 불충분현상(결핍시동)

나. 시동 시 배기가스 온도가 규정치 이상으로 되는 시동

다. 정해진 시간(20초)내에 시동이 되지 않는 시동

**정답**
가. hung start
나. hot start
다. no start

**11** 다음 보기의 내용에 대하여 기술하시오.

┌─────── [보기] ───────┐
│ 가. 클린 아웃(clean out)의 방법 2가지
│ 나. 클린 업(clean up)의 정의
│ 다. 스톱 홀(Stop hole)의 목적
└──────────────────────┘

**정답**
가. 클린 아웃 : 손상 부분을 트림(trim) 작업하거나 다듬질(file) 작업하여 손상 부분을 완전히 제거하는 작업이며, 방법으론 트리밍, 커팅, 파일링 등으로 손상 부위를 완전히 제거하여 처리하는 방법

나. 클린 업 : 모서리의 찌꺼기, 날카로운 면 등이 판의 가장자리에 없도록 하는 것

다. 균열(crack) 등이 있을 경우 균열의 끝 부분에 직경 1/8~3/32인치 사이의 크기로 구멍을 뚫어 균열이 확대되는 것을 방지하는 처리법

**12** 자동차 가솔린 기관은 9,000rpm을 내는데, 프로펠러 항공기용 가솔린엔진은 어떤 부품을 제한하였더니 2,800rpm이 나왔다. 이 장치가 회전수를 제한하는 이유에 대하여 서술하시오.

가. 엔진이 최대 출력을 내기 위하여 고rpm으로 회전하는 동안 엔진의 출력을 흡수하여 가장 효율적인 속도로 프로펠러를 회전시킨다.

나. 제한하는 이유

**정답**
가. 프로펠러 감속기어 : 엔진이 최대 출력을 내기 위하여 고 rpm으로 회전하는 동안 엔진의 출력을 흡수하여 가장 효율적인 속도로 프로펠러를 회전시킨다. 감속기어를 사용 할 때는 항상 엔진보다 느리게 회전하게 된다.

나. 제한하는 이유 : 깃 끝 속도가 음속에 가까워지면 실속이 일어나 프로펠러 효율이 급격히 감소된다. 감속 기어를 사용하여 프로펠러 깃 끝 속도를 음속의 90% 이하로 제한한다.

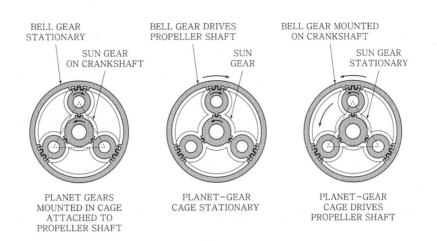

BELL GEAR STATIONARY
SUN GEAR ON CRANKSHAFT
PLANET GEARS MOUNTED IN CAGE ATTACHED TO PROPELLER SHAFT

BELL GEAR DRIVES PROPELLER SHAFT
SUN GEAR
PLANET-GEAR CAGE STATIONARY

BELL GEAR MOUNTED ON CRANKSHAFT
SUN GEAR STATIONARY
PLANET-GEAR CAGE DRIVES PROPELLER SHAFT

**13** 왕복엔진에서 디토네이션 발생원인으로 과압력과 과온도를 발생시키는 원인 4가지를 기술하시오.

> **정답**  ① 높은 흡입 공기온도
> ② 너무 낮은 연료의 옥탄가
> ③ 너무 높은 압축비
> ④ 너무 희박한 공기 혼합비

**14** 항공기 reading edge의 de-icing 방법의 명칭과 원리를 기술하시오.

> **정답**  ① 명칭 : 제빙부츠
> ② 원리 : 항공기 날개 앞전에 달려있어 압축공기를 불어 넣어 팽창시킴으로 얼음을 제거한다.
>
>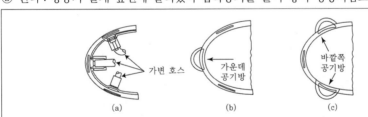
>
> 가변 호스    가운데 공기방    바깥쪽 공기방
> (a)    (b)    (c)
>
> (a) 제빙부츠는 팽창 및 수축할 수 있는 공기방이 유연성 호스에 의해서 계통의 압력관과 진공관과 연결된다. (b) 계통이 작동을 시작하면 가운데 공기방이 팽창을 하면서 얼음을 깨뜨리고, (c)와 같이 가운데 공기방이 수축하면 바깥쪽 공기방이 팽창하면서 깨진 얼음을 밀어 내어 기류에 의하여 대기 중으로 날려 버린다.

**15** 항공기 윤활 계통의 흐름도이다. ( ) 안에 알맞은 말을 기술하시오.

| ㉠ 윤활유 펌프 | ㉡ 윤활유 여과기 |
|---|---|
| ㉢ 윤활유 냉각기 | ㉣ 윤활유 온도조절 밸브 |

윤활유 탱크 – (     ) – (     ) – (     ) – 윤활유 온도계 및 압력계

**정답** ㉠ – ㉡ – ㉢

**16** 다음 [보기]에서 알맞은 것을 찾아 작성하시오.

───────── [보기] ─────────
| ㄱ. 체크 밸브 | ㄴ. 시퀀스 밸브 |
|---|---|
| ㄷ. 릴리프 밸브 | ㄹ. 퍼지 밸브 |

① 계통의 압력을 규정치 이상으로 되지 못하게 하는 밸브
② 작동유에 공기가 섞여 있을 때 탱크로 되돌려 보내주는 밸브
③ 한쪽 방향의 흐름은 허용하고 반대쪽 흐름은 흐르지 못하게 하는 밸브

**정답** ① – ㄷ
② – ㄹ
③ – ㄱ

# 필답테스트 기출복원문제

**01** 토크렌치에 익스텐션을 장착한 것이다. 토크렌치의 유효 길이는 15in 익스텐션의 유효 길이는 5in, 필요한 토크값은 900in-LBS일 때 필요한 토크에 해당하는 실제 죔값을 구하시오.

정답 $R = \dfrac{L \times T}{L + E} = \dfrac{15 \times 900}{15 + 5} = 675 \,[\text{in-lbs}]$

**02** 다음과 같은 부품 명칭을 보기에서 선택하고, 명칭에 해당하는 부품과 같이 사용하는 밸브의 종류를 쓰시오.

┌─────────── [보기] ───────────┐
① 유량제어 밸브
② 압력조절 밸브
③ 흐름방향제어 밸브
└──────────────────────────────┘

정답

| 그림 | 밸브 명칭 | 사용하는 밸브 종류 |
|------|----------|--------------------|
| 바이패스 밸브 볼 귀환관 / 스프링 / 피스톤 / 펌프로부터 → 계통 쪽으로 | 압력조절 밸브 | 바이패스 밸브<br>릴리프 밸브<br>체크 밸브 |
| 니들 밸브 / 오리피스 | 유량제어 밸브 | 흐름조절기<br>유압퓨즈<br>오리피스<br>유압관분리 밸브 |

| 그림 | 밸브 명칭 | 사용하는 밸브 종류 |
|---|---|---|
| 펌프 쪽 | 흐름방향제어<br>밸브 | 선택 밸브<br>체크 밸브<br>시퀀스 밸브<br>바이패스 밸브<br>셔틀 밸브 |

**03** 다음 그림을 보고 지시하는 A의 명칭을 쓰고, B의 groove 의미와 장치의 명칭을 기술하시오.

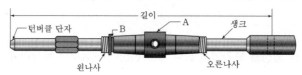

턴버클 단자 — B — 길이 — A — 생크
왼나사 — 오른나사

정답  ① 명칭 : 턴버클
② A : 배럴
③ B : 왼단자

**04** AFCS 자동비행제어장치(autopilot flight control system) 기능 세 가지를 기술하시오.

정답  ① 안정화(Stability) 기능
② 조종(Cintrol) 기능
③ 유도(Guidance) 기능

**05** 항공기에 사용되는 비금속 재료 중 열가소성, 열경화성에 대하여 각각 서술하고 각 종류 1개씩 기술하시오.

정답  ① 열가소성 수지 : 열을 가해서 성형한 다음 다시 가열하면 연해지고 냉각하면 다시 원래의 상태로 굳어지는 수지
② 열가소성 수지 종류 : 폴리염화비닐(PVC), 폴리에틸렌, 나일론, 메타크릴산메틸(PMMA)
③ 열경화성 수지 : 한번 열을 가해서 성형하면 다시 가열하더라도 연해지거나 용융되지 않는 성질을 가진 수지
④ 열경화성 수지 종류 : 페놀수지, 폴리우레탄, 에폭시수지

**06** 다음과 같은 두께의 철판을 굽히려 한다. 각각의 물음에 답하시오.

(1) 굽힘접선에서 성형점까지의 길이를 구하시오(세트백).

(2) 굽힘허용량을 구하시오. (단, R : 0.125, T : 0.04)

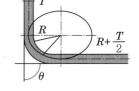

**정답** (1) $SBK(R+T)$,

$$SB = K(R+T) = \frac{\tan 90}{2}(0.125 + 0.04) = 0.165$$

(2) $BA = \dfrac{\theta}{360} 2\pi \left(R + \dfrac{1}{2}T\right)$, $BA = \dfrac{90}{360} 2\pi \left(0.125 + \dfrac{1}{2} 0.04\right) = 0.228$

**07** 항공기 왕복기관에서 실린더 오버홀 시 보기의 내용에 맞추어 기술하시오.

— [보기] —

가. 실린더 오버사이즈 규격과 해당 색깔을 기술하시오.

나. 실린더 내부 표면경화 방법 3가지를 기술하시오.

다. 오버사이즈 점검 후 교체해 주어야 하는 구성품에 대하여 기술하시오.

**정답** 가. 0.010인치 : 초록색, 0.015인치 : 노란색, 0.020인치 : 빨간색

나. 질화처리, 크롬도금, 라이너사용

다. 피스톤, 피스톤 핀, 피스톤 링

**08** 다음 보기의 질문에 대하여 기술하시오.

— [보기] —

가. FOD에 대한 정의를 기술하시오.

나. FOD 방지장치의 위치와 명칭을 기술하시오.

다. FOD의 종류를 기술하시오.

**정답** 가. 외부 손상 물질

나. 흡입구 입구 / 스크린섹터

다. 작은 돌, 금속 조각, 새, 볼트, 너트 등으로 손상을 줄 수 있는 물질들

**09** 항공기 가스터빈기관의 압축기에는 2개의 축이 있는데, 전방축과 후방축이 있다. 고압 압축기 전, 후방 베어링 저압 압축기 전, 후방 베어링이 있다. 그 중 가장 큰 하중(응력)으로 마모되는 곳의 압축기와 그 이유에 대하여 서술하시오.

**정답** ① 저압 압축기 전방 베어링

② 대기의 변화나 비행방향 조종으로 인한 흡입공기의 속도 변화에 따라 전방 저압 압축기의 회전속도 또한 함께 변화되기 때문이다.

**10** Dimming 회로에서 다이오드 병렬 연결 시 다이오드의 역할 2가지를 기술하시오.

> 정답 ① 역기전력흡수
> ② 역전류차단

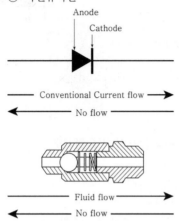

**11** 항공기용 마그네토 E-gap의 의미와 조절방법에 대하여 서술하시오.

> 정답 ① E-gap : 마그네토에서 회전 자석의 중립 위치와 브레이커 포인트가 열리는 위치 사이의 회전
> 각도로 2차 전류 또는 전압이 최대가 되는 지점이다.
> ② 조절방법 : 외부 점화시기 조절 – 마그네토 내의 타이밍 마크와 기어의 깎인 부분이 일치되도록
> 구동기어를 회전시킨 후 마그네토를 엔진에 부착한다. 타이밍라이트의 검은 선(-)은 기관에
> 연결하고, 빨간 선(+)은 브레이커 포인트에 연결하고 타이밍라이트가 켜질 때까지 마그네토를
> 천천히 움직여 E-gap을 맞춘다.

**12** 항공기 기체표면의 리벳작업을 하는데 덧붙일 판재가 8각형, 원형이 있는데 각각의 판재를 사용하는 경우에 대하여 기술하시오.

```
─────────────── [보기] ───────────────
가. 8각형 패치
나. 원형 패치
```

> 정답 가. 응력(stress)의 작용 방향을 확실히 아는 경우에 사용하며, 패치의 중심에서 바깥쪽을 향하여
> 리벳의 수를 감소시켜서 위험한 응력집중의 위험성을 피할 수 있다.
> 나. 손상 부분이 작고, 응력의 방향을 확실히 알 수 없는 경우에 사용하는 방법으로 2열 배치 방법과
> 3열 배치 방법으로 나뉜다.

**13** 항공기 배터리 정전류 충전법의 장점과 단점을 기술하시오.

> **정답** ① 장점 : 충전 완료 시간 미리 예측가능
> ② 단점 : 충전 소요시간이 길며, 수소 및 산소 발생이 많아 폭발 위험이 있다.


**14** 고압 실린더 밀폐에 사용되는 seal의 어셈블리에 해당하는 Back up ring의 종류와 역할을 기술하시오.

> **정답** ① 역할 : 고압용 시일에는 O-Ring의 튀어나옴을 방지하고, O-Ring의 수명을 연장하는데 사용
> ② 종류 : 스파이럴(spiral), 바이어스 컷트(bias cut), 앤드리스(endless)
> ③ O링은 105kg/cm²(1,500psi) 이상의 압력에서는 찌그러지므로, 이를 방지하려고 테플론이나 가죽으로 된 백업링을 사용한다.


**15** 항공기에 적용하는 제빙 및 제우 장치의 목적 및 종류에 대하여 각각 기술하시오.

> **정답** ① 항공기 날개 앞전에 달려있어 압축공기를 불어 넣고 팽창시킴으로써 얼음을 제거한다.(제빙부츠)
> ② 항공기 조종사의 시계를 확보하기 위한 것이다.(윈드실드 와이퍼, 레인 리펠런트액 저장용기, 노즐과 밸브).


**16** 1700rpm에서 마그네토 선택 스위치를 both위치에서 'L' 또는 'R'의 위치에 놓으면 회전수의 낙차가 기준보다 높을 경우 점화장치 계통에서 고장을 예상할 수 있는 3가지에 대하여 기술하시오.

> **정답** ① 스파크 플러그의 결함
> ② 마그네토 자체의 결함
> ③ 브레이커 포인트나 콘덴서의 결함

| 고장 상태 | 고장 원인 | 기타 |
|---|---|---|
| 시동기 버튼을 눌렀으나 기관이 시동이 되지 않는다. | • 점화 스위치가 'BOTH'위치에 있지 않고 'OFF'에 있다.<br>• 점화 스위치의 결함<br>• 스파크 플러그의 결함<br>• 브레이커 포인트가 패었거나 소손, 또는 탄소 찌꺼기가 끼었다. | |
| 완속 운전보다 높은 회전수에서 기관 작동이 원활하지 못하다. | • 스파크 플러그의 전극에 윤활유가 묻어 더러워져 있다.<br>• 스파크 플러그의 간극이 규정값에 맞지 않는다. | |

# 필답테스트 기출복원문제

**01** 대형 항공기에 사용하는 3상 교류발전기의 장점을 설명하시오.

 ① 기관의 회전수에 관계없이 일정한 출력 주파수를 얻기 위해 정속구동장치 사용
② 교류발전기에서 별도의 직류 발전기를 설치하지 않고 변압기 정류기 장치(TR unit)에 의해 직류를 공급한다.
③ 자계권선에 공급되는 직류전류를 조절함으로써 전압조절이 이루어진다.

> **참고**
>
> 3상 교류발전기는 단상에 비하여 효율이 우수하고 결선방식에 따라 전압, 전류에서 이득을 가지며, 높은 전력의 수요를 감당하는데 적합하여 항공기에 많이 사용된다.

**02** 기체손상에 있어 다음의 손상 설명을 기술하시오.

가. NICK

나. SCRATCH

다. CREASE

 가. NICK(찍힘) : 항공기 구조물에서 재료의 표면이나 모서리와 외부 물체와의 충돌에 의하여 예리한 면이 생기면서 떨어져 나가는 상태를 말한다.
나. SCRATCH(긁힘) : 날카로운 물체와 접촉되어 발생하는 결함으로 길이, 깊이를 가지며, 단면적의 변화를 초래한다.
다. CREASE(주름) : 표면이 진동으로 인하여 주름이 잡히는 현상을 말한다.

**03** 다음 내용에 (    )를 채워 넣으시오.

───────[보기]───────

현재 주로 사용되고 있는 대형 가스터빈 기관에서 대부분은 터빈 브레이드 팁(Blade tip)과 케이스 사이의 간극을 조절하여 기관의 효율을 높이고자 터빈 케이스 냉각계통이 사용되고 있다. 이때 터빈 케이스를 냉각시켜주는 공기는 (  가  )이며, 항공기 순항 시 저압터빈 케이스를 냉각시켜준 밸브는 (  나  ) 위치이고, 고압터빈 케이스를 냉각시켜 주는 밸브는 (  다  ) 위치이다.

가. 어떤 공기?
나. 저압터빈 냉각은?
다. 고압터빈 냉각은?

**정답**  가. 어떤공기 : Bleed air
　　　　나. 저압터빈 냉각은 : 닫힘
　　　　다. 고압터빈 냉각은 : 열림


**04** 다음의 나셀(nacelle)을 설명하시오.

가. 역할?
나. 외형적 특성?

**정답**  가. 역할 : 기체에 장착된 엔진 및 엔진에 관련되는 각종 장치를 수용하기 위한 공간
　　　　나. 외형적 특성 : 항력을 줄이기 위해 유선형으로 만들었으며, 엔진의 냉각과 연소에 필요한 공기를 유입하는 흡입구와 배기구가 마련되어 있다.


**05** 리벳작업 "37 RVT EQ SP STAGGERED"의 의미는?

**정답**  37개의 리벳을 동일 간격으로 좌우로 엇갈리게 리벳팅 한다.


**06** 다음 그림에 나와 있는 전기기호의 의미는?

가.　　　　　　　나.　　　　　　　다.

**정답**  가. 릴레이 : 릴레이 코일에 전류가 흐르면 아랫방향으로 연결되고, 전류가 끊기면 다시 윗방향으로 전류가 흐른다.
　　　　나. 다이오드 : 전류의 흐름이 한 쪽 방향으로만 흐르고, 반대로는 흐르지 못하게 한다.
　　　　다. 트랜지스터 : 이미터를 거쳐 베이스를 통과하여 컬렉터로 전류가 흐른다. (PNP형)

**07** MS20470 A 6 – 6 A 리벳설명이다.

가. 리벳 지름은?

나. 리벳 재질은?

다. 열처리 방법은?

**정답** 가. 리벳 지름은 : $\dfrac{6}{32}$ inch

나. 리벳 재질은 : 알루미늄 합금

다. 열처리 방법은 : 시효경화

**참고**

| | |
|---|---|
| • MS : Military Standard | • 20470 : 리벳 머리의 형태(Universal Rivet) |
| • A : 알루미늄 합금 | • 6 : 직경 6/32″ |
| • 6 : 길이 6/16″ | • A : 시효경화 |

**08** 다음 조종면 탭 4가지를 쓰시오.

**정답** ① 트림 탭(trim tab)

② 서보 탭(servo tab)

③ 밸런스 탭(balance tab)

④ 스프링 탭(spring tab)

**참고**

| | |
|---|---|
| 트림 탭<br>(trim tab) | 주 조종면 뒷전에 붙어 있는 작은 날개로 정상비행을 하는데 조종력을 "0"으로 맞추어 주는 장치로 조종사가 조종력을 장시간 가할 경우 대단히 피로하고 힘이 들어 조종력을 "0"으로 조종하여 조종력을 편하게 하기 위한 것이다. |
| 밸런스 탭<br>(balance tab) | 조종면 뒷전에 붙인 작은 키로서 탭은 항상 조종면이 움직이는 방향과 반대로 움직인다. 조종계통이 1, 2차 조종계통에 연결되어 서로 반대방향으로 작용한다. |
| 서보 탭<br>(servo tab) | 1차 조종면에 조종계통이 연결되지 않고 조종계통이 2차 조종면에 연결되어 탭을 작동해 풍압에 의해 1차 조종면을 작동한다.(대형항공기에 주로 사용) |
| 스프링 탭<br>(spring tab) | 겉으로 보기에는 트림 탭과 비슷하지만 그 기능은 전혀 다르다. 스프링 탭은 조종사가 주 조종면을 움직일 때 도움을 주기 위한 보조 역할로 사용되도록 작동하는 탭, 즉 조종사가 주 조종면을 움직일 때 도움을 주기 위한 보조역할을 하는데 사용한다. |

**09** 다음 그림에서 합성등가저항을 구하시오.

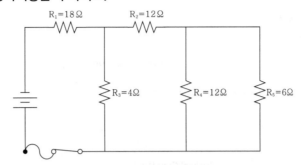

**정답** ① $R_4$와 $R_5$의 합성저항을 $R_6$라고 하면 병렬연결이므로

$$\frac{1}{R_6} = \frac{1}{6} + \frac{1}{12} = \frac{3}{12} \qquad R6 = 4\,\Omega$$

② $R_2$, $R_5$와 $R_3$의 합성저항을 $R_7$라고 하면

$$\frac{1}{R_7} = \frac{1}{R_3} + \frac{1}{R_2 + R_6} = \frac{1}{4} + \frac{1}{12 + 4} = \frac{5}{16}$$

③ 따라서 전체저항 $R$은

$$R = R_1 + R_7 = 18 + \frac{16}{5} = \frac{106}{5} = 21.2\,\Omega$$

**10** 다음 Hung Start(결핍시동)를 기술하시오.

가. 의미?

나. 조치방법

**정답** 가. 의미 : 시동이 걸린 후 IDLE RPM까지 증가하지 않고 이보다 낮은 회전수에 머물면서 배기가스 온도가 점점 증가하는 현상이며 원인은 시동기 공급동력 불충분현상

나. 조치방법 : 결핍시동의 주원인은 시동기에 공급되는 동력이 충분하지 못하기 때문이기에 시동기 이상유무를 확인 후 재시동 절차에 따른다.

**11** 피스톤링 옆 간극이 넓으면

**정답** 피스톤 링을 교환한다.

**참고**

| 측정 기구 | 두께 게이지 |
|---|---|
| 옆 간극이 넓으면 | 규정값 이상이기 때문에 교환한다. |
| 옆 간극이 좁으면 | 규정값 미만이기 때문에 래핑 콤파운드로 래핑한다. |
| 끝 간극이 넓으면 | 규정값 이상이기 때문에 교환한다. |
| 끝 간극이 좁으면 | 규정값 미만이기 때문에 래핑 콤파운드로 래핑한다. |

**12** 유압탱크(Reservoir)에 대한 질문에 답하시오.

　가. "???" 명칭?

　나. 역할(기능)?

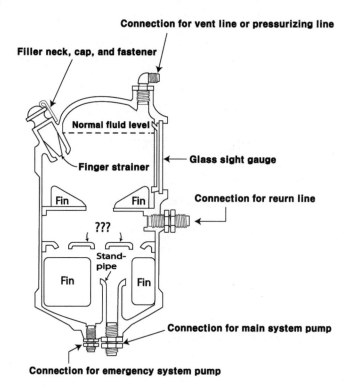

**정답**　가. 명칭 : 배플(Baffle)

　　나. 배플의 역할 : 탱크 내에 있는 작동유가 심하게 흔들리거나, 귀환하는 작동유에 의하여 소용돌이치
　　　는 불규칙한 작동유에 거품이 발생하거나 펌프 안에 공기가 유입되는 것을 방지한다.

**참고**

| 유압탱크<br>(reservoir) | 작동유를 펌프에 공급하고, 계통으로부터 귀환하는 작동유를 저장<br>하는 동시에, 공기 및 불순물을 제거하는 역할을 한다. |
|---|---|
| 주입구<br>(filler neck, cap, and fastener) | 작동유를 보급할 때 불순물을 거르는 여과기가 마련 |
| 사이트 게이지<br>(glass sight gauge) | 작동유의 양을 알 수 있도록 마련 |
| 귀환관 연결구<br>(connection for return line) | 탱크 내의 정상유면보다 아래쪽에 위치, 접선방향으로 들어오게<br>하여 작동유의 거품을 방지하여 공기의 유입을 방지 |
| 배플과 핀<br>(baffle & fin) | 탱크 내에 있는 작동유가 심하게 흔들리거나, 귀환하는 작동유에<br>의하여 소용돌이치는 불규칙한 작동유에 거품이 발생하거나 펌프<br>안에 공기가 유입되는 것을 방지한다. |

**13** 압축기 실속 방지법 3가지?

① 다축식 구조
② 가변 정익 베인
③ 가변 입구 안내 깃
④ 블리드 밸브
⑤ 가변 바이패스 밸브

**14** 안전결선 중 셰어 와이어(shear wire)를 사용하는 곳 3군데?

① 비상구
② 소화제 발사장치
③ 비상용 브레이크 등의 핸들, 스위치, 커버

참고

- 락크 와이어(lock wire) : 나사 부품을 조이는 방향으로 당겨, 확실히 고정시키는 와이어
- 셰어 와이어(shear wire) : 비상구, 소화제 발사장치, 비상용 브레이크 등의 핸들, 스위치, 커버 등을 잘못 조작하는 것을 막고, 조작 시에 쉽게 작동할 수 있도록 하는 목적으로 사용되는 와이어

**15** 브레이튼 사이클(그림)의 각각에 해당하는 것은?

[보기]

가. 1-2  나. 2-3
다. 3-4  라. 4-1

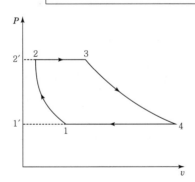
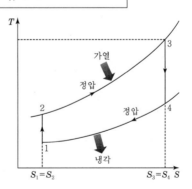

가. 1-2 : 단열압축
나. 2-3 : 정압가열
다. 3-1 : 단열팽창
라. 4-1 : 정압방열

**16** 크리프현상에 대하여 기술하시오.

가. 의미

나. 크리프 파단곡선을 그리시오.

**정답** 가. 크리프란 : 일정한 응력을 받는 재료가 일정한 온도에서 시간이 경과함에 따라 하중이 일정하더
라도 변형률이 변화하는 현상

나.

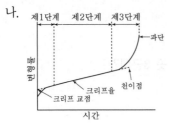

**01** 정비 목표 3가지를 쓰시오.

> **정답** ① 경제성  ② 정시성  ③ 쾌적성  ④ 감항성

**02** 임피던스($\Omega$) 값을 구하시오.

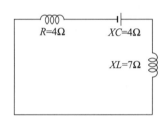

> **정답** $Z = \sqrt{R^2 + (XL - XC)^2} = \sqrt{4^2 + (7-4)^2} = 5\,\Omega$

**03** 왕복기관 "R-985-22"에서 985의 의미는?

> **정답** 총 배기량
>
> R : Radial(성형), 985 : 총 배기량($in^3$), 22 : 엔진 개량횟수

**04** 압축기 깃 손상명칭 및 원인을 쓰시오.

가. 국부적으로 색깔이 변한 상태의 원인?

나. 재료가 찢어지거나 떨어져 없어진 상태의 원인?

다. 깊게 긁힌 상태의 원인?

> **정답** 가. 소손(Burning) / 원인 : 과열에 의해 국부적으로 색깔이 변하거나 심한 경우 재료가 떨어져나간 상태
>
> 나. 가우징(Gouging) / 원인 : 재료가 찢어지거나 떨어져 없어진 상태로서 비교적 큰 외부 물질과 부딪혀 생기는 결함
>
> 다. 스코어(Score) / 원인 : 깊게 긁힌 형태로 표면이 예리한 물체와 닿았을 때

**05** 다음 작업의 명칭과 어떤 경우에 필요한 작업인지 쓰시오.

가. 작업 명칭?

나. 작업이 필요한 경우?

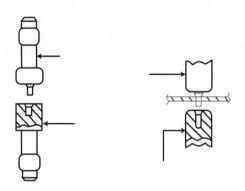

**정답** 가. 딤플링(dimpling)작업

나. 판재의 두께가 0.04inch 이하일 때

판재의 두께가 리벳머리의 두께보다 얇을 때

**06** 다음 그림에서 해당하는 고도의 명칭은?

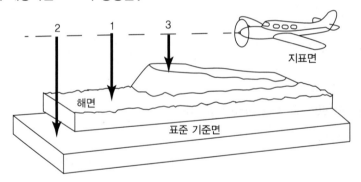

**정답** ① 진고도

② 기압고도

③ 절대고도

**07** 엔진 점화플러그 장착 시 토크를 중요시 한다. 그 이유는?

가. 과도한 토크?

나. 토크가 작을 때(과소한 토크)?

**정답** 가. 나사산 손상 및 개스킷(gasket) 손상

나. 압축에 의한 혼합가스 누설 및 플러그가 빠지므로 기밀유지가 곤란하다.

**08** 왕복엔진 점화를 상사점 전에 하는 이유는?

> **정답** 화염전파 속도를 고려하여 상사점 직후 최대압력이 작용하도록 하기 위해 점화시기를 앞당긴다.

**09** 발전기 종류를 적고 Rheostart의 역학을 적으시오.

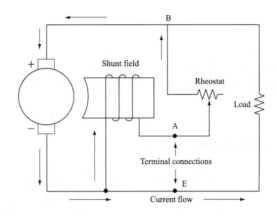

가. 발전기 종류?

나. Rheostart 기능?

> **정답** 가. 자기여자발전기
> 나. 가감저항기 및 가변저항기라 말하며, 전류를 조절하거나 저항변화를 필요로 할 때 사용한다.

**10** 재료의 손상이 없고 파괴없이 결함을 검사하는 방법 5가지?

> **정답** ① 방사선검사
> ② 초음파검사
> ③ 와전류검사
> ④ 침투탐상검사
> ⑤ 자분탐상검사

**11** "FLY Time"이란?

> **정답** 항공기가 비행을 목적으로 자력으로 움직이기 시작하여 착륙하여 정지할 때까지 시간

**12** 다음 [보기] 중 유압계통 밸브를 목적별로 분류하시오.

───────── [보기] ─────────

오리피스 밸브, 흐름조절기, 시퀀스 밸브, 릴리프 밸브, 감압 밸브, 셔틀 밸브

가. 압력제어 밸브?

나. 유량제어 밸브?

다. 방향제어 밸브?

**정답**   가. 릴리프 밸브, 감압 밸브
　　　　　 나. 오리피스 밸브, 흐름조절기
　　　　　 다. 시퀀스 밸브, 셔틀 밸브

**13** 다음 그림 각 부분의 리벳지름은 몇인가?

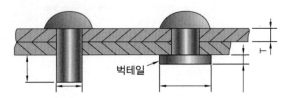

벅테일

가. 리벳길이?

나. 성형머리 넓이?

다. 성형머리 높이?

**정답**   가. 판 두께+1.5D
　　　　　 나. 1.5D
　　　　　 다. 0.5D

**14** 가스터빈엔진 시동기 3종류는?

**정답**   ① 전기식 시동기
　　　　　 ② 공기터빈식 시동기
　　　　　 ③ 가스터빈식 시동기

┌─ **참고** ──────────────────────────────────
│ ① 전기식 시동계통 : 전동기식 시동기, 시동-발전기식 시동기
│ ② 공기터빈식 시동계통 : 공기터빈식 시동기
│ ③ 가스터빈식 시동계통 : 가스터빈식 시동기
└─────────────────────────────────────────────

**15** 다음 판재성형 그림에서 ①, ②, ③을 기록하고 굽힘여유를 구하시오.

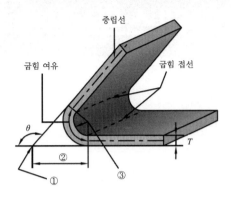

가. ①, ②, ③의 명칭을 쓰시오.

나. 굽힘여유를 구하시오. (굽힘각도 45°, 두께 1mm, 반지름 2mm)

> **정답** 가. ① 성형점(MOLD POINT), ② SET BACK, ③ 굽힘 반지름
>
> 나. $BA = \dfrac{\theta}{360} 2\pi \left(R + \dfrac{T}{2}\right)$
>
> $\quad\quad = \dfrac{45}{360} 2\pi \left(2 + \dfrac{1}{2}\right) = 1.96\text{mm}$

**16** 다음의 제빙, 방빙 방법은?

가. 날개 리딩엣지?

나. 피토튜브?

다. 왕복기관 카브레터?

> **정답** 가. 제빙부츠 : 열적 방빙
>
> 나. 전기적 : 전기히터
>
> 다. 화학적 : 알코올 분사

> **참고**
>
> 방빙의 방법 2가지
> 1) 열적방빙계통 : 방빙이 필요한 부분에 덕트를 설치하고 가열된 공기(압축기 블리드 공기나 기관 배기가 스 열교환기)를 통과시켜 온도를 높여 줌으로써 얼음이 어는 것을 방지하는 장치
>    *전기적인 열을 사용하는 곳 : 피토관, 윈드실드
> 2) 화학적방빙계통 : 결빙 우려가 있는 부분에 이소프로필알코올이나 에틸렌글리콜과 알코올을 섞은 용액을 분사, 어는점을 낮게 하여 결빙 방지-프로펠러 깃이나 윈드실드, 기화기

# 필답테스트 기출복원문제

**01** 열전쌍식 탐지기 조합재료 3가지를 쓰시오.

**정답**　① 크로멜-알루멜
　　　　② 구리-콘스탄탄
　　　　③ 철-콘스탄탄

> **참고**
>
> 열전쌍식 화재 경고장치 : 열전쌍식 화재 경고장치는 온도의 급격한 상승에 의하여 화재를 탐지하는 장치이다. 서로 다른 종류의 특수한 금속을 서로 접한 한 열전쌍을 이용하여 필요한 만큼 직렬로 연결하고, 고감도 릴레이를 사용하여 경고장치를 작동 시킨다.

**02** 고도계 오차 4가지 종류를 쓰시오.

**정답**　① 눈금오차
　　　　② 온도오차
　　　　③ 탄성오차
　　　　④ 기계적오차

> **참고**
>
> 고도계의 오차 분류
> ① 눈금오차 : 일정한 온도에서 진동을 가하여 얻어 낸 기계적 오차는 계기 특유의 오차이다. 일반적으로 계기의 오차는 눈금 오차를 말하는데, 수정할 수 있다.
> ② 온도오차 : 온도 변화에 따른 고도계를 구성하는 부분의 팽창, 수축, 공함과 그 밖에 탄성체의 탄성률 변화, 그리고 대기의 온도 분포가 표준대기와 다르기 때문에 생기는 오차이다.
> ③ 탄성오차 : 히스테리시스, 편위, 잔류효과 등과 같이 일정한 온도에서 재료의 특성 때문에 생기는 탄성체 고유의 오차이다.
> ④ 기계적 오차 : 계기 각 부분의 마찰, 기구의 불평형, 가속도와 진동 등에 의하여 바늘이 일정하게 지시하지 못함으로써 생기는 오차이다. 이들은 압력변화와 관계가 없으며 수정이 가능하다.

**03** 다음의 그림 MS 20470 6-6A의 ①~③을 기술하시오.

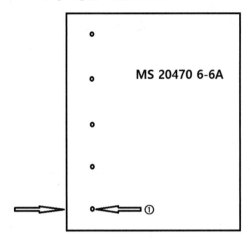

① 명칭은?
② 리벳의 지름과 리벳의 길이는?
③ 계산법을 쓰시오.

**정답**  ① 연거리(Edge Distance)

② 리벳지름 : $\dfrac{6}{32}$ 인치, 리벳 길이 : $\dfrac{6}{16}$ 인치

③ 유니버설 리벳인 경우 연거리는 2~4D이기 때문에 0.375~0.75인치(9.529~19.05cm)이다.


**04** 잭 작업 시 주의사항을 쓰시오.

**정답**  ① 잭의 용량 및 안전성을 확인한다.
② 표면이 단단하고 평평한 장소에서 수행한다.
③ 바람의 영향이 없는 격납고에서 작업(최대허용풍속 24Km/h 이내)한다.
④ 작업장 주변의 정리정돈 및 잭 침하방지를 위해 램 고정너트를 사용한다.
⑤ 동일한 부하가 걸리도록 수평을 유지하면서 "UP"과 "DOWN" 한다.

> **참고**
>
> Jack 작업 순서
> ① 각종 안전장치의 기능과 상태를 점검한다.
> ② 잭 작업 전에 항공기 내부에 사람이 있는지 확인한다.
> ③ 항공기에 따라 정해진 잭 위치에 잭 받침(Jack pad)을 부착하고 그곳에 잭을 설치한다.
> ④ 작업장 주변을 정리정돈 한 후 각각의 잭에 동일한 부하가 걸리도록 수평을 유지하면서 서서히 항공기를 들어 올린다.
> ⑤ 각각의 잭에 장착된 램고정 너트를 사용하여 갑작스러운 잭의 침하를 방지한다.

**05** 수리 순환한 부품에 태그를 달아주는데, 태그 내용에 기입해야 할 사항을 3가지를 기록하시오.

정답 제품번호, 시리얼 번호, 제조사, 모델명, 점검자, 점검날짜

참고

수리순환부품의 상태에 따른 색 표식
• 노란색 표찰 : 사용가능
• 초록색 표찰 : 수리요구
• 빨간색 표찰 : 폐기

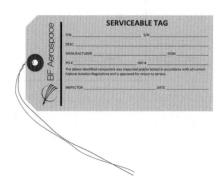
▲ 노란색 표찰

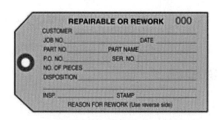
▲ 초록색 표찰

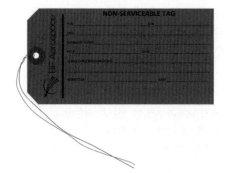
▲ 빨간색 표찰

**06** 베어링을 핫 섹션(hot section)에 교환 시 메탈 실(metal seal)을 사용할 때 생기는 문제점은?

> **정답** 메탈 실(metal seal)을 고온부에서 사용하게 되면, 실이 팽창하여 실 랜드(seal land)와 접촉하게 되어 마모가 일어난다.
>
> > **참고**
> > 베어링 실(bearing seal)은 베어링 하우징에서 가스 유로로 윤활유가 새어 나가지 않도록 한다. seal의 종류에는 마찰식 탄소 실이나 메탈 실이 통상 사용된다. seal이 구별되는 이유는 고온부(hot section)와 저온부(cold section) 사이의 온도 구배 때문이다.

**07** 'overheat warning sys'의 장착위치 및 역할은?

> **정답** ① 장착위치 : landing gear wheel well
> ② 역할 : fire detection
>
> > **참고**
> > 화재감지계통의 화재과열탐지기
> > • landing gear wheel well(fire detection)
> > • leading edge wing(overheat detection)
> > • cargo(smoke detection & fire extinguishing)
> > (화재탐지는 빛, 열, 연기 감지센서로 탐지를 한다.)

**08** 유효피치와 기하학적 피치를 정의하시오.

> **정답** ① 유효피치 : 프로펠러 1회전에 실제로 얻은 전진 거리
> ② 기하학적 피치 : 공기를 강체로 가정하고 이론적으로 얻을 수 있는 피치
>
> > **참고**
> > 유효피치 및 기하학적 피치 관계식
> > ① 유효 피치 : $EP = V \times \dfrac{60}{n} = 2\pi r \cdot \tan\phi$
> > ② 기하학적 피치 : $GP = 2\pi r \cdot \tan\beta$

**09** 유압계통에서 사용되는 동력펌프 종류 3가지를 쓰시오.

> **정답** ① 기어형(gear)
> ② 베인형(vane)
> ③ 제로터형(gerotor)

유압계통 동력원의 종류
① E.D.P(Engine Driven Pump)
② E.M.D.P(Electric Motor Driven Pump)
③ A.D.P(Air Driven Pump)
④ P.T.U(Power Transfer Unit)
⑤ R.A.T(Ram Air Turbine)

**10** 왕복엔진의 타이밍이 다음과 같을 때 배기 밸브가 열려있는 각도는?

[보기]

IO : 10° BTC       IC : 55°ABC
EO : 20°BBC        EC : 20°ATC

정답   $20° + 180° + 20° = 220°$

참고

이론상으로 밸브는 상사점과 하사점에서 열고 닫힌다. 그러나 실제 엔진에서는 흡입 효율 향상 등을 위해 상사점 및 하사점 전후에서 밸브가 열리고 닫힌다.
• 밸브 오버랩=IO BTC 10°+EC ATC 20°=30°
• 흡입 밸브가 열려있는 각도=IO BTC 10°+180°+IC ABC 55°=245°

**11** Al 산화피막처리 2가지를 쓰시오.

정답   알로다인(alodine), 아노다이징(anodizing)

| 양극산화처리(anodizing) | 알로다인(alodine) |
|---|---|
| • 알루미늄 금속표면을 전기,화학적 방법을 이용하여 알루미나 세라믹으로 변화시켜 주는 방법<br>• 철강보다 강하다.<br>• 경질 크롬 도금보다 내마모성이 우수<br>• 도금이나 도장처럼 박리되지 않는다.<br>• 전기 절연성이 뛰어나다.<br>• 안쪽은 전기가 흐른다. | • 전기를 사용하지 않고 크롬산 계열의 화학 약품으로 산화피막을 입혀주는 방법<br>• 피막은 매우 약하며 내식성 또한 양극산화 처리에 비해 떨어진다.<br>• 프라이머와의 접착성이 좋아 프라이머 내식 효과를 극대화 할 수 있다.<br>• 공정이 단순하며, 비용이 적게 들어 많이 사용한다. |

**12** 물결모양 균열과 머리카락모양 균열의 의미는?

**정답** ① 머리카락모양 : 열응력으로 인한 균열
② 물결무늬모양 : 과열로 인한 변형

**참고**
- 터빈 깃의 냉각방법 4가지 : 대류냉각, 충돌냉각, 공기막냉각, 침출냉각
- 터빈 깃의 장착법 : Fir-tree 방식
- 터빈 깃의 고정방법 2가지 : 락탭, 락와이어, 롤핀, 리벳


**13** 왕복기관 오일의 기능 3가지를 쓰시오.

**정답** 윤활, 기밀, 냉각

**참고**
윤활유의 기능
① 윤활작용 : 작동부 간의 마찰을 감소시키는 작용
② 기밀작용 : 가스의 누설을 방지하여 압력 감소를 방지하는 작용
③ 냉각작용 : 기관을 순환하면서 마찰이나 기관에서 발생한 열을 흡수하는 작용
④ 청결작용 : 기관의 마멸이나 여러 가지 작동에 의하여 생기는 불순물을 걸러주는 작용
⑤ 방청작용 : 금속 표면과 공기가 직접 접촉하는 것을 방지하여 녹이 생기는 것을 방지하는 작용
⑥ 소음 방지작용 : 금속면이 직접 부딪치면서 발생하는 소리를 감소시키는 작용


**14** 다음 그림의 명칭을 쓰시오.

(a)          (b)          (c)

**정답** (a) 인터널렌치 볼트
(b) 클레비스 볼트
(c) 아이 볼트

**15** 다음은 방빙계통에 대한 사항이다. 답하시오.

가. 화학적 방빙액 1가지를 쓰시오.

나. 열적 방빙하는 곳 1가지를 쓰시오.

> **정답** 가. 이소프로필알코올, 에틸렌글로콜
>
> 나. 날개 앞전, 엔진카울 앞전

> **참고**
>
> 1) 제빙·제우계통은 다음의 구성품에 결빙형성을 방지한다.
>    날개 앞전, 에어데이터 감지기, 수평안정판과 수직안정판 앞전, 조종실 윈도우, 엔진카울 앞전, 급·배수계통관과 배수관, 프로펠러, 안테나, 프로펠러 스피너
> 2) 결빙형성을 방지하는 종류
>    뜨거운 공기를 사용한 표면가열, 발열소자를 사용한 가열, 팽창식 부트를 활용한 제빙, 화학물질 처리

**16** 하중을 받는 강화재의 종류 3가지를 쓰시오.

> **정답** 유리섬유, 케블러(아라미드섬유), 보론섬유

> **참고**
>
> 섬유 재질은 복합소재에서 주 하중을 담당하는 요소이다. 그에 따른 종류로는 유리섬유(Fiberglass), 케블러(Kevlar), 탄소섬유(Carbon/Graphite Fiber), 보론(Boron), 세라믹섬유(Ceramic Fibers), 번개 보호섬유(Lightening Protection Fibers)가 있다.

**01** 축전지의 충전방법 2가지와 2가지의 차이점을 쓰시오.

 ① 정전압 충전법 : 기상 충전에 사용하는 방법으로, 과충전에 대한 특별한 주의가 없이도 짧은
시간에 충전을 완료할 수 있다. 동시에 여러 축전지를 충전 시 아래 그림과 같이 전압값별로
전류에 관계없이 병렬로 연결하여 충전한다.

② 정전류 충전법 : 일정한 규정 전류로 계속 충전하는 방법으로, 동시에 여러 축전지를 충전 시
아래 그림과 같이 전압에 관계없이 용량을 구별하여 직렬로 연결하여 충전한다. 장점은 충전
완료시간을 미리 추정할 수 있고, 단점은 충전 소요 시간이 길고, 주의를 하지 않으면 과충전이
되기 쉽다.

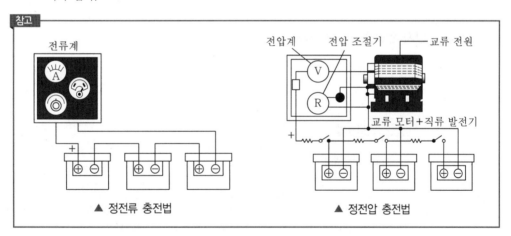

▲ 정전류 충전법 　　　　　▲ 정전압 충전법

**02** 계기 착륙장치를 설명하시오.

　가. 로컬라이저?

　나. 글라이드 슬로프?

　다. 마커비콘?

 가. 로컬라이저(localizer) : 활주로의 수평정보(활주로의 중심선을 맞춰주기 위한 정보)를 항공기에
제공한다.

　나. 글라이드 슬로프(glide sliop) : 활주로의 수직정보(항공기가 안전하게 활주로에 진입하기 위한
항공기의 활공각에 대한 정보)를 항공기에 제공한다. 글라이드 패스(glide path)라고도 불린다.

다. 마커비콘(marker beacon) : 활주로부터의 거리정보를 항공기에 제공한다.

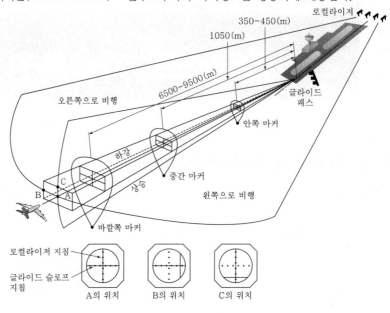

## 03 케이블 단자 연결 방법 3가지를 기술하시오.

**정답** ① 5단 엮기방법
② 랩 솔더
③ 스웨이징 방법

| 연결방법 | 내용 |
|---|---|
| 스웨이징 방법<br>(swaging method) | 스웨이징 케이블 단자에 케이블을 끼워 넣고 스웨이징 공구나 장비로 압착하여 접합하는 방법으로, 케이블 강도의 100%를 유지하며 가장 많이 사용한다. |
| 니코프레스 방법<br>(nicopress method)<br> | 케이블 주위에 구리로 된 슬리브를 특수공구로 압착하여 케이블을 조립하는 방법으로, 케이블을 슬리브에 관통시킨 후 심블을 감고, 그 끝을 다시 슬리브에 관통시킨 다음 압착한다. 케이블의 원래 강도를 보장한다. |
| 랩 솔더 방법<br>(wrap solder method)<br><br>▲ 납땜 이음법 | 케이블 부싱이나 딤블 위로 구부려 돌린 다음 와이어를 감아 스테아르산의 땜납 용액에 담아 케이블 사이에 스며들게 하는 방법으로, 케이블 지름이 3/32인치 이하의 가요성 케이블이나 1×19케이블에 적용한다. 케이블 강도가 90%이고, 주의사항은 고온 부분에는 사용을 금지한다. |
| 5단 엮기 방법<br>(5 truck woven method) | 부싱이나 딤블을 사용하여 케이블 가닥을 풀어서 엮은 다음 그 위에 와이어로 감아 씌우는 방법으로 7×7, 7×19 가요성 케이블로써 직경이 3/32in 이상 케이블에 사용할 수 있다. 케이블 강도의 75% 정도이다. |

**04** 다음과 같은 두께의 판재를 굽히려 한다. 물음에 답하시오.

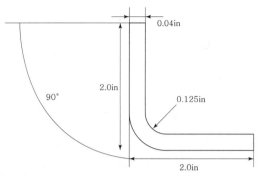

가. 세트백(set back)을 구하시오.

나. 굽힘 여유(bend allowance)를 구하시오.

정답  가.  SB=K(R+T)=(0.125+0.04)=0.165

나.  BA=$\dfrac{\theta}{360°}\times2\pi\left(R+\dfrac{1}{2}t\right)=0.228$

**05** 다음 항공기 방빙(anti-icing)장치에서 공기식과 전기식의 사용처에 대하여 서술하시오.

정답  ① 공기식 방빙 : 날개 앞전, 조종면 등
② 전기식 방빙 : 윈드실드, 피토 튜브, 레이돔, 프로펠러

참고
• 압축공기 열 이용 : 압축기 깃단의 블리드 공기를 사용하여 기관흡입구 날개전면부 등의 방빙
• 전기저항 열 이용 : 직류나 교류의 저항 열을 이용하여 피토관이나 윈드실드 등의 방빙

**06** 가스터빈 윤활유 펌프 종류 3가지?

정답  ① 기어(gear)
② 제로터(gerotor)
③ 베인(vane)

| 윤활유 압력 펌프 | 탱크로부터 기관으로 윤활유를 압송하며 압력을 일정하게 유지하기 위하여 릴리프 밸브가 설치된다. |
|---|---|
| 윤활유 배유 펌프 | 기관의 각종 부품을 윤활시킨 뒤 섬프에 모인 윤활유를 탱크로 보내준다. |
| 배유 펌프가 압력 펌프보다 용량이 큰 이유 | 윤활유가 공기와 혼합되어 체적이 증가하기 때문에 용량이 커야 한다. |

**07** 증기폐쇄 원인 3가지를 쓰시오.

**정답** ① 연료의 기화성이 너무 클 때
② 연료의 증기압이 너무 높을 때
③ 연료 도관이 배기 도관 근처를 지날 경우
④ 연료 도관의 굴곡이 너무 심할 경우
⑤ 비행기가 고고도를 비행할 경우

**참고**

증기폐쇄(vapor lock)는 연료관 안의 연료가 뜨거운 열에 의해 증발되어 기포가 형성되면서 연료의 흐름을 차단하는 불량 현상이고, 이와 같은 증발된 기포압력을 측정하는 장비는 레이드 증기 압력계(reid vapor pressure bomb)를 사용한다. 증기폐쇄는 연료관 내 연료압력이 낮고 온도가 높을 때 증기폐쇄가 잘 발생한다.

**08** 민간항공기 타이어 마모를 검사할 때 사용하는 측정기와 측정 위치는?

**정답** ① 깊이게이지 ② 트레드 홈

**참고**

타이어 교환 시기
• 트레드와 사이드 월의 마멸, 소상상태 점검, 트레드 마멸은 홈 형태가 없어질 때 까지 허용
• 부분적으로 과도한 마멸 또는 속의 플라이가 보이거나 불평형 상태면 타이어 교환
• 측면부(flex) 손상일 경우 교환
• 플라이 사이가 떨어졌거나 와이어비드 사이가 벌어진 경우 교환
• 일반적으로 플라이 수의 25% 이상 손상되면 교환

**09** 항공기 자기무게에 포함되는 것을 보기에서 고르시오.

─────────── [보기] ───────────
① 고정 밸러스트        ② 사용가능한 연료        ③ 승무원
④ 화물무게            ⑤ 배출 불가능한 윤활유    ⑥ 발동기 냉각기 전량

**정답** ① 고정 밸러스트 ⑤ 배출 불가능한 윤활유 ⑥ 발동기 냉각기 전량

**참고**

• 기본 빈 무게(기본자기무게)
 – 승무원, 승객 등의 유용하중, 사용 가능한 연료, 배출 가능한 윤활유의 무게를 포함하지 않는 상태에서의 항공기 무게이다.
 – 기본 빈 무게에는 사용 불가능한 연료, 배출 불가능한 윤활유, 기관 내의 냉각액의 전부, 유압계통의 무게도 포함한다.
• 운항 빈 무게(운항자기무게) : 기본 빈 무게에서 운항에 필요한 승무원, 장비품, 식료품을 포함한 무게이다. 승객, 화물, 연료 및 윤활유를 포함하지 않는 무게이다.

**10**  2열 18기통 성형엔진에서 배열순서를 빈칸에 알맞게 적으시오?

가. 앞열 : 1-(  )-(  )-7-(  )-(  )-(  )-15-17

나. 뒷열 : 2-(  )-(  )-8-10-(  )-(  )-16-18

**정답**  가. 3, 5, 9, 11, 13

　　　　나. 4, 6, 12, 14

> **참고**
> - 18기통 성형기관의 점화순서 : 1-12-5-16-9-2-13-6-17-10-3-14-7-18-11-4-15-8(+11, -7반복)
> - 뒷열이 홀수 실린더 : 1,3,5,7,9,11,13,15,17, 홀수 실린더 점화순서 : 1,5,9,13,17,3,7,11,15
> - 앞열이 짝수 실린더 : 2,4,6,8,10,12,14,16,18, 짝수 실린더 점화순서 : 2,4,6,8,10,12,14,16,18

**11**  다음 회로도에서 스위치를 눌렀을 때 최종적으로 나타나는 결과를 쓰시오.[4점]

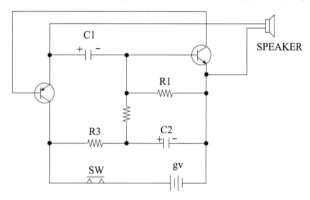

**정답**  경보음이 울린다.

**12** 축류식 압축기에 생기는 FOD를 설명하고, FOD에 강한 압축기 형식은?

정답 ① 외부 손상 물질
② 원심식 압축기

참고

• 원심식 압축기

| | |
|---|---|
| 장점 | 단당 압축비가 높다(1단 10:1, 2단 15:1). |
| | 제작이 쉽고 값이 싸다. |
| | 구조가 튼튼하고 값이 싸다. |
| | 무게가 가볍다. |
| | 회전 속도 범위가 넓다. |
| | 시동 출력이 낮다. |
| | 외부 손상물질(FOD)이 덜하다. |
| 단점 | 압축기 입구와 출구의 압력비가 낮다. |
| | 효율이 낮다. |
| | 많은 양의 공기를 처리할 수 없다. |
| | 추력에 비해 기관의 전면 면적이 넓기 때문에 항력이 크다. |

• 축류식 압축기

| | |
|---|---|
| 장점 | 대량의 공기를 흡입하여 처리할 수 있다. |
| | 압력비 증가를 위해 다단으로 제작 가능하다. |
| | 입구, 출구의 압력비가 높고 효율이 높아 고성능 기관에 사용한다. |
| | 전면 면적이 좁아 항력이 작다. |
| 단점 | FOD가 잘 발생한다(Forien Object Damage : 외부 물질인 지상의 돌이나 금속 조각에 의한 손상으로 기관으로 흡입될 경우 압축기 깃을 손상시키는 것을 말한다). |
| | 제작이 어렵고 비용이 많이 든다. |
| | 시동 출력이 높아야 한다. |
| | 무겁다. |
| | 단당 압력 상승이 낮다. |
| | 순항에서 이륙 출력까지만 양호한 압축이 된다. |

**13** 윤활유 역할 3가지를 쓰시오.

**정답** 윤활, 기밀, 냉각

> **참고**
>
> 윤활유의 기능
> ① 윤활작용 : 작동부 간의 마찰을 감소시키는 작용
> ② 기밀작용 : 가스의 누설을 방지하여 압력 감소를 방지하는 작용
> ③ 냉각작용 : 기관을 순환하면서 마찰이나 기관에서 발생한 열을 흡수하는 작용
> ④ 청결작용 : 기관의 마멸이나 여러 가지 작동에 의하여 생기는 불순물을 걸러주는 작용
> ⑤ 방청작용 : 금속 표면과 공기가 직접 접촉하는 것을 방지하여 녹이 생기는 것을 방지하는 작용
> ⑥ 소음 방지작용 : 금속면이 직접 부딪치면서 발생하는 소리를 감소시키는 작용

**14** hard time, flight time, time in service에 대해 쓰시오.

**정답** • hard time(HD) : 장비품 등을 일정한 주기로 항공기에서 장탈하여 정비하거나 폐기하는 정비기법
• flight time(block time) : 항공기가 자력으로 움직여서 비행을 마치고 자력으로 정지할 때까지의 시간을 말한다. 조종사나 승무원의 비행시간의 기준이 된다.
• time in service(air time) : 항공기가 지면을 이륙하여 다시 지면에 도착할 때까지의 시간을 말하며, 정상적인 기능을 유지할 수 있는 수명을 말한다.

**15** 현재 민항 항공기용으로 주로 쓰이는 대형 터보 팬엔진의 카울(COWL)은 INLET COWL, 1) 팬 카울, 2) 역추력 카울 , 3) 코어 카울로 구분된다. 정비업무를 위해 이러한 카울을 열어야 하는 경우가 자주 발생하므로 모든 카울이 닫혀져 있는 상태에서 여는 순서를 나열하시오.

**정답** INLET COWL은 여는 카울이 아니므로 제외하고, 순서로는 ① 팬 카울 → ② 역추력 카울 → ③ 코어 카울

**16** AN 350 B 1032 너트에서 AN 350, B, 32가 의미하는 것이 무엇인지 쓰시오.

**정답** ① AN 350 : 미 공군, 해군 표준 규격의 나비 너트
② B : 너트의 재질(B : 황동)
③ 32 : 1인치당 나사산 수 : 32개

> **참고**
>
> • AN 350 : 미 공군, 해군 표준 규격의 나비 너트
> • B : 너트의 재질(B : 황동)
> • 10 : 너트 지름 : 10/16 인치
> • 32 : 1인치 당 나사산 수 : 32개

# 필답테스트 기출복원문제

**01** 다음 브레이크형식 3가지만 쓰시오.

**정답** ① 팽창튜브 브레이크
② 싱글디스크 브레이크
③ 멀티디스크 브레이크
④ 세그먼트로터 브레이크

**참고**

| | |
|---|---|
| **기능에 따른 종류** | 정상 브레이크, 파킹 브레이크, 비상 및 보조 브레이크 |
| **작동 및 구조형식에 따른 종류** | 팽창튜브 브레이크, 싱글디스크 브레이크, 멀티디스크 브레이크, 세그먼트로터 브레이크 |
| **팽창튜브 레이크** | 무게가 가볍고 단단하여 소형기에 많이 사용된다. 페달을 밟으면 팽창튜브로 작동유가 들어가 튜브가 팽창하여 드럼과 접촉하여 제동이 걸린다. |
| **싱글디스크 브레이크** | 소형 항공기에 널리 사용되는 브레이크이다. 페달을 밟으면 유압에 의해 피스톤이 라이닝을 눌러 디스크와 라이닝에 마찰력이 생겨 제동이 걸린다. |
| **멀티디스크 브레이크** | 큰 제동력이 필요한 대형 항공기에 사용된다. 페달을 밟으면 압력판을 밀어 로터와 스테이터가 마찰력에 의해 제동이 걸린다. |
| **세그먼트로터 브레이크** | 특별히 고안된 중·대형 항공기에 사용된다. 로터가 여러 개의 조각으로 나뉘어져 있는 특징을 갖고 있으면 제동은 멀티브레이크와 동일하다. |

**02** 다음은 캔형 연소실 단면이다. 그림을 보고 명칭과 역할을 쓰시오.

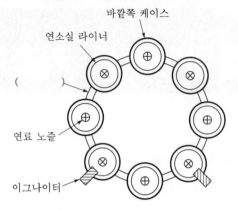

정답 ① 명칭 : 연결관(화염전파관)
② 역할 : 화염을 좌우측 중앙에서 위아래로 전파

참고
• 캔형 연소실 장·단점

| 장점 | • 설계나 정비가 간단하다.<br>• 구조가 튼튼하다. |
|---|---|
| 단점 | • 고공에서 기압이 낮아지면 연소가 불안정해져 연소정지 현상이 생기기 쉽다.<br>• 엔진 시동 시 과열시동을 일으키기 쉽다.<br>• 연소실의 출구 온도가 불균일하다. |

**03** 윤활유 기능 3가지 기술하시오.

정답 ① 윤활작용
② 기밀작용
③ 냉각작용

참고

| 윤활작용 | 상대 운동을 하는 두 금속의 마찰 면에 유막을 형성하여 마찰 및 마멸을 감소한다. |
|---|---|
| 기밀작용 | 두 금속 사이를 채움으로써 가스의 누설을 방지한다. |
| 냉각작용 | 마찰에 의해 발생한 열을 흡수하여 냉각시킨다. |
| 청결작용 | 금속가루 및 먼지 등의 불순물을 제거한다. |
| 방청작용 | 금속 표면과 공기가 접촉하는 것을 방지하여 녹이 스는 것을 방지한다. |
| 소음방지 작용 | 금속면이 직접 부딪히는 소리들을 감소시킨다. |

**04** 다음 밸브기능에 대해 쓰시오.

① 시퀀스(Sequence) 밸브
② 오리피스(orifice) 밸브
③ 체크(check vlave) 밸브

정답 ① 착륙장치, 도어 등 2개 이상의 작동기를 정해진 순서에 따라 작동되도록 유압을 공급하는 밸브로서, 타이밍 밸브라고도 한다.
② 오리피스는 흐름제한기라고 한다. 종류는 고정식과 가변식이 있고, 가변식은 니들밸브를 조절하여 유로의 크기를 조절한다.
③ 한쪽 방향으로만 작동유의 흐름을 허용하고, 반대방향의 흐름은 제한하는 밸브이다.

참고

| 선택 밸브 | 작동 실린더의 운동 방향을 결정하는 밸브이다. 기계적으로 작동하는 밸브와 전기적으로 작동하는 밸브가 있다. 기계적으로 작동하는 밸브에는 회전형, 포핏형, 스풀형, 피스톤형, 플런지형 등이 있다. |
|---|---|
| 오리피스 체크 밸브 | 오리피스와 체크 밸브를 합한 것으로 한쪽 방향으로는 정상적으로 흐르게 하고 다른 방향으로는 흐름을 제한한다. (유량조절 안 됨) |
| 릴리프 밸브 | 작동유에 의한 계통 내의 압력을 규정된 값 이하로 제한하는 데 사용되는 것으로 과도한 압력으로 인하여 계통 내의 관이나 부품이 파손될 수 있는 것을 방지한다. |
| 셔틀 밸브 | 정상 유압계통에 고장이 발생하였을 경우에 비상계통을 사용할 수 있도록 해주는 밸브이다. |
| 프리오리티 밸브 | 작동유 압력이 일정 이하로 떨어지면 유로를 막아 작동유의 중요도에 따라 우선 필요한 계통만을 작동시키는 기능을 가진 밸브이다. |

**05** 케이블이 아닌 전기도선으로 컴퓨터에 의한 전기적인 신호로 조종면의 조종력 향상을 위해 사용하는 시스템은?

정답 플라이 바이 와이어 시스템

참고

플라이 바이 와이어(fly by wire)시스템 : 현대 항공기의 조종성과 안정성을 조화시키기 위한 조종계통의 종류에는 기계적인 조종계통, 유압장치를 이용한 조종계통, 전기신호를 이용한 조종계통, 광신호를 이용한 조종계통이 있다. 그 중 플라이 바이 와이어 시스템은 전기신호를 이용하는 조종계통으로 모든 기계적인 연결을 전기적인 연결로 바꿔 조종하는 계통으로 케이블이 늘어나거나 연결방식에 있어서 단점을 보완하였으나 전자 장애, 번개, 전원이 차단될 경우 조종이 안 되는 단점을 갖고 있다.

**06** 터보제트 이륙과정에서 이륙속도 360km/h, 배기가스속도 500m/s일 때 추진효율은?

> **정답**
>
> $$\eta_p(\text{추진효율}) = \frac{2 \times V_a(\text{비행속도})}{V_j(\text{배기가스 속도}) + V_a(\text{비행속도})} = \frac{2 \times \dfrac{360}{3.6}}{500 + \dfrac{360}{3.6}} = 0.33$$

> **참고**
>
> 터보제트기관의 추진효율 : 공기가 기관을 통과하면서 얻은 운동에너지에 의한 동력과 추진동력(진추력×비행속도)의 비, 즉 공기에 공급된 전체 에너지와 추력을 발생하기 위해 사용된 에너지의 비

**07** 장비품 정비 방식 3가지를 쓰시오.

① HT(Hard Time)
② OC(On Condition)
③ CM(Condition Monitoring)

> **정답** ① 시한성 정비(HT,Hard Time) : 장비품 등을 일정한 주기로 항공기에서 장탈하여 정비하거나 폐기하는 정비기법
> ② 상태 정비(OC,On Condition) : 기체, 원동기 및 장비품을 일정한 주기에 점검하여, 다음 주기까지 감항성을 유지할 수 있다고 판단되면 계속 사용하고 발견된 결함에 대해서는 수리 또는 장비품 등을 교환하는 정비기법
> ③ 신뢰성 정비(CM,Condition Monitoring) : OC 및 HT 정비개념과 같은 기본적인 정비방식으로서, System이나 장비품의 고장을 분석하여 그 원인을 제거하기 위한 적절한 조치를 취함으로써 항공기의 감항성을 유지토록 하는 정비방식

> **참고**
>
> 신뢰성 정비가 가능하게 된 이유
> ① 최근에 와서 항공기의 설계, 제작 기술이 크게 발전됨에 따라 구조의 부분적 손상 또는 장비품의 단독 고장 등 경미한 결함이 생기더라도 2중 시스템이나 3중 시스템 채택 등으로 비행의 안정이나 비행 능력에 거의 영향을 미치지 못한다.
> ② 비파괴 검사 기술의 발전과 OC 방식이 가능한 구조 개선으로 기체구조, 엔진 및 장비품의 내부 상태까지를 외부에서 손쉽게 점검할 수 있다.
> ③ 컴퓨터를 이용한 고장 데이터의 처리와 모니터링 기술의 발달로 기재의 신뢰성이 언제나 확인될 수 있다.

**08** 왕복기관 열효율 공식을 보고 열효율 높이려면 어떻게 해야 하는가?

─────── [보기] ───────

오토 사이클의 열효율 공식 : $\eta_o = \dfrac{일}{공급열량} = 1 - \dfrac{1}{\epsilon^{k-1}}$

k : 비열비(1.4)

**정답**  열효율을 높이려면 : 압축비($\epsilon$)를 증가시키면 열효율이 높아진다. 열효율이 높을수록 연료 소비량이
적어지고 항속거리를 증가시킬 수 있다. 하지만 압축비 증가 시 단점이 있어 압축비를 6~8:1로
제한한다.

**참고**

| 압축비 증가 시<br>단점 | 진동이 커진다. 기관의 크기 및 중량이 증가하고, 디토네이션이나 조기점화 같은 비정상적인 연소현상이 일어난다. |
|---|---|
| 디토네이션<br>(de-tonation) | 폭발과정 중 아직 연소되지 않는 미연소 잔류가스에 의해 정상 불꽃 점화가 아닌 압축 자기 발화온도에 도달하여 순간적으로 재폭발 하는 현상 |
| 조기점화<br>(pre-ignition) | 정상 불꽃 점화가 되기 전에 실린더 내부의 높은 열에 의하여 뜨거워져서 열점이 되어 비정상적인 점화를 일으키는 현상 |

**09** 다음은 최소 측정값 1/100mm인 마이크로미터 이다. 계산과정을 제시하고, 측정값은?

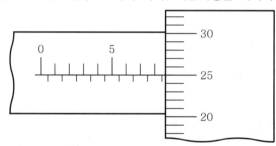

**정답**  8.00+0.50+0.25=8.75mm

**참고**

마이크로미터(Micrometer) : 정확한 피치의 나사를 이용하여 길이를 측정하는 기기이다. 용도에 따라 여러
종류가 있으며, 버니어 캘리퍼스보다 정밀도가 높아 미터용은 1/100mm와 1/1000mm 단위까지 측정할 수
있고, 인치용은 1/1000in와 1/10000in까지 측정할 수 있다. 종류로는 외측, 내측, 깊이 마이크로미터가 있다.

**10** ILS의 명칭, 구성하는 지상시설, 역할을 쓰시오.

정답 ① 명칭 : 계기착륙장치(Instrument Landing System)
② 구성품 및 역할
• 로컬라이저(Localizer) : 활주로 중심선 지시
• 마커비콘(Marker Beacon) : 최종 접근 진입로 상에 설치 활주로까지의 거리 지시
• 글라이드 슬로프(Glide Slope) : 항공기 진입각 지시

> 참고
> 계기착륙장치 시설 : 활주로에서 지향성 전파를 발사해 최종 진입 중인 항공기에게 정확한 활주로 진입각 지시

**11** 다음이 질문하는 브레이크 현상을 쓰시오.

① 제동장치가 가열되어 제동 라이닝이 소실되어 제동효과가 감소하는 현상?
② 제동장치에 공기가 차있어 페달을 밟고 난 후 발을 떼더라도 페달이 원위치로 돌아오지 않는 현상?
③ 제동판이나 라이닝에 기름이나 오물이 묻어 제동상태가 거칠어지는 현상?

정답 ① 페이딩(Fading)
② 드래깅(Dragging)
③ 그래빙(Grabbing)

> 참고
> 스펀지현상 원인 및 조치 : 작동유 내에 공기가 섞여서 공기의 압축성효과로 인해 불충분한 제동효과를 갖는 것으로, 블리드 밸브로 공기를 배출시킨다.

**12** 항공기 T형 계기판에서 ①, ②, ③, ④ 계기명칭을 서술하시오.

정답 ① 속도계
② 자세계
③ 고도계
④ 컴퍼스계기

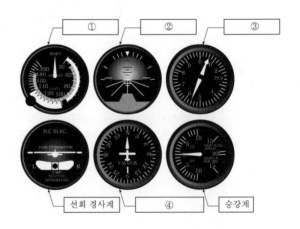

계기판

| 알루미늄 합금으로 제작 | 자기컴퍼스 등 자기장의 영향을 받는 계기들을 보호 |
|---|---|
| 계기판과 기체 사이에 완충 마운트 사용 | 낮은 주파수와 큰 진폭의 진동을 흡수 |
| 무광택의 검은색으로 도장 | 반사광 방지 |

## 13 왕복기관 오버홀 후 조립순서(크랭크축, 커넥팅로드, 피스톤, 피스톤핀)

**정답** 크랭크 축 → 커넥팅 로드 → 피스톤 → 피스톤 핀

① 성형엔진에서 가장 늦게 떼어내고 가장 먼저 조립해야 할 실린더는?

   마스터 Con' Rod를 기준으로 articulated rod가 장착되어 있으므로 1번 실린더부터

② 14기통 성형기관의 점화순서?

   1 → 10 → 5 → 14 → 9 → 13 → 8 → 3 → 12 → 7 → 2 → 11 → 6

③ 18기통성형기관의 점화순서?

   1 → 12 → 5 → 16 → 9 → 2 → 13 → 6 → 17 → 10 → 3 → 14 → 7 → 18 → 11 → 4 → 15 → 8

## 14 다음 2017-T에 대해 기술하시오.

① 기호

② 보관방법

③ 이유

**정답** ① D

② 아이스박스에 보관(냉장보관)

③ 시효경화를 지연시키기 위해

| 종류 | 보관 이유 |
|---|---|
| 2017-T [D]<br>2024-T [DD]<br><br>△ | 이 리벳은 상온에서는 너무 강해 그대로는 리벳팅을 할 수 없으며, 열처리 후 사용가능. 연화(annealing) 후 상온에서 그냥 두면 리벳이 경화되기 때문에 냉장고에 보관할 때 연화상태를 오래 지속시킬 수 있다. 냉장고로부터 상온에 노출하면 리벳은 경화되기 시작하며, 2017(D)는 약 1시간쯤 경과하면 리벳경도의 50%, 4일쯤 지나면 완전경화하게 되므로 이 리벳은 냉장고로부터 꺼낸 후 1시간 이내에 사용해야 한다. (2024는 10~15분 이내) |

## 15 헝 스타트(Hung start)이란? 원인은?

**정답** 시동이 걸린 후 IDLE RPM 까지 증가하지 않고 이보다 낮은 회전수에 머물면서 배기가스 온도가 점점증가 하는 현상이며, 원인은 시동기 공급동력 불충분현상(결핍시동)이다.

| 참고 | |
|---|---|
| hung start 조치방법 | 결핍시동의 주원인은 시동기에 공급되는 동력이 충분하지 못하기 때문이기에 시동기 이상 유무를 확인 후 재시동 절차에 따른다. |
| hot start | 시동 시 배기가스 온도가 규정치 이상으로 되는 시동 |
| no start | 정해진 시간(20초) 내에 시동이 되지 않는 시동 |

## 16 항공기의 발전기에서 생성되는 교류 전류의 주파수[Hz]를 구하는 공식을 쓰시오. (단, 극수는 $P$이며, 분당 회전수는 $N$으로 한다.)

**정답** $f = \dfrac{P}{2} \times \dfrac{N}{60}$ ($P$ : 극수, $N$ : 회전수)

참고

주파수(frequency) : 일정한 크기의 전류나 전압 또는 전계와 자계의 진동과 같은 주기적 현상이 단위 시간(1초)에 반복되는 횟수이다. 예를 들면 1초 동안 100회 반복되는 것을 의미한다. 항공기에 사용되는 대부분의 교류 전류의 주파수는 400Hz를 사용한다.

# 필답테스트 기출복원문제

**01** 항공기가 지상 활주 중 지면과 타이어 사이의 마찰과 충격에 의해 흔들리는 현상과 방지하는 기구는?

**정답**
① 시미(Shimmy)현상
② 시미댐퍼(shimmy damper)

**참고**

시미와 시미댐퍼 : 착륙장치는 지상 활주 중 지면과 타이어 사이의 마찰에 타이어 밑면의 가로축 방향의 변형과 바퀴의 선회 축 둘레의 진동과의 합성된 진동이 좌·우 방향으로 발생한다. 이러한 진동을 "시미(shimmy)"라 하며, 이와 같은 현상을 감쇠, 방지하기 위한 장치를 "시미댐퍼(shimmy damper)"라 한다.

**02** 항공기에서 400Hz를 쓰는 이유를 3가지 작성하시오.

**정답**
① 소형화, 경량화의 이점
② 최대 성능을 위한 무게 최소화
③ 대량의 전원 사용

**참고**

400Hz 사용하는 장·단점 : 항공기의 발전기는 AC 3상 115V 400Hz이다. 주파수를 높일수록 침투효과(전류가 전선의 중심으로 침투하여 흐르는 효과)가 좋아져서 얇은 도선을 사용할 수 있다. 최대 성능을 위해 무게를 최소화시켜 소형, 경량화의 강점이 있다. 주파수를 더 크게 높일 수 없는 이유는 전류, 전압의 변동에 따른 통신간섭으로 장애를 일으키기 때문이다.

**03** 항공기 제트기관의 연료 구비조건 3가지를 쓰시오.

정답 ① 결빙점이 낮아야 한다.
② 인화점이 높아야한다.
③ 단위 무게당 발열량이 커야한다.

참고
가스터빈기관 연료 구비 조건
① 비행 시 상승률이 크고 고고도 비행을 하여 대기압이 낮아지므로 베이퍼 로크(vapor lock)의 위험성이 항상 존재하여 연료의 증기압이 낮아야 한다.
② 제트기류가 있는 11km의 온도가 −56.5℃인 고공에서 연료가 얼지 않아야 하고, 연료의 어는점이 낮아야 한다.
③ 화재 발생을 방지하기 위해 인화점이 높아야 한다.
④ 왕복기관에 비해 연료 소비율이 크기 때문에 대량생산이 가능하고, 가격이 저렴해야 한다.
⑤ 단위 무게당 발열량이 커야 한다.
⑥ 연료탱크 및 계통 내에 연료를 부식시키지 말아야 한다. 즉 연료의 부식성이 적어야 한다.
⑦ 연료 조정장치의 원활한 작동을 위해 점성이 낮고 깨끗하고 균질해야 한다.

**04** 다음 정의를 쓰시오.
① 오버홀(Overhaul)
② 벤치체크(bench check)
③ "D" check

정답 ① 오버홀(Overhaul) : 항공기의 기체·기관 및 장비 등을 완전히 분해. 세척, 검사, 수리 및 조립하여 새것과 같은 상태로 만들며 항공기의 사용 시간을 "0"으로 환원 시킬 수 있는 작업을 말한다.
② 벤치체크(bench check) : 장비의 기능검사로서 장비를 시험벤치에 설치하여 작동하는가를 확인하여 오버홀의 필요여부를 결정하는 작업을 말한다.
③ "D" check : 인가된 점검주기 시간 한계 내에서 항공기 기체구조 점검을 주로 수행하며, 부분품의 기능점검 및 계획된 부품의 교환, 잠재적 교정과 Servicing 등을 행하여 감항성을 유지하는 기체점검의 최고단계를 말한다.

참고
정비 단계

| 운항정비 | • 항공기를 정비 대상으로 하는 정비로 비행 전 점검, 중간 점검, 비행 후 점검, 기체의 정시점검(A, B점검) 등이 있다.<br>• (A, B점검)은 운항 정비 쪽에 가깝고, (C, D점검)은 공장 정비 쪽에 가깝다. |
| --- | --- |

| 공장정비 | 의미 | 항공기를 정비하는 데 많은 정비시설과 오랜 정비시간을 요구하며 항공기의 장비 및 부품을 장탈 하여 공장에서 정비하는 것이다. |
|---|---|---|
| | 기체의 공장정비 | 운항정비에서 할 수 없는 항공기의 정시점검과 기체의 오버홀 |
| | 기관의 공장정비 | 항공기로부터 장탈한 기관의 검사, 기관 중정비, 기관의 상태정비, 기관의 오버홀 |
| | 장비의 공장정비 | 장비의 벤치체크, 장비의 수리 및 오버홀<br>① 장비의 기능검사로서 장비를 시험벤치에 설치하여 적절히 작동하는가를 확인<br>② 장비를 완전히 분해하여 상태를 검사하고, 손상된 부품을 교체하는 정비 절차(ZERO SETTING) |

**05** 가스터빈엔진 오일 분광시험이다.

① 몇 분 안에 채취해야 하는가?
② 철, 구리, 은의 입자가 나왔을 때 결함부위는?
③ 단위는?

 **정답**
① 30분 이내
② 메인 베어링
③ ppm

**참고**

| 윤활유 분광 검사<br>(SOAP : spectrometric analysis program) | 정기적으로 사용 중인 윤활유를 채취하여 분광 분석장치에 의해 혼합된 미량의 금속을 분석하여(추출된 샘플을 전기용광로에서 연소시켜 분광계로 분석) 윤활유가 순환되는 작동 부위의 이상 상태를 탐지한다. 미량의 단위는 PPM(Parts Per Million) 입자의 개수를 100만분의 1단위로 나타낸다. 예를 들어 300PPM이라면 300/1,000,000이므로 백분율로 하면 0.03이 된다. |
|---|---|
| 왕복엔진 | 금속 입자에 따른 결함부위는 다음과 같다.<br>① 철, 구리, 은 : 마스터 로드 베어링<br>② 철, 구리 : 기타 베어링<br>③ 철 ,알루미늄, 크롬 : 피스톤 링<br>④ 구리 : 밸브<br>⑤ 철, 알루미늄, 마그네슘 : 윤활펌프<br>⑥ 철, 구리 : 로커암<br>⑦ 알루미늄 : 로커 박스 커버 |

**06** 다음 그림에서 알 수 있는 화재탐지회로의 명칭을 기술하시오.

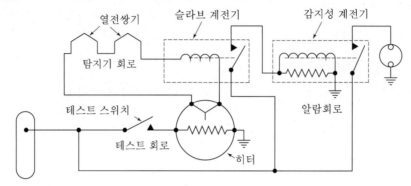

정답 서모 커플형(Thermocouple type) 화재탐지회로

참고

| 열전쌍식 화재<br>경고장치 | 온도의 급격한 상승에 의하여 화재를 탐지하는 장치로, 서로 다른 금속을 접합한 열전쌍(thermocouple)을 이용한다. |
|---|---|
| 열전쌍 재료 | ① 크로멜-알루멜 : 가스터빈엔진의 EGT 측정에 사용하며, 크로멜은 니켈, 크롬, 망간의 합금이고, 알루멜은 니켈, 알루미늄, 망간, 규소, 철의 합금이다.<br>② 철-콘스탄탄 : 왕복엔진의 실린더 헤드 온도(CHT)측정에 사용<br>③ 구리-콘스탄탄 : 왕복엔진 CHT온도계로 사용 |

**07** 날개 구조 중 그림에 해당하는 명칭과 역할을 2가지 쓰시오.

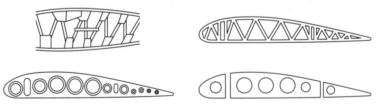

정답 ① 명칭 : 리브
② 역할 : ⓐ 날개 단면이 공기역학적 형태를 유지
　　　　 ⓑ 외피에 작용하는 하중을 스파에 전달

| 날개보<br>(spar) | 날개에 작용하는 하중 대부분을 담당하며, 굽힘 하중과 비틀림 하중을 주로 담당하는 날개의 주 구조 부재이다. |
|---|---|
| 리브<br>(rib) | 공기 역학적인 날개골을 유지하도록 날개 모양을 만들어주며 외피에 작용하는 하중을 날개보에 전달한다. |
| 스트링거<br>(stringer) | 날개의 굽힘 강도를 크게 하고, 날개의 비틀림에 의한 좌굴을 방지한다. |
| 외피<br>(skin) | 전방 및 후방 날개보 사이에 외피는 날개 구조상 큰 응력을 받아 응력 외피라 부르며 높은 강도가 요구된다. |

**08** 작동유 종류와 색깔을 3가지 쓰시오?

정답 ① 식물성유 : 파란색
② 광물성유 : 붉은색
③ 합성유 : 자주색

참고

작동유의 구비조건
① 점성이 낮고, 온도 변화에 따라 작동유의 성질 변화가 적어야 한다.
② 산화하거나 퇴화되는 것에 대한 저항성, 화학적 안정성이 높아야 한다.
③ 화재의 위험을 덜기 위하여 인화점이 높아야 한다.
④ 충분한 내화성으로 끓는점이 높아야 한다.
⑤ 부식성이 낮아서 금속 및 그 밖의 물질의 부품의 부식을 방지할 수 있어야 한다.

**09** 다음 그림의 다이오드의 종류 3가지를 보고 명칭을 쓰시오.

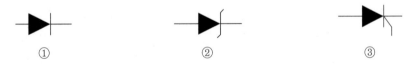

①              ②              ③

정답 ① 다이오드
② 제너 다이오드
③ 실리콘 제어 정류기(SCR) [사이리스터(thyristor)라고도 한다.]

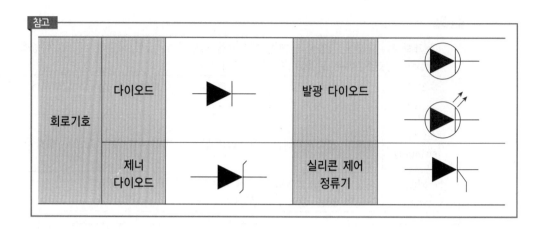

| 회로기호 | 다이오드 | ▶⊢ | 발광 다이오드 | |
| | 제너 다이오드 | | 실리콘 제어 정류기 | |

**10** 다음의 그림과 같은 두께의 AL판을 90° 굽히려고 한다. 물음에 기술하시오.

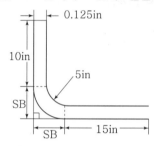

① 식을 쓰고 대입하여 SB를 구하여라.
② 식을 쓰고 대입하여 BA를 구하여라.
③ 식을 쓰고 대입하여 전체 길이를 구하여라.

정답

① [식] $SB = K(R+T)$  [답] $SB = \dfrac{\tan 90}{2}(5+0.125) = 5.125$ 인치

② [식] $BA = \dfrac{\theta}{360} 2\pi \left(R + \dfrac{1}{2}T\right)$

  [답] $BA = \dfrac{90}{360} 2\pi \left(5 + \dfrac{1}{2} \times 0.125\right) = 7.952$ 인치

③ [식] $L = 10 + BA + 15$    [답] $L = 10 + 7.952 + 15 = 32.952$ 인치

참고

• BA(band allowance) : 평판을 구부려서 부품을 만들 때 완전히 직각으로 구부릴 수 없으므로 굽히는 데 소요되는 여유 길이
• SB(set back) : 판금작업 시 구부리는 판재에서 바깥면의 굽힘 연장선의 교차점과 굽힘 접선과의 거리

**11** 용체화 처리된 알루미늄 합금을 상온에 방지하면 점차 단단해져 강도가 커진다. 이를 시효경화라 하는데, 이러한 알루미늄 합금의 종류 3가지를 쓰시오.

**정답**　① 2017
　　　② 2024
　　　③ 2014

**참고**

| 고강도 알루미늄 합금 | |
|---|---|
| 2014 | Al에 4.5%의 구리를 첨가한 알루미늄-구리-마그네슘 합금으로, 고강도의 장착대, 과급기, 임펠러 등에 사용한다. |
| 2017 | 알루미늄에 구리 4%, 마그네슘 0.5%를 첨가한 합금으로 두랄루민이라 하는데, 비중은 강의 50% 정도로 리벳으로만 사용되고 있다(상온에서 1시간 이내 작업). |
| 2024 | 구리 4.4%와 마그네슘 1.5%를 첨가한 합금으로 초두랄루민이라 하며, 대형 항공기의 날개 밑면의 외피나 여압을 받는 동체 외피 등에 사용된다. |
| 7075 | 아연 5.6%와 마그네슘 2.5%를 첨가한 합금으로 ESD(Extra Super Duralumin)이라 하며, 강도가 알루미늄 합금 중 가장 우수하다. 항공기 주 날개의 외피와 날개보, 기체 구조 부분 등에 사용된다. |

**12** 터빈 깃 냉각방법 종류 4가지

**정답**　① 대류냉각
　　　② 충돌냉각
　　　③ 공기막냉각
　　　④ 침출냉각

**참고**

| 터빈 깃의 냉각 방법 | |
|---|---|
| 대류 냉각 (convection cooling) | 내부에 통로를 만들어 찬 공기를 흐르게 함으로써 깃을 냉각시키는 방법으로 간단하여 많이 사용된다. |
| 충돌 냉각 (impingement cooling) | 터빈 깃 앞전 부분의 냉각에 사용하는 방식으로 냉각 공기를 앞전에 충돌시켜 냉각 시킨다. |
| 공기막 냉각 (air flim cooling) | 터빈 깃의 표면에 작은 구멍을 뚫어 이 구멍을 통하여 냉각 공기를 분출시켜 공기막을 형성함으로써 연소가스가 터빈 깃에 직접 닿지 못하도록 한다. |
| 침출 냉각 (transpiration cooling) | 터빈 깃을 다공성 재질로 만들고 깃의 내부를 비게 하여 찬 공기가 터빈 깃을 통하여 스며 나오게 하여 깃을 냉각시키는 방식으로 성능은 우수하지만 강도 문제가 아직 미해결이다. |

**13** 가스터빈기관의 방빙 · 제빙 계통에 사용되는 가열된 공기의 공급원 3가지를 쓰시오.

정답 ① 터빈 압축기 블리드(Bleed)된 고온공기
② 기관 배기 열교환기(EEHE, Engine Exhaust Heat Exchange)에서의 고온공기
③ 연소가열기에 의한 가열공기

참고

| 방빙<br>계통 | 공기식 방빙 | 날개의 앞전, 기관 나셀과 같이 방빙지역이 광범위한 곳 |
|---|---|---|
| | 전기식 방빙 | 피토관, 전 공기 온도 감지기, 받음각 감지기, 기관 압력 감지기, 기관 온도 감지기, 얼음 감지기, 조종실 윈도우, 물 공급 라인, 오물 배출구 |
| 제빙<br>계통 | 공기식 제빙 | 제빙부츠 장치를 사용하여 얼음을 제거하는 방법이다. 현대 항공기에는 제빙장치는 장착하지 않고, 소형 항공기에만 날개 앞전에 부츠를 장착하여 얼음을 제거한다. |
| | 화학식 제빙 | 기체 표면에 알콜(alcohol)을 분출하여 빙점을 낮춰 결빙을 막는 방법이다. |

**14** CSD(정속구동장치) 장착 위치 및 주요 기능을 설명하시오.

정답 ① 장착 위치 : 기관구동축과 교류발전기 사이에 장착
② 주요 기능 : 기관의 회전수에 관계없이 발전기의 출력 주파수가 일정하게 발생할 수 있도록
한다.

참고

정속구동장치(Constant Speed Drive) : 항공기의 교류발전기에서는 직류발전기와는 달리 출력전압을 일정하게 유지하는 전압조절기능과 더불어 출력주파수도 일정하게 유지해주어야 하는데, 정속구동장치(CSD)가 엔진 구동축과 교류발전기 사이에 장착되어 이 기능을 수행한다.

**15** 다음 그림의 명칭과 하는 역할에 대하여 쓰세요.

**정답** ① 명칭 : 핀 클레코
② 역할 : 리벳 작업 시 두 장의 판을 임시 고정하는 역할.

> **참고**
> 클레코의 종류와 선택 : 판에 홀을 뚫은 후 판을 겹칠 때 판이 어긋나지 않도록 클레코를 사용하여 고정시킨다. 클레코 사용 시 클레코 플라이어를 이용하고, 클레코는 색깔로써 치수를 구분할 수 있도록 되어 있다. 종류에는 윙너트 클레코, 웨지로크 클레코, 핀 클레코가 있다. 치수별 클레코 색은 다음과 같다.
>
> | 리벳 지름 | 드릴 치수 | 색깔 |
> | --- | --- | --- |
> | 3/32 | # 40 | 은색 |
> | 1/8 | # 30 | 구리색 |
> | 5/32 | # 21 | 검은색 |
> | 3/6 | # 11 | 황색 |

**16** 연료계통에서 engine driven pump에서 by-pass valve가 작동할 경우 3가지 쓰기오.

**정답** ① 연료공급 후 남은 연료를 되돌릴 때
② 연료 여과기의 결빙 발생할 때
③ 엔진이 작동하지 않을 때
④ 연료필터에 고체이물질이 끼었을 때

> **참고**
> 바이패스(by-pass) 장치 : 관이나 호스의 흐름이 막혔을 시 다른 통로를 통하여 정상적으로 흐름을 유지하는 장치

# 필답테스트 기출복원문제

## 01 왕복기관에서 압축비 2, 비열비 2일 때 열효율은?

**정답**

$$\eta o = 1 - \left(\frac{1}{\epsilon}\right)^{k-1} = 1 - \left(\frac{1}{2}\right)^{2-1} = 0.5$$

$$\eta o = 50\%$$

**참고**

| | |
|---|---|
| 오토 사이클의 압축비 | 내연기관은 정적 사이클이라 한다. 2개의 정적과정과 2개의 단열 과정으로 나뉜다.<br>압축비가 너무 커지면<br>① 진동이 커진다.<br>② 기관의 크기 및 중량이 증가한다.<br>③ 디토네이션, 조기점화와 같은 비정상적인 연소현상이 일어나기 쉽다.<br>그래서, 압축비는 6~8:1로 제한한다. |

## 02 ILS에 비해 MLS가 가지는 장점은?

**정답**
① 진입 영역이 넓다.
② 곡선 진입이 가능하여 대기시간이 감소한다.
③ 처리능력이 향상되어 효율성을 높일 수 있다.

**참고**

착륙유도장치에는 계기착륙장치(ILS)와 마이크로파 착륙장치(MLS)가 있고, 설명은 다음과 같다.
① ILS의 진입로는 단 1개인데 비해 MLS는 진입 영역이 넓고, 곡선 진입이 가능.
② ILS는 VHF, UHF 대역의 전파를 사용하므로 건물, 지형 등의 반사 영향을 받기 쉬우나, MLS는 마이크로 주파수 대역을 사용하므로 건물, 전방 지형의 영향을 적게 받음.
③ ILS의 운용주파수 채널수가 40채널인데 비해 MLS는 채널수가 200채널로 간섭문제가 경감.
④ 풍향, 풍속 등 진입 착륙을 위한 기상 상황이나 각종 정보를 제공할 수 있는 자료 링크의 기능.

**03**  가스터빈엔진에서 공기식 시동기를 작동시키는 데 필요한 고압공기 3가지는?

**정답**  ① 압축기 블리드 에어  ② APU  ③ GTC

**참고**

| 공기식 시동계통 | 공기터빈식 시동계통 | 전기식 시동기에 비해 가볍고 출력이 요구되는 대형기에 적합하며, 많은 양의 압축공기가 필요하다.<br>공기를 얻는 방법으로는 첫째, 별도의 보조기관에 의해 공기를 공급받고, 둘째 저장 탱크에 의해 공기를 공급받고, 셋째 카트리지 시동방법으로 공급받는다.<br>작동 원리로는 압축된 공기를 외부로부터 공급받아 소형 터빈을 고속회전시킨 후 감속기어를 통해 큰 회전력을 얻어 압축기를 회전시키고 자립회전속도에 도달하면 클러치 기구에 의해 자동 분리된다. |
| --- | --- | --- |
| | 가스터빈식 시동계통 | 외부 동력 없이 자체 시동이 가능한 시동기로 자체가 완전한 소형 가스터빈기관이다. 이 시동기는 자체 내의 전동기로 시동된다. 장점으로는 고출력에 비해 무게가 가볍고, 조종사 혼자서 시동이 가능하고, 기관의 수명이 길고, 계통의 이상 유무를 검사할 수 있도록 장시간 기관을 공회전시킬 수 있다. 반면, 단점으로는 구조가 복잡하고, 가격이 비싸다. |
| | 공기충돌식 시동계통 | 작동 원리로는 공기 유입 덕트만 가지고 있어 시동기 중 가장 간단한 형식이고, 작동 중인 엔진이나 지상 동력장치로부터 공급된 공기를 체크밸브를 통해 터빈 블레이드나 원심력식 압축기에 공급하여 기관을 회전시킨다. 장점으로는 구조가 간단하고, 무게가 가벼워 소형기에 적합하다. 반면 대형 기관은 대량의 공기가 필요하여 부적합하다. |

**04**  self-Locking nut 사용목적과 사용되는 곳은?

**정답**  ① 사용목적 : 심한 진동에 의한 너트 풀림 방지
② 사용장소 : 고진동 및 고온부

**참고**

self-Locking nut

| 금속형 자동고정 너트 | 금속형은 스프링의 탄성을 이용하여 볼트를 꽉 잡아주어 고정되는 형태로 고온부에 주로 사용한다. |
| --- | --- |
| 비금속형 자동고정 너트 | 화이버 고정형 너트는 너트 안쪽에 파이버 칼라(fiber coller)를 끼워 탄력성을 줌으로써 스스로 체결과 고정작업이 이루어지는 너트이다. 일반적으로 자동고정 너트는 사용 온도 한계인 121℃(250℉) 이하에서 제한 횟수만큼 사용할 수 있게 되어 있으나, 경우에 따라서는 649℃(1200℉)까지 사용할 수 있는 것도 있다(사용제한 : 화이버형 약 15회, 나일론형 약 200회). |

**05** 고착방지 컴파운드의 목적과 위치 및 bolt의 어디에 사용되는가?

> **정답** ① 목적 : 고착을 방지하여 분해 조립이 원활하게 이루어지도록 한다.
> ② 위치 : 열에 의한 응력변형으로 고착이 예상되는 곳(엔진의 터빈, 디퓨저, 연소실 및 나셀 부분)
> ③ bolt의 어디에 사용 : 나사산 부분

**06** 힘의 모멘트 A는?

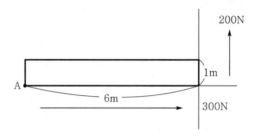

> **정답** 200N×6m=1200Nm

> **참고**
>
> $M = P\ell$
> 임의의 A점에서 힘이 작용하는 작용선의 수직거리의 곱을 모멘트라 한다.

**07** 액량계기 종류 2가지, 체적의 단위, 중량의 단위는?

> **정답** ① 종류 : 사이트 게이지식(Sight Gage), 부자식(Flot)
> ② 체적의 단위 : 갤런(Gallon)
> ③ 중량의 단위 : 파운드(Pound)

> **참고**
>
> | 액량계기<br>(Quantity Indicator) | 항공기에 탑재되는 연료, 윤활유, 작동유 등의 양을 부피나 무게로 측정하는 계기이다. 고공비행 시 부피는 고도와 외기온도에 따라 영향이 심하여 무게단위로 측정하는 것이 유리하다. |
> | --- | --- |
> | 종류 | • 사이트 게이지식 액량계기<br>• 부자식 액량계기<br>• 딥 스틱식 액량계기<br>• 정전 용량식 액량계기 |

## 08 WS, BBL, FS를 정의하시오.

 ① 날개 위치선(WS, Wing Station) : 날개보와 직각인 특정한 기준면으로부터 날개 끝 방향으로 측정된 거리
② 동체 버턱선(BBL, Body Bottock Line) : 동체 중심선을 기준으로 오른쪽과 왼쪽으로 평행한 너비를 나타낸 선
③ 동체 위치선(FS, Fuselage Station) : 기준이 되는 0점, 또는 기준선으로부터의 거리, 기준선은 기수 또는 기수로부터 일정한 거리에 위치한 상상의 수직면으로 설정되며, 테일 콘의 중심까지 있는 중심선의 길이로 측정(BSTA : Body STAtion)

> **참고**
>
> 항공기 기체는 동체, 꼬리날개, 날개, 나셀 등의 특정 위치를 쉽게 알 수 있도록 표시하고 있다. 위치표시 방법은 특정 기준으로부터 항공기 부품위치까지 직선거리를 인치(in), 또는 센치미터(cm)로 표시한다.
> - 동체 위치선(FS, fuselage station, BSTA, body station)
> - 동체 수위선(BWL, body water line)
> - 동체 버턱선(BBL, body buttock line) 또는 날개 버턱선(WBL, wing buttock line)
> - 날개 위치선(WS, wing station)
> - 수직 안정판·방향키 위치선(vertical stabilizer station and rudder station)
> - 수평 안정판·승강키 위치선(horizontal stabilizer and elevator station)
> - 기관·나셀 위치선(engine and nacelle station)

## 09 터빈 BLADE 교환 시 홀수일 때와 짝수일 때 교환 방법은?

 ① 홀수인 경우 : 교환할 블레이드를 포함하여 120도 간격의 3개의 블레이드를 같은 모멘트-중량의 블레이드로 교환하여야 한다.
② 짝수인 경우 : 교환할 블레이드를 포함하여 180도 간격으로 2개의 블레이드를 같은 모멘트-중량의 블레이드로 교환하여야 한다.

> **참고**
>
> 터빈 블레이드를 교환할 때에는 터빈 휠 균형을 유지하기 위해 똑같은 모멘트-중량의 새 블레이드를 교환한다. 터빈 단의 블레이드가 홀수일 경우 120도 간격의 3개 블레이드를, 짝수일 경우 180도 간격으로 2개의 블레이드를 교환한다. 현재 사용하는 블레이드 교환은 공장에서 교환 후 특수 균형장치로 검사한다. 모멘트-중량을 나타내는 코드 문자는 인치-온수, 인치-그램으로 블레이드 루트에 표시한다.

**10** 기체재료에 사용되는 Aerodynamic Sealing의 목적은?

> **정답** 항공기 기체 표면에 공기 저항이 생기지 않도록 한다.

> **참고**
>
> • seal
> 표면 사이에 누설을 방지하기 위하여 설치하는 부분품의 일종이다. 즉, 움직이는 부분에 설치되는 것을 실이라 하고, 고정 부분에 설치되는 것을 가스켓이라 한다.
> • 실링 취급 시 유의사항
> ① Cure Date를 확인한다.
> ② 꼬이지 않게 사용한다.
> ③ 반드시 규격품을 사용한다.
> ④ 한 번 사용한 seal은 cut하여 버린다.
> ⑤ sealing 되지 않은 것은 사용하지 않는다.

**11** 밸브 오버랩 시 출력 향상되는데 그 이유 및 구체적인 현상 3가지를 쓰시오.

> **정답** ① 이유 : 흡입 밸브를 BTC 15°에서 열리게 하고, 배기 밸브를 ATC 15°에서 닫히게 하여 더 많은 혼합가스를 흡입하여 연소하기 때문에 출력이 향상된다.
> ② 현상 : 부피 효율을 향상, 배기가스 완전 배출, 실린더 냉각효과 우수

> **참고**
>
> 이론상으로는 밸브는 상사점과 하사점에서 열리고 닫힌다. 그러나 실제 엔진에서는 흡입 효율 향상 등을 위해 상사점 및 하사점 전후에서 밸브가 열리고 닫힌다.
>
> 밸브 오버랩=IO+EC

**12** AN 470 5 5 벅테일, 길이, 지름, 두께는?

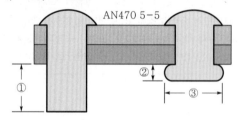

> **정답** ① 1.5D=1.5×4=6mm
> ② 0.5D=0.5×4=2mm
> ③ 1.5D=1.5×4=6mm

참고

| 리벳의 식별 이해 | |
|---|---|
| ① AN : 규격명(Air Force-Navy)<br>② 470 : 유니버설 리벳<br>③ DD : 재질 기호로서 알루미늄합금(2024)<br>④ 5 : 계열번호 및 지름(5/32 in)<br>⑤ 5 : 리벳의 길이(5/16 in) | 지름 : $\dfrac{5}{32} \times 25.4 = 3.968 = 4mm$<br><br>길이 : $\dfrac{5}{16} \times 25.4 = 7.937 = 8mm$ |

## 13 기체재료의 부식 종류 3가지를 쓰시오.

 ① 표면부식(surface corrosion) : 가장 일반적인 부식으로 금속 표면이 공기 중의 산소와 직접 반응하여 발생된다.
② 이질금속간부식(galvanic corrosion) : 동전기 부식, 두 종류의 이질 금속이 접촉하여 전해질로 연결되면 한쪽 금속에 부식이 촉진된다.
③ 입자간부식(intergranular corrosion) : 재료의 입자 성분이 불균일한 것이 원인으로 부적절한 열처리가 주 원인이 된다.

참고

| | |
|---|---|
| 응력부식<br>(stress corrosion) | 부식 조건하에서 장시간 동안 표면에 가해진 정적인 인장 응력의 복합적인 효과로 발생된다. |
| 찰과부식<br>(fretting corrosion) | 밀착된 구성품 사이에 작은 진폭의 상대운동이 일어날 때에 발생하는 제한된 형태의 부식이다. |
| 점부식<br>(pitting corrosion) | 금속의 표면이 국부적으로 깊게 침식되어 작은 점을 만드는 부식이며, 이는 잘못된 열처리나 기계작업에서 생기는 합금표면의 균일성 결여 때문에 발생된다. |
| 피로부식<br>(fatigue corrosion) | 부식환경에서 금속에 가해지는 반복응력에 의한 응력부식의 형태이며, 부식은 응력이 작용되어 움푹 파인 곳에서부터 시작되며, 균열이 진행되기 전에는 부식형태를 미리 알아 내기 어렵다. |

**14** 인터폰 종류 3가지를 쓰시오.

정답 ① Flight Interphone
② Service Interphone
③ Cabin Interphone

참고

| | |
|---|---|
| Flight Interphone | 운항 승무원 상호간 통화를 위해 각종 통신이나 음성 신호를 승무원에게 배분, 서로 간섭 받지 않고 각 승무원석에서 자유롭게 선택, 청취 |
| Service Interphone | 조종실과 객실 승무원 및 갤리 간의 통화, 조종실과 정비 외부와의 통화 |
| Cabin Interphone | 조종실과 객실 승무원석 및 승무원 상호간 통화 |

**15** 키리히호프 제2법칙으로 $E_1 - E_2$를 구하는 관계식은?

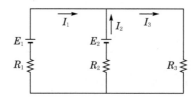

정답 $E_1 - E_2 = I_2 R_2 - I_1 R_1 = 0$

참고

① 키리히호프의 제2법칙인(KVL) 전압의 법칙을 적용하여 – 좌측 폐회로 적용
$E_1 - E_2 - I_2 R_2 - I_1 R_1 = 0$

② 키리히호프의 제2법칙인(KVL) 전압의 법칙을 적용하여 – 우측 폐회로 적용
$E_1 - I_3 R_3 - I_2 R_2 = 0$

**16** 유압계통에 비해 공기압 계통의 장점 3가지를 쓰시오.

 ① 압축공기가 갖는 압력, 온도, 유량과 이것들의 조합으로 이용 범위가 넓다.
② 적은 양으로 큰 힘을 얻을 수 있다.
③ 불연성(Non-inflammable)이고 깨끗하다.
④ 리저버와 리턴라인에 해당되는 장치가 불필요하다.
⑤ 조작이 용이하다.

참고

공기 압력 계통

| 장점 | 단점 |
|---|---|
| ① 적은 양으로 큰 힘을 얻을 수 있다. | ① 배관 설치에 따른 많은 공간이 필요하다. |
| ② 불연성이고 깨끗하다. | ② 배관의 접속부에서 공기 누출이 쉽다. |
| ③ 압축 공기 저장탱크와 되돌림 계통이 필요없다. | ③ 배관 및 접속부의 파손으로 누출된 고 |
| ④ 조작이 쉽다. | 온공기에 의해 주변이 가열된다. |

**01** 다음은 왕복기관 밸브개폐시기선도를 나타낸 것이다. 다음 물음에 서술하시오.

가. 밸브 오버랩 각도는?

나. ㉠, ㉡, ㉢, ㉣ 부분별 행정과정 명칭을 기입하시오.

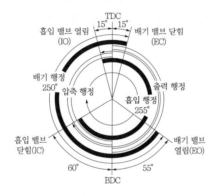

**정답** ① 30도

② ㉠ : 압축행정, ㉡ : 흡입행정, ㉢ : 배기행정, ㉣ : 출력행정

---

**참고**

밸브 오버랩(valve overlap)

흡입행정 초기 I.O 및 E.C가 동시에 열려있는 각도이므로 상사점 전 30°에서 흡입 밸브가 열리고, 상사점 후 15°에서 닫히므로 15+15＝30°이다.

① 장점 : 체적효율 향상, 배기가스 완전 배출, 냉각효과 좋음.

② 단점 : 저속 작동 시 연소되지 않은 혼합가스의 배출 손실 및 역화의 위험성 비정상 연소

---

**02** 공기압계통에서 엔진 블리드 에어가 쓰이는 곳 3가지를 쓰시오?

**정답** ① 객실여압 및 공기조화계통

② 방빙 및 제빙계통

③ 열료 가열기(Fuel heater)

- 공기조화계통의 기능
  ① 난방용 공기를 공급한다.
  ② 냉방용 공기를 공급한다.
  ③ 객실의 공기를 환기시키고 순환시킨다.
  ④ 온도 조절 기능을 한다.
- 난방계통 : 난방계통은 뜨거운 공기를 이용하여 객실 내를 따뜻하게 조절하고, 화물실을 적정한 온도로 유지하며, 조종실의 윈도우에 안개를 없애준다. 또 조종사의 발과 어깨에 따뜻한 공기를 불어주고, 도어 입구에도 따뜻한 바람을 불어준다. 난방용 공급장치에는 배기가스 가열장치, 전기가열장치, 연소가열기가 있다.

## 03 알크래드에 사용하는 코팅제와 알크래드 사용 목적은?

**정답** ① 코팅제 : A(1100) 순수 알루미늄 99.9%
　　　② 목적 : 부식 방지

알크래드(ALCLAD)
초강 합금의 표면에 내식성이 우수한 순수 알루미늄 또는 알루미늄 합금판을 붙여 사용하는데 이것을 말한다.
부식 방지를 위해 순수 알루미늄을 3~5% 정도에서 압연하여 접착하고 표면에 "ALCLAD"라 표시한다.

## 04 배터리 충전법 중 정전압 충전법 정의와 장점 2가지는?

**정답** ① 의미 : 일정 전압으로 충전하는 방법으로 전동기 구동 발전기를 이용하여 축전지에 공급하며 충전지와 축전지를 병렬로 연결한다.
　　　② 장점 : 과충전에 대한 위험이 없고, 장치가 간편하다.

정전압 충전법
일정 전압으로 충전하는 방법으로 전동기 구동 발전기를 이용하여 축전지에 전원을 공급하며 충전지와 축전지를 병렬로 연결한다. 장점으로는 과충전에 대한 위험이 없고, 장치가 간편한 장점이 있어서 항공기 지상 충전에 많이 쓰인다. 단점으로는 규정 용량의 충전완료시간을 미리 예측할 수 없기 때문에 일정시간 간격으로 충전상태를 확인하여 축전지가 과충전되지 않도록 주의해야 한다.

## 05 실린더 압축시험 시 알 수 있는 것 3가지는?

**정답** ① 밸브의 손상　② 피스톤 링의 마모　③ 연소실 내의 기밀상태

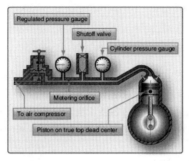

**06** T : 1.3mm, R : 6.35, $\theta$ : 90° BA?

**정답**

$$BA = \frac{\theta}{360°} \times 2\pi \left(R + \frac{1}{2}T\right)$$

$$= \frac{90}{360} \times 2\pi \left(6.35 + \frac{1}{2}1.3\right) = 10.995 = 11\text{mm}$$

**참고**

굽힘 여유(BA)와 세트 백(SB)

① 굽힘여유(band allowance, BA) : 평판을 구부려 부품을 만들 때 완전히 직각으로 구부릴 수 없으므로 굽히는 데 소요되는 여유길이를 말한다.

② 세트 백(set back, SB) : 굴곡된 판 바깥면의 연장선의 교차점과 굽힘 접선과의 거리이며, 굽힘의 시작점과 끝점에서의 선을 굽힘접선(bend tangent line)이라 한다.

**07** sealant(실란트) 목적 3가지는?

**정답**
① 공기에 의한 가압에 견디도록 한다.
② 연료 등의 누설을 방지한다.
③ 공기 기포의 통과를 방지한다.

**참고**

밀폐작업의 필요성

① 공기에 의한 가압에 저항하기 위해

② 연료의 누설을 방지하기 위해

③ 기포의 통과를 막기 위해

④ 풍화작용에 의한 부식을 방지하기 위해

⑤ 접착제 기능으로 응력분산 및 균열속도을 지연하기 위해

**08** 금속제 리브의 종류 2가지는?

**정답** ① 스탬프 리브(stamp rib)
② 트러스 리브(truss rib)
② 솔리드 리브(solid rib)

**참고**

① 리브의 역할 : 날개의 단면이 공기 역학적인 에어포일(airfoil)을 유지할 수 있도록 날개의 모양을 형성해
주는 것으로 날개 외피에 작용하는 하중을 날개보에 전달한다.
② 금속제 노스 리브의 3가지 종류 : 조립형릴리프 홀의 노스 리브(Nose rib with relief holes), 스탬프형
클램프의 노스 리브(Nose rib with crimps), 복합 성형의 노스 리브(Nose rib using a combination of
forms)
③ 목재리브의 3가지 유형 : 합판 웨브, 경량 합판 웨브, 트러스형 이중 트러스형은 튼튼하고 가벼워 효율적
이지만 구조는 가장 복잡하다.

**09** 다음 용어를 서술하시오.

──────────────── [보기] ────────────────
① 항공기의 구성품 또는 부품 고장으로 계통이 비정상적으로 작동하는 상태
② 항공기의 부품 또는 구성품이 목적한 기능을 상실하는 것.
③ 구성품이 지침서에 명시된 허용 한계값 이내인지를 확인하기 위해서 분해, 검사 및 점검을 하는 것.

**정답** ① 결함(squawks)
② 기능불량(malfunction)
③ 분해점검(disassembly check)

**참고**

정비관련 용어의 정의
① 구성품(component) : 각 계통에 사용되는 특정한 기능의 부품으로 장·탈착할 수 있으며, 액세서리
(accessory), 유닛(unit) 등이 있다.
② 부품(part) : 항공기 일부분을 구성하며 특정 형태를 유지하며 장·탈착이 가능하나, 분해 시 기능이 상
실될 수 있다.
③ 정비이월(carry-over) : 구성품 및 부품 부족, 계류시간, 기술력의 부족 등으로 감항성에 영향을 주지
않는 범위 내에서 정비작업을 다음 정비기지나 이후 정시점검까지 이월하는 것이다.
④ 하드타임(hard-time) : 사용시간 한계를 정하여 정기적으로 분해, 수리 및 폐기할 수 있는 구성품이나
부품 등에 적용하는 것이다.

**10**  터빈 반동도 종류 3가지는?

**정답** ① 반동(Reaction)터빈  ② 충동(impulse)터빈  ③ 충동 - 반동(impulse-Reaction)터빈

**참고**

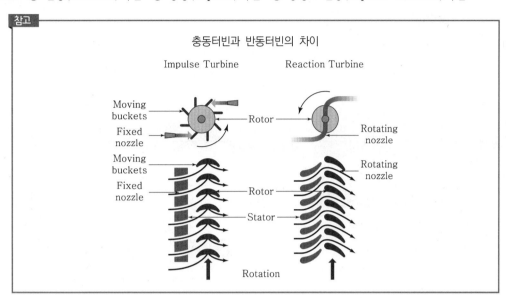

충동터빈과 반동터빈의 차이

Impulse Turbine          Reaction Turbine

**11**  다음의 내용을 보고 상황에 맞는 안전색을 쓰시오.

─────────────────── [보기] ───────────────────
① 고압선, 폭발물, 인화성 물질, 위험한 기계류에 사용
② 충돌, 추락, 전복 및 이와 유사한 사고 위험이 있는 장비와 시설물에 표시
③ 장비 및 기기의 수리, 조절 및 검사 중일 때 장비의 작동을 방지하기 위해 사용

**정답** ① 붉은색  ② 노란색  ③ 파란색

**참고**

① 붉은색(red) : 위험물 또는 위험상태를 표시한다. 고압선, 폭발물, 위험한 기계 등의 비상정지 스위치, 소화기, 화재경보 장치 및 소화전 등에 사용되는 색이다.
② 노란색(yellow) : 충돌, 추락, 전복 및 사고의 위험이 있는 장비 및 시설물에 주의를 표시하는 색이다. 보통 검은색과 교대로 칠한다. 인체에 위험은 없으나, 주의하지 않으면 사고의 위험이 있다는 표시이다.
③ 녹색(green) : 안전에 직접 관련된 설비 및 구급용 치료설비 등을 쉽게 알아보기 위하여 표시한다.
④ 파란색(blue) : 장비 및 기기가 수리, 조절 또는 검사 중이며, 이들 장비의 작동을 방지하기 위해 표시한다.
⑤ 오렌지색(orange) : 기계 또는 전기 설비의 위험 위치를 알리는 데 사용한다.
⑥ 보라색(purple) : 방사능 유출의 위험 경고 표시이다.
⑦ 검은색 또는 흰색(black & white) : 건물 내부관리 또는 통로, 방향 지시등에 사용한다.

**12** 축압기 종류 3가지?

[정답] ① 다이어프램형  ② 블래더형  ③ 피스톤형

[참고]

축압기의 종류

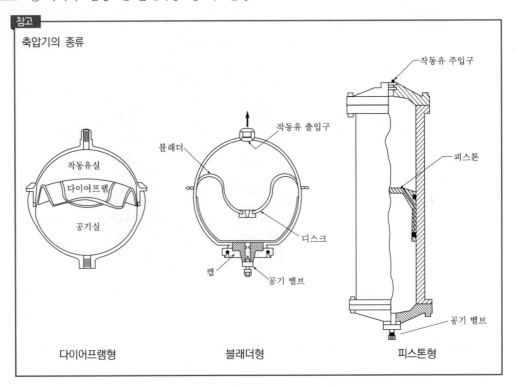

| 다이어프램형 | 블래더형 | 피스톤형 |

**13** EPR은 어떤 압력비를 구분하고 EPR을 통해 알 수 있는 것은?

[정답] ① EPR 압력비 구분 : 압축기 입구 전압력, 터빈 출구 전압력
② EPR 통해 알수 있는 것 : 연소실의 연소 효율로 인한 추력을 알 수 있다.

[참고]
• engine pressure ratio(EPR) : 엔진 압력비는 축류형 가스터빈엔진에 의해서 만들어지는 추력의 량을 압력을 측정하여 나타낸다.
• 엔진 압력비는 압축기 입구의 전압($Pt_2$)과 터빈 출구의 전압($Pt_7$)에 대한 비로 나타낸다.

**14** 기체구조 손상 수리 시 지켜야 할 기본원칙 3가지는?

[정답] ① 본래의 강도 유지
② 본래의 윤곽 유지
③ 최소 무게 유지

**15** 다음 그림에 대한 명칭과 원리 1가지 기술하시오.

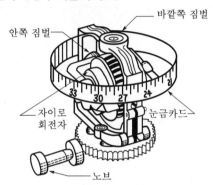

정답  ① 명칭 : 방향자이로  ② 원리 : 강직성

**16** 베어링 외형 결함의 명칭 3가지?

정답  ① 밀림(galling)  ② 밴딩(banding)  ③ 떨어짐(fatigue pitting)

# 필답테스트 기출복원문제

**01** 다음의 코일 종류는?

①                ②                ③

**정답** ① 공심코일(air core coil)
　　　 ② 가변코일(variable coil)
　　　 ③ 철심코일(iron core coil)

**참고**

코일은 코어와 권선 방법에 따라 종류가 나뉜다.
① 공심 코일(air-core coil)은 고정코일이라 하며, 구리선만 감은 코일이기 때문에 높은 인덕턴스를 얻기 어렵고 저항이 커지는 단점이 있다.
② 철심코일(iron-core coil)은 공심코일과는 달리 철심에 구리선을 감아 높은 인덕턴스를 얻을 수 있다.
③ 가변코일(variable coil)은 인덕턴스 값을 변경할 수 있도록 철심을 삽입하고 인덕턴스를 변경할 수 있도록 만든 코일이다.

**02** 아음속 비행기, 초음속 비행기 흡입구 형태를 그림으로 그리고 명칭을 쓰시오.

**정답**

| 그림 | 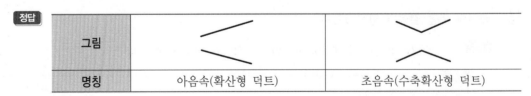 | |
|---|---|---|
| 명칭 | 아음속(확산형 덕트) | 초음속(수축확산형 덕트) |

**참고**

역할 : 고속으로 들어오는 공기의 속도를 감속시키면서, 압력을 상승시킨다.

**03** 다음 그림과 같은 냉각 방식을 기술하시오.

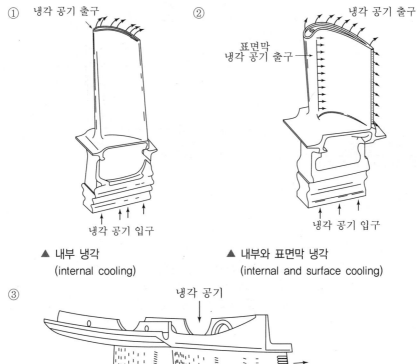

① 냉각 공기 출구 / 냉각 공기 입구

▲ 내부 냉각
(internal cooling)

② 냉각 공기 출구 / 표면막 냉각 공기 출구 / 냉각 공기 입구

▲ 내부와 표면막 냉각
(internal and surface cooling)

③ 냉각 공기

▲ 표면막 냉각(surface film cooling)

> **참고**
>
> 터빈 스테이터 베인과 터빈 로터 블레이드의 냉각 방법
> ① 내부 냉각(internal cooling) : 공기가 속이 빈 블레이드와 베인을 통과하면서 냉각이 되는데, 흔히 대류 냉각이라고도 하며, 찬 공기에 의한 대류 현상으로 냉각된다.
> ② 내부와 표면막 냉각(internal and surface film cooling) : 공기가 베인이나 블레이드의 앞전 또는 뒷전의 작은 출구로 흘러나와 표면에 열 차단막을 형성하여 열이 직접 닿지 않으므로 냉각된다.
> ③ 표면막 냉각(surface film cooling) : 공기가 베인이나 블레이드의 앞전 또는 뒷전의 작은 출구로 흘러나와 열 차단막을 형성하여 열이 직접 닿지 않으므로 냉각된다.

**04** 다음 가스터빈 형식에서 장점 3가지를 적으시오.

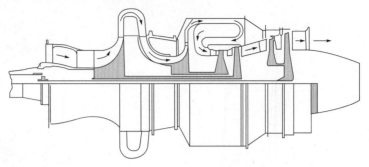

정답 ① 단당 압축비가 높다.
② 회전 속도 범위가 높다.
③ 무게가 가볍다.

참고
1. 원심식 압축기의 장점
    ① 단당 압축비가 높다. (1단은 10 : 1까지이고, 2단은 15 : 1까지이다.)
    ② 회전 속도 범위가 높다. (팁 속도가 마하 1.3까지이다.)
    ③ 축류 압축기에 비해 제작이 간단하고 비용이 저렴하다.
    ④ 무게가 가볍다.
    ⑤ 시동 출력이 낮다.
    ⑥ 외부 이물질에 의한 손상
2. 원심식 압축기의 단점
    ① 전면 면적이 커서 항력이 크다.
    ② 에너지 손실로 인한 2단 이상은 실용적이지 못하다.

**05** 연거리, 리벳피치, 횡단피치를 구하고, 40×116 판재에 리벳직경 4mm로 작업을 할 때 필요한 리벳 수를 구하시오.

정답 ① 연거리 : 2.5D(10mm)
② 리벳피치 : 6D(24mm)
③ 횡단피치 : 5D(20mm)
④ 계산식 : 40mm=2.5D+5D+2.5D
           116mm=2.5D+6D+6D+6D+6D+2.5D
⑤ 리벳 수 : 10개(단, 리벳 수는 적용 기준에 따라 다를 수 있다.)

참고
① 연거리 : 2~4D(8~16mm)
② 리벳피치 : 6~8D, 최소 3D, 최대 12D
③ 횡단피치 : 4.5~6D, 최소 2.5D(일반적으로 리벳피치의 75% 정도이다.)

**06** 피스톤 단면적 10in², 행정거리 5in, 실린더 개수 6개일 때 총 배기량을 구하시오.

**정답** $10 \times 5 \times 6 = 300\text{in}^3$

> **참고**
>
> 총 배기량 : ALK
> A : 단면적, L : 행정거리, K : 실린더 수

**07** 리벳 전단 강도가 낮은 순에서 높은 순으로 적으시오. (1100, 2024, 2017)

**정답** 1100 → 2017 → 2024

> **참고**
>
> 리벳 재료에 대한 전단응력 범위
>
> | 재질 기호 | 합금 | 전단응력(psi) | 재질 기호 | 합금 | 전단응력(psi) |
> |---|---|---|---|---|---|
> | A | 1100 | 13,000psi | DD | 2024 | 41,000psi |
> | B | 5056 | 28,000psi | M | 모넬 | 49,000~59,000psi |
> | AD | 2117 | 30,000psi | C | 내식강 | 65,000~85,000psi |
> | D | 2017 | 34,000psi | P | 내식강 | 25,000~42,000psi |

**08** 유압탱크 그림에서 "?"명칭을 적고, 역할을 설명하시오.

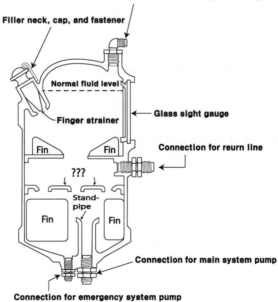

**정답** ① 명칭 : 배플(baffle)

② 역할 : 탱크 내에 있는 작동유가 심하게 흔들리거나, 귀환하는 작동유에 의하여 소용돌이치는 불규칙한 작동유에 거품이 발생하거나 펌프 안에 공기가 유입되는 것을 방지한다.

**참고**

| | |
|---|---|
| 유압탱크<br>(reservoir) | 작동유를 펌프에 공급하고, 계통으로부터 귀환하는 작동유를 저장하는 동시에, 공기 및 불순물을 제거하는 역할을 한다. |
| 주입구<br>(filler neck, cap, and fastener) | 작동유를 보급할 때 불순물을 거르는 여과기가 마련 |
| 사이트 게이지<br>(glass sight gauge) | 작동유의 양을 알 수 있도록 마련 |
| 귀환관 연결구<br>(connection for return line) | 탱크 내의 정상 유면보다 아래쪽에 위치, 접선 방향으로 들어오게 하여 작동유의 거품을 방지하여 공기의 유입을 방지한다. |
| 배플과 핀<br>(baffle & fin) | 탱크 내에 있는 작동유가 심하게 흔들리거나, 귀환하는 작동유에 의하여 소용돌이치는 불규칙한 작동유에 거품이 발생하거나 펌프 안에 공기가 유입되는 것을 방지한다. |

**09** 항공기에 연료를 보급할 때 3점 접지 위치는?

**정답** ① 항공기 ② 지면 ③ 연료차

**참고**

3점 접지하는 이유?
연료 보급 중에 정전기 방출로 인한 화재나 폭발을 방지하기 위해 항공기와 지면, 연료보급 차량과 지면, 급유 노즐과 항공기기를 각각 접지하고, 항공기-연료보급 차량-지면 간의 3점 접지를 한다.

**10** 1차 조종면과 2차 조종면 각 3개씩을 적으시오.

**정답** ① 1차 조종면 : 도움날개, 승강키, 방향키

② 2차 조종면 : 플랩, 탭, 스포일러

조종면은 비행 조종성을 제공하기 위해 마련된 구조로 조종사가 조종간을 직접 움직여 발생시키거나, 전기 또는 유압 작동기에 의하여 항공기의 자세 변화를 얻을 수 있다. 조종면으로는 주 조종면(1차 조종면)과 부 조종면(2차 조종면)으로 나뉜다.

| 주 조종면 | | 도움날개, 승강키, 방향키 | |
|---|---|---|---|
| 부 조종면 | 플랩 | 앞전 고양력장치 | 슬롯과 슬랫, 크루거 플랩, 드루프 앞전 |
| | | 뒷전 고양력장치 | 단순 플랩, 스플릿 플랩, 슬롯 플랩, 파울러 플랩, 이중-삼중 슬롯 플랩 |
| | 탭 | | 트림 탭, 밸런스 탭, 서보 탭, 스프링 탭 |
| | 스포일러 | | 지상스포일러, 공중스포일러 |

**11** 항공기 기압고도계의 보정 방법 3가지를 적으시오.

정답 ① QNH 보정  ② QNE 보정  ③ QFE 보정

참고

기압고도계 보정 방법
- QNH 보정 : 14000ft 미만의 고도에 사용, 고도계가 활주로 표고를 가리키도록 하는 보정으로 해면으로부터 기압 고도 지시(진고도)
- QNE 보정 : 고도계의 기압창구에 해변의 표준 대기압인 29.92inHg를 맞춰 고도를 지시(기압 고도), 14000ft 이상의 고도의 비행 시 적용
- QFE 보정 : 활주로 위에서 고도계가 0ft를 지시하도록 고도계의 기압창구에 비행장의 기압을 맞추는 방법으로 이·착륙 훈련에 편리한 방법(절대고도)

**12** 알루미늄 합금 재료가 다른 금속합금에 비하여 가지는 장점 3가지를 적으시오.

정답 ① 무게가 가볍다  ② 무게당 강도가 높다  ③ 가격이 싸다.

참고

AL합금 재료가 다른 금속합금에 비하여 가지는 장점
① 무게가 가볍다
② 강도가 높다.
③ 부식에 강하다.
④ 가공성이 우수하다.
⑤ 내열성이 우수하다.
⑥ 경계성이 우수하다.

**13** 항공기 내부를 파괴하지 않고 외부에서 내부를 육안으로 보는 방법과 그 방법을 사용하는 대표적인 엔진부품 2가지를 적으시오.

**정답** ① 검사 방법 : 보어스코프(bore scope)
② 엔진 부품 : 연소실, 터빈

> **참고**
>
> 보어스코프 검사 위치
> ① 압축기 로터와 스테이터
> ② 연소실 내부
> ③ 터빈 노즐과 휠
> ④ 디퓨저
> ⑤ 터빈 미드 프레임(turbine mid frame)

**14** 압축 상사점 전 연소 진행 중에 하부에서 압력 상승으로 인해 자연발화가 되는 현상이 무엇인지 적고, 그에 따라 나타나는 증상을 적으시오.

**정답** ① 디토네이션(de-tonation)
② 실린더 헤드 온도의 상승

> **참고**
>
> 1. 디토네이션 발생 시 증상
>    ① 실린더 헤드 온도의 상승
>    ② 노킹음 발생
>    ③ 출력 감소 과열
>    ④ 기관의 파손
> 2. 디토네이션 방지 방법
>    ① 적절한 옥탄가의 연료 사용
>    ② 실린더 내의 온도 제한
>    ③ 압축비 제한

**15** 보기에서 각각에 맞는 교범 설명을 적으시오.

─────────────── [보기] ───────────────
ㄱ. 형식증명서(TCDS)          ㄴ. 기체구조수리교범(SRM)
ㄷ. 감항성개선지시(AD)        ㄹ. 시한성기술지시(TCTO)
ㅁ. 도해부품목록(IPC)         ㅂ. 오버홀 교범(OHM)
──────────────────────────────────────

① 기체구조, 외피, 리브, 스트링거와 같이 구조부재 손상 범위 수리 자재, 수리 절차와 방법 등을 상세하게 기술한 교범 (    )

② 형식증명에 대한 자세한 사항을 항공관계법에 자세히 기술되어 있는 서류 (　　)

③ 항공기의 감항성에 치명적인 영향을 줄 수 있는 중요한 결함 또는 징후 등에 대하여 개선 명령하는 것으로 법적인 효력을 갖고 있어 강제성을 갖는 도서 (　　)

**정답** ① - ㄴ ② - ㄱ ③ - ㄷ

> **참고**
>
> 기술도서의 종류
> ① 형식증명서(Type Certificate Date Sheets, TC) : 형식설계를 기술하고 적용된 법적 제한 사항이 항공관계법에 형식증명 항공기에 사용된 모든 엔진의 모델, 최소 연료 등급, 평형 정도, 최대 중량 등이 자세히 기술되어 있다.
> ② 기체구조수리교범(Structure Repair Manual, SRM) : 손상된 구조 부재의 허용 손상 범위 수리 자재, fastener 부재 식별, 수리 절차와 방법 등을 상세하게 기술한 교범이다.
> ③ 감항성 개선지시(Airworthiness Directives, AD) : 국토부장관은 항공운송 안정을 위해 필요하다고 인정되는 경우 항공운송사업자에게 각호를 명할 수 있다. (항공기 및 그 밖의 시설의 개선, 항공기에 관한 국제조약을 이행하기 위하여 필요한 사항, 그 밖에 항공기의 안전운항에 대한 방해 요소를 제거하기 위하여 필요한 사항)
> ④ 시한성기술지시(Time Compliance Technical Order, TCTO) : 감항성 개선지시는 민간항공기에, 시한성기술지시는 군용항공기에 강제적으로 수행되어야 할 구속력을 갖는다.
> ⑤ 도해부품목록(Illustrated Part Catalog, IPC) : 항공기 부품과 장비를 식별하거나 신청, 확보, 저장 및 분출 사용 시에 이용할 수 있도록 만들어진 기술 도서이다.
> ⑥ 오버홀교범(Component Maintenance Manual(CMM) or Overhaul Manual(OHM)) : 작업자가 component에 대한 정비작업 수행 시 필요한 정비 기술 도서이다.

**16** 각 부분에 대해 방빙할 때 쓰이는 방식을 다음 보기에서 모두 골라 적으시오?

──────── [보기] ────────
ㄱ. 가열공압식　　　　　　　　　　ㄴ. 전열식
ㄷ. 화학식　　　　　　　　　　　　ㄹ. 공압식

① 날개 앞전 (　　)　　　　② 프로펠러 (　　)　　　　③ 피토튜브 (　　)

**정답** ① - ㄹ ② - ㄴ, ㄷ ③ - ㄴ

> **참고**
>
> 방빙 방식과 적용 계통
>
> | 공기식 방빙 | ① 날개의 앞전, ② 기관나셀 |
> |---|---|
> | 전기식 방빙 | ① 피토관, ② 전 공기 온도 감지기, ③ 기관 압력 감지기, ④ 얼음 감지기, ⑤ 조종실 윈도우, ⑥ 물 공급 라인, ⑦ 오물 배출구, ⑧ 프로펠러 |
> | 화학식 방빙 | ① 프로펠러 |

**01** 실린더 압축시험 시 알 수 있는 것 3가지를 설명하시오.

 정답 ① 밸브의 손상
② 피스톤 링의 마모
③ 연소실 내의 기밀상태

> **참고**
>
> 실린더 압축시험 시 안전 및 유의사항
> ① 압축 시험기의 연결호스에 누설 부분이 있는지 확인해야 한다.
> ② 호스의 피팅들이 안전하게 고정되어 있는지 확인해야 한다.
> ③ 기관을 작동시킨 뒤에 작업하므로 가열된 실린더에 의하여 화상을 입지 않도록 주의해야 한다.
> ④ 기관을 회전시킬 때 실린더의 압축에 따라 자연발화에 의한 실린더 내의 폭발에 항상 대비하면서 프로펠러를 돌려야 한다.
> ⑤ 실린더를 압축 시험하기 위하여 회전시킬 때에는 자연폭발을 방지하기 위하여 점화 스위치를 차단 위치에 놓아야 한다.
> ⑥ 압축시험을 하지 않는 각 실린더의 점화플러그를 한 개씩 탈거하여 압축에 의한 힘이 걸리지 않도록 해야 한다.

**02** 다음 그림에서 케이블의 종류와 케이블의 연결 방법을 쓰시오.

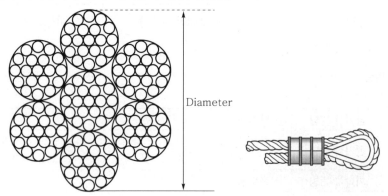

Diameter

정답 7*19(가요성 케이블), 니코프레스 연결 방법

가요성 케이블

| 7×7 | 7개의 와이어로 1개의 다발을 만들고, 이 다발 7개로 1개의 케이블을 만든다. 가요성 케이블, 내마멸성이 크다. |
| 7×19 | 19개의 와이어로 1개의 다발을 만들고, 이 다발 7개로 1개의 케이블을 만든다. 초가요성 케이블, 강도가 높고 유연성이 좋아 주 조종계통에 사용 |

케이블 연결 방법 종류
① 스웨이징 방법(swaging method), ② 니코프레스 방법(nicopress method), ③ 랩 솔더 방법(wrap solder method), ④ 5단 엮기 방법(5-truck woven method)

## 03 밸브 오버랩하는 이유 3가지

**정답** ① 부피 효율을 향상  ② 배기가스 완전 배출  ③ 실린더 냉각효과 우수

참고

이론상으로는 밸브는 상사점과 하사점에서 열고 닫힌다. 그러나 실제 엔진에서는 흡입 효율 향상 등을 위해 상사점 및 하사점 전후에서 밸브가 열리고 닫힌다.

$$밸브오버랩 = IO + EC$$

[밸브 개폐 시기 관련 약어]

| After Bottom Center | ABC | 하사점 후 |
| After Top Center | ATC | 상사점 후 |
| Before Bottom Center | BBC | 하사점 전 |
| Bottom Center | BC | 하사점 |
| Bottom Dead Center | BDC | 하사점 |
| Before Top Center | BTC | 상사점 전 |
| Exhaust Valve Center | EC | 배기 밸브 닫힘 |
| Exhaust Valve Open | EO | 배기 밸브 열림 |
| Intake Valve Center | IC | 흡입 밸브 닫힘 |
| Intake Valve Open | IO | 흡입 밸브 열림 |
| Top Center | TC | 상사점 |
| Top Dead Center | TDC | 상사점 |

**04** ILS 시스템을 구성하는 지상 시설 3가지를 쓰시오.

>[정답] ① 로컬라이저 ② 마커비콘 ③ 글라이드 슬로프

**05** 다음과 같은 두께의 판재를 굽히려 한다. 물음에 답하시오.

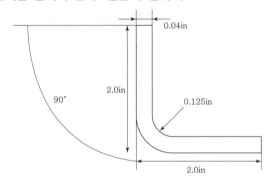

① 바깥면의 굽힘 연장선의 교차점과 굽힘 접선과의 거리(set back)를 구하시오.
② 굽힘여유(BA, bend allowance)를 구하시오.

>[정답] ① SB=K(R+T)=(0.125+0.04)=0.165≒0.17in
>
>② $BA = \dfrac{\theta}{360°} \times 2\pi\left(R + \dfrac{1}{2}t\right) = 0.228 ≒ 0.23\,in$

**06** Dimming 회로에서 다이오드를 병렬 연결하는데 다이오드가 하는 2가지 역할은?

**정답**  ① 역기전력 흡수  ② 역전류 차단

**참고**

| 회로기호 | 다이오드 | | 발광 다이오드 | |
|---|---|---|---|---|
| | 제너 다이오드 | | 실리콘 제어 정류기 (사이리스터) | |

**07** AN 315 D 7 R에서 각각 의미하는 것은?

**정답**  ① AN : 규격 명(Air Force-Navy)
② 315 : 평 너트
③ D : 재질 기호로서 알루미늄합금(2017)
④ 7 : 계열번호 및 너트의 지름(7/16 in)
⑤ R : 오른나사(시계방향)

**참고**

| 명칭 | 형태 | 특징 |
|---|---|---|
| 캐슬너트 (AN 310) | | 성곽너트라고 하며 큰 인장하중에 잘 견디며 코터 핀에 완전 체결된다. |
| 평너트 (AN 315) | | 큰 인장하중을 받는 곳에 적합하다. 체크너트나 고정와셔로 고정한다. |
| 체크너트 (AN 316) | | 평너트, 세트 스크루 끝에 나사산 로드 등에 고정장치로 사용한다. |
| 나비너트 (AN 350) | | 손가락으로 조일 수 있을 정도이며, 자주 장탈되는 곳에 사용한다. |

"D" 알루미늄 합금(2017T), "F" 강, "C" 스테인리스강, "B" 황동의 재질기호이다.

**08** 압축기 실속 원인 3가지를 쓰시오.

 ① 압축기 출구압력이 너무 높을 때(CDP가 너무 높을 때)
② 압축기 입구온도가 너무 높을 때(CIT가 너무 높을 때)
③ 공기흐름에 비하여 과도하게 높거나 낮은 RPM을 가질 때

> **참고**
>
> 압축기 실속 방지 장치
>
> | 다축식 압축기 | 압축기 1축당 압력비를 5 이하로 제한할 수 있어 실속 방지의 효과가 있고, 축류 압축기 전체에 압력비와 효율을 높여준다. |
> |---|---|
> | 가변 스테이터<br>(variable stater) | 기관 시동 시 저출력(idle)으로 작동될 때 일어나는 초크현상을 방지하기 위해 축류 압축기의 흡입 안내깃 및 스테이터의 붙임각을 가변구조로 하여 흡입 공기 흐름 양(유입속도)의 변화에 따라 로터에 대한 받음각을 일정하게 유지하도록 해 준다. |
> | 블리드 밸브<br>(bleed valve) | 기관의 시동 시와 저출력 작동 시에 일어나는 초크현상을 방지하기 위해 축류 압축기의 중간 및 후방에 장치시켜 밸브가 자동으로 열려 과다한 압축공기를 대기 중으로 방출시키므로 유입공기의 속도가 감소되고 로터에 대한 받음각이 정상화되어 실속이 방지된다. |

**09** A 점검, B 점검, C 점검, 비행 전·후 점검에 대해 정의하시오.

 ① A 점검 : 운항에 직접 관련된 빈도가 높은 정비 단계로 항공기 WAI(Walk-Around Inspection), 특별장비의 육안점검, 액체 및 기체류의 보충, 결함 수정, 기내 청소, 외부 세척 등을 행하는 점검
② B 점검 : A 점검을 포함하여 실시할 수 있으며, 항공기 내외부의 육안 검사, 특정 구성품의 상태 점검 또는 작동 점검, 액체 및 기체류의 보충을 행하는 점검
③ C 점검 : 제한된 범위 내에서 구조 및 계통의 검사, 계통 및 장비품의 작동 점검, 계획된 보기 부품 교환, Servicing 등을 행하여 항공기의 감항성을 유지하는 점검
④ 비행 전·후 점검 : 최종 비행을 마치고 난 후 다음 비행 전까지 항공기의 출발태세를 확인하는 점검으로, 항공기 내외부의 청결, 세척, 탑재물의 하역, 액체 및 기체 종류의 보급, 결합 교정을 하는 점검

> **참고**
>
> ① 운항정비(line maintenance)는 중간점검(transit check), 비행 전·후 점검(pre/post flight check), 주간 점검(weekly check)으로 구분된다.
> ② 정시점검(scheduled maintenance)은 운항 정비 기간에 축적된 불량상태의 수리 및 운항 저해의 가능성이 많은 기능적인 모든 계통의 예방정비 및 감항성을 확인한다.

**10** 가스터빈기관의 시동기 종류 3가지는?

**정답** ① 직류전기모터식 시동기(DC Electric motor Starter)
② 공기 터빈식 시동기(Air-turbine Starter)
③ 시동-발전기식(Starter-generator)

> **참고**
>
> 가스터빈엔진 시동 계통의 분류
> ① 전기식 시동 계통 : 시동발전기식, 전동기식 시동계통
> ② 공기식 시동 계통 : 공기터빈식 시동기, 공기충돌식 시동기
> ③ 가스터빈 시동 계통 : 가스터빈식 시동기

**11** 항공기에 사용되는 유압펌프의 종류는?

**정답** ① 기어(Gear)  ② 제로터(Gerotor)  ③ 베인(Vane)

> **참고**
>
> 유압 계통 동력원의 종류
> ① E.D.P (Engine Driven Pump), ② E.M.D.P (Electric Motor Driven Pump), ③ A.D.P (Air Driven Pump), ④ P.T.U (Power Transfer Unit), ⑤ R.A.T (Ram Air Turbine)

**12** 운항할 때 탑재용 항공일지(비행 및 정비일지)에서 정비사가 기재해야 할 항목 3가지는?

**정답** ① 검사일자  ② 항공기 상태  ③ 프로펠러 사용시간

> **참고**
>
> | 탑재용 항공일지<br>(Flight & Maintenance Logbook) | 항공기를 운항할 때에 반드시 탑재해야 한다. 표지 및 경력표, 비행 및 주요정비일지, 정비 이월기록부도 포함된다. |
> |---|---|
> | 지상비치용 항공일지<br>(Aircraft Logs) | 장비품 일지이며, 발동기일지, 프로펠러일지, 장비품일지로 구분할 수 있다. |
>
> 항공일지는 항공사별로 크기와 형태가 다르며 여러 권의 일지를 영구 보존해야 한다.
> 탑재용 항공일지는 항공기에 모든 데이터를 기록한다. 검사일자, 항공기 상태, 기체, 엔진, 프로펠러 사용시간과 사이클이 기록된다. 항공기, 엔진, 장비품의 정비이력과 감항성 개선 지시(AD), 정비회보(SB)의 수행 사실도 기록된다. 검사원은 감항성을 인정하는 인증문을 쓰고 검사인을 날인하여 완료하되 인증문구는 ICAO 인정 공용언어를 사용하여 누구나 읽고 이해할 수 있어야 한다.

**13** 정전류 충전법의 장단점 1개씩을 쓰시오.

**정답**  • 장점 : 충전 완료시간을 미리 추정할 수 있다.
• 단점 : 충전 소요시간이 길고 주의하지 않으면 과충전되기 쉽다.

**참고**

| 충전법 | 연결 방법 | 특징 | 세부 내용 |
|---|---|---|---|
| 정전압 | 병렬 | 전압을 일정 공급 | • 장점 : 과충전에 대한 위험이 없다. 장치가 간편하다.<br>• 단점 : 충전시간 예측 불가, 초기 전류에 의한 극판 손상 주의 |
| 정전류 | 직렬 | 전류를 일정 공급 | • 장점 : 충전 완료시간 예측 가능<br>• 단점 : 완전 충전 후 시간 초과 시 과충전 위험, 가스 발생량이 많아 폭발 위험성 있어 충전 전 가스 배출 |

★ 현재 사용하는 충전기들은 BMS(Battery Management System) 기능을 통해 충전 과정 중에 전압, 전류, 온도를 모니터링하고 과충전 보호기능을 구비하고 있어 축전지 시스템을 자동적으로 보호하도록 되어 있다.

**14** 전자부품을 보고 의미를 쓰시오.

①        ②        ③

**정답**  ① 릴레이  ② 다이오드  ③ 트랜지스터

**참고**

| | |
|---|---|
| 릴레이 | 릴레이 코일에 전류가 흐르면 아래 방향으로 연결되고, 전류가 끊어지면 다시 위 방향으로 전류가 흐른다. |
| 다이오드 | 전류의 흐름이 한 쪽 방향으로만 흐르고, 반대로는 흐르지 못하게 한다. |
| 트랜지스터 | 이미터를 거쳐 베이스를 통과하여 컬렉터로 전류가 흐른다. (PNP형) |

**15** 기관 마운트의 역할 2가지는?

 ① 기관의 장착대
② 기관의 무게 지지, 기관의 추력을 기체에 전달

> **참고**
>
> 기관 마운트(engine mount) & 나셀(nacelle)
> 엔진 마운트는 기관의 무게를 지지하고 기관의 추력을 기체에 전달하는 구조로서 항공기 구조물 중 하중을 가장 많이 받는 곳 중의 하나이고, 나셀은 기체에 장착된 기관을 둘러싼 부분을 말하며, 기관 및 기관에 부수되는 각종 장치를 수용하기 위한 공간을 마련하고 나셀의 바깥면은 공기 역학적 저항을 작게 하기 위해 유선형으로 한다.

**16** 리벳 구멍을 리벳보다 0.002~0.004 "(       ) 해야 하고, 리벳 구멍을 깔끔하게 정리하는 것은 (       )이다."

**정답** ① 크게
② 리머

> **참고**
>
> 리벳과 리벳 구멍의 간격은 0.002~0.004in(0.005~0.01cm)가 적당하다.
>
> **리벳 구멍 가공의 드릴과 리머 치수(in)**
>
> | 리벳 지름 | 드릴 치수 | 리머 치수 |
> |---|---|---|
> | 3/32 | 3/32(.0937) | 40(.098) |
> | 1/8 | 1/8(.125) | 30(.1285) |
> | 5/32 | 5/32(.1562) | 21(.159) |
> | 3/16 | 3/16(.1875) | 11(.191) |
> | 1/4 | 1/4(.250) | F(.257) |
> | 5/16 | 5/16(.3125) | O(.316) |
> | 3/8 | 3/8(.375) | V(.377) |

# 필답테스트 기출복원문제

**01** 다음 작업의 명칭과 도구의 명칭을 쓰시오.

정답 ① 명칭 : 튜브 절단
② 도구 : 튜브 커터

참고
튜브 절단은 튜브 절단 공구(튜브 커터)로 철, 강, 황동, 구리 및 알루미늄 튜브를 자를 때 사용한다.

**02** 다음의 버니어캘리퍼스에서 A와 B의 명칭과 설명을 적고 계산하시오.

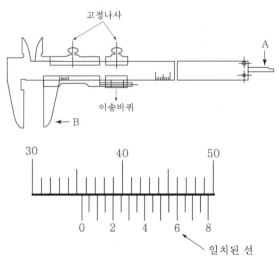

① A : 깊이 바

② 슬라이드 조

③ 어미자 35mm + 아들자 0.6mm = 35.6mm

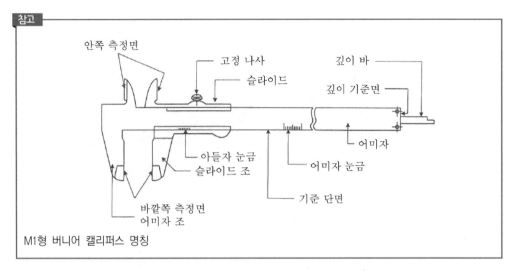

M1형 버니어 캘리퍼스 명칭

**03** 다음 그림을 보고 션트저항을 구하시오.(m$\Omega$)

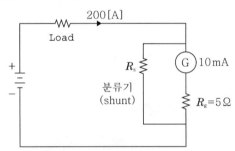

$0.01A \times 5\Omega = (200-0.01)A \times R_S$ $\qquad R_S = 0.00025\Omega = 0.25m\Omega$

가동코일의 내부저항이 $R_g$=5$\Omega$이고, 측정할 수 있는 기존 전류 값은 10mA(0.01mA)가 된다.

입력 전류가 200A에서 기본 전류 0.01A를 빼면 199.99A가 분류저항으로 흐르게 된다.

회로를 보면 병렬로 연결되어 있으니 분류기와 검류계(G)의 전압은 같다.

$0.01A \times 5\Omega = (200-0.01)A \times R_S$

$R_S = \dfrac{0.01A \times 5\Omega}{199.99A} = 0.00025\Omega = 0.25m\Omega$

**04** 다음의 그림에서 가르킨 곳의 명칭과 작동시기 2가지를 쓰시오.

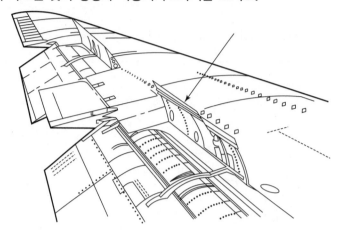

**정답** ① 명칭 : 스포일러
② 작동시기 : 공중, 지상

참고

| 공중 스포일러<br>(flight spoiler) | 고속비행 시 대칭적으로 펼치면 공기 브레이크 기능을 하고, 도움날개와 연동을 하여 좌우 스포일러를 다르게 움직여 도움날개의 역할을 도와주는 기능이다. |
|---|---|
| 지상 스포일러<br>(ground spoiler) | 착륙 시 펼쳐서 양력을 감소시키고 항력을 증가시키는 역할을 한다. |

**05** 다음 그림을 보고 각각의 리벳 종류를 쓰시오.

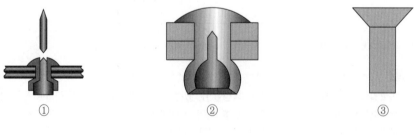

①　　　　　　　　　②　　　　　　　　　③

**정답** ① 체리 리벳
② 폭발 리벳
③ 접시머리 리벳

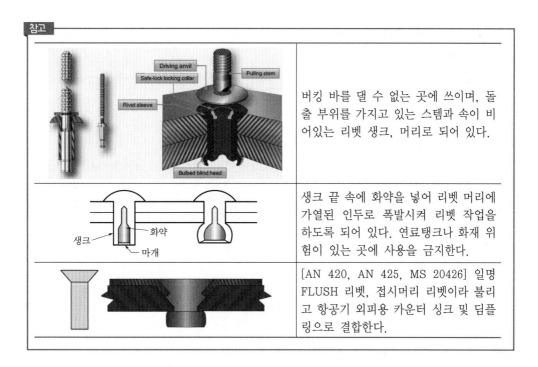

| | |
|---|---|
| | 버킹 바를 댈 수 없는 곳에 쓰이며, 돌출 부위를 가지고 있는 스템과 속이 비어있는 리벳 생크, 머리로 되어 있다. |
| | 생크 끝 속에 화약을 넣어 리벳 머리에 가열된 인두로 폭발시켜 리벳 작업을 하도록 되어 있다. 연료탱크나 화재 위험이 있는 곳에 사용을 금지한다. |
| | [AN 420, AN 425, MS 20426] 일명 FLUSH 리벳, 접시머리 리벳이라 불리고 항공기 외피용 카운터 싱크 및 딤플링으로 결합한다. |

**06** 다음 가스터빈기관 연료 계통을 옳게 나열하시오.

(주연료 펌프) → ( ) → ( ) → ( ) → ( ) → (연료 분사 노즐)

──────────────────── [보기] ────────────────────
ⓐ 압력스위치          ⓑ 유량변환기          ⓒ P&D 밸브          ⓓ FCU

**정답** ⓐ 압력스위치 → ⓓ FCU → ⓑ 유량변환기 → ⓒ P&D 밸브

참고

가스터빈기관의 연료계통 흐름도

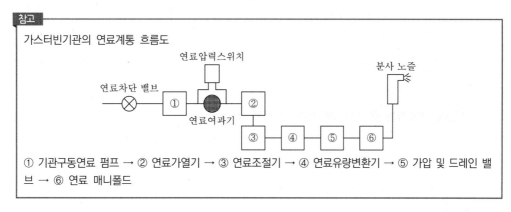

① 기관구동연료 펌프 → ② 연료가열기 → ③ 연료조절기 → ④ 연료유량변환기 → ⑤ 가압 및 드레인 밸브 → ⑥ 연료 매니폴드

**07** 지상에서 계류 중인 항공기가 돌풍을 받아서 조종면과 날개가 심하게 흔들리거나 진동을 방지하는
장치의 명칭과 종류 2가지를 쓰시오.

정답 ① 명칭 : 계류작업
　　　② 종류 : 로프, 케이블 및 체인

참고

계류작업(tie down or mooring)
갑작스런 돌풍으로 인한 파손을 방지하기 위하여 비행이 끝날 때마나 굄목(chock)을 고인 후, 양쪽 날개와
꼬리 부분을 계류시켜야 한다. 항공기를 계류시킬 때에는 바람이 불어오는 방향으로 항공기를 향하게 하고,
마닐라 로프, 케이블 및 체인으로 주기장소에 설치된 계류 앵커(tie down anchor)에 매달도록 한다. 또한,
큰 돌풍이 부는 경우 주익 날개보 위에 모래주머니를 올려 놓기도 한다.

**08** 360km/h로 비행하는 터보제트엔진이 100kgf/s로 공기를 유입하고 있고, 배기속도는 200m/s일
때, 이 비행기의 추력마력(THP)은 얼마인가?

정답 ① $Fn = \dfrac{W_a}{g}(V_j - V_a) = \dfrac{200 - 100}{9.8} = 10.2$

　　　② $THP = \dfrac{Fn \cdot Va}{75} = \dfrac{10.2 \times 100}{75} = 13.6$

참고

| $Fn = \dfrac{W_a}{g}(V_j - V_a)$ | $THP = \dfrac{Fn \cdot Va}{75}$ |
|---|---|
| $F_n$ = 진추력<br>$W_a$ = 공기 유량의 중량, lbf/s<br>$V_j$ = 공기의 배기속도, ft/s<br>$V_a$ = 공기의 유입속도 또는 항공기 속도 | $THP$ = 추력마력<br>$F_n$ = 진추력<br>$V_a$ = 공기의 유입속도 또는 항공기 속도 |

**09** 다음에 해당하는 점검사항에 맞는 위치에 배열하시오.

[보기]

ⓐ 바퀴　　　　ⓑ 축전지　　　　ⓒ 배기구　　　　ⓓ 외피

착륙장치 – (　), 동체 – (　), 기내 – (　), 기관 – (　)

정답 착륙장치 – ( ㉠ ), 동체 – ( ㉣ ), 기내 – ( ㉡ ), 기관 – ( ㉢ )

**10** 고온부에 Hot plug를 사용할 때 현상과 저온부에 Cold plug를 사용할 때 현상을 적으시오.

> **정답** ① 고온부에 Hot plug : 조기점화
> ② 저온부에 Cold plug : 파울링 현상

> **참고**
>
> 잘못된 spark plug를 사용할 때 생기는 현상
> 과열되기 쉬운 기관에 고온 플러그를 장착하면 조기점화가 발생하고, 저온으로 작동하는 기관에 저온 플러그를 장착하면 플러그의 팁에 연소되지 않은 탄소가 모여 점화 플러그의 파울링(fouling) 현상이 발생한다.
> 파울링(Fouling) 현상이란 정상적인 연소가 되지 않아 플러그 팁에 탄소 찌꺼기가 생기는 현상이다.

**11** 항공기 원심식 압축기의 구성품 3가지는?

> **정답** 임펠러, 디퓨저, 매니폴드

> **참고**
>
> 원심식 압축기
>
> | | |
> |---|---|
> | 장점 | - 단당 압축비가 높다. (1단 10:1, 2단 15:1)<br>- 제작이 쉽고 값이 싸다.<br>- 구조가 튼튼하고 값이 싸다.<br>- 무게가 가볍다.<br>- 회전 속도 범위가 넓다.<br>- 시동 출력이 낮다.<br>- 외부 손상물질(FOD)이 덜하다. |
> | 단점 | - 압축기 입구와 출구의 압력비가 낮다.<br>- 효율이 낮다.<br>- 많은 양의 공기를 처리할 수 없다.<br>- 추력에 비행 기관의 전면 면적이 넓기 때문에 항력이 크다. |

**12** 오버홀과 On condition의 정비 방식을 쓰시오.

**정답**
① 오버홀 : 관련 Manual에서 명시하는 고유 기능 수준으로 복원하는 정비작업
② on condition : 기체, 원동기 및 장비품을 일정한 주기에 점검하여 다음 주기까지 감항성을 유지할 수 있다고 판단되면 계속 사용하고, 발견된 결함에 대해서는 수리 또는 장비품 등을 교환하는 정비 기법

**참고**

기관 오버홀 순서
① receiving → ② dismantling → ③ major disassembly → ④ sub disassembly → ⑤ cleaning → ⑥ non destructive inspection → ⑦ measuring → ⑧ repaire → ⑨ marshalling → ⑩ sub assembly → ⑪ major assembly → ⑫ test run → ⑬ QEC build up

**13** 해당하는 곳에 화재 및 과열탐지기, 연기탐지기, 과열탐지기를 넣어 쓰시오.

① 기관, 보조동력장치 : (　　　　　　)
② 화장실, 화물실 : (　　　　　)
③ 랜딩기어, 날개앞전 : (　　　　　)

**정답**
① 기관, 보조동력장치 : 화재 및 과열 탐지기
② 화장실, 화물실 : 연기탐지기
③ 랜딩기어, 날개앞전 : 과열탐지기

**참고**

항공기는 작동 중에 화재가 발생할 수 있는 기관과 보조 동력장치에는 화재 탐지 장치를, 그리고 화물실 및 화장실에는 연기 탐지 장치와 착륙 장치의 휠웰과 날개의 앞전에는 과열 보호 장치 등을 설치한다. 화재 탐지기 종류에는 유닛식 탐지기, 저항 루프 탐지기, 열 스위치식 탐지기, 열전쌍 탐지기, 연기 탐지기 등이 있다.

**14** 가스터빈엔진의 흡입덕트의 방빙과 방빙제 1가지를 쓰시오.

① 방빙 : (　　　　　)
② 방빙 종류 : (　　　　　)

**정답**
① 방빙 : 공기식
② 방빙 종류 : 기관 압축기 고온 공기

방빙 계통은 전기식 방빙 계통과 공기식 방빙 계통으로 나뉜다. 공기식 방빙 계통은 뜨거운 공기를 이용하여 방빙하고, 전기식은 전기가열기를 이용하여 방빙한다.

| 가열공기 얻는 방법 | ① 터빈 압축기에서 압축된 고온의 공기를 이용<br>② 기관 배기 열교환기에서 고온의 공기를 이용<br>③ 별도의 연소 가열기에 의해 램 공기를 가열 |
|---|---|
| 전기식 방빙 계통 | 감지기(① 피토 튜브, 정압공, ② 실속 감지기, ③ 기관 압력비 감지기, ④ 전 온도 감지기), 드레인 포트, 윈드실드와 윈도우, 안테나를 방빙한다. |

**15** CVR이 있는 목적과 녹음되는 2가지를 쓰시오.

정답 ① 목적 : 항공기 추락 시 혹은 기타 중대 사고 시 원인 규명을 위해 녹음한다.
② 녹음되는 2가지 : 조종실에서 승무원 간에 대화, 관제기관과의 교신 내용

참고
조종실 음성기록장치(CVR, Cockpit Voice Recorder)
조종실에서 승무원 간의 대화나 관제기관과의 교신 내용, 헤드셋이나 스피커를 통해 전해지는 항행 및 관제시설 식별 신호음이나 각종 항공기시스템의 경보음 등을 최종 30분 이상, 4채널로 녹음하여 저장하는 장치이다. 최근에는 FDR과 CVR을 합친 CVFDR 형태도 개발되어 사용되고 있다.

**16** 왕복기관의 냉각장치 3가지를 쓰시오.

정답 냉각핀, 배플, 카울 플랩

참고
항공기 기관에 과도한 열이 발생 시 생기는 영향
① 혼합기의 연소 상태가 나빠진다.
② 기관의 부품이 약해지고 수명이 단축된다.
③ 윤활이 원활하지 못하게 된다.

**01** 항공기 정비의 기본적인 목적 3가지는?

정답 감항성, 경제성, 정시성

참고

| 감항성 | 항공기가 운항 중에 고장 없이 그 기능을 정확하고 안전하게 운항할 수 있는 능력(인명과 재산보호) |
|---|---|
| 쾌적성 | 항공기가 운항 중에 객실(기내) 안의 청결 상태를 유지하는 능력(승객에게 만족감과 신뢰감을 부여) |
| 정시성 | 항공기가 종착기지로 착륙해서 다음 기지로 운항하기 위해 시간 내에 작업을 끝내고 정시 출발 목적 달성을 위한 능력 |
| 경제성 | 최소의 정비 비용으로 최대의 효과를 얻기 위하여 모든 정비작업을 경제적으로 운용하는 능력 |

**02** 가스터빈 축류식 압축기 반동도를 구하는 식은?

정답

$$반동도 = \frac{로터\ 깃에\ 의한\ 압력\ 상승}{단당\ 압력\ 상승} \times 100(\%)$$

참고

반동도(reaction rate)

단당 압력 상승 중 로터 깃이 담당하는 상승의 백분율(%) 반동도를 너무 작게 하면 고정자 깃의 입구 속도가 커져 단의 압력이 낮아지고, 고정자 깃의 구조 강도면에서도 부적합해서 보통 압축기의 반동도는 50% 정도이다.

$$반동도 = \frac{로터\ 깃에\ 의한\ 압력\ 상승}{단당\ 압력\ 상승} \times 100(\%)$$

$$= \frac{P_2 - P_1}{P_3 - P_1} \times 100(\%)$$

※ $P_1$ : 로터 깃열의 입구 압력, $P_2$ : 스테이터 깃 입구 압력, $P_3$ : 스테이터 출구 압력

**03** 리벳 지름을 활용해 리벳 길이, 벽테일의 높이, 벽테일의 지름은 몇 D인가?

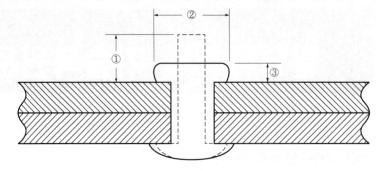

**정답** ① 리벳 길이 : 1.5D ② 벽테일의 폭 : 1.5D ③ 벽테일의 높이 : 0.5D

> **참고**
> ① 리벳의 전체 길이는 G+1.5D이다.(리벳의 길이는 결합할 판 두께와 돌출 부분의 두께를 더한 길이가 필요하며, 가장 적합한 돌출부의 길이는 리벳 직경의 1.5D이다.)
> ② 벽테일(성형머리)의 높이는 직경의 0.5D이고, 폭은 리벳 직경의 1.5D이다.

**04** 다음의 작업 명칭과 사용하는 기구 명칭은?

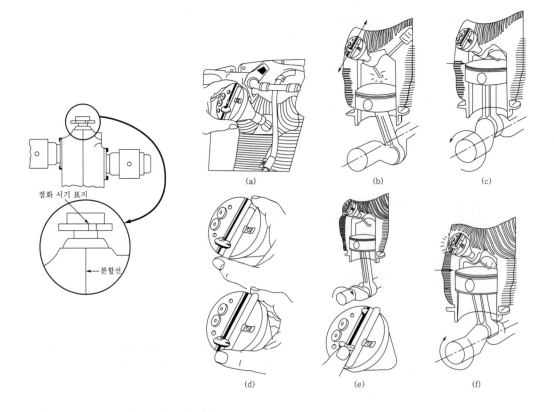

외부 점화 시기 조절, 타임 라이트

타임 라이트 사용법은 다음과 같다.

① 그림 ⓐ와 같이 1번 실린더에서 위쪽(수평 대향형 기관) 또는 앞쪽(성형 기관) 점화 플러그와 개스킷을 제거하고, 피스톤을 상사점이 아닌 곳에 위치시킨 후 타임 라이트를 점화 플러그 구멍에 돌려 끼운다.

② 그림 ⓑ와 같이 타임 라이트 머리에 있는 눈금 지시기가 움직이는 홈이 실린더의 수직축과 평행되도록 맞춘다. 단, 눈금자가 실린더 기준으로 오른쪽에 있어야 한다.

③ 그림 ⓒ와 같이 크랭크축을 정상 회전 방향으로 회전시켜 피스톤이 압축 상사점을 지나도록 한다. 이때, 눈금 지시기는 아래로 내려오게 되고, 피스톤이 상사점에 왔을 때 최대로 내려와 멈추게 된다. 눈금 지시가 멈춘 곳이 피스톤의 상사점 위치가 된다.

④ 그림 ⓓ와 같이 눈금 지시기에 눈금자의 "0"점을 맞춘다.

⑤ 그림 ⓔ와 같이 기관의 크랭크축을 반대로 돌려 피스톤이 찾고자 하는 위치를 지나도록 한다. 다음에 눈금 지시기를 움직여 눈금자 위에 찾고자 하는 피스톤 위치점을 가리키도록 고정한다.

⑥ 기관을 정상 회전 방향으로 회전시키게 되면 피스톤이 올라감에 따라 피벗 암이 내려와 눈금 지시기에 닿게 되고, 닿는 순간 왼쪽에 있는 전구에 그림 ⓕ와 같이 불이 켜지고, 원하는 위치에 피스톤이 와 있다는 것을 지시한다. 이와 같이 피스톤의 정확한 위치를 구함에 따라 밸브 개폐 시기의 검사, 마그네토 점화 시기의 검사 및 마그네토와 기관의 점화 시기 등을 조절할 수 있다.

---

**05** 다음은 마그네토의 형식이다. 알맞게 설명하시오.

| D | F | 18 | R | N |
|---|---|----|---|---|
| ① | ② | ③ | 오른쪽으로 회전 | – |

① 복식 마그네토
② 플랜지 장착 방식
③ 18기통 실린더

마그네토 부호의 의미

| 부호 자리 | 부호 | 부호의 의미 |
|---|---|---|
| 1(형식) | S | 단식(single type) |
| | D | 복식(double type) |
| 2(장착 방식) | B | 베이스 장착 방식(base mounted) |
| | F | 플랜지 장착 방식(flange mounted) |
| 3(숫자) | – | 실린더 수 |
| 4(회전 방향) | R | 오른쪽으로 회전 |
| | L | 왼쪽으로 회전 |

| 부호 자리 | 부호 | 부호의 의미 |
|---|---|---|
| 5(제작 회사) | G | 제너럴 일렉트릭(General Electric) |
| | N | 벤딕스 |
| | A | 델코 어플라이언스(Delco Appliance) |
| | U | 보시(Bosch) |
| | C | 델코-레미(Delco-Remy) |
| | D | 에디슨 스플릿도프(Edison-Splitdorf) |

## 06 공장에서 할 수 있는 장비품 정비기법 3가지는?

**정답** 오버홀, 수리, 벤치 체크

**참고**

① 오버홀 : 부품을 분해, 세척, 검사, 교환 및 수리, 조립함으로써 사용시간을 "0"으로 환원
② 수리 : 부품을 정비 및 손질함으로써 그 기능을 복구시키는 작업
③ 벤치 체크 : 부품의 사용 여부 및 수리, 오버홀의 필요 여부를 결정하기 위한 기능 점검

## 07 가스터빈 연소실 종류 3가지는?

**정답** 캔형, 애뉼러형, 캔-애뉼러형

**참고**

연소실의 종류 및 장단점
① 캔형
 - 장점 : 정비 간단
 - 단점 : 연소정지현상이 생기기 쉽다. 과열시동을 일으키기 쉽고, 연소실 출구온도가 불균일하다.
② 애뉼러형
 - 장점 : 구조 간단, 연소 안정, 고효율, 출구온도 분포 균일
 - 단점 : 정비 불편, 구조적 취약성
③ 캔-애뉼러형 : 캔형과 애뉼러형의 장·단점을 보완하여 만든 연소실 형태

## 08 피스톤 링의 옆 간극이 규정 값보다 넓을 때 해야 하는 조치는?

**정답** 피스톤 링을 교환한다.

**09** 회로 개폐기(스위치) 종류 3가지는?

**정답** toggle switch, micro switch, rotary switch

**참고**

스위치(switch)
전기회로를 on, off 할 수 있는 장치로 접점과 동작기구로 되어 있어 개폐기라 한다. 종류에는 toggle, micro, proximity, rotary switch 등이 있다.

**10** 다음 선의 명칭은?

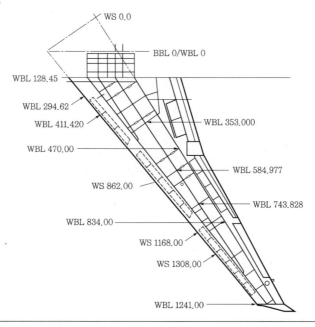

WS 0.0
BBL 0/WBL 0
WBL 128.45
WBL 294.62
WBL 411.420
WBL 353.000
WBL 470.00
WBL 584.977
WS 862.00
WBL 743.828
WBL 834.00
WS 1168.00
WS 1308.00
WBL 1241.00

WS : ①, BBL : ②, WBL : ③

① 날개 위치선  ② 동체 버턱선  ③ 날개 버턱선

항공기 기체는 동체, 꼬리날개, 날개, 나셀 등의 특정 위치를 쉽게 알 수 있도록 표시하고 있다. 위치표시
방법은 특정 기준으로부터 항공기 부품 위치까지 직선거리를 인치(in) 또는 센티미터(cm)로 표시한다.

- 동체 위치선(FS, fuselage station) (BSTA, body station)
- 동체 수위선(BWL, body water line)
- 동체 버턱선(BBL, body buttock line) 또는 날개 버턱선(WBL, wing buttock line)
- 날개 위치선(WS, wing station)
- 수직 안정판·방향키 위치선(vertical stabilizer station and rudder station)
- 수평 안정판·승강키 위치선(horizontal stabilizer and elevator station)
- 기관·나셀 위치선(engine and nacelle station)

## 11 다음 그림의 부품 명칭과 역할을 쓰시오.

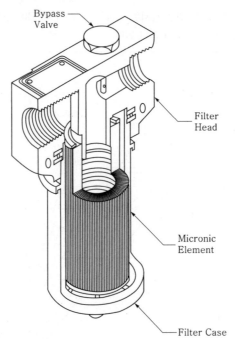

Bypass
Valve

Filter
Head

Micronic
Element

Filter Case

연료필터 : 연료의 불순물을 여과하기 위해 사용된다.

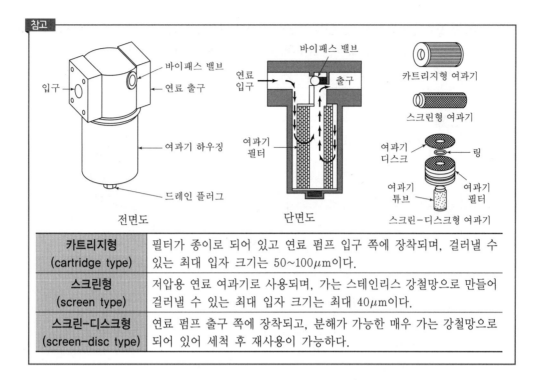

참고

| 카트리지형 (cartridge type) | 필터가 종이로 되어 있고 연료 펌프 입구 쪽에 장착되며, 걸러낼 수 있는 최대 입자 크기는 50~100μm이다. |
|---|---|
| 스크린형 (screen type) | 저압용 연료 여과기로 사용되며, 가는 스테인리스 강철망으로 만들어 걸러낼 수 있는 최대 입자 크기는 최대 40μm이다. |
| 스크린-디스크형 (screen-disc type) | 연료 펌프 출구 쪽에 장착되고, 분해가 가능한 매우 가는 강철망으로 되어 있어 세척 후 재사용이 가능하다. |

## 12 항공기 기체구조에서 응력외피 구조에 해당하는 2가지와 해당하지 않는 1가지는?

**정답**
① 응력외피 구조에 해당하는 구조 : 모노코크 구조, 세미모노코크 구조
② 응력외피 구조에 해당하지 않는 구조 : 트러스 구조

**참고**

기체구조 형식

① 트러스 구조 : 두 힘 부재들로 구성된 구조로 설계와 제작이 용이하고 초기의 항공기 구조에 사용하였고, 현재에도 경항공기에 사용되는 구조이다. 목재나 강관으로 트러스를 구성하고, 외피는 천 또는 얇은 합판이나 금속판을 입힌 형식으로 항공 역학적 외형을 유지하여 양력 및 항력을 발생시킨다. 트러스 구조는 제작이 쉽지만, 공간 마련이 어려워 승객 및 화물을 수송할 수 없다.

② 모노코크 구조 : 트러스 구조의 단점을 개선한 구조로써 원통 형태로 만들어져서 공간 마련이 용이하게 만들었으나 하중을 담당할 골격이 없고, 모든 하중을 외피가 받아야 하는 구조를 모노코크(monocoque) 구조라 한다. 이 구조는 항공기 구조로 적합하지 않아 현재 미사일 구조로 사용되고 있고, 이를 보완하여 나온 구조가 세미모노코크(semi monocoque) 구조라 하며, 모노코크 구조와 세미모노코크 구조를 외피가 응력을 담당하여 응력외피 구조(stressed-skin structure)라 한다.

**13** 전륜식 항공기의 무게중심(C.G)을 구하는 공식을 완성시키시오. (단, D : 기준선에서 후륜까지 거리, F : 전륜에 가해지는 무게, W : 총무게, L : 전륜과 후륜 사이 거리)

정답

① $C.G = \dfrac{F \times (D-L) + (W-F) \times D}{W}$ 또는 ② $C.G = D - \dfrac{F \times L}{W}$

참고

다음 그림과 같은 전륜식 항공기의 무게중심을 구해보자.

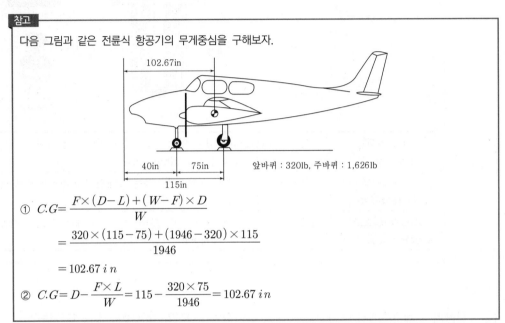

102.67in

40in  75in

115in

앞바퀴 : 320lb, 주바퀴 : 1,626lb

① $C.G = \dfrac{F \times (D-L) + (W-F) \times D}{W}$

$= \dfrac{320 \times (115-75) + (1946-320) \times 115}{1946}$

$= 102.67\, in$

② $C.G = D - \dfrac{F \times L}{W} = 115 - \dfrac{320 \times 75}{1946} = 102.67\, in$

**14** 다음 그림에서 항공기용 플렉시블 호스 연결 방법으로 옳은 것을 선택하시오.

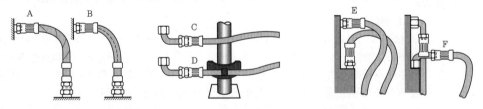

A  B  C  D  E  F

정답  B, D, F

참고

가요성 호스 장착 시 유의사항은 다음과 같다.
① 호스가 꼬이지 않도록 호스에 표시된 흰 선이 일직선이 되도록 장착한다.
② 호스를 장착하는 중간 피팅이 있을 경우, 스패너를 이용하여 피팅을 잡고 호스의 너트 부위를 손으로 돌린 다음, 안전하게 밀착되면 공구를 이용하여 호스의 너트 부위를 조인다.
③ 호스의 파손을 막기 위하여 필요한 곳에 테이프를 감아 준다.
④ 호스를 구부릴 때에는 최소 굽힘 이상이 되도록 한다.

⑤ 압력이 가해지면 호스 길이가 수축되므로 5~8%의 여유를 둔다.

⑥ 호스는 액체의 특성에 따라 변화하므로 규격품을 사용하고 열이 받지 않도록 해야 하며, 필요하면 열 차단 격벽을 설치한다.

⑦ 호스의 진동을 방지하기 위해 클램프로 고정하며, 평면에서도 24in마다 클램프로 고정한다.

⑧ 호스를 식별하기 위해서 유체의 종류나 흐름을 표시한 식별표를 부착한다.

⑨ 서로 접촉하는 호스나 고정 부품에 마찰이 없도록 정비 지침서에 명시된 최소 간격을 주어 장착한다.

## 15 다음 설명에 해당하는 화재탐지 방법은?

─────── [보기] ───────

① 스위치 부분이 가열되면 바이메탈이 작동하여 접점이 붙게 된다. 특정한 온도에서 전기적 회로를 구성시켜 열 탐지기로 온도가 설정된 값 이상으로 상승하면 열 스위치가 닫히고 화재나 과열 상태를 지시한다.

② 특정한 온도로 상승하면 화재 경고 지시를 한다. 서로 다른 두 금속이 서로 접합하여 두 금속 사이에 특정한 온도가 되면 열에 의한 기전력이 발생하고, 기전력을 이용하여 화재나 과열 상태를 지시한다.

③ 종류로는 리스폰더형과 시스트론 도너 형식이 있다. 정해진 온도에서 작동될 수 있도록 불활성 가스가 들어 있고 밀봉되어 있다. 온도가 상승하면 가스가 팽창하여 관 내의 압력을 증가시켜 화재를 지시해 준다.

**정답**
① 열 스위치식(thermal switch)
② 열전쌍식(thermocouple)
③ 가스식 화재 탐지기

**참고**

화재 탐지기 종류는 다음과 같다.

① 유닛식 탐지기 : 용융 링크 스위치, 열전쌍 탐지기, 차등 팽창 스위치 종류가 있다.

② 저항 루프 화재 탐지기 : kidde와 fenwal 종류가 있다.

③ 열 스위치식 탐지기 : 바이메탈 이용

④ 열전쌍 탐지기 : 서로 다른 두 금속의 급격한 온도 상승으로 기전력이 발생되어 화재나 과열 상태를 지시한다.

⑤ 가스식 화재 탐지기 : 리스폰더형과 시스트론 도너형이 있다.

⑥ 연기 탐지기 : 광전기 연기탐지기, 시각 연기탐지기. 일산화탄소 탐지기가 있다.

**16** 다음 단자의 전류($I_1$, $I_2$, $I_3$) 및 전압(P, K구간)을 계산하시오.

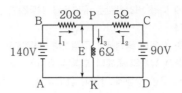

정답 ① $I_1 = 4A$, $I_2 = 6A$, $I_3 = 10A$

② $P, K = 60V$

참고

키르히호프의 법칙

① 키르히호프 제1법칙 전류의 법칙 $I_1 + I_2 = I_3$

② 키르히호프 제2법칙 전압의 법칙 $140 = 20I_1 + 6I_3 = 0$
$$90 = 5I_2 + 6I_3 = 0$$

③ 연립방정식으로 풀면 $140 = 20I_1 + 6(I_1 + I_2) = 0$
$$90 = 5I_2 + 6(I_1 + I_2) = 0$$
$$-----------------$$
$$140 = 26I_1 + 6I_2 = 0 -- ①$$
$$90 = 6I_1 + 11I_2 = 0 -- ②$$
$$----------------- (①에 \times 11, ②에 \times 6)$$
$$1540 = 286I_1 + 66I_2 = 0$$
$$540 = 36I_1 + 66I_2 = 0$$

④ 정리하면 $1000 = 250I_1$   $I_1 = \dfrac{1000}{250} = 4A$

⑤ 대입하면 $90 = 6I_1 + 11I_2$
$$----------- I_1 적용$$
$$90 = 6 \times 4 + 11 \times I_2 \quad I_2 = 6A$$

⑥ 키르히호프 제1법칙 전류의 법칙 $I_1 + I_2 = I_3$   $4 + 6 = I_3$   $I_3 = 10A$

⑦ K, P 구간 전압은 $V = I \times R$   $V = 10 \times 6$   $V = 60V$

01 다음 물음에 답하시오.

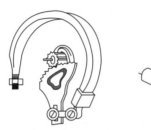 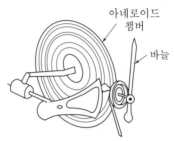

아네로이드
챔버

바늘

ㄱ. 측정 요소?

ㄴ. 유형 이름?

**정답** ㄱ. 압력(대기압) 측정

ㄴ. 부르동관, 아네로이드

**참고**

| 압력계기 구성 | |
|---|---|
| 아네로이드<br>(aneroid) | 내·외부가 완전히 밀폐되어 내부가 진공상태로 외부압력을 절대압력으로 측정하여 고도계에 사용한다. |
| 다이어프램<br>(diaphragm) | 아네로이드와 구조는 동일하고 내부로도 측정압력을 가해줌으로써 내·외부 압력의 차(차압)를 측정하여 속도계, 승강계에 사용한다. |
| 벨로우스<br>(bellows) | 압력에 따른 길이에 변화가 크지만, 확대부 크기를 작게 제작하고 두 압력 차를 측정하여 저압에 해당하는 계기에 사용한다.(연료 압력계) |
| 부르동관<br>(bourdon tube) | 외부 대기압을 기준으로 압력을 측정하게 되므로 게이지 압력을 측정하며, 압력 측정범위가 넓어 고압 측정용으로 가장 많이 사용한다.(윤활유 압력계, 작동유 압력계) |

**02** 브레이튼 사이클 과정에 대해 답하시오.

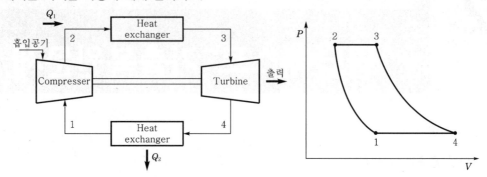

ㄱ. (1-2), ㄴ. (2-3), ㄷ. (3-4)

정답   ㄱ. (1-2) 단열압축
ㄴ. (2-3) 정압가열
ㄷ. (3-4) 단열팽창

참고

브레이튼 사이클(Brayton Cycle)은 2개의 정압과정과 2개의 단열과정으로 항공기용 가스터빈기관의 사이클이다.

① 1 → 2(단열압축과정) : 기관에 흡입된 저온, 저압의 공기를 압축시켜 압력을 상승시킨다.
② 2 → 3(정압가열과정) : 연소실에서 연료가 연소되어 열을 공급하며, 연소실 압력은 정압을 유지한다.
③ 3 → 4(단열팽창과정) : 고온, 고압의 공기를 터빈에서 팽창시켜 축 일을 얻는다.
④ 4 → 1(정압방열과정) : 압력이 일정한 상태에서 열을 방출한다.

**03** 항공기의 발전기에서 생성되는 교류 전류의 주파수[Hz]를 구하는 공식을 쓰시오. (단, 극수는 $P$이며, 분당 회전수는 $N$으로 한다.)

정답   $f = \dfrac{P}{2} \times \dfrac{N}{60}$ ($P$ : 극수, $N$ : 회전수(rpm))

참고

주파수(frequency) : 일정한 크기의 전류나 전압 또는 전계와 자계의 진동과 같은 주기적 현상이 단위 시간(1초)에 반복되는 횟수이다. 예를 들면 1초 동안 100회 반복되는 것을 의미한다. 항공기에 사용되는 대부분의 교류 전류의 주파수는 400Hz를 사용한다.

**04** 다음은 A, B, C, D Check에 대한 설명이다. 설명에 알맞은 점검을 적으시오.

[보기]

ㄱ. 기본 A 및 B Check의 점검사항을 포함하며 제한된 범위 내에서 구조 및 계통의 검사, 계통 및 구성품의 작동 점검, 계획된 보기 교환, Servicing 등을 행하여 감항성을 유지하는 점검 (   )

ㄴ. A Check의 점검사항을 포함하며 항공기 내외부의 육안검사, 특정 구성품의 상태 점검 또는 작동 점검, 액체 및 기체류의 보충을 행하는 점검 (   )

ㄷ. 운항에 직접 관련해서 빈도가 높은 정비단계로서 항공기 내외의 Walk-Around Inspection, 특별장비의 육안점검, 액체 및 기체류의 보충, 결함 교정, 기내청소, 외부세척 등을 행하는 점검 (   )

ㄹ. 인가된 점검 주기시간 한계 내에서 항공기 기체구조 점검을 주로 수행하며, 부분품의 기능 점검 및 계획된 부품의 교환, 잠재적 결함 교정과 Servicing 등을 행하여 감항성을 유지하는 기체 점검의 최고 단계 (   )

**정답**
ㄱ-C
ㄴ-B
ㄷ-A
ㄹ-D

**참고**

| 정비의 단계 | | |
|---|---|---|
| 운항정비 | | 항공기를 정비 대상으로 하는 정비로 비행 전 점검, 중간 점검, 비행 후 점검, 기체의 정시점검(A, B점검) 등이 있다. (A, B점검)은 운항 정비 쪽에 가깝고, (C, D점검)은 공장 정비 쪽에 가깝다. |
| 공장 정비 | 의미 | 항공기를 정비하는 데 많은 정비시설과 오랜 정비시간을 요구하며 항공기의 장비 및 부품을 장탈하여 공장에서 정비하는 것이다. |
| | 기체의 공장정비 | 운항정비에서 할 수 없는 항공기의 정시점검과 기체의 오버홀 |
| | 기관의 공장정비 | 항공기로부터 장탈한 기관의 검사, 기관 중정비, 기관의 상태정비, 기관의 오버홀 |
| | 장비의 공장정비 | 장비의 벤치체크, 장비의 수리 및 오버홀 ① 장비의 기능검사로서 장비를 시험벤치에 설치하여 적절히 작동하는가를 확인 ② 장비를 완전히 분해하여 상태를 검사하고, 손상된 부품을 교체하는 정비 절차(Zero Setting) |

**05** 잭 작업 시 주의사항 3가지를 쓰시오.

**정답** ① 단단하고 평편한 장소에서 수행한다.
② 바람의 영향이 없는 격납고에서 작업한다.(최대허용풍속 24km/h 이내)
③ 잭의 용량 및 안전성을 확인한다.

> **참고**
>
> Jack 작업 순서
> ① 각종 안전장치의 기능과 상태를 점검한다.
> ② 잭 작업 전에 항공기 내부에 사람이 있는지 확인한다.
> ③ 항공기에 따라 정해진 잭 위치에 잭 받침(Jack pad)을 부착하고 그곳에 잭을 설치한다.
> ④ 작업장 주변을 정리정돈한 후 각각의 잭에 동일한 부하가 걸리도록 수평을 유지하면서 서서히 항공기를 들어 올린다.
> ⑤ 각각의 잭에 장착된 램 고정 너트를 사용하여 갑작스러운 잭의 침하를 방지한다.

**06** 산소계통 작업 시 주의사항 3가지를 쓰시오.

**정답** ① 화재에 대비하여 소화기를 준비한다.
② 무선이나 전기 계통을 동시에 점검하지 않는다.
③ 환기가 잘 되는 곳에서 한다.

> **참고**
>
> 산소계통 작업 시 주의사항은 다음과 같다.
> ① 화재에 대비하여 소화기를 준비한다.
> ② 무선이나 전기계통을 동시에 점검하지 않는다.
> ③ 환기가 잘 되는 곳에서 한다.
> ④ 오일이나 그리스 접촉 금지, 아주 작은 인화물질이라도 절대 금지한다.
> ⑤ 유지물질을 멀리하고 손이나 공구에 묻은 오일이나 그리스를 제거한다.
> ⑥ shut off valve slow open
> ⑦ 산소계통 주위를 작업하기 전 shut off valve close
> ⑧ 불꽃, 고온 물질을 멀리하고, 모든 부품을 청결하게 한다.
> ⑨ 액체산소 취급 시 동상예방을 위해 보호구를 착용한다.

**07** 둥근머리 리벳 직경(4mm) 최소 연거리, 최소 열거리, 최소 리벳피치는?

**정답** ① 최소 연거리 : (연거리 2~4D) 2D=8mm
② 최소 리벳피치 : (리벳피치 3~12D) 3D=12mm
③ 최소 횡단피치 : (횡단피치 4.5~6D, 최소 2.5D) 2.5D=10mm

리벳작업에서 사용하는 용어의 기준은 다음과 같다.
① 리벳피치(rivet pitch) : 같은 열에 있는 리벳 중심 사이의 거리, 리벳지름의 3~12D, 일반적으로 6~8D
② 끝거리(edge distance) : 판재의 끝에서 인접한 리벳중심 간의 거리, 최소 연거리는 유니버설 리벳 2~4D 이며, 접시머리리벳은 2.5~4D이다.
③ 횡단피치(transverse pitch) : 리벳의 열과 열 사이의 거리이며 리벳피치의 75% 정도로, 리벳지름의 4.5~6D이고, 최소 횡단피치는 2.5D이다.

**08** 다음의 전체 저항을 구하시오.($R_1$=3KΩ, $R_2$=5KΩ, $R_3$=10KΩ이다.)

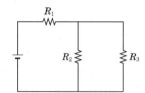

정답 6.33KΩ

참고

$$R_t = R_1 + \cfrac{1}{\cfrac{1}{R_2} + \cfrac{1}{R_3}} = 3 + \cfrac{1}{\cfrac{1}{5} + \cfrac{1}{10}} = 6.33 K\Omega$$

**09** 2017의 알파벳 기호, 보관 방법, 이유에 대해 쓰시오.

정답 ① 알파벳 기호 : D
② 보관방법 : 아이스박스 보관
③ 이유 : 시효경화를 지연시키기 위해

참고

| 종류 | 보관 이유 |
|---|---|
| 2017-T [D] 2024-T [DD] △ ⬭ | 이 리벳은 상온에서는 너무 강해 그대로는 리벳팅을 할 수 없으며, 열처리 후 사용 가능. 연화(annealing) 후 상온에서 그냥 두면 리벳이 경화되기 때문에 냉장고에 보관할 때 연화상태를 오래 지속시킬 수 있다. 냉장고로부터 상온에 노출하면 리벳은 경화되기 시작하며, 2017(D)는 약 1시간쯤 경과하면 리벳경도의 50%, 4일쯤 지나면 완전 경화하게 되므로 이 리벳은 냉장고에서 꺼낸 후 1시간 이내에 사용해야 한다. (2024는 10~15분 이내) |

**10** 아래 해당하는 리브의 역할을 쓰시오.

ㄱ. Former Rib

ㄴ. Compression Rib

ㄷ. Nose Rib

**정답** ① 날개가 동체에 부착되는 부분의 내측 끝단에 위치하여 보통 강한 응력을 담당한다.
② 날개보와 함께 압축하중을 담당한다.
③ 날개의 앞전 모양을 갖추게 하고 강도를 보강한다.

> **참고**
>
> 리브의 종류에는 플레인 리브(plain rib)와 메인 리브(main rib), 노즈 리브(nose rib)와 버트 리브(butt rib)가 있고, 또한 금속제 리브에는 스탬프 리브(stamp rib), 트러스 리브(truss rib) 및 솔리드 리브(solid rib)가 있다.
> 리브는 특정한 위치 또는 특정 기능을 하는 리브의 특성을 나타내도록 명칭이 다음과 같이 부여된다. 날개 앞전의 모양을 갖추게 하고 강도를 보강하기 위해 전방 날개보의 양쪽 방향에 위치되어 있는 리브는 전방 리브 또는 보조 리브라고 부르고, 보조 리브는 날개의 앞전에서 뒷전까지 거리인 날개시위 전체를 걸치지는 않은 리브이고, 날개의 버트리브(butt rib)는 보통 강하게 응력을 받는 리브 구역에서 날개가 동체에 부착되는 부분의 내측 끝단에 위치한다. 만일 버트리브가 날개보와 함께 압축하중을 받을 수 있게 설계되었다면, 그의 위치와 부착 방법에 따라 벌크헤드 리브 또는 압축 리브라고도 한다.

**11** 다음 [보기] 설명에서 해당하는 압축기 실속 방지법을 쓰시오.

─ **[보기]** ─

축류식 압축기에서 1단당 압축비를 제한하여 실속을 방지하는 방법

**정답** 다축식 구조

> **참고**
>
> | 압축기 실속방지 방법 | |
> |---|---|
> | 다축식 구조 | 압축기를 2부분으로 나누어 저압 압축기는 저압 터빈으로, 고압 압축기는 고압 터빈으로 구동하여 실속을 방지한다. |
> | 가변 고정자 깃 | 압축기 고정 깃의 붙임각을 변경할 수 있도록 하여 회전자 깃의 받음각이 일정하게 함으로써 실속을 방지한다. |
> | 블리드 밸브 | 압축기 뒤쪽에 설치하여 기관을 저속으로 회전시킬 때 자동적으로 밸브가 열려 누적된 공기를 배출함으로써 실속을 방지한다. |
> | 가변 안내 베인 | 붙임각을 변경시킬 수 있도록 하여 공기의 흐름 방향과 속도를 변화시킴으로써 회전 속도가 변함에 따라 회전자 깃의 받음각을 일정하게 하여 실속을 방지한다. |
> | 가변 바이패스 밸브 | 기관 속도 규정보다 높아지면 자동적으로 닫힌다. |

**12** 피스톤 헤드의 모양 3가지를 쓰시오.

**정답** 평면형, 오목형, 컵형

> **참고**
>
> 피스톤 헤드
> 피스톤 헤드 안쪽에 냉각핀을 설치하여 냉각기능과 강도를 증가시키며, 종류에는 평면형, 오목형, 컵형, 돔형, 반원뿔형 등이 있는데, 그 중 평면형이 가장 많이 사용된다.
>
>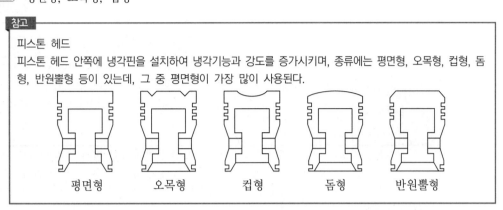
>
> 평면형      오목형      컵형      돔형      반원뿔형

**13** 고도계의 기압보정 방법 3가지를 쓰시오.

**정답** ① QNH 보정  ② QNE 보정  ③ QFE 보정

> **참고**
>
> 고도계 기압보정 방식
> 해면기압이 29.92inHg인 표준대기와 실제대기의 기압이 다른 경우 지시치가 다름으로 수정한다.
> ① QNE 보정 : 표준 대기압인 29.92inHg를 맞추어 표준 기압 면으로부터의 고도를 지시하게 하는 방법이다. 해상 비행이나 14,000ft 이상의 높은 고도로 비행할 경우 사용한다.
> ② QNH 보정 : 일반적인 고도계의 보정방법으로 창구의 눈금을 그 당시의 해면 기압에 맞추는 방법이다. 진고도를 지시하며 14,000ft 미만의 고도에서 장거리 비행 시 사용한다.
> ③ QFE 보정 : 기압 창구의 눈금을 그 당시 활주로 상의 기압에 맞추는 방법이다. 활주로 상에 있을 때 고도계는 0ft를 지시한다. 절대고도를 지시하며 단거리 비행 시 사용한다.

**14** 왕복기관 냉각방법 3가지를 쓰시오.

**정답** 냉각 핀, 배플, 카울 플랩

> **참고**
>
> 왕복엔진의 분류는 냉각 방법에 따라 액냉식과 공랭식으로 분류되며, 공랭식은 냉각핀, 배플, 카울플랩으로 분류된다. 또한 추력을 증가시키는 방법(실린더 수를 증가, 실린더 체적을 증가)과 실린더 배열에 따라 대향형, 성형, V형, 열형, X형으로 분류된다.

**15** 비파괴 검사 종류 3가지를 쓰시오.

**정답** ① 침투탐상검사  ② 자분탐상검사  ③ 와전류검사

**참고**

| 비파괴 검사 | |
|---|---|
| 육안검사<br>(VT) | 육안검사는 주로 표면의 흠을 찾아내는 데 이용하며 직접육안검사(확대경, 손전등, 거울) 등의 보조장비를 이용할 수도 있고, 간접육안검사(보어스코프(bore scope)는 직접 눈으로 확인할 수 없는 기체의 구조나 엔진의 내부 등을 검사하는 데 효과적이다.<br>[빠르고 경제적으로 탐지] |
| 침투탐상검사<br>(PT) | 낮은 표면장력과 모세관현상의 특성이 있는 형광/염색 침투제를 검사물에 적용하면 표면의 불연속성, 즉 균열 등에 쉽게 침투되어 결함의 위치 및 크기를 알 수 있는 비파괴 검사의 종류로서 금속 및 비금속의 표면 검사에 적용하며, 비용이 적게 들고 고도의 숙련이 요구되지 않으며, 검사물의 크기 형상 등에 크게 구애를 받지 않으며, 미세한 균열의 탐상도 가능하고 판독이 비교적 쉽다는 장점이 있지만, 거친 다공성 표면의 검사에는 적합하지 못하고, 온도에 특히 민감하다는 제약과 표면검사만 가능하다는 단점이 있다.<br>[금속, 비금속의 표면결함 검사] |
| 자분탐상검사<br>(MT) | 자성체로 된 재료의 표면(스테인리스, 크롬-니켈강, 망간합금강은 비자성체라 불가능함) 및 바로 밑의 결함을 검사하는 방법으로 자화 후 손상된 곳에 자분을 뿌리면 자속이 손상된 부위를 피해가려 넓은 모양으로 흐르게 된다. 비자성체에는 적용할 수 없다. 자성체의 표면 결함 및 바로 밑의 결함을 발견하는 데 효과적이며 검사비용이 비교적 싸고 높은 숙련도를 지니지 않아도 된다.<br>[자성을 띤 금속에만 적용] |
| 와전류검사<br>(ET) | 코일을 이용하여 도체에 시간적으로 변화하는 자계(교류)를 걸면 도체에 발생하는 와전류가 결함 등에 의해 변화하는 것을 이용하여 결함을 검출하는 방법으로 제트엔진의 터빈 축, 베인, 날개 외피, 점화플러그 구멍 등의 균열에 효과적이다. 직접 전기 출력으로 검사결과가 얻어지므로 자동화검사가 가능하며 검사 속도가 빠르고 검사비용이 저렴하다.<br>[철 및 비철금속 등의 구멍 내부의 균열 검사 등에 적용] |
| 초음파검사<br>(UT) | 초음파를 이용하여 물체 내부의 불연속으로부터 반사된 초음파를 측정하여 검사하는 방법으로 물체 내부 검사 시 사용한다. 검사비가 싸고, 균열과 같은 평면적인 결함 검사에 적합하며, 감사 대상물의 한쪽 면만 노출되면 검사가 가능하고 판독이 객관적이라는 장점이 있다.<br>[검출판의 불연속, 흠집, 튀어나온 상태 등을 검사, 내부검사 가능] |
| 방사선검사<br>(RT) | 방사선을 이용하여 검사하고자 하는 물체를 검사하며 방사선을 이용하기 때문에 인체에 유해할 수 있으므로 검사 시 접근을 금지하고 주로 물체의 내부를 검사(불연속 구조물)하는 데 사용한다. 자성체와 비자성체에 사용하고 내부 균열 검사에 사용하며 모든 구조물 검사에 적합하지만, 판독시간이 많이 소요되고 가격이 비싸며 고도의 숙련이 요구된다.<br>[표면 및 내부의 결함, 쉽게 접근 할 수 없는 곳 적용] |

**16** 다음 보기를 보고 (    ) 안에 알맞은 내용을 쓰시오.

┌─────────────────────── [보기] ───────────────────────┐
ㄱ. Normal Skid control
ㄴ. Locked Wheel protection
ㄷ. Touch down Protection
ㄹ. Fail-safe Protection
└──────────────────────────────────────────────────────┘

① 휠의 회전이 줄어들 때 작동하게 되며 정지할 때까지는 작동하지 않는다. (    )
② 시스템이 고장일 때 자동적으로 브레이크 시스템이 완전 수동으로 작동하게 되고 경고등이 켜지게 된다. (    )
③ 한쪽 휠이 잠겼을 경우 브레이크가 완전히 릴리스 되게 해준다. (    )

**정답**  ① ㄱ
       ② ㄹ
       ③ ㄴ

**참고**

┌──────────────────────────────────────────────────────────────────────────┐
Anti Skid System은 착륙 후 브레이크를 밟았을 때 타이어가 지면으로부터 미끄러져 기체가 한쪽 방향으로
미끄러짐을 방지하고, 타이어 손상 및 제동효과를 극대화 시키는 장치이다.
① Normal Skid Control : 정상 상태에서 Skid가 생기지 않도록 제동효율을 극대화하는 시스템으로 항공기
   가 랜딩 후 바퀴가 미끄러지지 않도록 하기 위해 빠른 속도로 브레이크를 잡고, 놓고를 반복하여 제동효
   율을 극대화한다.
② Locked Wheel Protection : Wheel이 Locking 후 앞, 뒤 바퀴의 회전속도가 30% 이상 차이가 나면 브
   레이크를 Release시켜 회전수를 동일하게 맞춘다.
③ Touch Down Protection : 랜딩기어가 지면에 닿을 때, 조종사가 실수로 Brake를 밟아도 착륙접근 동안
   Brake가 작동하지 않게 하고, 착륙 후 브레이크가 잡힐 수 있도록 한다.
④ Fail-safe Protection : Anti-Skid System 고장 시 자동으로 수동 변환될 수 있도록 하고, 경고등이 켜
   지게 하는 기능이다.
└──────────────────────────────────────────────────────────────────────────┘

01 다음의 내용에 알맞은 스크루는?

─────────── [보기] ───────────
ㄱ. 구조부의 일시적 결합용이나 비구조부의 영구 결합용으로 사용하는 스크루
ㄴ. 같은 크기의 볼트와 같은 전단 강도를 가지고 명확한 그립을 갖고 있는 스크루
ㄷ. 스크루 중 가장 많이 사용되고 둥근머리, 납작머리, 필리스터 스크루가 있다.

**정답** ㄱ : 자동태핑 스크루
ㄴ : 구조용 스크루
ㄷ : 기계용 스크루

**참고**

스크루의 종류

| 명칭 | 형태 | 특징 |
|------|------|------|
| 구조용 스크루<br>(NAS 220~227) | | 같은 크기의 볼트와 같은 전단 강도를 가지고 명확한 그립을 갖고 있다. |
| 구조용 스크루<br>(100° 접시머리)<br>(AN 509) | | |
| 구조용 스크루<br>(필리스터 머리)<br>(AN 502~503) | | |
| 기계용 스크루<br>(AN 526) | | 스크루 중 가장 많이 사용되며, 종류로는 둥근머리, 납작머리, 필리스터 스크루가 있다. |
| 기계용 스크루<br>(100° 접시머리)<br>(NAS 200) | | |
| 자동 태핑 스크루<br>(NAS 528) | | 태핑 날에 의해 암나사를 만들면서 고정되는 부품으로 구조부의 일시적 결합용이나 비구조부의 영구 결합용으로 사용된다. |

**02** 다음 그림에서 ( ) 안에 들어갈 명칭과 역할을 답하시오.

ㄱ. 연소실의 종류는?

ㄴ. (          )의 명칭은?

ㄷ. 역할은?

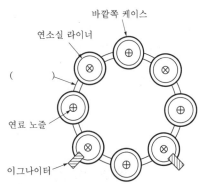

정답 ㄱ. 캔-애뉼러형 연소실

ㄴ. 연결관(화염전파관)

ㄷ. 화염을 위, 아래로 전파시킨다.

참고

연소실 단면도

1. 캔형 연소실

2. 애뉼러형 연소실의 구조

3. 캔-애뉼러형 연소실의 구조

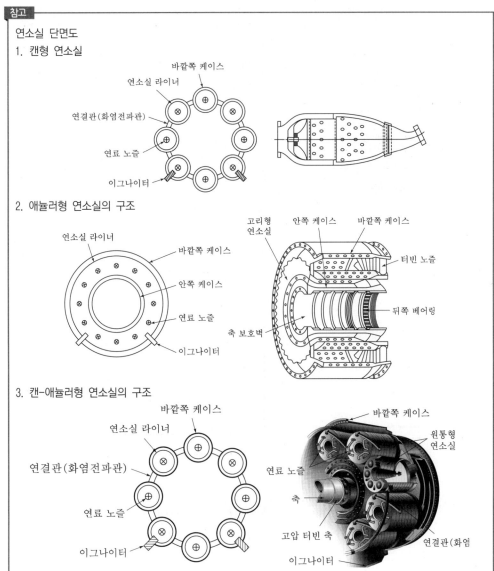

**03** 항공기 기체수리 시 반드시 지켜야할 기본 원칙 3가지를 쓰시오.

**정답** 원래의 강도 유지, 원래의 윤곽 유지, 최소 무게 유지

**참고**

| 구조 수리의 기본 원칙 | |
| --- | --- |
| 원래의 강도 유지 | ① 판재 두께는 한 치수 큰 것을 사용해야 한다.<br>② 원재료보다 강도가 약한 것을 사용 시에는 강도를 환산하여 두꺼운 재료를 사용해야 한다.<br>③ 형재에 있어 덧붙임판의 실제 단면적은 원래 형재 단면적보다 큰 재료를 사용해야 한다.<br>④ 수리 부재는 손상 부분 2배 이상, 덧붙임판은 긴 변의 2배 이상의 재료를 사용해야 한다. |
| 원래의 윤곽 유지 | ① 수리 이후 표면은 매끄럽게 유지해야 한다.<br>② 고속 항공기에 있어 플러시 패치를 선택하고, 상황에 따라 오버패치를 해야 할 경우 양끝 모서리를 최소 0.02in만큼 다듬어 준다. |
| 최소 무게 유지 | 구조 부재 개조 및 수리할 경우 무게가 증가하거나 균형이 맞지 않게 된다. 따라서 무게 증가를 최소로 하기 위해 패치 치수를 가능한 작게 하고, 리벳 수를 산출하여 불필요한 리벳팅을 하지 않게 한다. |
| 부식에 대한 보호 | 금속과 금속이 접촉되는 부분은 부식이 발생하기에 정해진 절차에 따라 방식 처리를 해야 한다. |

**04** 다음과 같은 두께의 철판을 굽히려 한다. 세트백 값은?

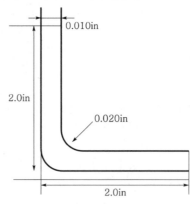

0.010in

2.0in

0.020in

2.0in

**정답**
$$SB = K(R+T) = \tan\frac{90}{2}(0.020 + 0.010) = 0.030\,in$$

| 굽힘 여유<br>(BA, bend allowance) | 평판을 구부려 부품을 만들 때 완전히 직각으로 구부릴 수 없으므로 굽히는 데 소요되는 여유 길이이다.<br>$BA = \dfrac{\theta}{360} \times 2\pi \times \left( R + \dfrac{1}{2}T \right)$ |
|---|---|
| 세트 백<br>(SB, set back) | 굴곡된 판의 바깥면 연장선의 교차점과 굽힘 접선과의 거리이다. 외부 표면의 연장선이 만나는 점을 굽힘 점(mold point)이라 하고, 굽힘의 시작점과 끝점에서의 선을 굽힘 접선(bend tangent line)이라 한다.<br>$SB = K(R + T)$ |

**05** 다음 괄호 안에 들어갈 알맞은 단어를 기술하시오.

─────── [보기] ───────

배기가스의 배출 효과를 높이고 유입혼합기의 양을 많게 하기 위해 배기행정 ( ① )에서 흡입 밸브가 열리고, 흡기행정 ( ② )에서 배기 밸브가 닫힌다. 이때 흡·배기 밸브가 동시에 열려 있는 기간을 밸브 오버랩이라 한다.

**정답** ① 전 ② 후

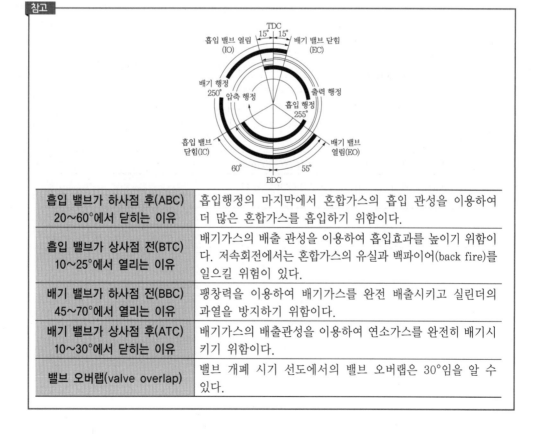

| 흡입 밸브가 하사점 후(ABC)<br>20~60°에서 닫히는 이유 | 흡입행정의 마지막에서 혼합가스의 흡입 관성을 이용하여 더 많은 혼합가스를 흡입하기 위함이다. |
|---|---|
| 흡입 밸브가 상사점 전(BTC)<br>10~25°에서 열리는 이유 | 배기가스의 배출 관성을 이용하여 흡입효과를 높이기 위함이다. 저속회전에서는 혼합가스의 유실과 백파이어(back fire)를 일으킬 위험이 있다. |
| 배기 밸브가 하사점 전(BBC)<br>45~70°에서 열리는 이유 | 팽창력을 이용하여 배기가스를 완전 배출시키고 실린더의 과열을 방지하기 위함이다. |
| 배기 밸브가 상사점 후(ATC)<br>10~30°에서 닫히는 이유 | 배기가스의 배출관성을 이용하여 연소가스를 완전히 배기시키기 위함이다. |
| 밸브 오버랩(valve overlap) | 밸브 개폐 시기 선도에서의 밸브 오버랩은 30°임을 알 수 있다. |

**06** 과급기의 역할은?

정답 ① 이륙 시 기관 출력을 높여준다.
② 고고도에서 기관 최대 출력을 낸다.

참고

과급기(super charger) : 압축기로 혼합가스 또는 공기를 압축시켜 실린더로 보내 고출력을 만드는 장치이다. 과급기의 사용 목적은 이륙 시 고출력을 내거나, 높은 고도에서 최대출력을 내기 위해 사용하며, 종류로는 원심식, 루츠식, 베인식이 있다.

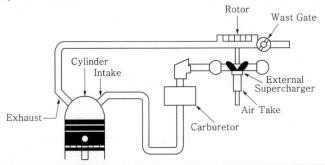

| 원심식 과급기<br>(centrifugal type<br>supercharger) | 내부식 과급기(기계식 과급기) |
|---|---|
| | 크랭크축에서 회전력을 전달받아 작동되며, 크랭크축 회전속도의 5~10배로 회전하고, 동력을 크랭크축에서 전달 받으므로 동력이 손실되나 높은 고도에서 비행하거나 마력이 큰 기관에서는 오히려 성능 증가가 크므로 과급기를 사용한다. |
| | 외부식 과급기(배기 터빈식 과급기) |
| | 배기가스의 배출력을 이용하여 터빈을 회전시켜 회전력을 전달받아 작동되며, 배기가스의 흐름 저항이 발생되어 배기가 원활히 수행되지 않는다. 또한 배기가스를 바이패스 시켜 과급기의 회전속도를 조절할 수 있다. |
| 루츠식 과급기(roots type supercharger) | |
| 베인식 과급기(vane type supercharger) | |

**07** 다음과 같은 부품 명칭을 보기에서 선택하고, 명칭에 해당하는 부품과 같이 사용하는 밸브의 종류를 쓰시오.

─────────── [보기] ───────────
① 유량제어 밸브    ② 압력조절 밸브    ③ 흐름방향제어 밸브

정답

| 그림 | 밸브 명칭 | 사용하는 밸브 종류 |
|---|---|---|
| 바이패스 밸브 볼<br>귀환관<br>스프링<br>피스톤<br>펌프로부터 → 계통 쪽으로 | 압력조절<br>밸브 | 바이패스 밸브<br>릴리프 밸브<br>체크 밸브 |
| 니들 밸브<br>오리피스 | 유량제어<br>밸브 | 흐름 조절기<br>유압퓨즈<br>오리피스<br>유압관 분리 밸브 |
| 펌프 쪽 | 흐름방향제어<br>밸브 | 선택 밸브<br>체크 밸브<br>시퀀스 밸브<br>바이패스 밸브<br>셔틀 밸브 |

| | |
|---|---|
| 계통 릴리프 밸브 | 압력 조절기 및 계통의 고장 등으로 계통 내의 압력이 규정 값 이상으로 되는 것을 방지하는 밸브 |
| 온도 릴리프 밸브 | 온도 증가에 따른 유압 계통의 압력 증가를 막아주는 역할을 한다. |
| 감압 밸브 | 계통의 압력보다 낮은 압력이 필요할 때 사용하는데, 일부 계통의 압력을 요구 수준까지 낮추어 주고 계통 내에 갇힌 작동유의 열팽창에 의한 압력 증가를 막아준다. |
| 퍼지 밸브 | 온도 상승으로 인하여 공기가 섞여 거품이 생긴 작동유를 출구 쪽으로 빠지게 하여 공기를 제어하는 밸브 |
| 디부스터 밸브 | 피스톤형 밸브로 브레이크의 작동을 신속하게 하기 위한 것으로 브레이크를 작동할 때 일시적으로 작동유의 공급량을 증가시켜 신속히 제동되도록 도와준다. |
| 우선 밸브 | 펌프의 고장으로 인해 작동유의 압력이 부족할 때 다른 계통에는 압력이 공급되지 않도록 차단하고 우선 필요한 계통에 유압이 공급되도록 하는 밸브 |
| 오리피스 | 흐름률을 제한하여 흐름 제한기라고도 한다. 종류에는 고정식, 가변식이 있는데 가변식은 니들밸브를 조절하여 유로의 크기를 조절하는 특징이 있다. |
| 체크 밸브 | 체크 밸브는 한쪽 방향으로만 작동유의 흐름을 허용하고, 반대 방향의 흐름은 제한하는 밸브이다. |
| 오리피스 체크 밸브 | 오리피스와 체크 밸브의 기능을 합친 것으로 작동유를 한 방향으로 정상적으로 흐르게 하고 다른 방향으로는 흐름이 제한되도록 한 밸브이다. |
| 미터링 체크밸브 | 오리피스 체크 밸브와의 기능은 같고, 유량을 조절할 수 있다. |
| 수동 체크 밸브 | 정상 시에는 체크 밸브의 역할을 하지만 필요할 때에는 수동으로 핸들을 조작하여 양쪽 방향으로 흐를 수 있게 한다. |
| 시퀀스 밸브 | 착륙장치, 도어 등과 같이 2개 이상의 작동기를 정해진 순서에 따라 작동되도록 유압을 공급하기 위한 밸브로 타이밍 밸브라고도 한다. 한 작동기의 작동을 마친 다음에 다른 작동기가 작동되도록 한다. |
| 셔틀밸브 | 정상 유압계통에 고장이 생겼을 때 비상계통을 사용할 수 있도록 하는 밸브이다. |
| 흐름 평형기 | 선택 밸브로부터 공급된 작동유가 2개 이상의 작동기를 같은 속도로 움직이게 하기 위하여 각 작동기에 공급되거나 작동기로부터 귀환되는 작동유의 유량을 같게 해주는 장치이다. |
| 흐름 조절기 | 흐름 제어 밸브라고도 하는 이 밸브는 계통의 압력 변화에 관계없이 작동유의 흐름을 일정하게 유지시켜 주는 장치이다. |
| 유압퓨즈 | 유압계통의 파이프나 호스가 파손되거나 기기의 시일에 손상이 생겼을 때 작동유가 누설되는 것을 방지하는 장치로 선택 밸브 뒤에 설치한다. |
| 유압관 분리 밸브 | 유압펌프가 브레이크와 같은 유압기기를 장탈할 때 작동유가 외부로 유출되는 것을 방지하는 장치이다. |

**08** 다음 그림에서 ( ) 안의 명칭과 그림별 날개의 형식을 쓰시오.

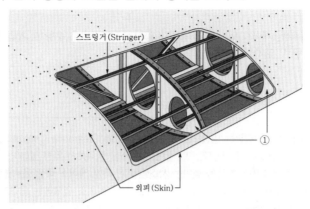

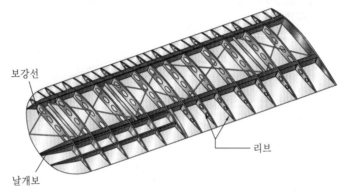

정답  ① 리브

② 세미모노코크, 트러스

참고

날개 구조의 형식과 구조 부재

① 트러스형 날개 : 소형 항공기에 사용되는 트러스 구조는 날개보, 리브, 강선, 외피로 구성되었으며, 외피는 얇은 금속 및 합판, 우포를 사용하여 항공 역학적 형태를 유지한다.

② 세미모노코크형 날개 : 중·대형 항공기에 사용되는 세미모노코크 구조는 날개보, 리브, 외피, 스트링어로 구성되어 있다.

③ 날개의 구조 부재

| 날개보<br>(spar) | 날개에 작용하는 하중 대부분을 담당하며, 굽힘 하중과 비틀림 하중을 주로 담당하는 날개의 주 구조 부재이다. |
|---|---|
| 리브<br>(rib) | 공기 역학적인 날개골을 유지하도록 날개 모양을 만들어주며 외피에 작용하는 하중을 날개보에 전달한다. |
| 스트링거<br>(stringer) | 날개의 굽힘 강도를 크게 하고, 날개의 비틀림에 의한 좌굴을 방지한다. |
| 외피<br>(skin) | 전방 및 후방 날개보 사이에 외피는 날개 구조상 큰 응력을 받아 응력 외피라 부르며 높은 강도가 요구된다. |

**09** 다음 괄호 안에 알맞은 단어를 기술하시오.

━━━━━━━━━━━━━━━━━ [보기] ━━━━━━━━━━━━━━━━━
가스터빈기관의 터빈 케이스 냉각 시 사용하는 공기는 ( ① )이며, 순항 시 저압 밸브의 위치는 ( ② )상태이고, 고압터빈 밸브 위치는 ( ③ )상태이다.

**정답** ① Bleed air ② 닫힘 ③ 열림

> **참고**
>
> 쉬라우드의 간격을 조절하는 방법으론 ACCS(Active tip Clearance Control System) 또는 TCCS(Turbine Case Cooling System)라 하는데, 이는 터빈 케이스를 냉각해서 터빈 블레이드와 터빈 케이스 사이의 간격을 최소로 만들어서 엔진 효율을 높이는 시스템이다. 터빈 케이스 바깥에는 쿨링 매니폴드가 달려 있어 냉각 공기(Ram Air)가 터빈 케이스를 수축시키고, 터빈 케이스 안쪽에는 급격한 냉각공기가 유입되면 터빈 블레이드가 손상될 수 있기 때문에 적당한 온도의 냉각공기(Bleed Air)를 사용하여 실과 깃 끝 사이의 간격을 적절하게 유지한다.
>
>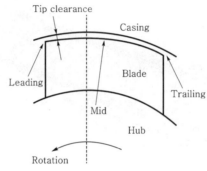

**10** 가스터빈기관의 방빙·제빙 계통에 사용되는 가열된 공기의 공급원 3가지를 쓰시오.

**정답** ① 터빈 압축기 블리드(Bleed)된 고온공기
② 기관 배기 열교환기(EEHE; Engine Exhaust Heat Exchange)에서의 고온공기
③ 연소가열기에 의한 가열공기

> **참고**
>
> | 방빙<br>계통 | 공기식 방빙 | 날개의 앞전, 기관 나셀과 같이 방빙지역이 광범위한 곳 |
> |---|---|---|
> | | 전기식 방빙 | 피토관, 전 공기 온도 감지기, 받음각 감지기, 기관 압력 감지기, 기관 온도 감지기, 얼음 감지기, 조종실 윈도우, 물 공급 라인, 오물 배출구 |
> | 제빙<br>계통 | 공기식 제빙 | 제빙부츠 장치를 사용하여 얼음을 제거하는 방법이다. 현대 항공기에는 제빙장치를 장착하지 않고, 소형 항공기에만 날개 앞전에 부츠를 장착하여 얼음을 제거한다. |
> | | 화학식 제빙 | 기체 표면에 알콜(alcohol)을 분출하여 빙점을 낮춰 결빙을 막는 방법이다. |

**11** 쌍발터보팬엔진을 장착한 사업용 제트기가 정지해 있다가 이륙준비를 하고 있다. 이륙 시 각 엔진의 공기중량유량은 60lb/sec, 배기속도는 1,300ft/sec이다. 각 엔진에 의해 발생되는 총 추력은 얼마인가?

 **정답**

$$F_g = \frac{W_a(V_j - V_a)}{g} = \frac{60(1300 - 0)}{32.2} = 2,422.4 \, lb$$

여기서, $m_s = 60 lb/\sec$, $V_2 = 1300 ft/\sec$, $V_1 = 0 ft/\sec$, $g = 32.2 ft/\sec^2$ 이다.

> **참고**
>
> 총 추력($F_g$, gross thrust)은 항공기가 정지해 있을 때 계산한다. 엔진의 가속은 들어가는 1단위 공기와 나오는 1단위 공기 속도 차이다. 엔진을 통과하는 1초당 공기유량의 중량을 $m_s$라 하면 식은 다음과 같다.
>
> $$F_g = \frac{W_a(V_j - V_a)}{g}$$
>
> $F_g$ : 총추력($lb$)
> $W_a$ : 공기유량의 중량($lb/\sec$)
> $V_j$ : 공기의 배기속도($ft/\sec$)
> $V_a$ : 들어가는 1단위 공기속도, 항공기 속도($ft/\sec$)
> $g$ : 중력가속도($32.2 ft/\sec^2$)
> ◆ 터보제트기관의 총추력
>
> 총 추력($F_g$)=질량유량($m_a$)×배기속도($V_j$)= $\frac{W_a}{9.8} \times V_j$
>
> 질량유량은 중량유량(Wa)에 중력가속도(g)를 나누어 계산한다.

**12** 다음의 나셀(nacelle)을 설명하시오.

ㄱ. 역할?

ㄴ. 외형적 특성?

**정답**  ㄱ. 역할 : 기체에 장착된 엔진 및 엔진에 관련된 각종 장치를 수용하기 위한 공간
　　　　ㄴ. 외형적 특성 : 항력을 줄이기 위해 유선형으로 만들었으며, 엔진의 냉각과 연소에 필요한 공기를 유입하는 흡입구와 배기구가 마련되어 있다.

> **참고**
>
> 나셀(Nacelle)이란?
> ① 나셀은 외피, 카울링, 구조 부재, 방화벽, 엔진 마운트로 구성된다.
> ② 착륙거리를 단축하기 위하여 나셀에 장착된 역추진 장치를 사용한다.
> ③ 나셀의 구조는 세미모노코크 구조 형식으로 세로 부재와 수직 부재로 구성되어 있다.
> ④ 나셀은 안으로 통과하여 나가는 공기의 양을 조절하여 엔진의 냉각을 조절한다.

**13** 다음은 항공기 지상유도 신호이다. 각각의 의미를 쓰시오.

① ② ③

**정답** ① 유도자 표시
② 감속(회전익 하강)
③ 촉 장착

**참고**
지상유도(marshalling)는 착륙한 항공기가 ramp로 안전하게 이동할 수 있도록 유도하는 작업으로 주간에는 맨손으로, 야간에는 2개의 수신호 등을 사용하여 신호를 한다. 처음 공항에 도착한 항공기를 안내하기 위해 지상 인도차량(follow-me car)으로 유도하기도 한다.

**14** 축전지의 충전방법 2가지와 2가지의 차이점을 쓰시오.

**정답** ① 정전압 충전법, 정전류 충전법
②

| | |
|---|---|
| 정전압 충전법 | 전압을 일정하게 유지하면서 충전하는 방법으로 짧은 시간에 충전이 가능하다. |
| 정전류 충전법 | 전류를 일정하게 유지하면서 충전하는 방법으로 충전 완료시간을 예측할 수 있다. |

**참고**

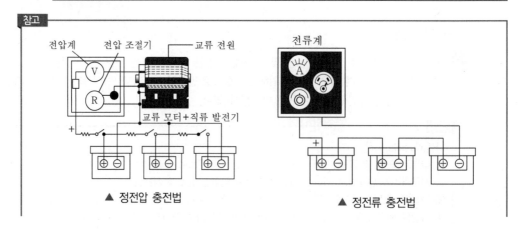

▲ 정전압 충전법                    ▲ 정전류 충전법

| 정전압 충전법 | ① 비행 중 항공용 축전지에 충전할 때 사용하는 방법이다.<br>② 전압을 일정하게 유지하면서 충전하는 방법이다.<br>③ 짧은 시간에 충전이 가능하나 충전 완료시기를 예측할 수 없기 때문에 일정 시간 간격으로 과충전되지 않도록 주의해야 한다. |
|---|---|
| 정전류 충전법 | ① 전류를 일정하게 유지하면서 충전하는 방법이다.<br>② 충전 완료시간을 예측할 수 있고, 축전지를 용량별로 직렬 연결하여 충전한다. |

**15** 다음 국외 기구 3곳을 쓰시오.

정답 FAA(미국연방항공청), EASA(유럽), ICAO(국제민간항공기구)

참고

국제항공기구에는 정부 간 항공기구, 비정부 간 항공기구가 있고, 그 외 기구는 다음과 같으며, 다음의 주된 내용은 주요 국가 항공 조직이다.

| 국제민간항공기구 | ICAO, International Civil Aviation Organization |
|---|---|
| 국제항공운송협회 | IATA, International Air Transport Association |
| 통합유럽항공당국 | EASA, European Aviation Safety Agency |
| 미국 교통부 | DOT, The Department of Transportation |
| 미국연방항공청 | FAA, Federal Aviation Administration |
| 중국 민용항공총국 | CAAC, Civil Aviation Authority of China |
| 일본 국토교통성 | MLIT, Ministry of Land, Infrastructure and Transport |
| 영국 민간항공국 | CAA, Civil Aviation Authority |
| 호주 민간항공안전국 | CASA, Civil Aviation Safety Authority |
| 프랑스 민간항공국 | DGAC, Direction generale de l'Aviation Civile |

**16** 다음 그림의 작업에 쓰이는 공구의 명칭과 역할을 쓰시오.

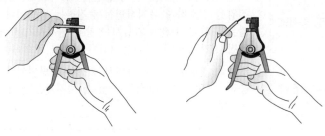

정답  ① 명칭 : 와이어 스트리퍼(wire striper)
② 역할 : 전선 피복을 벗길 때 주로 사용

참고

와이어 스트리퍼 사용 시 주의사항
① 피복을 잘라내는 데 필요 이상의 압력을 가하지 않도록 주의해야 한다. 너무 큰 힘을 가하면 칼날이 전선을 절단하거나 손상시킬 수도 있다.
② 피복 사이즈를 맞춰야 한다. 그렇지 않으면 전선이 끊어지거나 헐렁하게 스트리핑 되지 않는다.

# 필답테스트 기출복원문제

**01** 다음은 항공기 지상 유도신호이다. 각각의 의미를 쓰시오.

① 

② 

③ 

**정답**  ① 정지
② 고임목 삽입
③ 서행

**참고**

지상 유도(marshalling)는 착륙한 항공기가 ramp로 안전하게 이동할 수 있도록 유도하는 작업으로 주간에는 맨손으로, 야간에는 2개의 수신호 등을 사용하여 신호한다. 처음 공항에 도착한 항공기를 안내하기 위해 지상 인도차량(follow-me car)으로 유도하기도 한다.

| 수신호 | 내용 |
|---|---|
| 정지 | 막대를 쥔 양쪽 팔을 몸쪽 측면에서 직각으로 뻗은 뒤 천천히 두 막대가 교차할 때까지 머리 위로 움직임으로 정상적으로 stand에 진입한 후 정지하라는 신호이다. |
| 고임목 삽입 | 팔과 막대를 머리 위로 쭉 뻗는다. 막대가 서로 닿을 때까지 안쪽으로 막대를 움직인다. 비행승무원에게 인지 표시를 반드시 수신하도록 한다. |
| 서행 | 허리부터 무릎 사이에서 위아래로 막대를 움직이면서 뻗은 팔을 가볍게 툭툭 치는 동작으로 아래로 움직임으로 항공기의 속도를 줄여 서서히 진입하라는 신호이다. |

**02** 항공기에 사용되는 블라인드 리벳에 대한 다음 내용을 서술하시오.

① 사용하는 곳?

② 사용하면 안 되는 곳?

③ 리벳의 종류 3가지?

**정답** ① 사용하는 곳 : 일반 리벳을 사용하기에 부적당한 곳이나, 리벳 작업을 하는 반대쪽에 접근할
수 없는 곳에 사용

② 사용하면 안 되는 곳 : 인장력이 작용하거나 리벳 머리에 갭(gap)을 유발시키는 곳, 진동 및
소음 발생 지역, 유체의 기밀을 요하는 곳에는 사용을 금지

③ 리벳의 종류 3가지 : 리브 너트, 폭발 리벳, 체리 리벳

**참고**

블라인드 리벳은 버킹바의 사용이 불가능한 곳에 주로 사용된다. 블라인드 리벳의 대표적인 3가지 특징은
아래와 같다.

| 체리 리벳 | 방향키, 도움날개, 플랩 등 날개 뒷전 부분에 사용된다. |
|---|---|
| 폭발 리벳 | 연료 탱크 및 화재 위험 부재에 사용을 금지한다. |
| 리브 너트 | 제빙 부츠의 장착부에 사용한다. |

**03** 항공기 왕복엔진 구성품 중 ①, ②, ③의 명칭을 기술하시오.

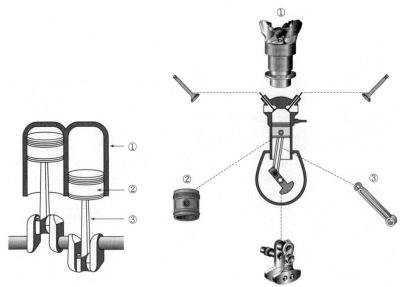

**정답** ① 실린더

② 피스톤

③ 커넥팅로드

| 명칭 | 역할 |
|---|---|
| 실린더 | 연료의 화학적인 열에너지를 기계적인 에너지로 변환하여 피스톤과 커넥팅로드를 통하여 크랭크축을 회전시킨다. |
| 피스톤 | 실린더 내부의 연소된 가스 압력을 커넥팅로드를 통해 크랭크축에 전달하고, 혼합가스를 흡입하고 배기가스를 배출한다(피스톤의 속도 : 10~15m/s). 종류로는 평면형, 오목형, 컵형, 돔형, 반원뿔형이 있다. |
| 커넥팅로드 | 피스톤의 왕복운동을 크랭크축의 회전운동으로 바꾸어 주는 역할을 하므로 가볍고 충분한 강도를 가져야 되기에 고탄소강 및 크롬강으로 제작된다. 종류로는 평형, 포크&블레이드형, 마스터&아티큘레이터형이 있다. |

**04** 저항이 4[Ω], 용량성 리액턴스 7[Ω], 유도성 리액턴스 4[Ω]일 때 임피던스 값은?

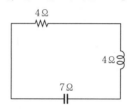

**정답** $Z = \sqrt{R^2 + (XL - XC)^2} = \sqrt{4^2 + (4-7)^2} = 5\,\Omega$

참고

임피던스(기호 : $Z$, 단위 : Ω)

$R$, $L$, $C$ 교류의 총 저항 $Z = \sqrt{R^2 + (X_L - X_C)^2}$, $\theta = \tan^{-1} \times \dfrac{X_L - X_C}{R}$

| 리액턴스($X$) | 단위 : Ω, 90°의 위상차를 가지게 하는 교류 저항을 말한다. |
|---|---|
| 유도성 리액턴스($X_L$) | 인덕턴스로 인한 저항으로 전류를 90° 지연시킨다. |
| 용량형 리액턴스($X_C$) | 캐패시턴스로 인한 저항으로 전류를 90° 앞서게 한다. |

**05** P&D Valve에 대해 설치 위치와 역할에 대해 서술하시오.

1) 위치?

2) 역할 2가지?

**정답** 1) 연료조절장치(FCU; Fuel Control Unit)와 연료 매니폴드 사이

2) ① 1, 2차 연료를 분리시킨다.

② 기관 정지 시 매니폴드나 연료 노즐에 있는 잔여 연료를 배출시킨다.

참고

| 가스터빈 연료 흐름도 | 주 연료펌프 → 여과기 → FCU → P&D 밸브 → 매니폴드 → 연료 노즐 |
|---|---|
| P&D Valve 역할 | ① 연료의 흐름을 1차 연료와 2차 연료로 분리시킨다.<br>② 엔진이 정지되었을 때 연료 노즐에 남아 있는 연료를 외부로 방출한다.<br>③ 연료의 압력이 일정 압력 이상이 될 때까지 연료의 흐름을 차단한다. |

**06** 다음 용어의 정의에 대해 서술하시오.

① 최대 이륙 중량?

② 최대 착륙 중량?

**정답** ① 항공기가 이륙 시 허용하는 최대중량(자체중량+유상하중)을 말한다.

② 항공기가 정상적으로 착륙 시 기체 구조 성능을 고려하여 허용되는 최대 기준 중량을 말한다.

참고

| 용어 | 내용 |
|---|---|
| 항공기 자중<br>(Basic Empty Weight) | • 표준 물품들에 대한 변수들이 반영된 항공기 자체의 중량 |
| 최대 이륙중량<br>(Maximum Take Off Weight) | • 항공기 이륙 시 허용하는 최대중량(자체중량+유상하중)<br>• 기체구조 성능을 고려한 이륙 시의 기준 총중량<br>• 설계최대이륙중량은 최대이륙중량보다 약간 크다. |
| 최대 착륙중량<br>(Maximum Landing Weight) | • 항공기가 정상적으로 착륙 시 기체 구조 성능을 고려하여 허용되는 최대 기준 중량을 말한다. |
| 유용 하중<br>(Useful Load) | • 항공기의 총무게에서 자기 무게를 뺀 무게로 윤활유, 승객 및 화물, 승무원, 연료 등으로 구성되며 적재량이라고도 한다. |

**07** 압축비가 8, 비열비가 1.4일 때 오토사이클의 열효율을 구하시오.

**정답**
$$\eta_0 = 1 - \left(\frac{1}{\epsilon}\right)^{k-1} = 1 - \left(\frac{1}{8}\right)^{1.4-1} = 0.5647 \fallingdotseq 56\%$$

| 오토사이클 과정 | 주요 내용 |
|---|---|
| 등온과정 | 온도가 일정하게 유지되면서 일어나는 압력과 체적의 상태변화<br>$Pv = const$ |
| 정적과정 | 체적이 일정하게 유지되면서 일어나는 압력과 온도의 상태변화<br>$\dfrac{P}{T} = const$ |
| 정압과정 | 압력이 일정하게 유지되면서 일어나는 체적과 온도의 상태변화<br>$\dfrac{v}{T} = const$ |
| 단열과정 | 주위와 열의 출입이 차단된 상태에서 진행되는 상태변화로 다른 에너지에 비해 계를 출입하는 열량이 무시될 정도로 작게 가정<br>$Pv^{k} = const$ |

## 08 GPU의 기능과 종류 2가지를 서술하시오.

1) GPU의 기능

2) 지상 지원 장비 종류

**정답**
1) 지원 전원 공급 장치(GPU ; Ground Power Unit)로 정지되어 있던 기관을 지상에서 시동할 때 사용되는 전원 공급장치이다.
2) ① GTC(Gas Turbine Compressor, 가스터빈 압축기) : 항공기에 공압 공급
② GPU(Ground Power Unit, 지상 발전기) : 항공기에 공압, 전력 공급
③ GTG(Gas Turbine Generator, 가스터빈 발전기) : 항공기에 전력 공급

| 종류 | 핵심 내용 |
|---|---|
| 가스터빈<br>압축기 | 가스터빈 압축기는 내부에 압축기와 터빈을 갖추고 있어 다량의 저압 공기를 배출시킬 수 있다. 항공기 가스터빈기관의 시동계통에 압축공기를 공급한다. |
| 가스터빈<br>발전기 압축기 | 다량의 저압공기를 항공기에 공급할 뿐만 아니라, 가스터빈에 의해 교류발전기도 회전하므로 120/208V, 400H인 3상 교류를 항공기에 공급한다. |

**09** 각 전동기의 계자와 전기자의 연결 방법은?

① 직권식?

② 분권식?

**정답** ① 직렬 연결

② 병렬 연결

**참고**

| 직류전동기 종류 | 핵심 내용 |
|---|---|
| 직권형 전동기 | 계자코일과 전기자 코일이 직렬로 연결된 전동기로 시동용 전동기, 착륙장치, 플랩 등에 사용한다. |
| 분권형 전동기 | 계자코일과 전기자 코일이 병렬로 연결된 전동기로 항공용 인버터, 가정용 선풍기, 헤어 드라이어 등에 사용된다. |
| 복권형 전동기 | 계자코일과 전기자 코일이 직렬과 병렬로 연결된 전동기로 헬리콥터 와이퍼, 크레인, 엘리베이터 등에 사용한다. |

**10** 왕복엔진에서 사용되는 카울 플랩의 작동 방법과 사용 목적에 대해 서술하시오.

① 작동 방법?

② 사용 목적?

**정답** ① 전기식 모터 및 수동 작동한다.

② 냉각 공기 유량을 조절하여 엔진 온도를 조절한다.

**참고**

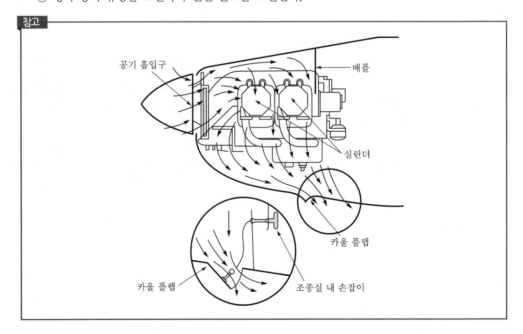

**11** CVR의 장착 위치와 사용 목적, 색깔에 대해 서술하시오.

① 장착 위치?

② 사용 목적?

③ 색깔?

> **정답**　① 항공기 후방 꼬리 부분에 장착
> ② 항공기 사고 및 준사고 등의 원인 규명을 위해 운항승무원의 통신 및 대화, cockpit 내 음성 및 경고음을 녹음한다.
> ③ 밝은 오렌지색

> **참고**
>
> 조종실 음성기록장치(CVR ; Cockpit Voice Recorder)
> 조종실에서 승무원 간의 대화나 관제기관과의 교신 내용, 헤드셋이나 스피커를 통해 전해지는 항행 및 관제 시설 식별 신호음이나 각종 항공기 시스템의 경보음 등을 최종 30분 이상, 4채널로 녹음하여 저장하는 장치이다. 최근에는 FDR과 CVR을 합친 CVFDR 형태도 개발되어 사용되고 있다.

**12** Empennage 구성품 3가지를 쓰시오.

> **정답**　수평 안정판, 수직 안정판, 방향키

> **참고**
>
> | 수평꼬리<br>날개 | 수평 안정판<br>(horizontal stabilizer) | 비행 중 날개의 씻어내림(down-wash)을 고려해 수평보다 조금 윗방향으로 붙임각이 형성되어 있고, 항공기의 세로 안정성을 담당한다. |
> |---|---|---|
> |  | 승강키<br>(elevator) | 비행 조종계통에 연결되어 비행기를 상승, 하강시키는 키놀이(pitching) 모멘트를 발생시킨다. |
> | 수직꼬리<br>날개 | 수직 안정판<br>(vertical stabilizer) | 비행 중 비행기의 방향 안정성을 담당한다. |
> |  | 방향키<br>(rudder) | 페달과 연결되어 비행기의 빗놀이(yawing) 모멘트를 발생시킨다. |

**13** 다음 용어의 정의에 대해 기술하시오.

① flight time

② time in service

③ hard time

> **정답**　① flight time(block time) : 항공기가 자력으로 움직여서 비행을 마치고 자력으로 정지할 때까지의 시간을 말한다. 조종사나 승무원의 비행시간의 기준이 된다.

② time in service(air time) : 항공기가 지면을 이륙하여 다시 지면에 도착할 때까지의 시간을 말하며, 정상적인 기능을 유지할 수 있는 수명을 말한다.

③ hard time(HD) : 장비품 등을 일정한 주기로 항공기에서 장탈하여 정비하거나 폐기하는 정비 기법이다.

**참고**

| 용어 | 핵심 내용 |
|---|---|
| block time | 비행을 목적으로 고임목을 제거하고 비행을 마치고 고임목을 설치할 때까지의 시간을 말한다. 일반적으로 flight time과 같은 용어를 사용한다. |
| condition monitoring | 상태점검, 정기적인 육안검사나 측정 및 기능시험 등의 수단에 의해 장비나 부품의 감항성이 유지되고 있는지 확인한다. |
| on condition | 상태정비 방식은 항공기상에서 정기적으로 육안검사나 측정 및 기능시험 등의 수단을 통해서 장비품 및 부품의 감항성이 유지되고 있는가를 확인하는 정비 방식이다. |
| test flight | 작업결과에 대한 감항성과 비행성능의 확인비행. |
| time limit | 부품의 오버홀이나 폐기 시까지 허용될 누설 사용시간. |

**14** 압력계기 수감부 3가지를 쓰시오.

**정답** 아네로이드, 다이어프램, 벨로즈

**참고**

| 수감부 종류 | | 특징 및 사용 계기 |
|---|---|---|
| 다이어프램 (diaphragm) | 피토 정압계기에 주로 사용 | 공함의 내부와 외부에 가해지는 압력 차에 의해 압력을 측정하는 속도계, 승강계에 사용된다. |
| 아네로이드 (aneroid) | | 표준대기 1기압(29.92inHg)으로 진공 밀폐한 다이어프램의 외부 압력만으로 변화됨을 지시하는 고도계에 사용된다. |
| 벨로우스 (bellows) | 압력계기에 주로 사용 | 여러 개의 다이어프램을 겹쳐놓은 형태로, 차압을 측정한다. 압력변화에 대한 확대부를 작게 제작하여 저압 측정에 많이 사용된다. 사용되는 대표적인 계기로는 연료 압력계이다. |
| 부르동관 (bourdon tube) | | 타원형 관의 한쪽을 고정시키고 관 내부로 압력을 가하게 하고, 관 외부는 대기압이 작용한다. 측정은 외부 대기압을 기준한다. 압력측정 범위가 넓어 고압계기인 윤활유 압력계, 작동유 압력계 등에 많이 사용된다. |

**15** 터빈 깃 냉각 방식 중 공랭식 블레이드 냉각 방식의 종류 3가지를 쓰시오.

정답 대류 냉각, 충돌 냉각, 공기막 냉각

참고

터빈 깃의 냉각 방법

| | |
|---|---|
| **대류 냉각**<br>(convection cooling) | 내부에 통로를 만들어 찬 공기를 흐르게 함으로써 깃을 냉각시키는 방법으로 간단하여 많이 사용된다. |
| **충돌 냉각**<br>(ipi ngement cooling) | 터빈 깃 앞전 부분의 냉각에 사용하는 방식으로 냉각 공기를 앞전에 충돌시켜 냉각 시킨다. |
| **공기막 냉각**<br>(air flim cooling) | 터빈 깃의 표면에 작은 구멍을 뚫어 이 구멍을 통하여 냉각 공기를 분출시켜 공기막을 형성함으로써 연소가스가 터빈 깃에 직접 닿지 못하도록 한다. |
| **침출 냉각**<br>(transpiration cooling) | 터빈 깃을 다공성 재질로 만들고 깃의 내부를 비게 하여 찬 공기가 터빈 깃을 통하여 스며 나오게 하여 깃을 냉각시키는 방식으로 성능은 우수하지만 강도 문제가 아직 미해결이다. |

| 대류 냉각 | 충돌 냉각 | 공기막 냉각 | 침출 냉각 |
|---|---|---|---|

**16** 항공기 동체를 나타내기 위한 기준선 3가지를 적으시오.

정답 동체 위치선(FS), 동체 버턱선(BBL), 동체 수위선(WL)

참고

| 기준선 명칭 | 핵심 내용 |
|---|---|
| **동체 위치선**<br>(fuselage station) | 기준이 되는 0점, 또는 기준선으로부터의 거리. 기준선은 기수 또는 기수로부터 일정한 거리에 위치한 상상의 수직면으로 설정되며, 테일 콘의 중심까지 잇는 중심선의 길이로 측정 (=BSAT : body station) |
| **동체 버턱선**<br>(body buttock line) | 동체 중심선을 기준으로 오른쪽과 왼쪽으로 평행한 너비를 나타낸 선이다. |
| **동체 수위선**<br>(BWL; Body Water Line) | 기준으로 정한 특정 수평면으로부터의 높이를 측정한 수직거리. 기준 수평면은 동체의 바닥면으로 설정하는 것이 원칙이지만, 항공기에 따라 가상의 수평면을 설정하기도 한다. |

01 공랭식 엔진 실린더의 구비조건 3가지를 쓰시오.

**정답** ① 내부 압력에 견딜 수 있는 강도를 갖추어야 한다.
② 가벼워야 한다.
③ 냉각효율이 커야 한다.

> **참고**
>
> 실린더 구비조건
> ① 기관이 최대설계 하중으로 작동할 때 발생하는 온도의 작용으로 생성되는 내부 압력에 충분히 견딜 수 있는 강도를 갖추어야 한다.
> ② 가벼워야 하고, 열전도성이 좋아서 냉각 효율이 커야 한다.
> ③ 설계가 쉽고 제작과 검사 및 점검 비용이 적게 들어야 한다.

02 다음 배기 노즐의 알맞은 명칭을 쓰시오.

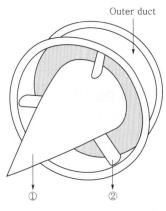

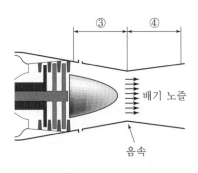

**정답** ① 테일 콘
② 스트러트
③ 아음속 수축 부분
④ 초음속 확산 부분

| | 주요 내용 | |
|---|---|---|
| 배기 노즐<br>(exhaust<br>nozzle) | 배기 도관에서 공기가 분사되는 끝부분으로, 이 부분의 면적은 배기가스 속도를 좌우하는 중요한 요소이고, 실제 엔진에서는 터빈 출구와 배기 노즐 사이에 후기 연소기 및 역추력 장치를 설치하는 경우도 있다. | |
| | 수축형 배기 노즐<br>(convergent exhaust<br>nozzle) | 아음속기에 사용되는 배기 노즐은 배기가스의 속도를 증가시켜 추력을 얻는다. |
| | 수축-확산형 배기 노즐<br>(convergent-divergent<br>nozzle) | 초음속기에 사용하는 배기 노즐은 터빈에서 나온 저속·고온의 가스를 수축하여 팽창 가속시켜 음속으로 변환시킨 후, 확산 통로를 통과하면서 초음속으로 가속시켜 추력을 얻는다. 아음속에서는 확산하여 운동 에너지가 압력 에너지로 변환되고, 초음속에서는 확산에 의해 압력 에너지가 운동 에너지로 변환된다. |

**03** 기체구조 수리 시 반드시 지켜야 할 기본원칙 3가지를 쓰시오.

**정답** 원래의 강도 유지, 원래의 윤곽 유지, 최소 무게 유지, 부식에 대한 보호

참고

기체구조 수리의 기본 원칙

| 원래의 강도 유지 | • 판재 두께는 한 치수 큰 것을 사용해야 한다.<br>• 원재료보다 강도가 약한 것을 사용 시에는 강도를 환산하여 두꺼운 재료를 사용해야 한다.<br>• 형재에 있어 덧붙임판의 실제 단면적은 원래 형재 단면적보다 큰 재료를 사용해야 한다.<br>• 수리 부재는 손상 부분 2배 이상, 덧붙임판은 긴 변의 2배 이상의 재료를 사용해야 한다. |
|---|---|
| 원래의 윤곽 유지 | • 수리 이후 표면은 매끄럽게 유지해야 한다.<br>• 고속 항공기에 있어 플러시 패치를 선택하고, 상황에 따라 오버패치를 해야 할 경우 양끝 모서리를 최소 0.02in만큼 다듬어 준다. |
| 최소 무게 유지 | 구조 부재 개조 및 수리할 경우 무게가 증가하거나 균형이 맞지 않게 된다. 따라서 무게 증가를 최소로 하기 위해 패치 치수를 가능한 작게 하고, 리벳 수를 산출하여 불필요한 리벳팅을 하지 않게 한다. |
| 부식에 대한 보호 | 금속과 금속이 접촉되는 부분은 부식이 발생하기에 정해진 절차에 따라 방식처리를 해야 한다. |

**04** 타이어 단면 그림 명칭 3가지를 쓰시오.

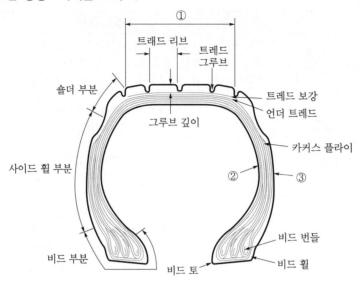

정답 ① 트레드
② 라이너
③ 사이트 월

참고

| 타이어 | 고무와 철사 및 인견포를 적층하여 제작하며, 일반적으로 튜브리스(tubeless) 타이어를 사용한다. 또한 타이어는 플라이 모양과 접착 방법에 따라 바이어스 형식(bias type)과 레이디얼 형식(radial type)으로 구분되며, 현대 항공기는 신축성이 좋은 레이디얼 형식을 사용하고 있다. | |
|---|---|---|
| | 트레드<br>(tread) | 직접 노면과 접하는 부분으로 미끄럼을 방지하고 주행 중 열을 발산, 절손의 확대 방지 목적으로 여러 모양의 무늬 홈이 만들어져 있다. |
| | 코어 보디<br>(core body) | 타이어의 골격 부분으로 고압 공기에 견디고 하중이나 충격에 따라 변형되어야 하므로 강력한 인견이나 나일론 섬유를 겹쳐 강하게 만든 다음 그 위에 내열성이 우수한 양질의 고무를 입힌다. |
| | 브레이커<br>(breaker) | 코어 보디와 트레드 사이에 있으며 외부 충격을 완화시키고 와이어 비드와 연결된 부분에 차퍼(chafer)를 부착하여 제동장치로부터 오는 열을 차단한다. |
| | 와이어 비드<br>(wire bead) | 비드 와이어라 하며 양질의 강선이 아이어 비드 부의 늘어남을 방지하고 바퀴 플랜지에서 빠지지 않도록 한다. |

**05** 고도계의 기압보정 방법 3가지를 쓰시오.

**정답** QNH, QNE, QFE

**참고**

| 고도계 기압보정 방식 | 해면기압이 29.92inHg인 표준대기와 실제 대기의 기압이 다른 경우 지시치가 다름으로 수정한다. | |
|---|---|---|
| | QNE 보정 | 표준 대기압인 29.92inHg를 맞추어 표준 기압면으로부터의 고도를 지시하게 하는 방법이다. 해상 비행이나 14,000ft 이상의 높은 고도로 비행할 경우 사용한다. |
| | QNH 보정 | 일반적인 고도계의 보정 방법으로 창구의 눈금을 그 당시의 해면 기압에 맞추는 방법이다. 진고도를 지시하며 14,000ft 미만의 고도에서 장거리 비행 시 사용한다. |
| | QFE 보정 | 기압 창구의 눈금을 그 당시 활주로상의 기압에 맞추는 방법이다. 활주로상에 있을 때 고도계는 0ft를 지시한다. 절대고도를 지시하며 단거리 비행 시 사용한다. |

**06** AN 470 D 5 5 리벳의 벅테일 치수를 쓰시오.

① 벅테일 높이?

② 벅테일 폭?

**정답** ① 2mm

② 6mm

**참고**

리벳의 식별 이해

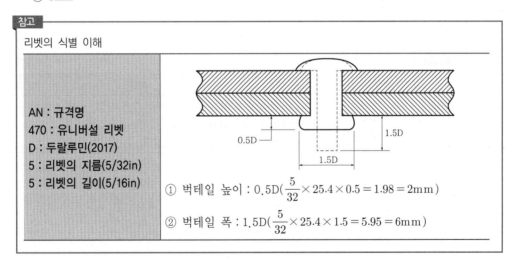

AN : 규격명
470 : 유니버설 리벳
D : 두랄루민(2017)
5 : 리벳의 지름(5/32in)
5 : 리벳의 길이(5/16in)

① 벅테일 높이 : $0.5D(\frac{5}{32} \times 25.4 \times 0.5 = 1.98 = 2mm)$

② 벅테일 폭 : $1.5D(\frac{5}{32} \times 25.4 \times 1.5 = 5.95 = 6mm)$

**07** 다음 그림에서 합성등가저항을 구하시오.

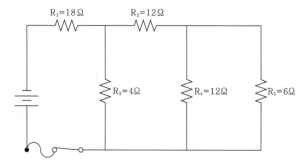

**정답** $21.2\Omega$

> **참고**
>
> 합성 등가 저항
>
> ① $R_4$와 $R_5$는 병결 연결되어 있으므로 합성저항을 $R_6$라고 하면
>
> $$\frac{1}{R_6} = \frac{R_4\,R_5}{R_4+R_5} = \frac{12\times 6}{12+6} = 4\Omega$$
>
> ② $R_2$, $R_6$는 직렬 연결되어 있으므로 $16\Omega$, $R_7$이라 하고, $R_3$와 $R_7$의 합성저항을 $R_8$라고 하면
>
> $$\frac{1}{R_8} = \frac{R_7\,R_3}{R_7+R_3} = \frac{16\times 4}{16+4} = 3.2\Omega$$
>
> ③ 따라서, 전체저항 $R_t = R_1 + R_9 = 18 + 3.2 = 21.2\Omega$

**08** 케이블 단자 연결 방법 3가지를 쓰시오.

**정답** 5단 엮기 방법, 랩 솔더 방법, 스웨이징 방법

> **참고**
>
> | 연결 방법 | 내용 |
> |---|---|
> | 스웨이징 방법<br>(swaging method) | 스웨이징 케이블 단자에 케이블을 끼워 넣고 스웨이징 공구나 장비로 압착하여 접합하는 방법으로, 케이블 강도의 100%를 유지하며 가장 많이 사용한다. |
> | 니코프레스 방법<br>(nicopress method) | 케이블 주위에 구리로 된 슬리브를 특수공구로 압착하여 케이블을 조립하는 방법으로, 케이블을 슬리브에 관통시킨 후 심블을 감고, 그 끝을 다시 슬리브에 관통시킨 다음 압착한다. 케이블 원래 강도를 보장한다. |

| 연결 방법 | 내용 |
|---|---|
| 랩 솔더 방법<br>(wrap solder method)<br><br>▲ 납땜 이음법 | 케이블 부싱이나 딤블 위로 구부려 돌린 다음 와이어를 감아 스테아르산의 땜납 용액에 담아 케이블 사이에 스며들게 하는 방법으로 케이블 지름이 3/32인치 이하의 가요성 케이블이나 1×19 케이블에 적용한다. 케이블 강도의 90%이고, 주의사항은 고온 부분에는 사용을 금지한다. |
| 5단 엮기 방법<br>(5 truck woven method) | 부싱이나 딤블을 사용하여 케이블 가닥을 풀어서 엮은 다음 그 위에 와이어로 감아 씌우는 방법으로 7×7, 7×19 가요성 케이블로써 직경이 3/32in 이상 케이블에 사용할 수 있다. 케이블 강도의 75% 정도이다. |

09 다음은 제트기관의 일부를 분해한 것이다.

① 명칭?

② 공구 명칭?

**정답** ① 연소실(캔형)

② 압축기(IC 988-압축기, IC 989-팽창기)

**참고**

연소실 장착 순서

① 압축 클램프 IC 988을 사용하여 화염 전파 연결관이 서로 잘 맞도록 정위치에 부착한다.

② 팽창 클램프 IC 989를 사용하여 연소실 앞뒤의 마몬 클램프를 손으로 장착하고 7/16″ 소켓 렌치, 연결대, 토크렌치를 사용하여 40~60in/lb로 조인다.

③ 연소실 드레인 라인을 손으로 연결한 다음 225~250in/lb로 조인다.

④ 화염전파 연결관을 잘 맞춘 후 마몬 클램프를 손으로 장착하여 3/8″ 소켓 렌치를 사용하여 25~30in-lb로 조인다.

⑤ 이그나이터를 손으로 연결하고 오픈 렌치를 이용하여 조인다.

**10**  다음은 방빙계통에 대한 사항이다.

① 화학적 방빙액 1가지?

② 열적 방빙하는 곳 1가지?

**정답**  ① 이소프로필알코올

② 날개 앞전

| 제빙·제우계통은 다음의 구성품에 결빙 형성을 방지한다. | 날개 앞전, 에어데이터 감지기, 수평 안정판과 수직 안정판 앞전, 조종실 윈도우, 엔진카울 앞전, 급·배수계통관과 배수관, 프로펠러, 안테나, 프로펠러 스피너 |
|---|---|
| 결빙 형성을 방지하는 종류 | 뜨거운 공기를 사용한 표면 가열, 발열소자를 사용한 가열, 팽창식 부트를 활용한 제빙, 화학물질 처리 |

**11**  OVERHEAT WARNING SYSTEM이다. 다음에 답하시오.

① 장착 위치?

② 왜 필요한가?

**정답**  ① Engine Turbine Housing

② 엔진 구역의 온도를 낮추기 위해

| 화재와 과열 경고의 결합(combination fire and overheat warning) | |
|---|---|
| 화재 및 과열 신호를 받은 제어장치는 2단계로 대응한다. | ① 단계 – 과열경고(overheat warning) : 낮은 단계의 화재정보를 발생한다.<br>② 단계 – 화재경고(fire warning) : 화재에 대응한 조치를 한다. |
| | 엔진 구역에서 뜨거운 블리드 공기 또는 연소실 가스가 누출되면서 온도가 상승하게 되면 조종사가 엔진 구역의 온도를 낮추는 조치를 취하도록 하는 조기 경고와 같다. |

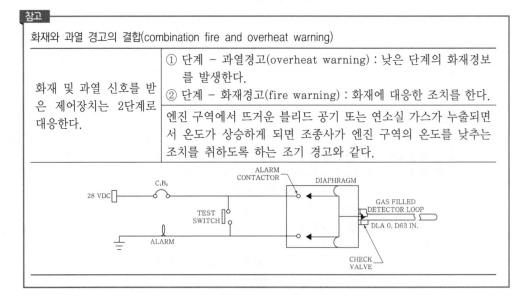

**12** 타이밍라이트 도선 연결 후 우선적으로 확인해야 하는 것은?

**정답** 마그네토 both 위치에 있는지 확인한다.

> **참고**
>
> | 고장상태 | 고장 원인 |
> |---|---|
> | 시동기 버튼을 눌렀으나 기관이<br>시동이 되지 않는다. | ① 점화 스위치가 'BOTH' 위치에 있지 않고 'OFF'에 있다.<br>② 점화 스위치의 결함<br>③ 스파크 플러그의 결함<br>④ 브레이커 포인트가 패었거나 소손, 또는 탄소 찌꺼기가<br> 끼었다. |
> | 완속 운전보다 높은 회전수에서<br>기관 작동이 원활하지 못하다. | ① 스파크 플러그의 전극에 윤활유가 묻어 더러워져 있다.<br>② 스파크 플러그의 간극이 규정 값에 맞지 않는다. |

**13** SOAP 몇 분 안에 채취해야 하는가?

① 몇 분 안에 채취해야 하는가?
② 철, 구리, 은의 입자가 나왔을 때 결함 부위는?
③ 단위는?

**정답** ① 30분
② 주 베어링
③ ppm

> **참고**
>
> | 윤활유 분광 검사<br>(SOAP; Spectrometric<br>Analysis Program) | 정기적으로 사용 중인 윤활유를 기관 정지 후 30분 이내 시료 채취하여 분광 분석장치에 의해 혼합된 미량의 금속을 분석(추출된 샘플을 전기용광로에서 연소시켜 분광계로 분석)하여 윤활유가 순환되는 작동 부위의 이상 상태를 탐지한다. 미량의 단위는 PPM(Parts Per Million) 입자의 개수를 100만분의 1단위로 나타낸다. 예를 들어 300PPM이라면 300/1,000,000이므로 백분율로 하면 0.03이 된다. |

| | | |
|---|---|---|
| 윤활유 분광 검사<br>(SOAP; Spectrometric<br>Analysis Program) | 왕복엔진 | 금속 입자에 따른 결함 부위는 다음과 같다.<br>① 철, 구리, 은 : 마스터 로드 베어링<br>② 철, 구리 : 기타 베어링<br>③ 철, 알루미늄, 크롬 : 피스톤 링<br>④ 구리 : 밸브<br>⑤ 철, 알루미늄, 마그네슘 : 윤활펌프<br>⑥ 철, 구리 : 로커암<br>⑦ 알루미늄 : 로커 박스 커버 |
| | 가스터빈엔진 | 금속 입자에 따른 결함 부위는 다음과 같다.<br>① 철(Fe), 구리(Cu), 은(Ag) : 메인 베어링<br>② 알루미늄(Al), 마그네슘(Mg), 철(Fe) : 오일펌프<br>③ 마그네슘(Mg), 알루미늄(Al), 철(Fe) : 기어박스 |

**14** 비행 중 각 연료 탱크 내의 연료 중량과 연소 소비 순서 조정은 연료 관리 방식에 의해 수행되는데, 그 방법으로 탱크 간(tank to tank transfer) 방법과 탱크와 기관(tank to engine transfer) 이송 방법을 서술하시오.

① tank to tank transfer

② tank to engine transfer

**정답** ① 연료 소모량에 따라 cross feed valve를 열어 탱크 간 무게 평형을 유지
② shutoff valve를 열어 기관으로 연료를 공급

| 이송 방법 | 핵심 내용 |
|---|---|
| tank to tank transfer | 각 탱크에서 해당 기관으로 연료를 공급하고, 그 소비되는 양만큼 동체 탱크에서 각 탱크로 이송하고, 그 후 날개 안쪽에서 바깥쪽 탱크로 연료를 이송하다가 모든 탱크의 연료량이 같아지면 연료 이송을 중단한다. |
| tank to engine transfer | 탱크 간의 연료 이송은 하지 않고, 먼저 동체 탱크에서 모든 기관으로 연료를 공급한 후, 날개 안쪽 탱크에서 연료를 공급하다가 모든 탱크의 연료량이 같아지면 각 탱크에서 해당 기관으로 연료를 공급한다. |

**15** 항공기에 사용되는 볼트 중 고착 방지 콤파운드를 사용하는 것이 있다. 아래 내용을 쓰시오.

① 장착환경 위치?

② 사용 이유?

③ 사용 부위?

**정답** ① 열에 의한 응력 변형으로 고착이 예상되는 곳(엔진 및 나셀 부분)

② 고착을 방지하여 분해 조립이 원활하게 이루어지도록 한다.

③ 나사산 부분

**참고**

| Armite 고착방지제 종류 | 특징 |
|---|---|
| SAE-AMS-2518<br>(흑연 바셀린) | 화합물은 항공기 엔진 점화플러그, 나사식 패스너 및 피팅의 고착 방지화합물로 사용되며, 이 용도에 국한되진 않는다. 오스테나이트계 내식성 강, 티타늄, 니켈, 코발트 합금 및 유사한 내식성 금속 및 합금과 접촉하여 안전하게 사용할 수 있다.<br>• 특징 : 방수, 마찰 감소, 무연, 토크 감소, 스터드, 볼트 및 너트 교체 비용 절감 |
| AA-59313<br>(아연가루 바셀린) | 아연 기반 고착 방지 나사 컴파운드는 일반적으로 나사산 또는 나사산이 없는 알루미늄합금 부품의 조립 및 분해 고착을 방지하는 데 사용된다. 이는 금속 표면을 보호해준다.<br>• 특징 : 방수, 알루미늄 및 철 표면 보호, 전기 전도성, 스테인리스 스틸과 호환 가능 |
| LF-AS 328<br>(보잉사 전용 생상품) | 알루미늄 및 마그네슘 합금과 접촉하는 나사산 부품에 대해 최대 350℉까지 사용할 수 있다. 보잉사를 위해 생산 승인되었다.<br>• 특징 : 압수 방지, 마찰 감소, 토크 감소, 무연 |

**16** 항공기에 연료를 보급할 때 3점 접지 위치를 쓰시오.

**정답** 항공기, 지면, 연료차

**참고**

3점 접지

연료 보급 중에 정전기 방출로 인한 화재나 폭발을 방지하기 위해 항공기와 지면, 연료 보급 차량과 지면, 급유 노즐과 항공기를 각각 접지하고, 항공기-연료 보급 차량-지면 간의 3점 접지를 한다.

보급 시 보급 차량과의 거리는 최소 3m, 레이더 작동 시 연료 보급은 30m(10ft), 소화기 비치해야 한다.

01 다음 역률을 구하시오.

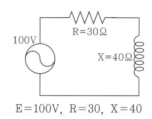

E=100V, R=30, X=40

**정답** 역률$(\cos\theta) = \dfrac{\text{유효전력}}{\text{피상전력}} = \dfrac{I^2 R}{I^2 Z} = \dfrac{30}{\sqrt{30^2 + 40^2}} = 0.6$

**참고**

| 교류전력 | |
|---|---|
| **피상전력**<br>(apparent power, $P_a$) | 교류회로의 위상차는 고려하지 않고 인가된 전압과 전류를 곱하며, 단위는 [VA](volt·ampere)이다. 직류전력과 같다.<br>$P_a = V \cdot I = I^2 Z [VA]$ |
| **유효전력**<br>(active power, $P$) | 교류회로의 위상차를 고려하여 전압과 전류를 벡터성분으로 분해하고, 전력에 기여하는 유효성분만을 곱하며, 단위는 [W](watt)이다.<br>$P = V \cdot I\cos\theta = I^2 Z\cos\theta = I^2 Z \cdot \dfrac{R}{Z} = I^2 R [W]$ |
| **무효전력**<br>(reactive power, $P_r$) | 교류회로의 위상차를 고려하여 전압과 전류를 벡터성분으로 분해하고, 전력에 기여하지 못하는 무효성분만을 곱하며, 단위는 [VAR]이다.<br>$P_r = V \cdot I\sin\theta = I^2 Z\sin\theta = I^2 Z \cdot \dfrac{X}{Z} = I^2 X [VAR]$ |
| **역률**<br>(power factor, p·f) | DC 전력의 경우 공급된 전압과 전류를 모두 사용할 수 있는 경우가 역률 "1"이 되고, 역률이 "1"에 가까울수록 효율이 좋다. AC 전력은 공급전압, 전류 중 사용할 수 없는 무효전력이 항상 존재하여 전자장치를 구동시킬 때 효율적이지 못하여 DC 전력을 사용한다.<br>$p \cdot f = \dfrac{P}{P_a} = \dfrac{V \cdot I\cos\theta}{V \cdot I} = \cos\theta$ |

**02** 다음을 답하시오.

① 크리프?

② 원인?

**정답** ① 일정한 응력을 받는 재료가 일정한 온도에서 시간이 경과함에 따라 하중이 일정하더라도 변형률이 변화하는 현상

② 열 응력, 원심력에 의한 인장응력

**참고**

| 크리프 파단곡선 | |
|---|---|
| 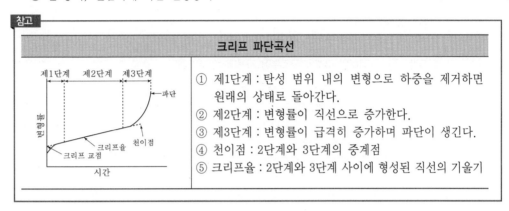 | ① 제1단계 : 탄성 범위 내의 변형으로 하중을 제거하면 원래의 상태로 돌아간다.<br>② 제2단계 : 변형률이 직선으로 증가한다.<br>③ 제3단계 : 변형률이 급격히 증가하며 파단이 생긴다.<br>④ 천이점 : 2단계와 3단계의 중계점<br>⑤ 크리프율 : 2단계와 3단계 사이에 형성된 직선의 기울기 |

**03** 다음을 설명하시오.

① ELT란?

② 작동시간?

③ 주파수?

**정답** ① 비상위치 발신기(ELT)는 VHF 대역의 주파수를 사용하여 항공기 충돌, 추락, 조난 상태에서 항공기 위치를 알리는 비상 신호이다.

② 48시간

③ 민간 121.5MHz

**참고**

| 비상위치 발신기(ELT; Emergency Locator Transmitter) | | |
|---|---|---|
| ELT 장착 위치 | 항공기 후방 동체 객실 천장 패널 | |
| 대역주파수 | VHF | 민간 121.5MHz, 군용 243.0MHz |
| | UHF | 406MHz |
| 배터리 | 리튬 배터리 | |
| 작동시간 | 48시간 | |

**04** 두 판재의 두께는 0.030in와 0.040in이다.

① 리벳의 직경?

② 리벳의 길이는?

**정답** ① D=3D=0.040×3=0.12in

② L=G+1.5D=0.070+1.5×0.120=0.25in

**참고**

리벳의 선택과 배치

① 리벳의 직경은 가장 두꺼운 판 두께의 3D이다.

② D가 $\frac{3}{32}in$ 이하의 리벳은 구조부에 사용해서는 안 된다.

③ 얇은 판에 지름이 큰 리벳을 사용하면 리벳구멍이 파열 및 확장되고, 두꺼운 판에 지름이 작은 리벳을 사용하면 전단 강도가 약하여 강도 확보가 어렵다.

④ 리벳 홀이 리벳과 동일하여 결합 시 힘이 들면 내식 처리 피막이 벗겨지고, 리벳 홀이 리벳보다 큰 경우 헐거워져 결합력이 떨어진다.

⑤ 리벳의 길이는 결합할 판 두께와 돌출 부분의 두께를 더한 길이가 필요하며, 가장 적합한 돌출부의 길이는 리벳 직경의 1.5D이다.

⑥ 벅테일은 성형 머리이며, 높이는 직경의 0.5D, 직경은 리벳 직경의 1.5D이다.

⑦ 리벳의 간격 및 연 거리

| 리벳피치 | 리벳 직경의 6~8D(최소 3D) |
|---|---|
| 열간간격 | 리벳 열과 열 사이의 간격으로 리벳 직경의 4.5~6D(최소 2.5D) |
| 연 거리 | 판 끝에서 최 외곽열 리벳 중심까지의 거리로서 리벳 직경의 2~4D이며, 접시머리 리벳의 최소 연 거리는 2.5D이다. |

**05** 항공기 조종면 평행 작업이다. 다음을 답하시오.

① 평행 작업을 하는 이유?

② 검사장비 2가지?

**정답** ① 조종면을 중립 위치에 두었을 때 수평비행이 불가능하고, 상승, 하강, 좌우 턴을 할 때 불규칙한 각으로 회전하기 때문이다.

② 평형추, 각도기

**참고**

조종면 평행 작업

① 평행 작업을 하지 않으면 조종면을 중립 위치에 두었을 때 수평 비행이 불가능하고, 상승, 하강, 좌우 턴을 할 때에 불규칙한 각으로 회전한다. 그리고 조종력이 증가되어 불필요한 힘을 사용하게 되며, 조종면을 움직이는 데 필요한 로드, 케이블, 풀리 등 각 구성품 등에 무리가 가해져 파손될 위험성이 크다.

② 검사장비는 평형추, 각도기, 수평계를 사용한다.

**06** 항공기 전기계통에서 주파수를 400Hz로 사용하는 목적을 쓰시오.

> **정답** ① 소형화, 경량화의 이점
> ② 최대 성능을 위한 무게 최소화
> ③ 대량의 전원 사용

> **참고**
>
> 400Hz를 사용하는 장·단점
> 항공기의 발전기는 AC 3상 115V 400Hz이다. 주파수를 높일수록 침투효과(전류가 전선의 중심으로 침투하여 흐르는 효과)가 좋아져서 얇은 도선을 사용할 수 있다. 최대 성능을 위해 무게를 최소화시켜 소형, 경량화의 강점이 있다. 주파수를 더 크게 높일 수 없는 이유는 전류, 전압의 변동에 따른 통신간섭으로 장애를 일으키기 때문이다.

**07** 다음 객실고도(Cabin Altitude)에 대해 답하시오.

① 객실고도 정의?
② 객실고도 위치?

> **정답** ① 객실공기 압력에 해당하는 고도의 압력으로 계산하여 환산한 고도
> ② 8,000ft

> **참고**
>
> 고도의 종류
> ① 진고도 : 해면상으로부터의 고도
> ② 절대고도 : 항공기에서 그 당시 지형까지의 고도
> ③ 기압고도 : 표준 대기선으로부터의 고도(29.92[inHg])
> ④ 밀도고도 : 표준 대기의 밀도에 상당하는 고도
> ⑤ 객실고도 : 객실공기 압력에 해당하는 고도의 압력으로 계산하여 환산한 고도

**08** 다음 너트 AN 310 D – 5 R에서 "D"의 재질은 두랄루민으로 2017-T이다. 질문에 답하시오.

① DD
② F
③ C

> **정답** ① 2024-T(초두랄루민)
> ② 강
> ③ 스테인리스강

참고

AN 310 D - 5 너트 식별
① AN 310 : 항공기용 캐슬 너트
② D : 2017-T(두랄루민)
　(DD : 2024-T, F : 강, B : 황동, C : 스테인리스강)
③ 5 : 사용 볼트의 지름(5/16″)

## 09 다음에 답하시오.

① FOD 정의?
② FOD 방지 장치의 위치와 방지 장치 명칭은?
③ FOD 종류?

**정답** ① 외부 손상 물질
② 흡입구/스크린 섹터
③ 작은 돌, 금속 조각, 볼트, 너트 등으로 손상을 줄 수 있는 물질들

참고

원심식 압축기

| | |
|---|---|
| 장점 | ① 외부 손상물질(FOD)이 덜하다. <br> ② 단당 압축비가 높다(1단 10:1, 2단 15:1). <br> ③ 제작이 쉽고 값이 싸다. <br> ④ 구조가 튼튼하고 값이 싸다. <br> ⑤ 무게가 가볍다. <br> ⑥ 회전 속도 범위가 넓다. <br> ⑦ 시동 출력이 낮다. |
| 단점 | ① 압축기 입구와 출구의 압력비가 낮다. <br> ② 효율이 낮다. <br> ③ 많은 양의 공기를 처리할 수 없다. <br> ④ 추력에 비해 기관의 면적이 넓기 때문에 항력이 크다. |

**10** 터빈 냉각 방법 3가지?

정답 내부 냉각, 내부와 표면막 냉각, 표면막 냉각

참고

| 터빈 냉각 방법 | | 터빈 깃 냉각 방법 | |
|---|---|---|---|
| 내부 냉각 (internal cooling) | 공기가 속이 빈 블레이드와 베인을 통과하면서 냉각이 되는데, 흔히 대류냉각이라고도 하며, 찬 공기에 의한 대류 현상으로 냉각된다. | 대류 냉각 (convection cooling) | 내부에 통로를 만들어 찬 공기를 흐르게 함으로써 깃을 냉각시키는 방법으로 간단하여 많이 사용된다. |
| 내부와 표면막 냉각 (internal and surface film cooling) | 공기가 베인이나 블레이드의 앞전 또는 뒷전의 작은 출구로 흘러나와 표면에 열 차단막을 형성하여 열이 직접 닿지 않으므로 냉각된다. | 충돌 냉각 (impingement cooling) | 터빈 깃 앞전 부분의 냉각에 사용하는 방식으로 냉각 공기를 앞전에 충돌시켜 냉각시킨다. |
| 표면막 냉각 (surface film cooling) | 공기가 베인이나 블레이드의 앞전 또는 뒷전의 작은 출구로 흘러나와 열 차단막을 형성하여 열이 직접 닿지 않으므로 냉각된다. | 공기막 냉각 (air flim cooling) | 터빈 깃의 표면에 작은 구멍을 뚫어 이 구멍을 통하여 냉각 공기를 분출시켜 공기막을 형성함으로써 연소가스가 터빈 깃에 직접 닿지 못하도록 한다. |
| | | 침출 냉각 (transpiration cooling) | 터빈 깃을 다공성 재질로 만들고 깃의 내부를 비게 하여 찬 공기가 터빈 깃을 통하여 스며 나오게 하여 깃을 냉각시키는 방식으로 성능은 우수하지만, 강도 문제가 아직 미해결이다. |

**11** 다음은 정전류 충전법이다. 질문에 답하시오.

① 정의?
② 장점?
③ 단점?

정답 ① 직렬로 연결하여 전류를 일정하게 공급하는 충전법이다.
② 충전 완료시간이 예측 가능하다.
③ 충전 시간 초과 시 과충전 위험이 있다.

| 충전법 | 연결 방법 | 특징 | 세부 내용 |
|---|---|---|---|
| 정전압 | 병렬 | 전압을 일정 공급 | • 장점 : 과충전에 대한 위험이 없다. 장치가 간편하다.<br>• 단점 : 충전시간 예측 불가, 초기 전류에 의한 극판 손상 주의 |
| 정전류 | 직렬 | 전류를 일정 공급 | • 장점 : 충전 완료시간 예측 가능<br>• 단점 : 완전 충전 후 시간 초과 시 과충전 위험, 가스 발생량이 많아 폭발 위험성이 있어 충전 전 가스 배출 |

※ 현재 사용하는 충전기들은 BMS(Battery Management System) 기능을 통해 충전 과정 중에 전압, 전류, 온도를 모니터링하고 과충전 보호기능을 구비하고 있어 축전지 시스템을 자동적으로 보호하도록 되어 있다.

**12** 랭크 핀(Crank Pin)의 속이 비어 있는 이점은?

**정답** 무게 감소, 윤활유 통로, 불순물질 저장소(sludge chamber)

참고

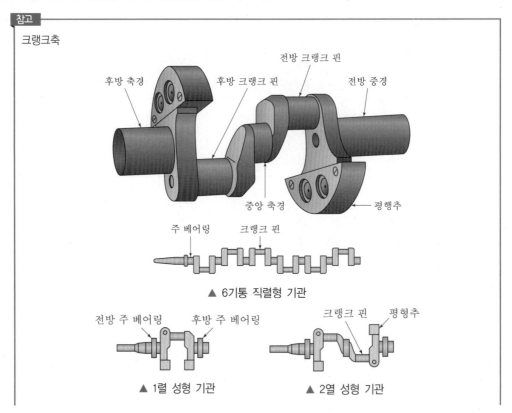

크랭크축

▲ 6기통 직렬형 기관

▲ 1렬 성형 기관    ▲ 2열 성형 기관

피스톤 및 커넥팅 로드의 왕복운동을 회전운동으로 바꾸어 프로펠러 축에 동력(제동마력)을 전달한다. 종류에는 solid type(분해가 되지 않는 형태), split type(분해 가능한 형태)이 있다.

| | |
|---|---|
| 주 저널<br>(main journal) | 크랭크축의 회전 중심으로 주 베어링에 의해 지지되고 표면은 질화 처리로 경화하여 사용한다. |
| 크랭크 핀<br>(crank pin) | 커넥팅 로드의 큰 끝이 부착되는 부분으로 속이 중공으로 되어 있어 무게 경감이 되고 윤활유 통로 역할 및 침전물, 찌꺼기, 이물질 등이 쌓이는 슬러지 챔버(sludge chamber)의 역할을 수행한다. |
| 크랭크 암<br>(crank arm) | 주 저널과 크랭크 핀을 연결하는 부분으로 카운터 웨이트를 지지하고 크랭크 핀으로 가는 오일의 통로 역할을 수행한다. |
| 평형추(counter weight)와<br>다이나믹 댐퍼(dynamic damper) | 크랭크축의 진동을 경감시키고 가속을 증진하기 위해 설치된다. |

**13** 다음 날개보(spar)의 종류 3가지는?

**정답** 조립식 I beam spar, 압출형재 I beam spar, 이중붙임 spar

**참고**

날개보(spar)

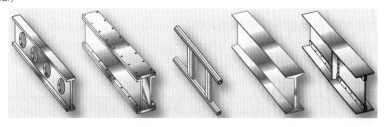

▲ 날개보

날개에 걸리는 굽힘하중을 담당하며, 날개의 주 구조 부재이다. I형 날개보는 비행 중 윗면, 플랜지는 압축응력을 아랫면, 플랜지는 인장응력이 작용하고, 웨브(web)는 전단응력이 작용한다. 항공기의 크기에 따라 2~3개의 날개보가 있고, 앞 날개보(front spar), 중간 날개보(middle spar), 뒷 날개보(rear spar)로 구성되고, 종류로는 조립식 I beam spar, 압출형재 I beam spar, 이중붙임 spar, 용접강관 spar(truss type)가 있다.

**14** 기체구조 손상 수리 시 지켜야 할 기본 원칙 3가지는?

**정답** 본래의 강도 유지, 본래의 윤곽 유지, 최소 무게 유지

**참고**

구조 수리의 기본 원칙

| | |
|---|---|
| 원래의 강도 유지 | ① 판재 두께는 한 치수 큰 것을 사용해야 한다.<br>② 원재료보다 강도가 약한 것을 사용 시에는 강도를 환산하여 두꺼운 재료를 사용해야 한다.<br>③ 형재에 있어 덧붙임 판의 실제 단면적은 원래 형재 단면적보다 큰 재료를 사용해야 한다.<br>④ 수리 부재는 손상 부분 2배 이상, 덧붙임 판은 긴 변의 2배 이상의 재료를 사용해야 한다. |
| 원래의 윤곽 유지 | ① 수리 이후 표면은 매끄럽게 유지해야 한다.<br>② 고속 항공기에 있어 플러시 패치를 선택하고, 상황에 따라 오버패치를 해야 할 경우 양끝 모서리를 최소 0.02in만큼 다듬어 준다. |
| 최소 무게 유지 | 구조 부재 개조 및 수리할 경우 무게가 증가하거나 균형이 맞지 않게 된다. 따라서 무게 증가를 최소로 하기 위해 패치 치수를 가능한 작게 하고, 리벳 수를 산출하여 불필요한 리벳팅을 하지 않게 한다. |
| 부식에 대한 보호 | 금속과 금속이 접촉되는 부분은 부식이 발생하기에 정해진 절차에 따라 방식 처리를 해야 한다. |

**15** 다음 2열 18기통 성형엔진 점화 순서는?

**정답** 1-12-5-16-9-2-13-6-17-10-3-14-7-18-11-4-15-8

**참고**

| 엔진별 점화 순서 | |
|---|---|
| 4기통 | 1-3-2-4 |
| 6기통 | 1-6-3-2-5-4 |
| 7기통 | 1-3-5-7-2-4-6 |
| 9기통 | 1-3-5-7-9-2-4-6-8 |
| 14기통 | 1-10-5-14-9-13-8-3-12-7-2-11-6(+9, -5 반복) |
| 18기통 | 1-12-5-16-9-2-13-6-17-10-3-14-7-18-11-4-15-8(+11, -7 반복) |

**16** 운항정비 3가지를 쓰시오.

**정답** 비행 전·후 점검(pre/post flight check), 중간 점검(transit check), 주간 점검(weekly check)

**참고**

| 운항 정비 | |
|---|---|
| **비행 전 점검**<br>(PR, Pre-Flight Check) | 비행 전에 외부 점검과 세척, 운항 중에 소비할 액체 및 기체의 보충, 기관 및 필요한 계통의 점검, 그 밖에 항공기 시동의 지원 및 지상 동력장비의 지원 등을 통하여 항공기의 출발을 준비한다.<br>• 비행 전 점검 내부 점검사항 : 외부 조명계통의 작동상태<br>• 비행 전 점검 외부 점검사항 : 각 계통의 배유 및 배수 상태 점검, 동·정압공의 가열 및 청결상태 점검, 조종계통의 장착 및 점검 상태 점검 |
| **비행 후 점검**<br>(PO, Post-Flight Check) | 최종 비행을 마치고 수행하는 점검으로 항공기 내부와 외부의 세척, 탑재물의 하역 액체 및 기체의 보급, 운항 중에 발생한 결함을 교정하여 다음 날의 비행을 준비한다. |
| **중간 점검**<br>(Transit Check) | 항공기가 목적지에 도착하고 다음 목적지로 가기 전에 출발 태세를 확인하는 점검으로 연료와 기체 및 액체를 보급하고 항공기 외부를 검사한다. |
| **주간 점검**<br>(Weekly check) | 항공기 내외의 손상, 누설, 부품의 손실, 마모 등의 상태에 대해서 점검을 수행하는 것으로 7일마다 수행하며, 항공기의 출발 태세를 확인한다. |
| **"A" check** | 항공기의 소모성 액체나 기체를 보급하고 비행 중 손상되기 쉬운 조종면, 타이어 제동장치, 기관들을 중심으로 행하는 점검으로 운항하는 사이사이 시간을 이용한다(결함 수정, 기내 청소). |
| **"B" check** | A점검의 점검 항목에 보충해서 기관점검을 위주로 하며 운항 중의 시간을 이용하여 행한다. |

# 필답테스트 기출복원문제

**01** 다음은 속도계에 대한 설명이다. 알맞은 색 표시는?

① 최소 및 최대 운용한계를 표시하여 운용금지한계를 넘지 않도록 한다.

② 정상 작동범위를 벗어나기 시작하는 경계 의미 또는 경고, 주의 범위

③ 속도계에만 사용되는 색 표식으로 플랩 운용 속도영역을 표시한다. 하한은 최대 착륙 중량에서의 실속 속도, 상한은 플랩 전개 가능 속도를 표시한다.

**정답**  ① 적색 방사선
② 노란색 호선
③ 흰색 호선

**참고**

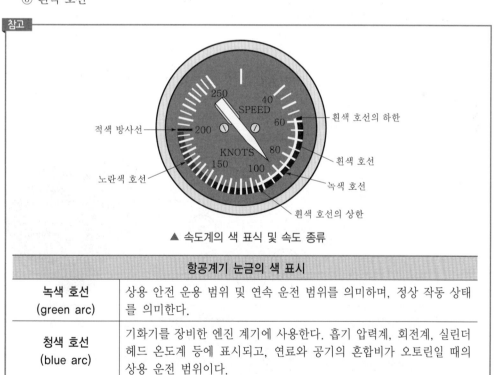

▲ 속도계의 색 표식 및 속도 종류

| 항공계기 눈금의 색 표시 | |
| --- | --- |
| **녹색 호선**<br>(green arc) | 상용 안전 운용 범위 및 연속 운전 범위를 의미하며, 정상 작동 상태를 의미한다. |
| **청색 호선**<br>(blue arc) | 기화기를 장비한 엔진 계기에 사용한다. 흡기 압력계, 회전계, 실린더 헤드 온도계 등에 표시되고, 연료와 공기의 혼합비가 오토린일 때의 상용 운전 범위이다. |
| **흰색 방사선**<br>(white radiation) | 유리판과 케이스가 정확히 맞물려 있는가를 표시하는 미끄럼 방지 표시이다. |

**02** 다음은 연소실이다. 연소실 이름과 장점 1개를 쓰시오.

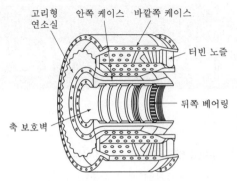

고리형 연소실, 안쪽 케이스, 바깥쪽 케이스, 터빈 노즐, 뒤쪽 베어링, 축 보호벽

**정답** 이름 : 애뉼러형 연소실, 장점 : 연소효율이 우수하다.

**참고**

1. 애뉼러형 연소실의 구조

2. 캔-애뉼러형 연소실의 구조

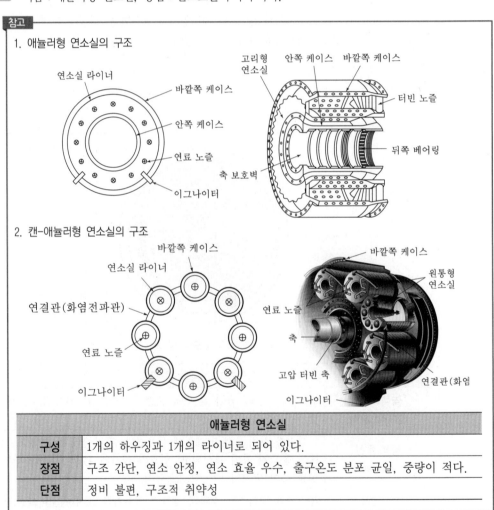

| 애뉼러형 연소실 | |
|---|---|
| **구성** | 1개의 하우징과 1개의 라이너로 되어 있다. |
| **장점** | 구조 간단, 연소 안정, 연소 효율 우수, 출구온도 분포 균일, 중량이 적다. |
| **단점** | 정비 불편, 구조적 취약성 |

**03** 다음 최소 굴곡 반경을 주어야 하는 이유와 BA 작업 시 고려할 사항 2가지를 기술하시오.

**정답** ① 최소 굴곡 반경을 주어야 하는 이유 : 재료에 가해지는 과도한 응력을 방지하기 위해
② BA 작업 시 고려할 사항 2가지 : 굽힘 반지름, 판재 두께

**참고**

| 굽힘여유 (band allowance, BA) | 평판을 구부려 부품을 만들 때 완전히 직각으로 구부릴 수 없으므로 굽히는 데 소요되는 여유길이를 말한다. 계산식은 다음과 같다. $BA = \dfrac{\theta}{360} \times 2\pi\left(R + \dfrac{1}{2}T\right)$  ※ $\theta$ : 굽힘 각도, $R$ : 굽힘 반지름, $T$ : 판재 두께 |
|---|---|
| 최소 굽힘 반지름 | 판재가 본래의 강도를 유지한 상태로 굽힐 수 있는 최소 예각을 말하며, 풀림처리한 판재는 그 두께와 같은 정도로 굽힐 수 있고, 보통의 판재는 판재 두께의 3배 정도 굽힐 수 있다. |

**04** 아래의 내용은 어떤 작업을 의미하는지 적으시오.

① 항공기나 부품 및 장비의 손상이나 기능 불량 등을 원래의 상태로 회복시키는 작업이다.
② 항공기나 장비 및 부품에 대한 원래의 설계를 변경하거나 새로운 부품을 추가로 장착시킬 때 실시하는 작업이다.

**정답** ① 수리
② 개조

**참고**

| 수리 | 소수리 | 감항성에 큰 영향을 끼치지 않는 기체나 부품의 수리, 수정작업, 교환작업이다. |
|---|---|---|
| | 대수리 | 감항성에 큰 영향을 끼치는 수리로써 기관, 프로펠러 부품의 수리 작업으로 관계기관의 확인이 필요하다. |
| 개조 | 소개조 | 그 외의 작업 |
| | 대개조 | 항공기 중량, 강도, 기관의 성능, 비행 성능 및 그 밖의 감항성 등에 중대한 영향을 끼치는 개조 작업으로 관계 기관의 확인이 필요한 작업이다. |

**05** 입자 간 부식 원인, 검사 방법, 발견 시 처리 방법을 설명하시오.

**정답** ① 부식 원인 : 금속의 부적절한 열처리에 의해 발생한다(형태 : 나무결 모양, 섬유 형태).
② 검사 방법 : 초음파 검사, 와전류 검사, 방사선 검사(내부에 발생되므로 발견이 어렵다.)
③ 처리 방법 : 손상 정도와 구조물의 강도를 확인 후 모든 부식 생성물과 떨어져 나간 금속 표면을 기계적인 방법으로 제거하고 수리하거나, 부품을 교환한다.

| 부식의 종류 | 주요 내용 |
|---|---|
| 표면 부식<br>(surface corrosion) | 가장 일반적인 부식으로 금속 표면이 공기 중의 산소와 직접 반응하여 발생한다. |
| 이질금속간 부식<br>(galvanic corrosion) | 동전기 부식, 두 종류의 이질금속이 접촉하여 전해질로 연결되면 한쪽 금속에 부식이 촉진된다. |
| 점부식<br>(pitting corrosion) | 금속의 표면이 국부적으로 깊게 침식되어 작은 점을 만드는 부식이며, 이는 잘못된 열처리나 기계작업에서 생기는 합금 표면의 균일성 결여 때문에 발생한다. |
| 응력 부식<br>(stress corrosion) | 부식 조건에서 장시간 동안 표면에 가해진 정적인 인장 응력의 복합적인 효과로 발생한다. |

**06** 왕복엔진 시동계통의 구성품 3가지를 쓰시오.

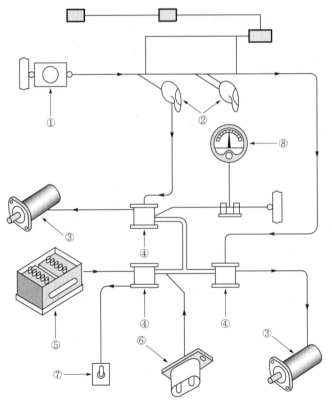

> **참고**
>
> ① 차단기, ② 시동스위치, ③ 시동기, ④ 시동 솔레노이드, ⑤ 축전지, ⑥ 외부 전원 플러그,
> ⑦ 축전지 스위치, ⑧ 전류계

**07** 가스터빈엔진에서 공기식 시동기를 작동시키는 데 필요한 고압공기 3가지는?

**정답** 압축기 블리드 에어, APU, GTC

> **참고**
>
> | | |
> |---|---|
> | **공기터빈식 시동계통** | 전기식 시동기에 비해 가볍고 출력이 요구되는 대형기에 적합하며, 많은 양의 압축공기가 필요하다. 공기를 얻는 방법으로는 첫째, 별도의 보조기관에 의해 공기를 공급받고, 둘째 저장 탱크에 의해 공기를 공급받고, 셋째 카트리지 시동 방법으로 공급받는다. 작동 원리로는 압축된 공기를 외부로부터 공급받아 소형 터빈을 고속 회전시킨 후 감속기어를 통해 큰 회전력을 얻어 압축기를 회전시키고 자립회전속도에 도달하면 클러치 기구에 의해 자동 분리된다. |
> | **가스터빈식 시동계통** | 외부 동력 없이 자체 시동이 가능한 시동기로 자체가 완전한 소형 가스터빈 기관이다. 이 시동기는 자체 내의 전동기로 시동된다. 장점으로는 고출력에 비해 무게가 가볍고, 조종사 혼자서 시동이 가능하고, 기관의 수명이 길고, 계통의 이상 유무를 검사할 수 있도록 장시간 기관을 공회전시킬 수 있다. 반면, 단점으로는 구조가 복잡하고, 가격이 비싸다. |
> | **공기충돌식 시동계통** | 작동 원리로는 공기 유입 덕트만 가지고 있어 시동기 중 가장 간단한 형식이고, 작동 중인 엔진이나 지상 동력장치로부터 공급된 공기를 체크 밸브를 통해 터빈 블레이드나 원심력식 압축기에 공급하여 기관을 회전시킨다. 장점으로는 구조가 간단하고, 무게가 가벼워 소형기에 적합하다. 반면 대형 기관은 대량의 공기가 필요하여 부적합하다. |

**08** 왕복엔진 점화를 상사점 전에 하는 이유를 서술하시오.

**정답** 화염전파속도를 고려하여 상사점 직후 최대압력이 작용하도록 하기 위해 점화시기를 앞당긴다.

> **참고**
>
> 밸브오버랩(valve overlap)
> • 흡입행정 초기 I.O 및 E.C가 동시에 열려있는 각도이므로 상사점 전 30°에서 흡입 밸브가 열리고, 상사점 후 15°에서 닫히므로 15+15=30°이다.
> • 장점 : 체적효율 향상, 배기가스 완전 배출, 냉각효과 좋음
> • 단점 : 저속 작동 시 연소되지 않은 혼합가스의 배출 손실 및 역화의 위험성, 비정상 연소

**09** $R_1$, $R_2$, $R_3$는 각 40Ω이다. 그중 $R_3$는 끊겨있다. 이때, 합성저항을 구하시오.

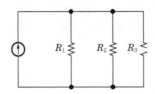

> **정답** $R_T = \dfrac{R_1 R_2}{R_1 + R_2} = \dfrac{40 \times 40}{40 + 40} = 20Ω$

| 참고 | |
|---|---|
| 저항의 병렬연결 | • 저항 2개의 합성저항 식 $R_T = \dfrac{R_1 R_2}{R_1 + R_2}$ |
| | • 저항 3개의 합성저항 식 $R_T = \dfrac{R_1 R_2 R_3}{R_2 R_3 + R_3 R_1 + R_1 R_2}$ |
| 저항의 직렬연결 | • 저항 2개의 합성저항 식 $R_T = R_1 + R_2$ |
| | • 저항 3개의 합성저항 식 $R_T = R_1 + R_2 + R_3$ |

**10** 조종힌지 축 전방 50cm 부분에 수리했더니 무게가 500g이었다. 조종힌지 축 후방 25cm 지점에 몇 g짜리 평형추를 사용해야 하는가?

> **정답** $50 \times 500 = 25 \times x$, $x = 1,000$g

| 참고 |
|---|
| 평형의 원리<br>평형 무게(balance weight)는 기울어지는 중심축에서 양쪽에 작용하는 무게와 중심축에서 무게 중심까지의 거리를 곱한 양쪽 모멘트가 같아야 한다. 힘과 모멘트의 관계식은 다음과 같다.<br>• 왼쪽 모멘트=오른쪽 모멘트<br>• 왼쪽의 거리×거리=오른쪽의 거리×거리 |

**11** 수리순환부품의 상태에 따른 색 표시이다. 다음 설명에 해당하는 색 표시는?

① 폐기 부품의 상태 표찰 색은?

② 사용 가능 부품의 상태 표찰 색은?

③ 수리 중인 부품의 상태 표찰 색은?

> **정답** ① 빨간색(red tag)
> ② 노란색(yellow tag)
> ③ 파란색(blue tag)

## 12 항공기 계류 시 로프 매듭법 2가지는?

**정답** 보우라인매듭 묶기(bowline knot), 스퀘어매듭 묶기(square knot)

참고

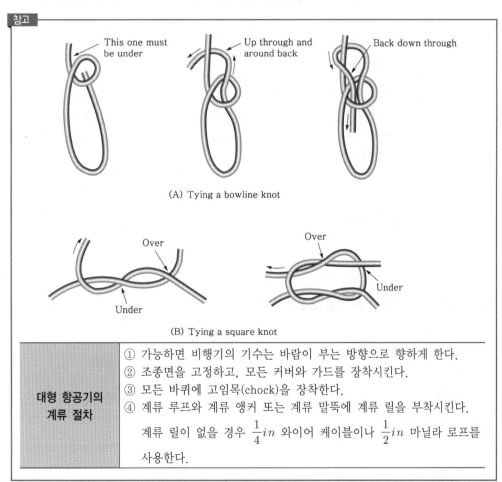

(A) Tying a bowline knot

(B) Tying a square knot

| 대형 항공기의<br>계류 절차 | ① 가능하면 비행기의 기수는 바람이 부는 방향으로 향하게 한다.<br>② 조종면을 고정하고, 모든 커버와 가드를 장착시킨다.<br>③ 모든 바퀴에 고임목(chock)을 장착한다.<br>④ 계류 루프와 계류 앵커 또는 계류 말뚝에 계류 릴을 부착시킨다.<br>계류 릴이 없을 경우 $\frac{1}{4}in$ 와이어 케이블이나 $\frac{1}{2}in$ 마닐라 로프를<br>사용한다. |
| --- | --- |

**13** 다음은 밸브의 설명이다. 아래 내용을 읽고 알맞은 밸브를 쓰시오.

① 비행자세의 흔들림과 온도 상승으로 인하여 펌프의 공급관과 펌프 출구 쪽에 거품이 생기게 되는데, 공기가 섞인 작동유를 레저버로 배출시키는 밸브는?

② 계통 내의 압력을 규정된 값 이하로 제한하는 데 사용되는 것으로, 과도한 압력으로 인하여 계통 내의 관이나 부품이 파손될 수 있는 것을 방지하는 밸브는?

③ 흐름 방향을 한쪽 방향으로는 허용하지만, 다른 방향으로는 흐르지 못하게 하는 밸브는?

**정답** ① 퍼지 밸브
② 릴리프 밸브
③ 체크 밸브

**참고**

| 밸브의 종류 | 특징 |
|---|---|
| 선택 밸브 | 작동 실린더의 운동 방향을 결정하는 밸브이다. 기계적으로 작동하는 밸브와 전기적으로 작동하는 밸브가 있다. 기계적으로 작동하는 밸브에는 회전형, 포핏형, 스풀형, 피스톤형, 플런지형 등이 있다. |
| 오리피스 체크 밸브 | 오리피스와 체크 밸브를 합한 것으로 한쪽 방향으로는 정상적으로 흐르게 하고, 다른 방향으로는 흐름을 제한한다(유량 조절을 할 수 없다). |
| 미터링 체크 밸브 | 오리피스 체크 밸브와 기능은 같으나 유량을 조절할 수 있다. |
| 시퀀스 밸브 | 착륙장치, 도어 등과 같이 2개 이상의 작동기를 정해진 순서에 따라 작동되도록 유압을 공급하기 위한 밸브로서 타이밍 밸브라고도 한다. |
| 프리오리티 밸브 | 작동유 압력이 일정 이하로 떨어지면 유로를 막아 작동유의 중요도에 따라 우선 필요한 계통만을 작동시키는 기능을 가진 밸브이다. |

**14** 다음 각 부분에 쓰이는 방빙 방식을 쓰시오.

① 나셀
② 프로펠러
③ 피토튜브

**정답** ① 공기식 방빙 　　② 화학식 방빙 　　③ 전기식 방빙

**참고**

방빙 방식과 적용 계통

| 공기식 방빙 | ① 날개의 앞전, ② 기관나셀 |
|---|---|
| 전기식 방빙 | ① 피토관, ② 전 공기 온도 감지기, ③ 기관 압력 감지기, ④ 얼음 감지기, ⑤ 조종실 윈도우, ⑥ 물 공급 라인, ⑦ 오물 배출구, ⑧ 프로펠러 |
| 화학식 방빙 | ① 프로펠러 |

**15** 엔진 윤활계통에서 스크린-디스크형 윤활유 필터가 막혔을 때, 윤활유의 흐름을 서술하시오.

정답 윤활유가 바이패스 밸브(by pass valve)에 의해 여과 없이 공급된다.

참고

방빙 방식과 적용 계통

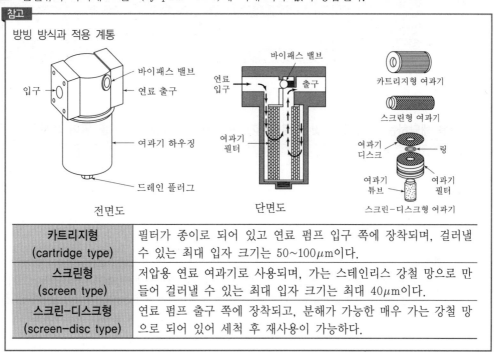

| | |
|---|---|
| **카트리지형**<br>**(cartridge type)** | 필터가 종이로 되어 있고 연료 펌프 입구 쪽에 장착되며, 걸러낼 수 있는 최대 입자 크기는 50~100μm이다. |
| **스크린형**<br>**(screen type)** | 저압용 연료 여과기로 사용되며, 가는 스테인리스 강철 망으로 만들어 걸러낼 수 있는 최대 입자 크기는 최대 40μm이다. |
| **스크린-디스크형**<br>**(screen-disc type)** | 연료 펌프 출구 쪽에 장착되고, 분해가 가능한 매우 가는 강철 망으로 되어 있어 세척 후 재사용이 가능하다. |

**16** MS20426AD4-5의 의미를 각각 적으시오.

정답
① 20426 : 둥근머리리벳
② AA규격 : 2117-T
③ 4 : 리벳 지름 $\dfrac{4}{32}inch$
④ 5 : 리벳 길이 $\dfrac{5}{16}inch$

참고

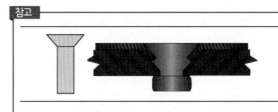

[AN 420, AN 425, MS 20426] 일명 FLUSH 리벳, 접시머리 리벳이라 불리고, 항공기 외피용 카운터 싱크 및 딤플링으로 결합한다.

**01** 다음 해당하는 곳에 화재 및 과열탐지기, 과열탐지기, 연기탐지기를 넣어 쓰시오.

> 기관, 보조동력장치 : ( ① ), 화장실, 화물실 : ( ② ), 랜딩기어, 날개앞전 : ( ③ )

**정답** ① 화재 및 과열 탐지기
② 연기 탐지기
③ 과열 탐지기

> **참고**
>
> 항공기는 작동 중에 화재가 발생할 수 있는 기관과 보조 동력장치에는 화재 탐지 장치를, 그리고 화물실, 화장실, 전기·전자 장비실에는 연기 탐지 장치를, 착륙장치의 휠 웰(wheel well)과 날개 앞전, 전기·전자 장비실에는 과열 탐지기 등을 설치한다. 화재 탐지기 종류에는 유닛식 탐지기, 저항 루프 탐지기, 열 스위치식 탐지기, 열전쌍 탐지기, 연기 탐지기 등이 있다.

**02** 항공기 정비의 기본적인 목적 3가지는?

**정답** 감항성, 경제성, 정시성

> **참고**

| | |
|---|---|
| 감항성 | 항공기가 운항 중에 고장 없이 그 기능을 정확하고 안전하게 운항할 수 있는 능력(인명과 재산보호) |
| 쾌적성 | 항공기가 운항 중에 객실(기내) 안의 청결 상태를 유지하는 능력(승객에게 만족감과 신뢰성을 부여) |
| 정시성 | 항공기가 종착기지로 착륙해서 다음 기지로 운항하기 위해 시간 내에 작업을 끝내는 정시 출발 목적 달성을 위한 능력 |
| 경제성 | 최소의 정비 비용으로 최대의 효과를 얻기 위하여 모든 정비작업을 경제적으로 운용하는 능력 |

**03** 피스톤 링의 2가지 종류와 각 링의 역할을 쓰시오.

**정답** ① 압축링(compression ring) : 압축가스의 기밀을 유지한다.
② 오일 링(oil ring) : 윤활 기능을 수행한다.

**참고**

| 피스톤 링 | 피스톤 링은 기밀작용, 냉각(열전도) 작용, 윤활유 조절 기능을 잘 갖추어야 한다. 종류에는 압축 링(compression ring), 오일 링(oil ring)이 있다. |
| --- | --- |
| 구비조건 | • 기밀을 위해 고온에서 탄성을 유지할 것<br>• 마모가 적을 것<br>• 열팽창이 적을 것<br>• 열전도율이 좋을 것(재질 : 주철(gray cast iron)) |

**04** 다음 클레비스 볼트 사용처와 사용 공구는?

① 사용처
② 사용 공구

**정답** ① 전단력이 작용하는 곳
② 스크루 드라이버

**참고**

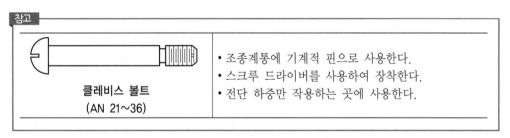

클레비스 볼트
(AN 21~36)

• 조종계통에 기계적 핀으로 사용한다.
• 스크루 드라이버를 사용하여 장착한다.
• 전단 하중만 작용하는 곳에 사용한다.

**05** 다음 괄호 안에 알맞은 단어를 기술하시오.

가스터빈기관의 터빈 케이스 냉각 시 사용하는 공기는 ( ① )이며, 순항 시 저압 밸브의 위치는 ( ② )상태이고, 고압터빈 밸브 위치는 ( ③ )상태이다.

**정답** ① Bleed air
② 닫힘
③ 열림

쉬라우드의 간격을 조절하는 방법으론 ACCS(Active tip Clearance Control System) 또는 TCCS(Turbine Case Cooling System)라 하는데, 이는 터빈 케이스를 냉각해서 터빈 블레이드와 터빈 케이스 사이의 간격을 최소로 만들어서 엔진 효율을 높이는 시스템이다. 터빈 케이스 바깥에는 쿨링 매니폴드가 달려 있어 냉각 공기(Ram Air)가 터빈 케이스를 수축시키고, 터빈 케이스 안쪽에는 급격한 냉각공기가 유입되면 터빈 블레이드가 손상될 수 있기 때문에 적당한 온도의 냉각공기(Bleed Air)를 사용하여 실과 깃 끝 사이의 간격을 적절하게 유지한다.

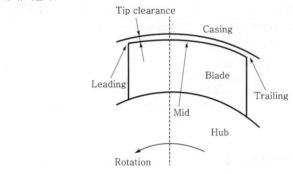

## 06 다음 그림을 보고 축압기의 종류 3가지를 설명하시오.

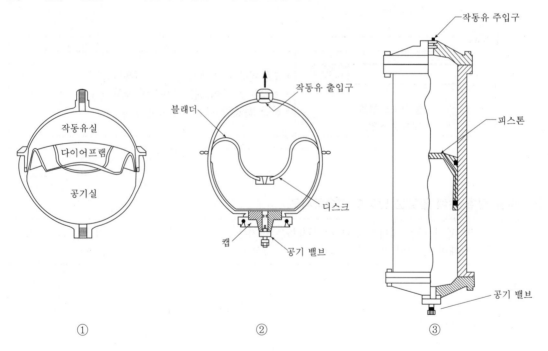

① 다이어프램형
② 블래더형
③ 피스톤형

| 다이어프램형 축압기 | 유압계통 최대 압력이 1/3에 해당하는 압력으로 공기를 충전하면 다이어프램이 올라간다. 1,500psi 이하의 계통에 사용한다. |
|---|---|
| 블래더형 축압기 | 3,000psi 이상인 계통에 사용한다. |
| 피스톤형 축압기 | 공간을 적게 차지하고 구조가 튼튼해 현재의 항공기에 많이 사용된다. |

## 07 다음 항공기 기체 손상에 관한 용어를 올바르게 연결하시오.

| Scratch | ① | | ❶ | 피로 파괴 |
|---|---|---|---|---|
| Burning | ② | | ❷ | 소손 |
| Fatigue Failure | ③ | | ❸ | 마모 |
| Fretting Corrosion | ④ | | ❹ | 마찰 부식 |
| Abrasion | ⑤ | | ❺ | 긁힘 |

① → ❺, ② → ❷, ③ → ❶, ④ → ❹, ⑤ → ❸

| 긁힘 (scratch) | 좁게 긁힌 형태로서 모래 등 작은 외부 물질의 유입에 의하여 생기는 결함이다. |
|---|---|
| 소손 (burning) | 국부적으로 색깔이 변했거나 심한 경우 재료가 떨어져 나간 형태로서 과열에 의하여 손상된 형태이다. |
| 마찰 부식 (fretting corrosion) | 두 금속 간의 접합 면에서 미세한 부딪힘 상대운동에 의해 발생하는 부식성의 침식 손상 형태로 표면의 점식과 가늘게 쪼개진 파면이 발생한다. |
| 피로 파괴 (fatigue failure) | 반복 하중을 받는 구조는 정하중에서 재료의 극한 강도보다 훨씬 낮은 응력 상태에서 파괴되는 것을 말한다. |
| 마모 (abrasion) | 재료 표면에 외부 물체가 끌리거나, 비벼지거나, 긁혀져서 표면이 거칠고 불균일하게 되는 현상을 말한다. |

**08** 다음 핫 탱크 흐름도에 따라 (   ) 안에 알맞게 넣으시오.

오일탱크 - (  ① ) - (  ② ) - (  ③ ) - (  ④ )
[보기] 오일 냉각기, 오일 펌프, 베어링, 필터

**정답** ① 오일 펌프
② 필터
③ 오일 냉각기
④ 베어링

**참고**

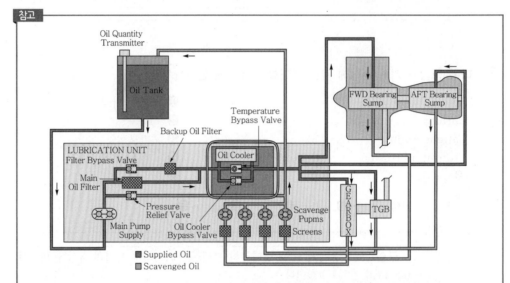

그림은 Hot Tank이다. 열교환기(oil cooler)에 의해 윤활유가 계통으로 공급 라인(supplied oil line)을 통해 공급될 때 냉각된 상태로 공급되고, Oil Tank로 귀환 라인(scavenged oil line)을 통해 귀환될 때는 가열된 상태로 귀환된다.

**09** 항공기 정비 방식에 대해 설명하시오.

① 일정한 주기에 점검하여 다음 주기까지 감항성을 유지할 수 있다고 판단되면 계속 사용하고, 발견된 결함에 대해서는 수리 또는 교환하는 방식이다.
② 항공기가 안정성에 직접 영향을 주지 않으며 정기적인 검사나 점검하지 않은 상태에서 고장을 일으키거나 그 상태가 나타날 때까지 사용할 수 있는 일반 부품이나 장비에 적용하는 것으로, 고장률이나 운항 상황 등의 데이터를 분석하여 필요한 부분만을 정비하는 방식이다.

**정답**
① 상태정비(OC; On Condition)
② 신뢰성 정비(CM; Condition Monitoring)

**참고**

| 정비방식 결정 방법-Ⅰ | 항공기 운용 회사 및 항공 감항 당국이 공동으로 참여하여 항공기(B747) 정시 정비방식을 수립하기 위해 개발된 정비방식 결정 방법이다. |
|---|---|
| 정비방식 결정 방법-Ⅱ | 항공기 고유의 신뢰성이 유지될 수 있도록 미국항공운송협회(ATA)에서 개발한 정비방식 결정 방법으로 시한성 정비(HT), 상태 정비(OC), 신뢰성 정비(CM)로 구분된다. |
| 정비방식 결정 방법-Ⅲ | 정비방식 결정 방법-Ⅱ를 개선하여 새로운 항공기에 적용된 정비작업 위주의 정비방식 결정 방법으로 윤활·보급(lubrication service), 작동 점검(operation check), 육안 점검(visual check), 기능 점검(functional check), 검사(inspection), 복원 및 폐기(restoration & discard) 등으로 구분된다. |

**10** 터보 팬 엔진(turbofan engine)에서 바이패스비란 무엇인지 간단히 서술하시오.

**정답**
$$BPR = \frac{2차\ 공기유량}{1차\ 공기유량}$$

**참고**

바이패스 비(BPR; By Pass Ratio)
터보팬 기관에서 팬을 지나는 2차 공기량과 가스발생기를 지나는 1차 공기량의 비를 바이패스비라 한다. 바이패스비가 큰 경우 팬 노즐에서 분사된 공기에 의해 추력이 발생하고, 바이패스비가 작은 경우 바이패스된 공기가 기관 주위로 흐르면서 기관을 냉각시키고 배기 노즐을 통해서 분사된다.

## 11 다음 그림을 보고 유효전력을 구하시오.

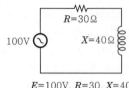

$E$=100V, $R$=30, $X$=40

**정답**

임피던스 $Z = \sqrt{R^2+(X_L-X_C)^2} = \sqrt{30^2+40^2} = 50\,\Omega$

전류 $I = \dfrac{E}{R} = \dfrac{100}{50} = 2A$

유효전력 $P = I^2R = 2^2 \times 30 = 120W$

**참고**

교류전력

| 피상전력 (apparent power, $P_a$) | 교류회로의 위상차는 고려하지 않고 인가된 전압과 전류를 곱하며, 단위는 [VA](volt·ampere)이다. 직류전력과 같다. $P_a = V \cdot I = I^2 Z\ [VA]$ |
|---|---|
| 유효전력 (active power, $P$) | 교류회로의 위상차를 고려하여 전압과 전류를 벡터성분으로 분해하고, 전력에 기여하는 유효성분만을 곱하며, 단위는 [W](watt)이다. $P = V \cdot \cos\theta = I^2 Z\cos\theta = I^2 Z \cdot \dfrac{R}{Z} = I^2 R\ [W]$ |
| 무효전력 (reactive power, $P_r$) | 교류회로의 위상차를 고려하여 전압과 전류를 벡터성분으로 분해하고, 전력에 기여하지 못하는 무효성분만을 곱하며, 단위는 [VAR]이다. $P_r = V \cdot I\sin\theta = I^2 Z\sin\theta = I^2 Z \cdot \dfrac{X}{Z} = I^2 X\ [VAR]$ |
| 역률 (power factor, p·f) | DC 전력의 경우 공급된 전압과 전류를 모두 사용할 수 있는 경우가 역률 "1"이 되고, 역률이 "1"에 가까울수록 효율이 좋다. AC 전력은 공급전압, 전류 중 사용할 수 없는 무효전력이 항상 존재하여 전자장치를 구동시킬 때 효율적이지 못하여 DC 전력을 사용한다. $p \cdot f = \dfrac{P}{P_a} = \dfrac{V \cdot I\cos\theta}{V \cdot I} = \cos\theta$ |

**12** 두께가 0.050in인 철판을 굽힘 반지름 0.15in, 굽힘각 90°로 굽히려 한다. 세트 백은?

정답

$$SB = K(R+T) = \tan\frac{90}{2}(0.15+0.050) = 0.2\text{in}$$

참고

교류전력

| 굽힘 여유 (BA) | 평판을 구부려서 부품을 만들 때 완전히 직각으로 구부릴 수 없으므로 굽히는 데 소요되는 여유 길이 <br> $BA = \dfrac{\theta}{360} \times 2\pi\left(R + \dfrac{1}{2}T\right)$ |
|---|---|
| 세트 백 (SB) | 굴곡된 판 바깥면 연장선의 교차점과 굽힘 접선과의 거리 <br> $SB = K(R+T)$ |

**13** 항공기 기압고도계의 보정 방법 3가지를 적으시오.

정답 QNH, QNE, QFE

참고

기압고도계 보정 방법

| QNH 보정 | 14,000ft 미만의 고도에 사용, 고도계가 활주로 표고를 가리키도록 하는 보정으로, 해면으로부터 기압 고도 지시(진고도)라고 한다. |
|---|---|
| QNE 보정 | 고도계의 기압창구에 해변의 표준대기압인 29.92inHg를 맞춰 고도를 지시(기압 고도)하며, 14,000ft 이상의 고도 비행 시 적용된다. |
| QFE 보정 | 활주로 위에서 고도계가 0ft를 지시하도록 고도계의 기압창구에 비행장의 기압을 맞추는 방법으로, 이 · 착륙훈련에 편리한 방법(절대고도)이다. |

# 14 슈퍼차저에 사용되는 인터쿨러를 왜 장착하는가?

**정답** 과급기를 거친 공기는 압축되면서 온도가 올라가는데, 흡기의 온도가 높아지면 엔진 열효율 면에 악영향을 주기 때문에 과급에 의한 고온의 흡기온도를 저하시키는 역할을 한다.

---

**참고**

과급기(super charger)

압축기로 혼합가스 또는 공기를 압축시켜 실린더로 보내 고출력을 만드는 장치이다. 과급기의 사용 목적은 이륙 시 고출력을 내거나, 높은 고도에서 최대출력을 내기 위해 사용하며, 종류로는 원심식, 루츠식, 베인식 이 있다.

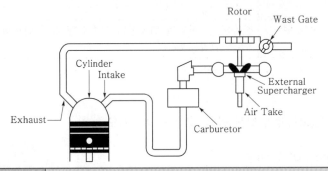

| 원심식 과급기 (centrifugal type supercharger) | 내부식 과급기(기계식 과급기) |
|---|---|
| | 크랭크축에서 회전력을 전달받아 작동되며, 크랭크축 회전속도의 5~10배로 회전하고, 동력을 크랭크축에서 전달 받으므로 동력이 손실되나 높은 고도에서 비행하거나 마력이 큰 기관에서는 오히려 성능 증가가 크므로 과급기를 사용한다. |
| | 외부식 과급기(배기 터빈식 과급기) |
| | 배기가스의 배출력을 이용하여 터빈을 회전시켜 회전력을 전달받아 작동되며, 배기가스의 흐름 저항이 발생되어 배기가 원활히 수행되지 않는다. 또한 배기가스를 바이패스 시켜 과급기의 회전속도를 조절할 수 있다. |
| 루츠식 과급기(roots type supercharger) | |
| 베인식 과급기(vane type supercharger) | |

**15** 다음 그림을 보고 연결 방법, 종류, 장점을 쓰시오.

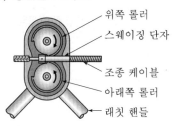

위쪽 롤러
스웨이징 단자
조종 케이블
아래쪽 롤러
래칫 핸들

**정답**
① 연결 방법 : 스웨이징 연결 방법
② 종류 : 니코프레스, 랩 솔더, 5단 엮기
③ 케이블 강도 100% 유지

**참고**

| 연결 방법 | 내용 |
|---|---|
| 스웨이징 방법<br>(swaging method) | 스웨이징 케이블 단자에 케이블을 끼워 넣고 스웨이징 공구나 장비로 압착하여 접합하는 방법으로, 케이블 강도의 100%를 유지하며 가장 많이 사용한다. |
| 니코프레스 방법<br>(nicopress method) | 케이블 주위에 구리로 된 슬리브를 특수공구로 압착하여 케이블을 조립하는 방법으로, 케이블을 슬리브에 관통시킨 후 심블을 감고, 그 끝을 다시 슬리브에 관통시킨 다음 압착한다. 케이블의 원래 강도를 보장한다. |
| 랩 솔더 방법<br>(wrap solder method) | 케이블 부싱이나 딤블 위로 구부려 돌린 다음 와이어를 감아 스테아르산의 땜납 용액에 담아 케이블 사이에 스며들게 하는 방법으로, 케이블 지름이 3/32인치 이하의 가요성 케이블이나 1×19케이블에 적용한다. 케이블 강도가 90%이고, 주의사항으로 고온 부분에는 사용을 금지한다. |
| 5단 엮기 방법<br>(5 truck woven method) | 부싱이나 딤블을 사용하여 케이블 가닥을 풀어서 엮은 다음 그 위에 와이어로 감아 씌우는 방법으로 7×7, 7×19 가요성 케이블로써 직경이 3/32in 이상 케이블에 사용할 수 있다. 케이블 강도의 75% 정도이다. |

**16** 다음 내용을 보고 ( )에 알맞게 기록하시오.

|  | 리벳 모양 | 리벳 재질 |
|---|---|---|
| 2117 | ( ① ) | ( ② ) |
| 2024 | ( ③ ) | ( ④ ) |

**정답** ①

DIMPLE

② 알루미늄 합금

③

TWO RAISED DASHES

④ 초두랄루민

**참고**

| 종류 | 보관 이유 |
|---|---|
| 2117-T [AD] | 항공기에 가장 많이 사용되며 열처리를 하지 않고 상온에서 작업할 수 있다. |
| 2024-T [DD] | 24 ST Ice box rivet : 2017 T보다 강한 강도가 요구되는 곳에 사용하며, 열처리 후 냉장 보관하고 상온 노출 후 10~20분 이내에 작업을 해야 한다. |

**01** 항공기가 이륙 중 조류를 만나 조류 충돌(bird strike) 현상이 발생하였으며, 엔진 관련 계기(N1, N2, RPM)가 떨리는 현상이 발생하였다면 어떤 결함이 예상되며, 이에 대한 조치 2가지를 기술하시오.

**정답** ① 결함 : 엔진 급감속
② 조치 : 엔진 흡입구 이상 여부 점검, 오일을 추출하여 금속입자 점검

> **참고**
> 엔진 급감속(sudden reduction in speed) : 조치로는 엔진 마운트, 엔진 흡입구, 배출구 등을 통한 이상 여부를 확인하고, 로터를 손으로 돌렸을 때 걸리는 부분 없이 회전하는지 조치한다. 그리고 오일 필터와 오일 배출구를 통해 오일을 추출하여 금속입자를 점검한다. 이때 입자가 큰 경우 엔진을 탈착한 뒤 엔진을 회전 방향으로 회전시켜 오일계통에 남은 잔류 오일을 배출하여 금속입자 재검출 여부를 확인한다. 점검에 이상 없을 시 엔진을 시동하여 구동 소리가 부드럽고 진동 없이 정상 범위에 있다면 엔진을 정지하고, 재차 오일 계통의 금속입자 검사를 확인한다.

**02** 두 개의 축으로 구성된 터보팬기관에서 감속 중 또는 가속 중에 실속이 발생되는 곳은?

**정답** 압축기

> **참고**
> 터보팬기관 비행 중 실속이 발생하는 위치
>
> | 감속 시 | engine station 3.0~3.4 또는 4단계 압축기 |
> | --- | --- |
> | 가속 시 | 압축기 전방 |
>
> \* 압축기 실속 방지 장치
> ① 가변안내베인(VIGV), ② 가변정익베인(VSV), ③ 블리드 밸브(BV), ④ 가변 바이패스 밸브(VBV), ⑤ 다축식 압축기

**03** 항공기 기체 수리 시 반드시 지켜야 할 기본원칙 3가지를 쓰시오.

정답  원래의 강도 유지, 원래의 윤곽 유지, 최소 무게 유지

참고

구조 수리의 기본원칙

| | |
|---|---|
| 원래의 강도 유지 | • 판재 두께는 한 치수 큰 것을 사용해야 한다.<br>• 원재료보다 강도가 약한 것을 사용할 때는 강도를 환산하여 두꺼운 재료를 사용해야 한다.<br>• 형재에 있어 덧붙임판의 실제 단면적은 원래 형재 단면적보다 큰 재료를 사용해야 한다.<br>• 수리 부재는 손상 부분 2배 이상, 덧붙임판은 긴 변의 2배 이상의 재료를 사용해야 한다. |
| 원래의 윤곽 유지 | • 수리 이후 표면은 매끄럽게 유지해야 한다.<br>• 고속 항공기에 있어 플러시 패치를 선택하고, 상황에 따라 오버패치를 해야 할 경우 양끝 모서리를 최소 0.02in만큼 다듬어 준다. |
| 최소 무게 유지 | • 구조 부재 개조 및 수리할 경우 무게가 증가하거나 균형이 맞지 않게 된다. 따라서 무게 증가를 최소로 하기 위해 패치 치수를 가능한 작게 하고, 리벳 수를 산출하여 불필요한 리벳팅을 하지 않게 한다. |
| 부식에 대한 보호 | • 금속과 금속이 접촉되는 부분은 부식이 발생하기에 정해진 절차에 따라 방식처리를 해야 한다. |

**04** 항공기에 사용되는 유압펌프의 종류는?

정답  ① 기어(Gear)
② 제로터(Gerotor)
③ 베인(Vane)

참고

유압계통 동력원의 종류
① E.D.P(Engine Driven Pump)
② E.M.D.P(Electric Motor Driven Pump)
③ A.D.P(Air Driven Pump)
④ P.T.U(Power Transfer Unit)
⑤ R.A.T(Ram Air Turbine)

**05** 토크렌치의 길이가 10in, 연장대의 길이 4in 볼트에 150in–lb로 조일 때, 토크렌치가 지시하는 값은?

**정답** $R = \dfrac{L \times T}{L + E} = \dfrac{10 \times 150}{10 + 4} = 107.14 ≒ 107\,in-lbs$

**참고**

| 고정식 토크렌치 | 토크값을 미리 설정해 줌으로써 정해진 토크값이 이상으로 과 토크가 걸리지 않는 토크렌치이다. |
|---|---|
| 지시식 토크렌치 | 죄는 정도에 따라 토크값을 지시하게 되어 있는 토크렌치이다. |

토크렌치는 일정한 검·교정 주기에 맞춰 교정해 주어야 하는 정밀 측정 장비의 일종이다. 또한 작업조건에 따라 토크렌치를 사용하거나, 그렇지 못한 경우 연장공구를 사용하여 수정된 체결 토크값으로 작업해야 한다.

**06** 다음 그림과 같은 왕복엔진의 실린더 번호와 연소 순서를 쓰시오.

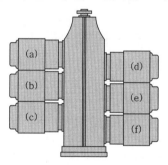

**정답** ① (a) 6번, (b) 4번, (c) 2번, (d) 5번, (e) 3번, (f) 1번
② 연소 순서 : 1-6-3-2-5-4

**참고**

18기통 성형기관

| 점화순서 | 1-12-5-16-9-2-13-6-17-10-3-14-7-18-11-4-15-8(+11, -7반복) |
|---|---|
| 뒷열 실린더 및 점화순서 | • 뒷열이 홀수 실린더 : 1,3,5,7,9,11,13,15,17<br>• 홀수 실린더 점화순서 : 1,5,9,13,17,3,7,11,15 |
| 앞열 실린더 및 점화순서 | • 앞열이 짝수 실린더 : 2,4,6,8,10,12,14,16,18<br>• 짝수 실린더 점화순서 : 2,4,6,8,10,12,14,16,18 |

성형엔진 실린더의 번호 배치 방식은 후방에서 보고 12시를 기준으로 1번 순으로 오른쪽으로 번호가 부여된다(수평대향형 엔진과 동일하다.).

**07** 계류작업 시 항공기의 강풍 대비사항 3가지를 쓰시오.

> 정답 ① 항공기의 방향을 바람 방향으로 두어야 한다.
> ② 굄목을 고여준다.
> ③ 로프 등을 이용하여 매단다.

> 참고
> 계류작업(tie down or mooring) : 갑작스런 돌풍으로 인한 파손을 방지하기 위하여 비행이 끝날 때마다 굄목(chock)을 고인 후, 양쪽 날개와 꼬리 부분을 계류시켜야 한다. 항공기를 계류시킬 때는 바람이 불어오는 방향으로 항공기를 향하게 하고, 마닐라 로프, 케이블 및 체인으로 주기 장소에 설치된 계류 앵커(tie down anchor)에 매달도록 한다. 또한, 큰 돌풍이 부는 경우 주익 날개보 위에 모래주머니를 올려놓기도 한다.

**08** 항공기 유압계통이 사용되는 곳 3가지를 쓰시오.

> 정답 ① 착륙장치계통
> ② 브레이크계통
> ③ 조종장치계통

> 참고
>
> | 작동유 | • 유압계통에 사용되는 압력을 전달하는 매개체로 계통의 작동을 확실하게 하고, 구성품에 해롭지 않아야 한다. |
> |---|---|
> | 작동유의 기능 | • 동력을 전달한다.<br>• 움직이는 기계요소를 윤활시킨다.<br>• 필요한 요소 사이를 밀봉한다.<br>• 열을 흡수한다. |

**09** 다음 볼트 그림의 명칭을 쓰시오.

> 정답 클레비스 볼트, 인터널 렌치 볼트, 아이볼트

볼트의 종류

| 명칭 | 형태 | 특징 |
|---|---|---|
| 육각볼트<br>(AN 3~20) | | • 인장 및 전단 하중 담당<br>• AL 합금볼트는 1차 구조부에 사용 금지<br>• AL 합금볼트는 반복 장·탈착 부분에 사용 금지 |
| 정밀공차<br>볼트<br>(AN 173~186) | | • 심한 반복운동과 진동이 발생하는 곳에 사용<br>• 12~14온스 망치로 쳐서 체결작업 가능 |
| 인터널 렌치<br>볼트<br>(MS 20004 ~ 20024) | | • 내부 렌치 볼트라고도 한다.<br>• 고강도강으로 만들어져 특수 고강도 너트와 함께 사용한다.<br>• AN 볼트와 강도 차이로 교체 사용 불가능<br>• 육각형 L렌치 사용 |
| 드릴헤드<br>볼트<br>(AN 73~81) | | • 안전결선 홀이 있어 일반적으로 두껍다. |
| 클레비스<br>볼트<br>(AN 21~36) | | • 조종계통에 기계적 핀으로 사용한다.<br>• 스크루 드라이버를 사용하여 장착한다.<br>• 전단 하중만 작용하는 곳에 사용한다. |
| 아이볼트<br>(AN 42~49) | | • 인장 하중이 작용하는 곳에 사용한다. |

**10** 운항할 때 탑재용 항공일지(비행 및 정비일지)에서 정비사가 기재해야 할 항목 3가지는?

정답
① 검사일자
② 항공기 상태
③ 프로펠러 사용시간

참고

| 탑재용 항공일지<br>(flight & maintenance logbook) | 항공기를 운항할 때 반드시 탑재해야 한다. 표지 및 경력표, 비행 및 주요 정비일지, 정비 이월기록부도 포함된다. |
|---|---|
| 지상비치용 항공일지<br>(aircraft logs) | 장비품 일지이며 발동기 일지, 프로펠러 일지, 장비품 일지로 구분할 수 있다. |

항공일지는 항공사별로 크기와 형태가 다르며 여러 권의 일지를 영구 보존해야 한다.
탑재용 항공일지는 항공기에 모든 데이터를 기록한다. 검사 일자, 항공기 상태, 기체, 엔진, 프로펠러 사용시간과 사이클이 기록된다. 항공기, 엔진, 장비품의 정비 이력과 감항성 개선지시(AD), 정비회보(SB)의 수행 사실도 기록된다. 검사원은 감항성을 인정하는 인증문을 쓰고 검사인을 날인하여 완료하되 인증문구는 ICAO 인정 공용언어를 사용하여 누구나 읽고 이해할 수 있어야 한다.

**11** 항공기 항법등의 색상과 역할을 쓰시오.

정답
① 색상 : 날개 좌측-적색, 날개 우측-청색, 꼬리 날개-백색
② 역할 : 항공기 위치를 알려 충돌을 방지한다.

참고

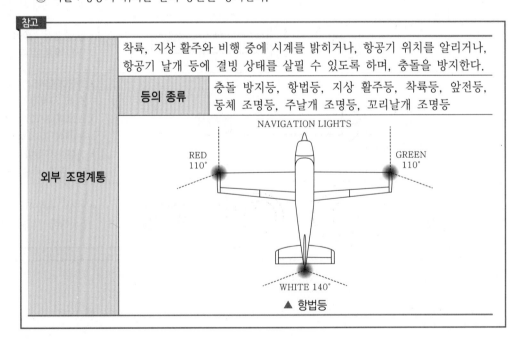

| 외부 조명계통 | 착륙, 지상 활주와 비행 중에 시계를 밝히거나, 항공기 위치를 알리거나, 항공기 날개 등에 결빙 상태를 살필 수 있도록 하며, 충돌을 방지한다. |
|---|---|
| | **등의 종류** : 충돌 방지등, 항법등, 지상 활주등, 착륙등, 앞전등, 동체 조명등, 주날개 조명등, 꼬리날개 조명등 |

NAVIGATION LIGHTS

RED 110°　　GREEN 110°

WHITE 140°

▲ 항법등

**12** 다음은 A, B, C, D Check에 대한 설명이다. 설명에 알맞은 점검을 적으시오.

① 항공기 내외부의 육안 검사, 특정 구성품의 상태 점검 또는 작동점검, 액체 및 기체류의 보충을 행하는 점검. (　　)
② 제한된 범위 내에서 구조 및 제계통의 검사, 계통 및 구성품의 작동점검, 계획된 보기 교환, Servicing 등을 행하여 항공기의 감항성을 유지하는 점검. (　　)
③ 운항에 직접 관련해서 빈도가 높은 정비 단계로서 항공기 내외의 Walk - Around Inspection, 특별장비의 육안 점검, 액체 및 기체류의 보충, 결함 교정, 기내 청소, 외부 세척 등을 행하는 점검. (　　)
④ 인가된 점검주기 시간 한계 내에서 항공기 기체구조 점검을 주로 수행하며, 부분품의 기능 점검 및 계획된 부품의 교환, 잠재적 교정과 Servicing 등을 행하여 감항성을 유지하는 기체 점검의 최고 단계를 말한다. (　　)

**정답** ①-B, ②-C, ③-A, ④-D

**참고**

| 정비 단계 | | |
|---|---|---|
| **운항정비** | | 항공기를 정비 대상으로 하는 정비로 비행 전 점검, 중간 점검, 비행 후 점검, 기체의 정시 점검(A, B 점검) 등이 있다.<br>(A, B 점검)은 운항 정비 쪽에 가깝고, (C, D 점검)은 공장 정비 쪽에 가깝다. |
| **공장 정비** | **의미** | 항공기를 정비하는 데 많은 정비시설과 오랜 정비시간을 요구하며 항공기의 장비 및 부품을 장탈 하여 공장에서 정비하는 것이다. |
| | **기체의 공장 정비** | 운항정비에서 할 수 없는 항공기의 정시 점검과 기체의 오버홀 |
| | **기관의 공장 정비** | 항공기로부터 장탈한 기관의 검사, 기관 중정비, 기관의 상태정비, 기관의 오버홀 |
| | **장비의 공장 정비** | 장비의 벤치 체크, 장비의 수리 및 오버홀<br>① 장비의 기능검사로서 장비를 시험벤치에 설치하여 적절히 작동하는가를 확인<br>② 장비를 완전히 분해하여 상태를 검사하고, 손상된 부품을 교체하는 정비 절차(ZERO SETTING) |

**13** 조종케이블에서 7×19의 의미를 쓰시오.

**정답** 19개의 와이어로 1개의 다발을 만들고, 이 다발 7개로 1개의 케이블을 만든다. 초가요성 케이블로 강도가 높고 유연성이 좋아 주 조종계통에 사용된다.

> **참고**
>
> 케이블의 검사방법
> ① 케이블의 와이어에 잘림, 마멸, 부식 등이 없는지 세밀히 검사한다.
> ② 와이어의 잘린 선을 검사할 때는 천으로 케이블을 감싸서 길이 방향으로 천천히 문질러 본다.
> ③ 풀리와 페어리드에 닿은 부분을 세밀히 검사한다.
> ④ 7×7케이블은 1인치당 3가닥, 7×19케이블은 1인치당 6가닥 이상 잘렸으면 교환한다.

**14** 다음에 제시된 내용의 검사방법에 관해 쓰시오.
① 자분, 표준 시험편, 허위 지시
② 형광액, 자외선 탐사등, A형 표준시험편

**정답** ① 자력탐상검사
② 형광침투탐상검사

> **참고**

| | |
|---|---|
| **자분탐상검사<br>(MT)** | 자성체로 된 재료의 표면(스테인리스, 크롬-니켈강, 망간합금강은 비자성체라 불가능함) 및 바로 밑의 결함을 검사하는 방법으로, 자화 후 손상된 곳에 자분을 뿌리면 자속이 손상된 부위를 피해 가려 넓은 모양으로 흐르게 된다. 비자성체에는 적용할 수 없다. 자성체의 표면 결함 및 바로 밑의 결함을 발견하는 데 효과적이며, 검사 비용이 비교적 싸고, 높은 숙련도를 지니지 않아도 된다. |
| **침투탐상검사<br>(PT)** | 낮은 표면장력과 모세관현상의 특성이 있는 형광/염색 침투제를 검사물에 적용하면 표면의 불연속성, 즉 균열 등에 쉽게 침투되어 결함의 위치 및 크기를 알 수 있는 검사로 금속 및 비금속 표면 검사에 적용된다. 비용이 적게 들고 고도의 숙련이 요구되지 않으며, 검사물의 크기 형상 등에 크게 구애받지 않으며, 미세한 균열의 탐상도 가능하고 판독이 비교적 쉽다. |

**15** 다음 설명에 해당하는 화재탐지 방법은?

> ① 스위치 부분이 가열되면 바이메탈이 작동하여 접점이 붙게 된다. 특정한 온도에서 전기적 회로를 구성시켜 열 탐지기로 온도가 설정된 값 이상으로 상승하면 열 스위치가 닫히고 화재나 과열 상태를 지시한다.
> ② 특정한 온도로 상승하면 화재 경고 지시를 한다. 서로 다른 두 금속이 서로 접합하여 두 금속 사이에 특정한 온도가 되면 열에 의한 기전력이 발생하고, 기전력을 이용하여 화재나 과열 상태를 지시한다.
> ③ 종류로는 리스폰더형과 시스트론 도너 형식이 있다. 정해진 온도에서 작동될 수 있도록 불활성 가스가 들어 있고 밀봉되어 있다. 온도가 상승하면 가스가 팽창하여 관 내의 압력을 증가시켜 화재를 지시해 준다.

**정답**　① 열 스위치식(thermal switch)
　　　② 열전쌍식(thermocouple)
　　　③ 가스식 화재 탐지기

> **참고**
>
> 화재 탐지기 종류는 다음과 같다.
> ① 유닛식 탐지기 : 용융 링크 스위치, 열전쌍 탐지기, 차등 팽창 스위치 종류가 있다.
> ② 저항 루프 화재 탐지기 : kidde와 fenwal 종류가 있다.
> ③ 열 스위치식 탐지기 : 바이메탈 이용
> ④ 열전쌍 탐지기 : 서로 다른 두 금속의 급격한 온도 상승으로 기전력이 발생하여 화재나 과열 지시
> ⑤ 가스식 화재 탐지기 : 리스폰더형과 시스트론 도너형이 있다.
> ⑥ 연기 탐지기 : 광전기 연기탐지기, 시각 연기탐지기. 일산화탄소 탐지기가 있다.

**16** 다음 회로의 무효전력값을 구하시오.

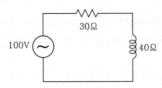

**정답**

$$Z = \sqrt{(R^2 + XL^2)} = \sqrt{(30^2 + 40^2)} = 50\,\Omega, \quad I = \frac{V}{R} = \frac{100}{50} = 2\,A$$

무효전력 $= I^2 \cdot Z \cdot \sin\theta = EI\sin\theta = 100 \times 2 \times \sin 30 = 100\,VAR$

**참고**

교류전력

| | |
|---|---|
| **피상전력**<br>(apparent power, $P_a$) | 교류회로의 위상차는 고려하지 않고 인가된 전압과 전류를 곱하며, 단위는 [VA](volt·ampere)이다. 직류전력과 같다.<br>$P_a = V \cdot I = I^2 Z \; [VA]$ |
| **유효전력**<br>(active power, $P$) | 교류회로의 위상차를 고려하여 전압과 전류를 벡터성분으로 분해하고, 전력에 기여하는 유효성분만을 곱하며, 단위는 [W](watt)이다.<br>$P = V \cdot I\cos\theta = I^2 Z\cos\theta = I^2 Z \cdot \dfrac{R}{Z} = I^2 R \; [W]$ |
| **무효전력**<br>(reactive power, $P_r$) | 교류회로의 위상차를 고려하여 전압과 전류를 벡터성분으로 분해하고, 전력에 기여하지 못하는 무효성분만을 곱하며, 단위는 [VAR]이다.<br>$P_r = V \cdot I\sin\theta = I^2 Z\sin\theta = I^2 Z \cdot \dfrac{X}{Z} = I^2 X \; [VAR]$ |
| **역률**<br>(power factor, p·f) | DC 전력의 경우 공급된 전압과 전류를 모두 사용할 수 있는 경우가 역률 "1"이 되고, 역률이 "1"에 가까울수록 효율이 좋다. AC전력은 공급전압, 전류 중 사용할 수 없는 무효전력이 항상 존재하여 전자장치를 구동시킬 때 효율적이지 못하여 DC 전력을 사용한다.<br>$p \cdot f = \dfrac{P}{P_a} = \dfrac{V \cdot I\cos\theta}{V \cdot I} = \cos\theta$ |

01　다음 중 호스 장착 방법으로 옳은 것을 고르시오.

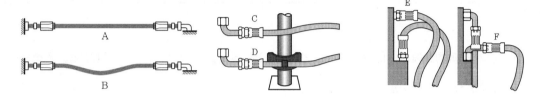

**정답**　B, D, F

**참고**

가요성 호스 장착 시 유의사항은 다음과 같다.
① 호스가 꼬이지 않도록 호스에 표시된 흰 선이 일직선이 되도록 장착한다.
② 호스를 장착하는 중간 피팅이 있으면 스패너를 이용하여 피팅을 잡고 호스의 너트 부위를 손으로 돌린 다음, 안전하게 밀착되면 공구를 이용하여 호스의 너트 부위를 조인다.
③ 호스의 파손을 막기 위하여 필요한 곳에 테이프를 감아 준다.
④ 호스를 구부릴 때는 최소 굽힘 이상이 되도록 한다.
⑤ 압력이 가해지면 호스 길이가 수축하므로 5~8%의 여유를 둔다.
⑥ 호스는 액체의 특성에 따라 변화하므로 규격품을 사용하고 열을 받지 않도록 해야 하며, 필요하면 열 차단 격벽을 설치한다.
⑦ 호스의 진동을 방지하기 위해 클램프로 고정하며, 평면에서도 24in마다 클램프로 고정한다.
⑧ 호스를 식별하기 위해서 유체의 종류나 흐름을 표시한 식별표를 부착한다.
⑨ 서로 접촉하는 호스나 고정 부품에 마찰이 없도록 정비 지침서에 명시된 최소 간격을 주어 장착한다.

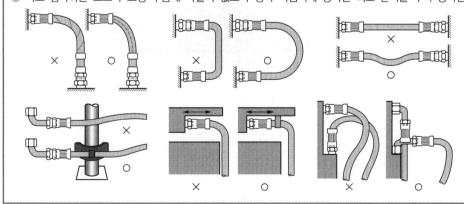

**02** 가스터빈기관의 시동기 종류 3가지는?

> **정답** ① 직류전기모터식 시동기(DC Electric motor Starter)
> ② 공기 터빈식 시동기(Air-turbine Starter)
> ③ 시동-발전기식(Starter-generator)

> **참고**
> 가스터빈엔진 시동계통의 분류
> ① 전기식 시동계통 : 시동발전기식, 전동기식 시동계통
> ② 공기식 시동계통 : 공기터빈식 시동기, 공기충돌식 시동기
> ③ 가스터빈 시동계통 : 가스터빈식 시동기

**03** 전기의 폐회로에서 키르히호프 제2법칙에 의해 유도할 수 있는 $E_1 - E_2$ 관계식을 완성하시오.

> **정답** $E_1 - E_2 = I_1 R_1 - I_2 R_2 = 0$

> **참고**
> ① 키리히호프의 제2법칙인(KVL) 전압의 법칙을 적용하여 – 좌측 폐회로 적용
> $E_1 E_2 = I_1 R_1 - I_2 R_2 = 0$
> ② 키리히호프의 제2법칙인(KVL) 전압의 법칙을 적용하여 – 우측 폐회로 적용
> $E_2 = I_3 R_3 - I_2 R_2 = 0$

**04** 다음 판재성형 그림에서 ①, ②, ③을 기록하시오.

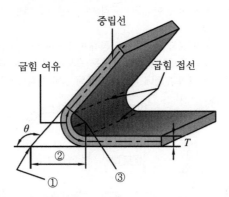

> **정답** ① 성형점(mold point)
> ② set back
> ③ 굽힘 반지름

굽힘 가공(bending)

| 최소 굽힘 반지름 | 판재가 본래의 강도를 유지한 상태로 구부러질 수 있는 최소 굽힘 반지름을 말하며, 굽힘 반지름이 작을수록 굽힘 부분에서 응력 변형이 생겨 판재가 약화된다. |
| --- | --- |
| 중립선 | 판재를 구부리면 바깥쪽은 인장을 받고, 안쪽은 압축되어 줄어든다. 하지만 중립선(neutral line)은 입장과 압축의 영향을 받지 않는다. |
| 굽힘 여유 | 판재를 구부릴 때 필요한 길이를 말하며, 식은 다음과 같다.<br>$BA = \dfrac{\theta}{360} 2\pi \left(R + \dfrac{1}{2}T\right)$ |
| 세트 백 | 굽힘 접선에서 성형점까지의 길이를 말한다. $SB = \tan\dfrac{\theta}{2}(R+T)$ |
| 성형점 | 판재 외형선의 연장선이 만나는 교점을 말한다. |
| 굽힘접선 | 굽힘의 시작점과 끝점에서의 접선을 말한다. |

**05** 토크렌치에 익스텐션을 장착한 것이다. 토크렌치의 유효 길이는 10in, 익스텐션의 유효 길이는 5in, 필요한 토크 값은 900in-LBS일 때, 필요한 토크에 상당하는 눈금 표시에는 얼마까지 조이면 되는가?

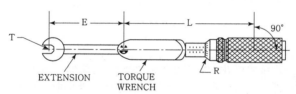

EXTENSION · TORQUE WRENCH

정답 $\quad TW = \dfrac{TA \times L}{L \pm E} = \dfrac{900 \times 10}{10 \pm 5} = 600\,in-lbs$

참고

연장공구를 사용하는 경우의 죔 값의 계산

$$TW = \frac{TA \times L}{L \pm E} \quad \text{또는} \quad TA = \frac{(L \pm E)\,TW}{L}$$

- $TW$ : 토크렌치의 지시 토크 값
- $TA$ : 실제 죔 토크 값
- $L$ : 토크렌치의 길이
- $E$ : 연장 공구의 길이
- $A$ : 토크렌치 길이 + 연장 공구의 길이

**06** 디토네이션이란 무엇인가? 예방 방법 2가지는?

**정답** ① 디토네이션(de-tonation)은 폭발과정 중 아직 연소하지 않은 미연소 잔류가스에 의해 정상 불꽃 점화가 아닌 압축 자기 발화온도에 도달하여 순간적으로 재폭발하는 현상이다.
② 방지 방법으로는 적절한 옥탄가의 연료 사용, 실린더 내의 온도 제한, 압축비 제한이 있다.

**참고**

| | |
|---|---|
| 압축비 증가 시 단점 | 진동이 커진다. 기관의 크기 및 중량이 증가하고, 디토네이션이나 조기점화 같은 비정상적인 연소현상이 일어난다. |
| 디토네이션<br>(de-tonation) | 폭발과정 중 아직 연소하지 않은 미연소 잔류가스에 의해 정상 불꽃 점화가 아닌 압축 자기 발화온도에 도달하여 순간적으로 재폭발하는 현상 |
| 조기점화<br>(pre-ignition) | 정상 불꽃 점화가 되기 전에 실린더 내부의 높은 열에 의하여 뜨거워져서 열점이 되어 비정상적인 점화를 일으키는 현상 |

**07** 항공기 내부를 파괴하지 않고 외부에서 육안으로 보는 방법과 그 방법을 사용하는 대표적인 엔진 부품 2가지를 적으시오.

**정답** ① 검사 방법 : 보어스코프 검사
② 엔진 부품 : 연소실, 터빈

**참고**

보어스코프(bore scope)

| | |
|---|---|
| 내용 | 육안검사의 일종으로 조명등과 렌즈를 조합하여 엔진 등의 특정 부분에 삽입하여 그 영상을 접안렌즈로 관찰하는 검사 방법 |
| 검사 위치 | ① 압축기 로터와 스테이터<br>② 연소실 내부<br>③ 터빈 노즐과 휠<br>④ 디퓨저<br>⑤ 터빈 미드 프레임(turbine mid frame) |

**08** 다음 그림에서 각각의 명칭과 사용되는 장소는?

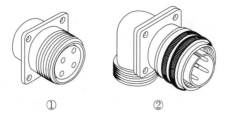

①            ②

**정답** • 명칭 : ① 리셉터클, ② 플러그
       • 사용처 : 항공기 전선(배선)계통

> **참고**
> • 커넥터(connector)는 리셉터클(receptacle)과 플러그(plug)가 한 조로 되어 체결되며, 항공용으로는 거의 압착식 커넥터를 사용한다.
> • 정선박스(juction box)는 전자장치에 많은 도선이 연결되는 상황에서 도선의 결합 및 분배에 목적을 둔다.

**09** 항공기 견인과 기관 작동 시 사용하는 light 3가지?

**정답** 항법등(navigation light), 충돌방지등(beacon light), 로고등(logo light)

> **참고**
> 견인 시 주의사항
> • 감독자의 지시와 정비규정에 따른 견인 절차를 지켜서 작업한다.
> • 견인속도는 8km/h(5MPH) 이내로 하고, 견인봉을 사용하지 않는 towbarless type은 30km/h 이내로 한다.
> • 이동경로에 장비와 작업대 같은 장애물이 없도록 치운다.
> • 견인 중 항공기를 멈출 때는 견인차와 항공기 브레이크를 같이 사용한다.
> • 견인차를 제한된 각도 이상으로 급격하게 조작하지 않는다.
> • 이동 중인 항공기나 견인차에 타거나 내리지 않는다.

## 10 스플라이스를 겹쳐서 하면 안 되는 이유는?

**정답** 번들의 크기 증가를 방지

> **참고**
>
> 스플라이스
> 스플라이스 연결 작업은 배선의 신뢰성과 전기·기기 특성에 영향을 주지 않는 한 배선에 허용된다. 전력선, 동축케이블, 멀티버스 등은 제작사 사용설명서 기준에 적합해야 한다. 즉, 와이어 번들 스플라이스 연결 작업 시 서로 엇갈리게(staggered) 작업해야 설계된 공간 내에 번들의 크기 증가를 방지할 수 있다.
>
>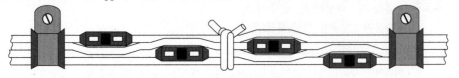

## 11 다음 ( )에 알맞게 기록하시오.

> • 점화 플러그 취급 시 높은 ( ① )에 주의해야 한다.
> • 배선, 커넥터 세척 시 사용되는 트로클로로에틸렌 용액은 ( ② )이므로 취급 시 주의해야 한다.

**정답** ① 고전압(high-voltage)
② 독성

> **참고**
>
> 트리클로로에틸렌(Trichloroethylene)
> 트리클로로에틸렌(Trichloroethylene)은 고무, 플라스틱 등의 세척제로 사용하였으나 유해성이 높고, 오존층 파괴, 스모그 생성, 발암물질 등으로 인해 사용이 금지되는 물질로 분류되어 사용 시 허가를 받아 제반 시설을 갖춘 후 사용하도록 하고 있다. 이는 강한 독성을 가지고 있어 중추신경계 억제 작용이 일어나 현기증, 두통, 피로, 기억력 저하, 눈과 호흡기에 심한 자극 등을 주기 때문에 취급 시 매우 주의해야 한다.

**12** 항공기 기체 재료에 사용되는 AA 규격에 의한 ICE-BOX 리벳의 종류 2가지와 ICE BOX에 보관하는 목적에 대하여 기술하시오.

**정답** 두랄루민(D, 2017-T), 초두랄루민(DD, 2024-T), 시효경화를 지연시키기 위해

**참고**

| 종류 | 보관 이유 |
|------|-----------|
| 2017-T(D) 2024-T(DD) | 이 리벳은 상온에서는 너무 강해 그대로는 리벳팅할 수 없으며, 열처리 후 사용 가능하다. 연화(annealing) 후 상온에 그냥 두면 리벳이 경화되기 때문에, 냉장고에 보관할 때 연화상태를 오래 지속시킬 수 있다.<br>냉장고로부터 상온에 노출하면 리벳은 경화되기 시작하며, 2017(D)는 약 1시간쯤 지나면 리벳 경도의 50%, 4일쯤 지나면 완전히 경화하므로 이 리벳은 냉장고로부터 꺼낸 후 1시간 이내에 사용해야 한다(2024는 10~15분 이내). |

**13** 너트 AN 315 D 7 R에서 D, 7, R이 의미하는 것은?

**정답**
① D : 재질 기호로 두랄루민(2017)을 말한다.
② 7 : 계열번호 및 너트의 지름(7/16in)
③ R : 오른나사(시계방향)

**참고**

| 명칭 | 형태 | 특징 |
|------|------|------|
| 캐슬너트 (AN 310) | | 성곽너트라고 하며 큰 인장하중에 잘 견디며 코터 핀에 완전 체결된다. |
| 평너트 (AN 315) | | 큰 인장하중을 받는 곳에 적합하다. 체크너트나 고정와셔로 고정한다. |
| 체크너트 (AN 316) | | 평너트, 세트 스크루 끝에 나사산 로드 등에 고정장치로 사용한다. |
| 나비너트 (AN 350) | | 손가락으로 조일 수 있을 정도이며, 자주 장탈되는 곳에 사용한다. |

"D" 알루미늄 합금(2017T), "F" 강, "C" 스테인리스강, "B" 황동의 재질기호이다.

**14** 밸브 오버랩 정의와 밸브 간극이 작을 때, 점화시기는?

**정답** IO+EC, 밸브가 빨리 열리고 늦게 닫혀 밸브가 열린 시간이 길어진다.

| 참고 | | |
|---|---|---|
| 밸브 간격<br>(valve clearance) | 로커 암과 밸브 끝 사이의 거리로 성형기관의 경우 주기 점검 시 그 값을 적절하게 조절한다. | |
| | 냉간 간격(cold clearance) | 0.010inch(0.25mm) |
| | 열간 간격(hot clearance) | 0.070inch(1.52~1.78mm) |
| 밸브 간격이 맞지 않을 경우의 현상 | ① 밸브 간격이 너무 좁을 경우 : 밸브가 빨리 열리고 늦게 닫혀 밸브가 열린 시간이 길어진다.<br>② 밸브 간격이 너무 넓은 경우 : 밸브가 늦게 열리고 빨리 닫혀 밸브가 열린 시간이 짧아진다. | |

**15** 전압과 전류 측정 시 연결 방법은?

**정답** 전압 측정은 병렬로 연결하여 측정하고, 전류 측정은 직렬로 연결하여 측정한다.

| 참고 | |
|---|---|
| 직류 전압 측정 | ① 멀티미터의 도선을 터미널에 연결 시 검은색은 (−)에, 빨간색은 (+)에 연결한다.<br>② 선택 스위치를 직류 전압의 알맞은 위치에 놓는다. 만일, 전압값을 모를 때는 가장 큰 범위에 놓고 병렬로 연결하여 측정한다. |
| 직류 전류 측정 | ① 멀티미터의 도선을 터미널에 연결 시 검은색은 (−)에, 빨간색은 (+)에 연결한다.<br>② 선택 스위치를 직류 전류의 알맞은 위치에 놓는다. 만일, 전류값을 모를 때는 가장 큰 범위에 놓고 직렬로 연결하여 측정한다. |
| 저항 측정 | ① 전원을 off 시킨다.<br>② 선택 스위치를 저항 측정 위치에 놓는다.<br>③ 멀티미터 도선을 터미널에 연결하고, 2개의 도선을 단락시킨 상태에서 0Ω 조종 노브를 이용하여 바늘을 눈금판의 "0점"에 일치시킨다. |
| 교류 전압 측정 | ① 멀티미터의 도선을 터미널에 연결한다. 극성과 관계없이 연결해도 상관없다.<br>② 선택 스위치를 교류 전압의 알맞은 위치에 놓는다. 만일, 전압값을 모를 때는 가장 큰 범위에 놓고 병렬로 연결하여 측정한다. |

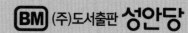

## 저 자 약 력

### 장성희

정비일반, 항공역학, 항공장비, 항공기체, 항공기관, 항공전기전자계기, 항법계기, 항공기초실습, 항공기체실습, 항공기관실습, 항공장비실습, 항공전자실습 등의 과목을 항공전문학교에서 20년 이상 강의하고 있습니다.

**■ 경력**
· 전) 항공정비기능사 국가실기 감독              · 전) 항공산업기사 국가실기 감독

**■ 집필**
· 항공기정비기능사 필기(성안당)                 · 항공전기전자정비기능사 필기(성안당)
· 항공기체정비기능사 필기(성안당)               · 항공기관정비기능사 필기(성안당)
· 항공정비기능사(기체, 기관, 장비) 필기(성안당)   · 항공산업기사 필기(성안당)
· 항공산업기사 실기 필답(성안당)

**■ 검토위원**
· 김기환, 최광우, 장동혁, 유선종

---

# 항공산업기사 [실기]

2018. 2. 8. 초 판 1쇄 발행
**2024. 7. 17. 개정증보 7판 1쇄(통산 10쇄) 발행**

지은이 | 장성희
펴낸이 | 이종춘
펴낸곳 |  ㈜도서출판 **성안당**

주소 | 04032 서울시 마포구 양화로 127 첨단빌딩 3층(출판기획 R&D 센터)
     | 10881 경기도 파주시 문발로 112 파주 출판 문화도시(제작 및 물류)

전화 | 02) 3142-0036
     | 031) 950-6300

팩스 | 031) 955-0510

등록 | 1973. 2. 1. 제406-2005-000046호

출판사 홈페이지 | www.cyber.co.kr
도서 내용 문의 | jsh337-2002@hanmail.net
ISBN | 978-89-315-8686-2 (13550)
**정가 | 29,000원**

### 이 책을 만든 사람들

책임 | 최옥현
진행 | 최창동
본문 디자인 | 민혜조
표지 디자인 | 박원석
홍보 | 김계향, 임진성, 김주승
국제부 | 이선민, 조혜란
마케팅 | 구본철, 차정욱, 오영일, 나진호, 강호묵
마케팅 지원 | 장상범
제작 | 김유석

www.cyber.co.kr
성안당 Web 사이트